식품기사 필기

제4과목 식품미생물학
제5과목 생화학 및 발효공학

바이오식품연구회 저

다락원

제4과목 식품 미생물학

제1장 미생물 일반 6

01 미생물의 분류와 명명 6
02 미생물의 일반생리 8
03 미생물의 증식 9

제2장 식품미생물 13

01 곰팡이류 13
02 효모류 21
03 세균류 28
04 방선균 37
05 박테리오파지 38

제3장 미생물의 분리보존 및 균주개량 40

01 미생물의 분리 40
02 미생물의 보존 42
03 유전자 조작 44
04 세포융합 45
05 돌연변이 46

빈출 문제 50

제5과목 생화학 및 발효공학

제1장 효소 162

01 효소의 정의 162
02 효소의 본체 162
03 효소의 촉매작용 163
04 효소의 명명 163
05 효소의 분류 164
06 효소활성에 영향을 주는 인자 165
07 저해제 166
08 효소의 기질 특이성 166
09 부활체 167
10 보조효소 167

제2장 탄수화물 168

01 탄수화물의 정의 168
02 탄수화물의 분류 168
03 부제탄소와 광학적 이성(질)체 170
04 변선광 170
05 에피머 171
06 탄수화물의 성질 171
07 주요 탄수화물 172
08 탄수화물의 대사 177

제3장 지질 183

01 지질의 정의 183
02 지질의 분류 183
03 단순지질 184
04 복합지질 185
05 스테로이드 186
06 지방의 성질 187
07 지방의 분석 188
08 지질의 대사 189

제4장 단백질 192

01 단백질의 정의 192
02 아미노산 192
03 peptide 194
04 단백질의 분류 194
05 단백질의 구조 196
06 단백질의 말단 결정법 197
07 단백질의 성질 198
08 단백질 및 아미노산의 대사 199

제5장 핵산 205

01 핵산 205
02 천연에 존재하는 nucleotide와 그 기능 207
03 단백질의 생합성 207

제6장 비타민 208

01 비타민의 정의 208
02 비타민의 분류 208
03 지용성 비타민 209
04 수용성 비타민 211

제7장 발효공학 217

01 주류 217
02 대사생성물의 생성 229
03 균체 생산 238

빈출 문제 242

제4과목

식품미생물학

[제1장] 미생물 일반

[제2장] 식품미생물

[제3장] 미생물의 분리보존 및 균주개량

식품미생물학

제1장 미생물 일반

01 미생물의 분류와 명명

1 미생물의 분류

1. 미생물의 분류법

① 미생물을 분류한다는 것은 대단히 어렵고 복잡하다.

② 분류에 있어서 가장 중요한 점은 같은 종류의 미생물을 모아서 유사한 성질의 미생물과의 관계를 파악하고, 나아가서는 성질상 다른 미생물과의 집단을 만들어서 구별하여 다루는 일이다.

③ 자연 분류법, 인공적 분류법, 분자생물학적 분류법, 생물학적 분류법, 수치적 분류법 등이 있다.

2. 미생물의 분류상 위치

① 초기 생물학에서는 생물을 2계(동물과 식물)로 분류하는 것이 타당하다고 생각해 왔으나 세포학의 발달로 생물학자들에 의해 생물 2계설(린네, 1735년)에서 생물 3계설(헤켈, 1866년), 생물 4계설(코플랜드, 1966년), 생물 5계설(휘태커, 1969년) 및 생물 6계설(캐빌리어 스미스, 2004년)이 제창되어 왔다.

② 헤켈이 주장한 생물 3계설이 현대 생물학을 지배하고 있다.

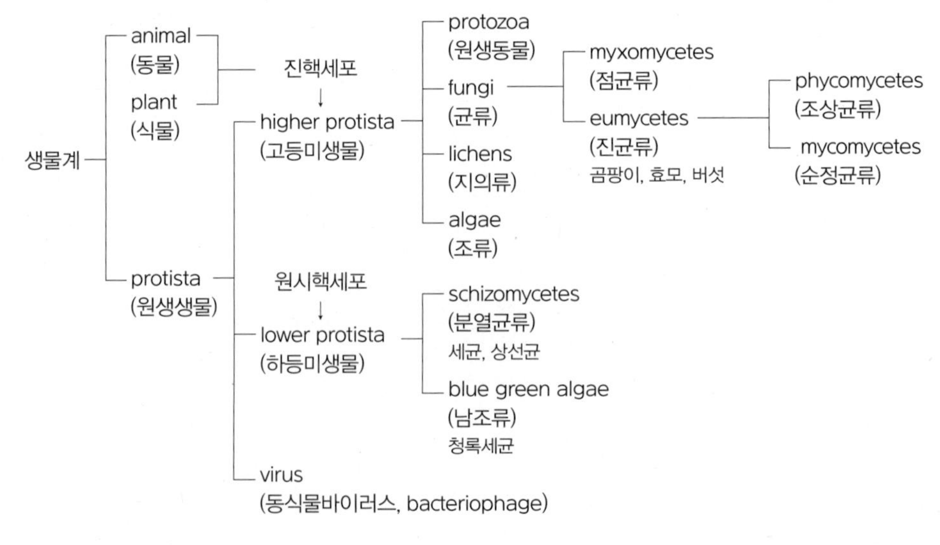

[Haeckel의 생물 3계설에 의한 분류]

[원시핵세포와 진핵세포의 차이점]

	원시핵세포	진핵세포
1. 핵의 구조와 기능		
핵막	없다.	있다.
인	없다.	있다.
DNA	단일분자, histone과 결합하지 않는다.	복수의 염색체 중에 존재, 보통 histone과 결합하고 있다.
분열	무사분열	무사분열
생식	감수분열을 하지 않는다.	감수분열을 한다.
2. 세포질의 구조와 기구		
원형질막	보통 섬유소가 없다.	보통 sterol를 함유한다.
내막	비교적 간단, mesosome	복잡, 소포체, golgi체
ribosome	70 S	80 S
간단한 막상 세포기관	없다.	있다(공포, lysosome, micro체).
호흡계	원형질막 또는 mesosome의 일부, mitochondria는 없다.	mitochondria 중에 존재한다.
광합성기관	발달된 내막 또는 소기포, 엽록체는 없다.	엽록체 중에 존재한다.
3. 운동성		
편모운동	현미경적 크기보다 미세한 편모	현미경적 크기의 편모 또는 섬모
비편모운동	활주운동	원형질 유동과 아메바운동, 활주운동
4. 미소관	대부분 없다.	여러 종류가 있다(편모, 섬모, 기부체 유사분열 방추체, 중심체).
5. 크기	일반적으로 작다. 지름 2㎛ 이하	일반적으로 크다. 지름 2~100㎛
4. 미생물 종류	세균, 방선균, 남조류	진균류(곰팡이, 효모), 조류, 원생동물

2 미생물의 명명

1. 미생물의 분류 단계

미생물은 식물과 같은 분류명명법에 의하여 명명한다.

[미생물의 분류 위계]

위계명	영어명	위계의 어미	위계명	영어명	위계의 어미
1. 부(문)	division	~mycota	8. 아과	subfamily	~oideae
2. 아부(아문)	subdivision	~mycotina	9. 족	tribe	~eae
3. 강	class	~mycetes	10. 아족	subtribe	~inae
4. 아강	subclass	~mycetidae	11. 속	genus	부정
5. 목	order	~ales	12. 종	species	부정
6. 아목	suborder	~ineae	13. 아종	subspecies	부정
7. 과	family	~aceae	14. 변종	variety	부정
			15. 개체	individual	부정

2. 미생물의 명명법(nomenclature)

① Linne의 2기명법에 의하여 속, 종으로 표기한다.

② ISM의 규칙에 따라 명명하고 인정 승인을 받아야 한다.

③ 반드시 라틴어의 어원에 따라 표시하며, 인쇄 시 이탤릭체로 써야 한다.

④ 쓰는 순서 : 속명(Genus)+종명(species)+변종(variety)+발견자(Founder)
속명(Genus): 대문자, 발견자(Founder): 대문자

⑤ 다만, 같은 균이 여러 가지일 때는 번호를 붙인다.

02 미생물의 일반생리

1 미생물의 균체성분

보통 미생물 세포가 가지는 원소의 종류는 C, H, O, P, K, N, S, Ca, Fe, Mg 등을 함유하나 양적으로는 증식의 시기, 배양조건, 배지조성 등에 따라서 변화가 심하다.

분자상으로는 저분자 물질인 수분으로부터 고분자 물질인 핵산과 단백질에 이르기까지 광범위한 물질이 제각기 기능을 가지고 한 세포를 하나의 생명체로서 생명유지를 한다.

1. 수분

① 자유수와 결합수가 있으며, 식물세포와 같이 75~85% 정도이다.

② 곰팡이는 85%, 세균은 80%, 효모는 75% 정도 함유한다. *Bacillus subtilis* 포자에는 약 14%의 수분을 함유한다.

2. 무기질

① 세균은 1~14%, 효모는 6~11%, 곰팡이는 5~13% 정도로서 배양조건에 따라 현저히 차이를 나타낸다.

② 대표적인 무기질은 P이며, 회분의 대부분은 P_2O_5로서 10~45%를 차지한다. 그의 대부분은 핵산의 형태로서 세포 중에 존재하며 K, Mg, Ca, Cl, Fe, Zn, S 등이 상당히 존재한다.

③ Na, Mn, Al, Cu, Ni, B, Si 등 미량 원소도 함유한다. 특히 철세균은 Fe, Mn을 다량 함유한다.

3. 유기물

① 균체의 유기물로서는 단백질, 당류, 지방, 핵산 등이 존재한다.

② 탄수화물은 세균은 12~18%, 효모는 25~60%, 곰팡이는 8~40% 정도 함유한다.

③ 단백질은 세포의 구성물질로 대부분의 세포질을 이루며, 질소량은 세균은 8~15%, 효모는 5~10%, 곰팡이는 12~17% 정도 함유한다.

④ 지방은 세균은 5%, 효모는 10~25% 함유하고 있으며, 40~50%의 지방을 함유하는 미생물도 있다.

2 미생물 증식에 필요한 영양소

① 탄소원 ② 질소원 ③ 무기질 ④ 생육인자(비타민 등)

03 미생물의 증식

1 증식도의 측정

1. 건조균체의 중량측정법

① 미생물 균체를 배양액으로부터 여과 또는 원심분리에 의하여 모아서 가열, 감압 등의 방법으로 건조시킨 후 건조균체를 칭량하는 방법이다.

② 가장 간편하고 정확한 방법이다.

2. 원심침전법(packed volume)

① 원심 모세시험관을 이용하여 배양액을 원심분리하여 그 침전량을 측정하는 방법이다.

② 이 방법은 매우 간단하고 빠르나 정확도가 낮으므로 비탁법과 병행하면 정확한 균체량을 측정할 수 있다.

3. 총균 계수법

① Thoma의 혈구계수반(hematometer)을 이용하여 현미경으로 미생물을 직접 계수하는 방법이다. 이때 0.1% methylene blue로 염색하면 생균과 사균까지 구별할 수 있다. 염색이 된 것은 사균이고, 되지 않은 것은 생균이다.

② 효모에 잘 이용되는 방법이다.

4. 비탁법(분광학적 방법)

① 효모와 세균의 균체는 균일하게 현탁하기 때문에 이들 배양된 미생물을 일정한 양의 증류수에 희석해 광전비색계(spectrophotometer)를 이용하여 탁도(turbidity)를 측정한다.

② 이 원리는 균체가 전혀 없는 증류수와 비교하여 광학적 밀도(optical density, OD)를 측정함으로써 균체량을 정확하게 알 수 있는 방법이다.

5. 생균 측정법

① 미생물을 한천배지에 평판배양하여 미생물 계수기(colony counter)로 직접 계수하는 방법이다.

② 희석만 정확히 한다면 정확도는 높은 방법이다.

6. 균체질소량 측정법

① 균체에 함유되어 있는 질소를 정량하여 균체량으로 환산하는 방법이다. 이 방법은 균체량과 질소량은 비례한다는 전제 조건하에 측정하는 방법이다.

② 그러나 균체의 증식은 배양조건에 따라 많은 차이가 있으므로 정확한 방법이 될 수는 없다.

7. DNA량 정량법

① 세포가 함유하는 DNA은 배양조건, 배양시기, 배양액의 조성 등의 외적인 조건에 의하여 거의 일정하다.

② DNA량을 정량함으로써 미생물의 증식도를 정확히 측정할 수 있다.

2 증식의 세대기간(generation time)

① 1개의 세포가 분열을 시작하여 2개의 세포가 되는 데 소요되는 시간을 말한다.

② 1개의 세균은 1ml의 배지에 이식하면 1개에서 2개, 2개에서 4개, 4개에서 8개의 세포로 분열하여 분열횟수와 함께 기하급수적으로 균수가 증식한다.

③ 이러한 관계는 대수관계가 성립된다.

총균수 = 초기균수$\times 2^{세대기간}$

$b = a \times 2^n$

3 미생물의 증식곡선(growth curve)

미생물을 배양할 때 배양시간과 생균수의 대수(log) 사이의 관계를 나타내는 곡선으로 S자를 그리며 여러 가지 환경조건에 의해서 촉진되기도 하고, 저해되는 등 영향을 받게 된다. 세균과 효모의 증식곡선은 일반적으로 4가지 시기로 나눌 수 있다.

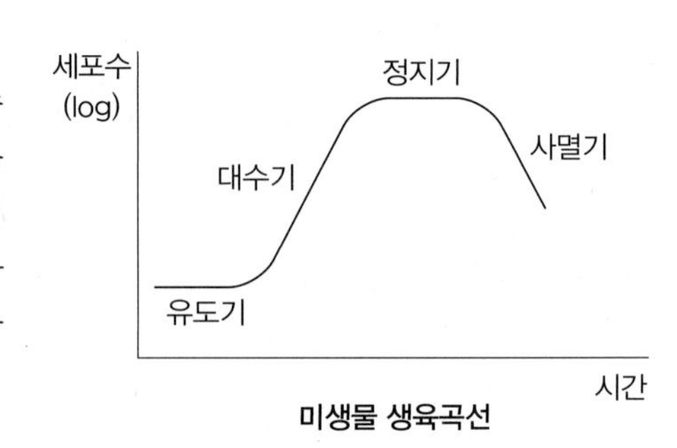

미생물 생육곡선

1. 유도기(잠복기, lag phase)

① 미생물을 새로운 배지에 접종할 때 배지에 적응하는 시기이다.

② 세포 내에서 핵산(RNA)이나 효소단백의 합성이 왕성하고, 호흡활동도 높으며, 수분 및 영양물질의 흡수가 일어난다.

③ DNA 합성은 일어나지 않는다.
④ 이 시기에는 체적이 2~3배로 증가하지만 정상기 세포보다 쉽게 사멸한다.

2. 대수기(증식기, logarithmic phase)

① 세포가 왕성하게 증식하는 시기로 세포분열이 활발하게 되고, 세대시간도 짧고, 세포의 크기도 일정하여 균수는 대수적으로 증가한다.
② 이 시기에는 RNA는 일정하고, DNA가 증가하고, 세포의 생리적 활성이 가장 강하고 물리·화학적으로 감수성이 가장 예민한 시기이다.
③ 이때의 증식속도를 지배하는 인자는 영양, 온도, pH, 산소분압 등이다.

3. 정지기(정상기, stationary phase)

① 일정시간이 지나면 영양물질의 고갈과 대사산물의 축적 또는 배지의 pH 변화나 균의 과밀화에 의하여 증식이 정지되며 세포수는 일정하게 된다.
② 일부 세포가 사멸하는 대신 다른 일부의 세포가 증식하여 사멸수와 증식수가 거의 같아진다.
③ 전체 배양기간 중 세포수가 최대로 되며 효소분비도 가장 많아진다.
④ 포자를 형성하는 미생물은 이때 형성된다.

4. 사멸기(death phase)

① 유해대사산물의 영향으로 증식보다는 사멸이 진행되어 균체가 대수적으로 감소한다.
② 생균수보다 사멸균수가 증가된다.
③ 사멸원인으로는 핵산 분해효소, 단백질 분해효소, 세포벽 분해효소에 의한 분해 뿐만아니라 효소단백질의 변성, 실활 등이 있다.

4 미생물의 증식과 환경

1. 화학적인 요인

(1) 수분

① 세포 내에서의 여러 가지 화학반응은 각 물질이 물에 녹아 있는 상태에서만 이루어지기 때문에 반드시 필요한 물질이다.
② 증식을 위해 필요한 수분의 양은 미생물마다 각기 다른데 수분의 가장 유용한 측정치는 수분활성(A_W)이다.
③ 미생물의 성장에 필요한 최소한의 수분활성도는 보통 세균은 0.91, 보통 효모·보통 곰팡이는 0.80, 내건성 곰팡이는 0.65, 내삼투압성 효모는 0.60이다.

(2) 산소

① 미생물 중 곰팡이와 효모는 일반적으로 산소를 생육에 필요로 하지만 세균은 요구하는 것과 오히려 저해받는 것이 있다.
② 산소의 필요성에 따라 편성호기성균, 통성호기성균, 미호기성균, 편성혐기성균으로 나눈다.
▷ 편성호기성균 : 유리산소를 반드시 필요로 하는 균
▷ 통성호기성균 : 유리산소의 유무와 상관없이 증식할 수 있는 균
▷ 미호기성균 : 대기압보다 산소분압이 낮은 곳에서 잘 증식있는 균
▷ 편성혐기성균 : 산소가 없는 환경에서만 생육하는 균

(3) CO_2

① 독립영양균의 동화작용으로 CO_2를 탄소원으로 이용하지만, 종속영양균은 극미량이지만 CO_2를 필요로 한다.

② 어떤 특정한 미생물에서 생육이 촉진되지만, 대부분 미생물은 생육저해물질로서 작용하며, 살균효과가 있다.

(4) pH

① 미생물의 생육, 체내의 대사능력, 화학적 활성도에 의하여 큰 영향을 미친다.

② 일반적으로 곰팡이와 효모는 미산성인 pH 5.0~6.5에서 잘 생육하고, 세균과 방사선균은 중성 내지 미알칼리성인 pH 7.0~7.5 부근에서 잘 생육한다.

(5) 식염(염류)

① 미생물의 생육에는 K, Mg, Mn, Fe, Ca, P 등의 무기염류가 미량 필요하다.

② 이들 염류는 효소반응, 세포막 평행의 유지 혹은 균체 내의 삼투압조절 등의 역할을 하나 대개의 식품에는 미생물이 필요로 하는 양을 함유하고 있다.

▷ 비호염균(nonhalophiles) : 2% 이하의 소금농도에서 생육이 가능한 균
▷ 호염균(halophiles) : 2% 이상의 소금농도에서도 생육이 가능한 균
▷ 미호염균(slight halophiles) : 2~5% 식염농도에서 생육이 가능한 균
▷ 중등도호염균(moderate halophiles) : 5~20% 식염농도에서 생육이 가능한 균
▷ 고도호염균(extreme halophiles) : 20~30% 식염농도에서 생육이 가능한 균

2. 물리적인 요인

(1) 온도

① 온도는 미생물의 생육속도, 세포의 효소조성, 화학적 조성, 영양요구 등에 가장 큰 영향을 미치는 물리적 환경요인이다.

② 미생물을 증식 가능한 온도범위에 따라 다음 3군으로 나눈다.

[온도에 따른 미생물의 분류와 생육온도 범위]

항목 \ 미생물균		저온균	중온균	고온균
생육온도 (℃)	최저	-7~0	15	40
	최적	12~18	25~40	50~60
	최고	25	45~55	75
대표적인 미생물		*Pseudomonas*속, *Achromobacter*속 등	*Bacillus sutilis*, *Escherichia coli*, 병원성세균, 효모, 곰팡이	*Bacillus thermofibrinodes*, *Bacillus coagulans*, *Clostridium thrmosaccharolyticum*

(2) 압력

① 미생물은 거의 지표면에서 서식하고 있으므로 강한 압력은 별로 받지 못하며, 다소의 기압 변화에도 별다른 영향을 받지 않는다.

② 자연계에서 일반 세균은 30℃, 300기압에서부터 증식이 서서히 저해되어 400기압에서는 증식이 거의 정지된다.
③ 심해세균은 보통 기압에서는 증식되지 못하고 600기압 이상의 높은 압력하에서 성장한다.

(3) 광선
① 광합성 미생물을 제외한 거의 대부분의 미생물은 어두운 장소에서 잘 증식하며, 태양광선은 모든 미생물 증식을 저해한다.
② 태양광선 중에서 실제적으로 살균력을 가지는 것은 단파장의 자외선(2000~3000Å) 부분이며 가시광선(4000~7000Å)과 적외선(7500Å)은 살균력이 대단히 약하다.
③ 자외선 중에서 가장 살균력이 강한 파장은 2573Å 부근이다. 이것은 핵산(DNA)의 흡수대 2600~2650Å에 속하기 때문이다.

제2장 식품미생물

01 곰팡이(mold)류

1 곰팡이의 특성

곰팡이는 사상으로 갈라져 있는 균사(hyphae)가 모인 균사체(mycelium)로 되어 있고, 광합성능을 가지고 있지 않으며 균사나 포자를 만들어 증식하는 다세포 미생물을 총칭한다.

2 곰팡이의 형태와 구조

1. 균사(hyphae)

① 여러 개의 분기된 사상의 다핵의 세포질로 되어 있는 구조이고, 곰팡이의 영양섭취와 발육을 담당하는 기관이다.
② 균사는 기질(substrate)의 특성에 따라 기중균사(submerged hyphae), 영양균사(vegetative hyphae), 기균사(aerial hyphae)로 분류한다.
③ 균사에서 격벽(격막, septum)이 있는 것과 없는 것이 있다.
▷ 조상균류의 균사는 격벽이 없다. *Mucor*속, *Rhizopus*속, *Absidia*속
▷ 자낭균류, 담자균류, 불완전균류의 균사는 격벽이 있다. *Aspergillus*속, *Penicillium*속

2. 균총(colony)

① 균사체와 자실체를 합쳐서 균총이라 한다.
▷ 균사체(mycelium)는 균사의 집합체이다.
▷ 자실체(fruiting body)는 포자를 형성하는 기관이다.
② 균총은 종류에 따라 독특한 색깔을 가진다.
▷ 곰팡이의 색은 자실체 속에 들어있는 각자의 색깔에 의하여 결정된다.

3. 포자(spore)

① 번식과 생식의 역할을 한다.
② 곰팡이의 종류가 다르면 포자의 종류도 다르다.
③ 포자의 직경은 5~10㎛로서 육안으로 보이지 않지만 종류에 따라 황색, 흑색, 청색, 녹색을 띠게 된다.

3 곰팡이의 증식

1. 곰팡이의 증식법

① 균사에 의한 경우와 포자에 의한 경우로 나뉘는데, 보통 포자를 만들어 포자에 의해 증식한다.
② 곰팡이 포자에는 무성생식에 의해 만들어지는 포자와 유성생식에 의해 만들어지는 포자가 있다. 곰팡이의 증식은 주로 무성생식에 의해 이루어지나 어떤 특정한 환경, 특정한 경우에 유성생식으로 증식하기도 한다.

2. 무성생식(asexual reproduction)

배우자(gamete)가 관계하지 않고 세포핵의 융합 없이 단지 분열에만 의해 무성적으로 포자를 형성한다. 무성포자(asexual spore)에는 포자낭포자(sporangiospore), 분생포자(conidiospore), 후막포자(chlamydospore), 분절포자(arthrospore)가 있다.

(1) 포자낭포자(sporangiospore)

① 접합균류에서 볼 수 있는 포자로서 포자낭 속에 무성포자를 형성하므로 내생포자(endospore)라고도 한다.
② 내생포자를 형성하는 곰팡이들을 조상균류(Phycomycetes)라 한다.
③ 대표적인 조상균류는 *Mucor*(털곰팡이), *Rhizopus*(거미줄곰팡이), *Absidia*(활털곰팡이) 등이다.

(2) 분생포자(conidiospore)

① 균사에서 뻗은 분생자병 위에 여러 개의 경자를 만들어 그 위에 분생포자를 외생한다. 외생포자(exospore)라고도 한다.
② 자낭균류(Ascomycetes)와 불완전균류의 일부에 속하는 곰팡이에서 볼 수 있는 형태이다.
③ 대표적인 자낭균류는 *Aspergillus*(누룩곰팡이), *Penicillium*(푸른곰팡이), *Monascus*(홍국곰팡이), *Neurospore*(빨간곰팡이) 등이다.

(3) 후막포자(chlamydospore)

① 균사의 선단이나 중간부에 원형질이 모여 팽대되고, 특히 두꺼운 막을 가지는 구형의 내구성 포자를 형성된다.
② 불완전균류 중의 *Scopulariopsis*속의 균류와 접합균류의 일부에서 흔히 볼 수 있다.

(4) 분절포자(arthrospore)

① 균사 자체에 격막이 생겨 균사 마디가 끊어져 내구성포자가 형성된다. 분열자(oidium)라고도 한다.
② 불완전균류 *Geotrichum*과 *Moniliella* 속에서 흔히 볼 수 있다.

3. 유성생식(sexual reproduction)

두 개의 다른 성세포가 접합하여 두 개의 세포핵이 융합하는 것으로 그 결과에 의하여 형성된 포자를 유성포자(sexual spore)라 한다. 유성포자에는 접합포자(zygospore), 자낭포자(ascospore), 담자포자(basidiospore), 난포자(oospore)가 있다.

(1) 접합포자(zygospore)

① 자웅이주성으로서 두 개의 다른 균사가 접합하여 양쪽 균사와의 사이에 격막이 형성되고, 융합되어 두꺼운 접합자(zygote)를 만든다.

② 접합자 속에 접합포자를 형성한다.

③ *Mucor*, *Rhizopus*속 등이 있는 접합균류(Zygomycetes)에서 볼 수 있다.

(2) 자낭포자(ascospore)

① 동일균체 또는 자웅이주의 두 균사가 접합하여 자낭(ascus)을 만들고, 자낭 속에 자낭포자를 7~8개 내생하게 된다.

② 자낭균류에서 볼 수 있다.

③ 자낭포자를 둘러싸고 있는 측사(paraphysis)의 끝에 자낭과(ascocarp)가 형성되는데, 자낭과는 외형에 따라 3가지 형태로 구분한다.

▷ 폐자기(cleistothecium) : 구형으로 개구부가 없다. 부정자낭균류(Plectomycetes)에 많다.
▷ 피자기(perithecium) : 입구가 조금 열린 상태다. 핵균류(Pyrenomycetes)에 많다.
▷ 나자기(apothecium) : 내면이 완전히 열린 상태다. 반균류(Discomycetes)에서 볼 수 있다.

(3) 담자포자(basidiospore)

① 자웅이주 또는 자웅동주의 2개의 균사가 접합하여 다수의 담자기(basidium)를 형성하고 그 선단에 있는 4개의 경자에 담자포자를 하나씩 외생한다.

② 담자균류(Basidiomycetes)에서 볼 수 있다.

③ 주로 버섯류에 많다.

(4) 난포자(oospore)

① 서로 다른 두 균사가 접합하여 조란기를 형성하며 다른 부분으로부터 형성된 조정기 중의 웅성배우자가 수정관을 통하여 조란기 중의 자성배우자와 융합하여 난포자를 형성한다.

② 편모균문에 속하는 난균류(Oomycetes)에서 볼 수 있다.

4 조상균류(Phycomycetes)

1. 조상균류의 특징

① 균사에 격벽(septum)이 없다.

② 무성생식 시에는 내생포자, 즉 포자낭포자를 만들고 유성생식 시에는 접합포자를 만든다.

③ 균사의 끝에 중축이 생기고 여기에 포자낭이 형성되며 그 속에 포자낭 포자를 내생한다.

④ 조상균류는 난균류(Oomycetes), 접합균류(Zygomycetes), 호상균류(Chytridiomycetes)의 3아강으로 구분한다.

⑤ 식품미생물로서 중요한 것은 접합균류의 Mucorales(털곰팡이목)이며 대표적인 곰팡이는 *Mucor*, *Rhizopus*, *Absidia*가 있다.

2. 주요한 조상균류의 곰팡이

(1) *Mucor*속(털곰팡이속)

- 균사는 백색 또는 회백색이며 격벽이 없다.
- 전체적인 모양은 *Rhizopus*속과 흡사하나 가근은 생성하지 않는다.
- 포자낭병에는 3가지 형태가 있다.
  - monomucor : 균사에서 단독으로 뻗어서 분지하지 않는 것
  - racemomucor : 방상으로 분지하는 것
  - cymomucor : 가축상으로 분지하는 것

① *Mucor mucedo*

▷ 육류, 채소, 과일, 흑분, 토양 등에서 잘 생육한다.

▷ 균사는 백색이고, 포장낭병의 길이는 3cm 이상, 포자낭은 100~200μ의 회색이다.

▷ 생육적온은 20~25℃이며, monomucor에 속한다.

② *Mucor hiemalis*

▷ 토양 등에 넓게 분포하며, pectinase 분비력이 강하다.

▷ 집락은 황회색을 띠며, 포자낭병의 길이는 1~2cm, 직경은 50~80μ, 포자는 보통 난형이다.

▷ 생육적온은 30℃이며, 자웅이체로 후막포자를 형성한다.

③ *Mucor racemosus*

▷ *Mucor*속 중 분포가 가장 넓으며, 특히 부패한 과일이나 맥아에 많이 발생한다.

▷ 집락은 회색이나 회갈색이고, 포자낭병에 많은 후막포자를 만든다.

▷ 생육적온은 20~25℃, racemomucor에 속한다.

▷ 알코올을 생성(최대 7%)하고 비타민 B_1 및 B_2의 합성력도 강하다.

④ *Mucor rouxii*

▷ 집락은 회홍색을 띠며, 포자낭병은 1mm 정도, 포자낭은 20~30μ이고, 후막포자를 잘 형성한다.

▷ 생육적온은 30~40℃, cymomucor에 속한다.

▷ 전분 당화력이 강하고 알코올 발효력도 있으므로 amylo법에 의한 알코올 제조에 처음 사용된 균이다.

⑤ *Mucor pusillus*

▷ 고초(枯草)에 많다.

▷ racemomucor형이고, 치즈 응유효소의 생산균주로 주목받고 있다.

(2) *Rhizopus*속(거미줄곰팡이속)

- 가근과 포복지를 형성하고, 균사에는 격벽이 없고, 포자낭병은 가근에서 나오며, 중축 바닥 밑에 자낭을 형성한다.
- 대부분 pectin 분해력과 전분질 분해력이 강하므로 당화효소 및 유기산 제조용으로 이용되는 균종이 많다.

① *Rhizopus nigricans*(빵곰팡이)

▷ 맥아, 곡류, 빵, 과일 등에 잘 발생한다.

▷ 포자낭병은 길이 5cm, 구형, 직경 200μ이다.

▷ 집락은 회흑색, 접합포자와 후막포자를 형성하고, 가근도 잘 발달한다.

▷ 생육적온은 32~34℃이다.

▷ 전분 당화력이 강하며 대량의 fumaric산을 생산하기도 한다.

② *Rhizopus delemar*
- ▷ 집락은 회갈색이며, 생육적온은 25~30℃이다.
- ▷ 전분 당화력이 강하여 포도당 제조 시 사용되는 당화효소(glucoamylase) 제조에도 사용되며, 알코올을 제조하는 amylo법에 사용되기도 한다.

③ *Rhizopus javanicus*
- ▷ 집락은 초기에 백색이나 차차 진한 회색으로 변하며, 생육적온은 36~40℃이다.
- ▷ 전분 당화력이 강하여 amylo법의 당화균으로 이용되어 amylo균이라고도 한다.

④ *Rhizopus japonicus*
- ▷ 일명 amylomyces β라고 한다.
- ▷ 생육적온은 30℃ 전후이다.
- ▷ 전분당화력이 강하며 pectin분해력도 강하다.
- ▷ raffinose를 발효한다.
- ▷ amylo균이다.

⑤ *Rhizopus tonkinensis*
- ▷ 일명 amylomyces γ (amylo균)라고 한다.
- ▷ 생육적온은 36~38℃이다.
- ▷ 포도당을 발효시켜 lactic acid, fumaric acid를 만든다.

⑥ *Rhizopus peka*
- ▷ 균사체는 백색, 포자낭병은 처음에는 무색, 후에는 다갈색으로 된다.
- ▷ 전분 당화력이 강하다.

_Rhizopus_속과 _Mucor_속의 차이점
- *Rhizopus*는 포자낭병과 중축의 경계가 뚜렷하지 못하다.
- *Rhizopus*는 포복균사를 가지고 있어 번식이 빠르다.
- *Rhizopus*는 가근을 가지며 포자낭병은 반드시 가근 위에서 1~5개 착생한다.
- *Rhizopus*는 포자낭병에서 하나의 포자낭을 만든다.

(3) *Absidia*속(활털곰팡이속)

- 포복지의 중간에서 포자낭병이 생긴다.
- 집락의 색깔은 백색~회색이다.
- 흙 속에 많으며 동물의 병원균으로써 부패된 통조림에서도 분리되므로 유해균이다.

① *Absidia lichthemi*
- ▷ 고량주 국자에서 분리되었다.
- ▷ 균사는 처음 백색이나 차차 회색으로 된다.
- ▷ 소홍주 양조에도 관여한다.

5 자낭균류(Ascomycetes)

1. 자낭균류의 특징

① 균사에 격막이 있다.

② 무성생식 시에는 외생포자, 즉 분생포자를 만든다.

③ 유성생식 시에는 자낭포자를 만든다.

④ 분생포자병의 끝에 정낭을 만들고, 여기에 경자가 매달려 그 끝에 분생포자를 외생한다.
⑤ 대표적인 자낭균류는 *Aspergillus*, *Penicillium*, *Monascus*, *Neurospora*이다.

2. 주요한 자낭균류의 곰팡이

(1) *Aspergillus*(누룩곰팡이)

- 청주, 약주, 된장, 간장 등의 양조공업에 대부분 이속이 이용된다.
- 누룩(국)을 만드는 데 사용되므로 누룩곰팡이, 국곰팡이 또는 국균이라고 한다.
- 집락의 색은 백색, 황색, 흑색 등으로 색깔에 의하여 백국균, 황국균, 흑구균 등으로 나누기도 한다. 균사는 격막이 있고 보통 무색이다.
- 균사의 일부가 약간 팽대한 병족세포(foot cell)를 만들어 여기에서 분생포자를 만든다. 특히, 정낭의 형태에 따라 균종을 구별할 수 있다.
- 특히 강력한 당화효소(amylase)와 단백질 분해효소(protease) 등을 분비한다.

① *Aspergillus oryzae*
▷ 황국균이라고 한다.
▷ 집락은 황록색이나 오래되면 갈색으로 된다. 생육온도는 25~37℃이다.
▷ 전분 당화력과 단백질 분해력이 강해 간장, 된장, 청주, 탁주, 약주 제조에 이용된다.
▷ α-amylase, glucoamylase, maltase, invertase, cellulase, inulinase, pectinase, protease, lipase, catalase 등의 효소를 분비한다.

② *Aspergillus glaucus*
▷ 집락은 녹색이나 청록색 후에 암갈색 또는 갈색으로 된다.
▷ 빵, 피혁 등 질소와 탄수화물이 많은 건조한 유기물에 잘 발생한다.
▷ 이 균에 속하는 *Asp. repens, Asp. ruber* 등은 고농도의 설탕이나 소금에서도 잘 증식되어 식품을 변패시킨다.

③ *Aspergillus sojae*
▷ 집락은 진한 녹색이다.
▷ *Asp. oryzae*와 형태학적으로 비슷하나 포자의 표면에 작은 돌기가 있어 구별된다.
▷ 단백질 분해력이 강하며 간장 제조에 사용된다.

④ *Aspergillus niger*
▷ 집락은 흑갈색으로 흑국균이라고 한다.
▷ 경자는 2단으로 복경이다.
▷ 전분 당화력(β-amylase)이 강하고, 포도당으로부터 gluconic acid, oxalic acid, citric acid 등을 다량으로 생성하는 균주가 많으므로 유기산 발효공업에 이용된다.
▷ 펙틴 분해효소(pectinase)를 많이 분비하는 것도 있는데 이들은 삼정련과 과즙청징에 이용된다.

⑤ *Aspergillus awamori*
▷ 일본 오키나와(Okinawa)에서 누룩 제조에 사용된 균으로, 집락이 진한 회색을 띠므로 흑국균에 속한다.
▷ 생육적온은 30~35℃이다.
▷ 전분 당화력이나 구연산 생산력이 강하다.

⑥ *Aspergillus flavus*
▷ 집락은 황록색이고 드물게 황색도 있다.
▷ 간암 유발물질로 알려진 aflatoxin을 생성하는 유해균이다.

(2) *Penicillium*(푸른곰팡이)

- *Aspergillus*와 달리 병족세포와 정낭을 만들지 않고, 균사가 직립하여 분생자병을 발달시켜 분생포자를 만든다.
- 포자의 색은 청색 또는 청록색이므로 푸른곰팡이라고 한다.
- 과일, 야채, 빵, 떡 등을 변패시키며 황변미의 원인이 되는 유해한 곰팡이가 많으나, 치즈의 숙성이나 항생물질인 penicillin의 생산에 관여하는 곰팡이도 있다.

① *Pen. camemberti*

▷ 집락은 양털 모양으로 처음 백색이나 분생자로 형성하면 청회색이 된다.

▷ Camemberti cheese의 숙성과 향미에 관여한다.

② *Pen. roqueforti*

▷ 집락은 청록색이나 시간이 지나면 진한 녹색이 된다.

▷ 푸른치즈인 Roqueforti cheese의 숙성과 향미에 관여한다.

▷ 치즈의 casein을 분해하여 독특한 풍미를 부여한다.

③ *Pen. citrinum*

▷ 태국 황변미에서 분리된 균이다.

▷ 황변미의 원인균으로 신장 장애를 일으키는 유독색소인 citrinin($C_{13}H_{14}O_5$)을 생성하는 유해균이다.

④ *Pen. chrysogenum*

▷ 미국의 melon으로부터 분리된 균으로 penicillin 생산에 이용된다.

▷ 집락은 청록색 내지 밝은 녹색이다.

⑤ *Pen. notatum*

▷ Flemming이 처음으로 penicillin을 발견하게 한 균이다.

▷ 현재는 penicillin 공업에 이용하지 않는다.

⑥ *Pen. expansum*

▷ 저장 중인 사과나 배의 연부병 원인이 된다.

(3) *Monascus*(홍국곰팡이)

① *Monascus purpureus*

▷ 분홍색소를 만들며 집락은 분홍색이다.

▷ 중국, 말레시아 등지의 홍주 원료인 홍곡(紅粬)을 만드는 데 이용한다.

(4) *Neurospora*(붉은곰팡이)

① *Neurospora sitophila*

▷ 무성포자를 생성하며 홍색의 분생자를 갖고 있다.

▷ 적등색 색소는 β-carotene과 비타민 A의 원료로 사용된다.

6 담자균류(Basidiomycetes)

1. 담자균류의 특징

균사에 격벽이 있고 균사의 끝에 특징적인 담자기(basidium)를 형성하며 그 외면에 유성포자인 4개의 담자포자(basidiospore)를 외생한다. 담자균류에는 담자기에 격벽이 없고 전형적인 막대기 모양을 하고 있는 동담자균류(Homobasidiomycetes)와 담자기가 부정형이고, 간혹 격벽이 있는 이담자균류(Heterobasidiomycetes)의 2아강(subclass)으로 나누어진다.

식용버섯으로 알려져 있는 것은 거의 동담자균류의 송이버섯목(Agaricales)에 속한다. 이담자균류에는 일부 식용버섯(흰목이버섯)도 속해 있는 백목이균목(Tremelales)이나 대부분은 식물병원균인 녹균목(Uredinales)과 깜부기균목(Ustilaginales) 등이 포함된다.

2. 버섯의 형태

① 버섯은 곰팡이와 비슷하며 자실체, 균사체, 균사와 같이 어느 정도 조직분화가 이루어진 고등미생물이다.
② 일반적인 형태는 균사로부터 아기버섯(균뇌, young body)이 생성되어 아기버섯의 피막이 성장에 따라 파열되어 균병(stem)이 형성된다.
③ 아기버섯은 성숙함에 따라 균병 밑부분에 각포(volva)가 된다.
④ 균병 선단에 곰팡이 자실체와 비슷한 갓(cap)이 있다.
⑤ 이 갓 밑에는 균습(gills)과 갓을 받치는 균륜(ring)이 있다.
⑥ 균습에는 육안으로 볼 수 없는 담자포자를 생성한다.

3. 버섯의 증식

① 버섯은 대부분 포자에 의해서 증식한다.
② 담자균류의 유성생식 방법으로는 자웅동주 혹은 이주의 두 개의 균사가 접합하여 담자기(basidia)가 되고, 그 끝에는 보통 4개의 경자를 형성하여 각각 1개의 담자포자를 형성한다.

4. 식용버섯

(1) 표고버섯(*Lentinus edodes*)

① 사물기생을 하는 버섯이다.
② 상수리나무, 밤나무, 참나무 등에서 잘 자란다.

(2) 송이버섯(*Tricholoma matsutake*)

① 소나무 실뿌리에 생물기생한다.
② 식용버섯을 대표하는 버섯이다.

(3) 느타리버섯(*Pleurotus ostreatus*)

① 떡갈나무, 전나무 등에서 잘 자란다.
② 인공재배가 쉽다.

(4) 싸리버섯(*Clavaria botrytis*)

① 침엽수, 활엽수가 있는 지상에 잘 자란다.
② 향기가 매우 좋고, 가지의 끝은 담홍자색이다.

(5) 목이버섯(*Auricularia polytrica*)

① 침엽수의 고목에서 생육한다.
② 육질은 수분이 많을 때는 무처럼 보이나 마르면 아교처럼 된다.

(6) 양송이버섯(*Agaricus bisporus*, mushroom)

① 갓은 살이 두텁고 균병은 굵으나 갓과 균병의 육질의 차이가 있어 분리되기 쉽다.
② 향기는 적으나 맛이 좋아 인공재배하여 대부분 통조림으로 사용된다.

5. 독버섯

(1) 독버섯의 성분

① neurine

▷ 보통 독버섯 중에 함유되어 있는 독성분이다.

▷ 토끼에 대한 경구투여의 LD는 90mg/kg이 된다.

▷ 호흡곤란, 설사, 경련, 마비 등을 일으킨다.

② muscarine

▷ 특히 땀버섯(*Inocybe rimosa*)에 많이 함유되고 기타 광대버섯을 비롯한 많은 독버섯에 함유되어 있는 독성분이다.

▷ 독성이 강해 치사량은 인체에 피하주사로 3~5mg, 경구투여로 0.5g이다.

▷ 발한, 호흡곤란, 위경련, 구토, 설사 등을 일으킨다.

③ muscaridine

▷ 광대버섯에 많으며 경증상을 일으켜 일시적 미친상태가 된다.

④ phaline

▷ 일종의 배당체로 독버섯 중 가장 독성이 강한 알광대버섯에 함유되는 강한 용혈작용이 있는 맹독성분이다.

⑤ amanitine

▷ 알광대버섯(*Amanita phalloides*)의 독성분이다.

▷ amanitine은 환상 peptide 구조이며 α, β, γ -amanitine이 알려져 있고 가장 독성이 강한 것은 α -amanitine으로 치사량은 0.1mg/kg이다.

▷ 복통, 강직 및 콜레라와 비슷한 증상으로 설사를 일으킨다.

⑥ psilocybin

▷ 끈적버섯(*Psilocybe mexicana*)에 들어있는 성분으로 중추신경에 작용하여 환각적인 이상흥분을 일으키는 물질이다.

⑦ pilztoxin

▷ 광대버섯, 파리버섯 등에 들어있는 성분으로 강직성 경련을 일으키고 파리를 죽이는 효과가 있다.

(2) 독버섯 감별법 *예외가 있으므로 주의

① 악취가 있다.

② 색깔이 선명하거나 곱다.

③ 균륜이 있다. *양송이는 균륜이 존재하지만 식용버섯이다.

④ 줄기가 세로로 갈라지지 않는다.

⑤ 쪼개면 우유같은 액체가 분비되거나 표면에 점액이 있다.

⑥ 조리할 때 은수저를 넣으면 검게 변색된다.

02 효모(酵母, yeast)류

1 효모의 특성

진핵세포로 된 고등미생물로서 주로 출아에 의하여 증식하는 진균류를 총칭한다. 효모는 약한 산성에서 잘 증식하며, 생육최적온도는 중온균(25~30℃)으로서 흙, 공기, 과일 등 자연계에서 널리 분포한다.

식품미생물학

주류의 양조, 알코올 제조, 제빵 등에 이용되고 있으며 이들 균체는 식·사료용 단백질, 비타민류, 핵산관련물질 등의 생산에 큰 역할을 한다.

2 효모의 형태와 구조

1. 효모의 기본형태

① 난형(cerevisiae type) : *Saccharomyces cerevisiae*(맥주효모)
② 타원형(ellipsoideus type) : *Saccharomyces ellipsoideus*(포도주효모)
③ 구형(torula type) : *Torulopsis versatilis*(간장후숙에 관여)
④ 소시지형(pastorianus type) : *Saccharomyces pastorianus*(유해한 야생효모)
⑤ 레몬형(apiculatus type) : *Saccharomyces apiculatus*
⑥ 삼각형(trigonopsis type) : *Trigonopsis variabilis*
⑦ 위균사형(pseudomycelium type) : *Candida*속 효모

2. 효모의 세포구조

① 효모세포는 외측으로부터 두터운 세포벽(cell wall)으로 둘러 싸여 있고, 세포벽 바로 안에는 세포막(원형질막)이 있어 그 안에는 원형질이 충만되어 있으며, 그 중에는 핵(nucleus), 액포(vacuole), 지방립(lipid granule), mitochondria, ribosome 등이 있다.
② 표면에는 모세포(mother cell)로부터 분리될 때 생긴 탄생흔(birth scar)과 출아할 때 생긴 낭세포(doughter cell)의 출아흔(bud scar)이 있다.

3 효모의 생리작용

1. 의의

① 효모는 호기성 및 통성 혐기성균으로 호기적 조건이나 혐기조건에서 모두 생육이 가능하다. 당액에 효모를 첨가하여 호기적 조건으로 배양하면 호흡작용을 하여 당을 효모 자신의 증식에만 이용하여 CO_2와 H_2O만 생성하게 된다.
② 그러나 혐기적 조건으로 배양하면 효모는 발효작용에 의해 당을 알코올과 CO_2로 분해한다.
③ 효모는 당액 중에 혐기적으로 배양하면 알코올을 생성하므로 양조공업에 이용된다. 한편 효모는 발효작용의 조건을 달리하면 알코올 이외에도 글리세롤이나 초산 등을 생산하기도 한다.
④ 여기에는 3가지 형식이 있으며 이것을 Neuberg의 발효형식이라 한다.

2. 제1 발효형식

(1) 호기적 발효(호흡작용, 산화작용)

① 효모를 호기적 상태에서 배양하면 한 분자의 포도당이 여섯 분자의 산소에 의하여 완전히 산화하게 된다.
② 이때 CO_2와 H_2O가 각각 6분자씩 생성된다.

$$C_6H_{12}O_6 + 6O_2 \xrightarrow[\text{호기상태}]{\text{효모}} 6H_2O + 6CO_2 + 686cal + 32ATP$$

(2) 혐기적 발효(alcohol 발효)

① 주류 발효는 효모를 이용한 혐기적 발효이다.

② 한 분자의 포도당으로부터 2분자의 ethyl alcohol과 두 분자의 탄산가스가 생성된다.

$$C_6H_{12}O_6 \xrightarrow[\text{혐기상태}]{\text{효모}} 2C_2H_5OH + 2CO_2 + 58cal + 2ATP$$

3. 제2 발효형식

① 효모를 혐기적 상태로 발효하면 alcohol이 생성된다.

② 이때 알칼리를 첨가해주면 알코올 생산량은 줄어들고, glycerol(glycerine)이 생성된다.

③ 발효액의 pH를 5~6으로 하고, 아황산나트륨을 가하면 Neuberg의 제2 발효형식이 된다.

$$C_6H_{12}O_6 \xrightarrow[Na_2SO_3]{\text{효모}} \underset{\text{(glycerol)}}{C_3H_5(OH)_3} + \underset{\text{(acetaldehyde)}}{CH_3CHO} + CO_2 \uparrow$$

4. 제3 발효형식

① 중탄산나트륨($NaHCO_3$), 제2인산나트륨(Na_2HPO_4) 등을 가하여 pH를 8 이상의 알칼리성으로 발효시키면 제3 발효형식이 된다.

② 제2 발효형식과 같이 glycerol이 다량 생성되며 소량의 알코올과 초산까지 생성된다.

$$2C_6H_{12}O_6 + H_2O \xrightarrow[\substack{NaHCO_3 \\ Na_2HPO_4}]{\text{효모}} \underset{\text{(glycerol)}}{2C_3H_5(OH)_3} + \underset{\text{(acetic acid)}}{CH_3COOH} + \underset{\text{(ethanol)}}{C_2H_5OH} + 2CO_2 \uparrow$$

4 효모의 증식

효모의 증식법에는 영양증식과 포자형성에 의한 증식으로 크게 구분되며, 영양증식 중에서 출아증식이 효모의 대표적인 증식방법이다.

1. 영양 증식

(1) 출아법(budding)

① 효모는 대부분 출아법에 의하여 증식한다.

② 효모의 세포가 성숙하면 세포벽 일부에 돌기가 생겨 아세포(bud cell)가 되고, 이것이 성숙해져 1개의 효모세포가 되어 모세포로 분리된다.

③ 출아의 방법은 출아위치에 따라 양극출아와 다극출아 형태가 있다.

(2) 분열법

① 세균과 같이 세포 내의 원형질이 양분되면서 중앙에 격막이 생겨 2개의 세포로 분열하는 분열법에 의해 증식한다.

② 이러한 증식방법으로 증식하는 효모를 분열효모(fission yeast)라고 한다.

③ 대표적인 분열효모는 *Schizosaccharomyces*속이다.

(3) 출아분열법(budding-fission)

① 출아와 분열을 동시에 행하는 효모이다.

② 일단 출아된 다음 모세포와 낭세포 사이에 격막이 생겨 분열되는 효모이다.

2. 포자형성 증식

효모는 생활환경이 불리하거나 아니면 증식수단과 생활환(life cycle)의 일부로서 포자(자낭포자)를 형성한다. 포자의 형성 여하에 따라 유포자 효모, 사출포자 효모, 무포자 효모로 나눈다.

(1) 무성포자

효모가 무성적으로 포자를 형성하는 경우로서 단위생식, 위접합, 사출포자, 분절포자 및 후막포자 등이 있다.

① 단위생식
- ▷ *Saccharomyces cerevisiae*
- ▷ 단일의 영양세포가 무성적으로 직접포자를 형성한다.

② 위접합
- ▷ *Sachwanniomyces*속
- ▷ 위결합관이라 불리는 돌기를 1개 또는 몇 개를 만들지만 그 세포간에 접합하지 않고 단위생식으로 포자를 형성한다.

③ 사출포자
- ▷ 영양세포 위에서 돌출한 소병 위에 분생자를 형성함으로써 증식을 하지만 이 분생자는 사출하지 않는다.
- ▷ Sporobolomycetaceae에 속하는 *Bullera*속, *Sporobolomyces*속, *Sporidiobolus*속의 특징적인 증식방법이다.

④ 분절포자, 후막포자
- ▷ 위균사는 출아에 의해 증식된 세포를 유리시키지 않고 균사와 같이 될 때가 있으나 대개는 위균사의 말단에서나 연결부에서 분절포자를 형성한다.
- ▷ *Endomycopsis*속, *Hansenula*속, *Nematospora*속 등은 위균사 이외의 균사를 형성한다. 그러나 *Candida abicans* 등은 후막포자를 형성한다.

(2) 유성포자

① 동태접합 : *Schizosaccharomyces*속처럼 같은 모양과 크기의 세포(배우자, gamete) 간에 접합자를 형성하여 이것이 자낭이 된다.

② 이태접합 : 크기가 다른 세포 간에 접합으로 자낭을 형성하는 방법이며, debaryomyces형과 nadsonia형의 두 가지가 있다.

5 효모의 분류

① 효모를 분류하는 기준은 형태적 특징, 배양상의 특징, 유성생식의 유무와 특징, 생리적 성질 등이며 다음과 같이 4군으로 분류한다.
- ▷ 자낭균효모(Ascomycetous yeast)
- ▷ Ustilaginaoes에 속하는 효모(Basidiomycetous yeast)
- ▷ Sporobolomycetaceae에 속하는 효모(Ballistosporogenous yeast)
- ▷ 무포자효모(Asporogenous yeast)

② 자낭균류(유포자효모 22속), 담자균류(2속), 불완전균류(사출포자효모 3속, 무포자효모 12속)에 걸쳐 있어서 복잡하다.

6 중요한 효모

1. 유포자효모(Ascosporogenous yeasts)

자낭균류 중 반자낭균류에 속하는 효모균류이다.

(1) *Schizosaccharomyces*속

① *Schizosaccharomyces pombe*

▷ Africa 원주민들이 마시는 pombe술에서 분리되었으며 알코올 발효력이 강하다.

▷ glucose, sucrose, maltose를 발효하지만 mannose는 발효하지 않는다.

(2) *Saccharomycodes*속

① *Saccharomycodes ludwigii*

▷ 떡갈나무의 수액에서 분리된 효모이다.

▷ glucose, sucrose는 발효하고, maltose는 발효하지 않는다.

▷ 질산염을 동화하지 않는다.

(3) *Saccharomyces*속

- 발효공업에 가장 많이 이용되는 효모이다.
- 세포는 구형, 난형 또는 타원형이다.
- 다극출아에 의해 영양증식을 하고, 후에 자낭포자를 형성하기도 한다.
- 빵효모, 맥주효모, 알코올효모, 청주효모 등이 여기에 속한다.

① *Saccharomyces cerevisiae*

▷ 영국 맥주공장의 맥주로부터 분리된 것으로 알코올 발효력이 강한 상면발효효모이다.

▷ glucose, maltose, galactose, sucrose, raffinose를 발효하지만 lactose는 발효하지 않는다.

▷ 맥주효모, 청주효모, 빵효모 등에 주로 이용된다. 세포 내에 thiamine을 비교적 많이 생성하므로 약용효모로도 이용한다.

② *Sacch. carlsbergensis*

▷ Carlsberg 맥주공장의 하면효모로부터 분리된 것으로 독일, 일본, 미국 등의 하면발효맥주의 양조에 사용하는 효모이다.

▷ 맥주의 하면효모로 생리적 성질은 *Sacch. cerevisiae*와 비슷하다.

▷ 다른 점은 melibiose를 발효하고 raffinose를 완전히 발효하는 것이다.

▷ Lodder의 제2판에서 *Sacch. uvarum*과 같은 종으로 분류하였다.

③ *Sacch. ellipsoideus*

▷ 포도 과피에 존재하며 전형적인 포도주 효모이다.

▷ Lodder의 제2판에서 *Sacch. cerevisiae*와 같은 종으로 분류하였다.

④ *Sacch. rouxii*

▷ 18% 이상의 고농도 식염이나 잼같은 당농도가 높은 곳에서도 생육할 수 있는 내삼투압성 효모이다.

▷ glucose와 maltose를 발효하지만 sucrose, galactose, fructose는 발효하지 않는다.

▷ 간장의 주된 발효효모로 간장의 특유한 향미를 부여한다.

⑤ *Sacch. pasteurianus*

▷ 난형 또는 소시지형 효모이다.

▷ 맥주에 불쾌한 냄새와 쓴맛을 주고 그 청징을 나쁘게 하는 유해효모이다.

⑥ *Sacch. diastaticus*

▷ dextrin이나 전분을 분해 발효하는 효모이다.

▷ 맥주 양조에 있어서는 고형물을 감소시키는 유해한 효모이다.

⑦ *Sacch. coreanus*

▷ 우리나라 약주, 탁주효모로 누룩에서 분리된다.

▷ maltose와 lactose를 발효하지 못한다.

⑧ *Sacch. sake*

▷ 일본의 청주양조에 사용되는 청주효모이다.

⑨ *Sacch. mail-duclaux*

▷ 사과주에서 분리한 상면효모이다.

▷ 사과주에 방향을 주기 때문에 cider yeast라 한다.

⑩ *Sacch. fragilis*와 *Sacch. lactis*

▷ lactose를 발효하여 알코올을 생성하는 유당발효성 효모이다.

▷ 마유주(kefir)에서 분리하였다.

▷ inulin을 발효하나 maltose는 발효하지 못한다.

⑪ *Sacch. mellis*

▷ 고농도 당에서 생육하는 내삼투압성 효모이다.

▷ 벌꿀이나 설탕 등에 번식하여 변패시키는 유해균이다.

(4) *Pichia*속

- 산막효모이며, 유해균인 경우가 많다.
- 초산염의 자화능력이 없고, 위균사를 잘 만든다.

① *Pichia membranaefaciens*

▷ 당의 발효성이 없으나 알코올을 영양원으로 왕성하게 생육한다.

▷ 김치의 표면에 피막을 형성하며 맥주나 포도주의 유해균이다.

(5) *Hansenula*속

- 산막효모이며, 알코올 발효력은 약하나 알코올로부터 에스테르를 생성하여 포도주에 방향을 부여한다.
- *Pichia*속과 달리 초산염을 자화하는 능력이 있다.

① *Hansenula anomala*

▷ 모자형의 포자가 형성된다.

▷ 과일향 같은 ester를 생성하며 청주 등 주류의 후숙효모이다.

(6) *Debaryomyces*속

- 표면에 돌기가 있는 포자를 형성하는 것이 특징이다.
- 내염성의 산막효모가 많으며, 내당성이 강하다.
- riboflavin을 생성하는 것도 있다.

① *Debaryomyces hansenii*

▷ 치즈, 소시지 등에서 분리된 균이다.

2. 담자균류효모(Basidiomycetous yeasts)

(1) *Rhodosporidium*속

- 발효성이 없으며 고체배지에서 오렌지색 또는 분홍색의 carotenoid색소를 생성한다.
- 불완전세대는 *Rhodotorula*속과 유사하다.

① *Rhodosporidium toruloides*

▷ *Rhodosporidium*속의 대표적인 균종이다.

(2) *Leucosporidium*속

- 발효성이 없으나 KNO_3 및 탄소원의 동화성은 있다.

① *Leucosporidium scottii*

▷ 이외에 6종이 알려져 있다.

3. 사출포자효모(Ballistosporogenous yeasts)

(1) *Bullera*속

- 발효성이 없다.
- 레몬형의 사출포자를 형성한다.

① *Bullera alba*를 비롯한 3종이 알려져 있다.

(2) *Sporobolomyces*속

- 발효성이 없고 녹말물질을 형성하지 않는다.

① *Sporobolomyces roseus*

▷ 이외에 8종이 알려져 있다.

4. 무포자효모(Asporogenous yeasts)

유성적으로나 무성적으로 포자형성 능력이 없는 효모균이다.

(1) *Torulopsis*속

- 난형 또는 구형으로 대표적인 무포자효모이다.
- 위균사를 형성하지 않는다.
- 내당성, 내염성 효모로서 당이나 염분이 많은 곳에서 검출된다.
- 된장, 간장 변패의 원인이 되고 어떤 종류는 잼과 같은 고농도의 당을 함유한 식품을 발효시키기도 한다.

① *Torulopsis casoliana*

▷ 15~20%의 고농도 식염에서 생육하는 고내염성 효모이다.

② *Torulopsis bacillaris*

▷ 55% 당을 함유한 꿀에서 분리한 균으로 고내당성 효모이다.

③ *Torulopsis versatilis*

▷ 내염성 효모로서 간장에 특유한 풍미를 부여하는 유용균이다.

(2) *Candida*속

- 구형, 계란형, 원통형 등이 있다.
- 출아에 의해 무성적으로 증식한다.
- 위균사를 현저히 형성한다.
- 알코올 발효력이 있는 것이 많다.
- 탄화수소의 자화능이 강한 균주가 많다.

① *Candida utilis*

▷ pentose 당화력과 vitamin B_1 축적력이 강하므로 아황산 펄프폐액과 목재당화액을 원료로 사료효모 제조에 사용된다.

▷ 균체로부터 핵산을 추출하여 inosinic acid 제조에 사용된다.

② *Candida tropicalis*

▷ xylose를 잘 동화하므로 사료효모 제조균주로 사용된다.

▷ 균체단백질 제조용의 석유효모로서 이용된다.

③ *Candida lipolytica*

▷ 탄화수소를 탄소원으로 생육한다.

▷ 균체를 사료효모, 석유단백질 제조에 사용된다.

▷ 석유효모로서 사용된다.

(3) *Rhodotorula*속

- 황색 내지 적색의 carotenoid 색소를 생성한다.
- 당류의 발효성은 없으며 산화적으로 자화한다.

① *Rhodotorula glutinis*

▷ 지방의 축적력(균체건물중 60%)이 강한 유지효모이다.

② *Rhodotorula gracilis*

▷ 35~60%의 지방을 축적하는 유지효모이다.

03 세균(bacteria)류

1 세균의 특성

세균은 곰팡이나 효모와는 다른 원시핵세포의 구조를 가지는 하등미생물에서 남조(blue-green algae)를 제외한 미생물이다. 폭이 대략 1 μ 이하의 단세포 생물이며 대부분 세포분열에 의해서 증식한다. 세균은 우리들 생활에 유익한 것, 무익한 것, 유해한 것 등으로 그 종류는 많다.

2 세균의 형태와 구조

1. 세균의 형태

(1) 구균(coccus, cocci)

단구균(monococcus), 쌍구균(diplococcus), 사연구균(tetracoccus pediococcus), 팔연구균(octacoccus, sarcina), 연쇄상구균(streptococcus), 포도상구균(staphylococcus) 등이 있다.

(2) 간균(bacillus)

단간균(short rod bacteria), 장간균(long rod bacteria), 방추형(clostridium), 주걱형(plectridium) 등이 있다.

(3) 나선균(spirillum)

호형(vibrio), spring type, spirillum type 등이 있다.

2. 세균세포의 외부구조

(1) 편모(flagellum, flagella)

① 주로 세균에만 있는 운동기관이고, 편모의 유무와 종류는 세균 분류의 기준이 된다.

▷ 단모균 : 세포의 한 끝에 1개의 편모가 부착된 균
▷ 양모균 : 세포의 양 끝에 각각 1개씩 편모가 부착된 균
▷ 속모균 : 세포의 한 끝 또는 양 끝에 다수의 편모가 부착된 균
▷ 주모균 : 균체 주위에 많은 편모가 부착되어 있는 균

② 편모는 주로 간균이나 나선균에만 있고 구균에는 거의 없다.

(2) 선모(pili)

① 웅성세포로부터 자성세포로 DNA가 이동하는 통로 역할을 한다.
② 다른 물체에 부착하는 부착기관으로서의 역할을 하는 것도 있다.

(3) 세포벽(cell wall)

① 세포막을 둘러싸고 있는 단단한 막으로 세포를 보호하고 형태를 유지하는 역할을 한다.
② 주성분은 mucopeptide인 peptidoglycan으로 이루어져 있다.
③ 세포벽의 화학적 조성에 따라 염색성이 달라진다.
④ 일반적으로 그람양성 세균은 그람음성 세균에 비하여 mucopeptide 성분이 많다.

(4) 협막(capsule)

① 세균세포벽을 둘러싸고 있는 점질물질(slime)이다.
② 화학적 성분은 다당류(polysaccharide)와 polypeptide의 중합체(polymer)로 구성되어 있다.

3. 세균세포의 내부구조

(1) 세포막(cell membrance)

① 원형질을 둘러싸고 있는 얇은 막을 말한다.
② 단백질과 지질로 구성되어 있다.
③ 선택적 투과성 막으로 세포내외로 물질의 이동을 통제한다.

(2) 리보솜(ribosome)

① 세포의 단백질 합성기관이다.
② RNA(60%)와 단백질(40%)로 구성된 분자량 2.7×10^6 정도의 작은 과립이다.

(3) 색소포(chromatophore)

① 광합성 색소와 효소를 함유하고 있다.
② 광합성을 하거나 효소작용을 하는 주체이다.

(4) 세포핵(nucleus)

① 원핵세포는 핵막을 가지지 않는다.
② 세균의 유전의 중심체이며 생명현상이 주체이다.
③ 핵 속의 염색체를 가지고 있어 유전을 담당한다.

④ 중심물질은 DNA이다.

4. 그람 염색성(Gram stain)

① Gram이 고안해낸 분별 염색법이다.

② 이 방법에 의한 염색가능 여부에 의해 그람양성균(Gram positive)과 그람음성균(Gram negative)으로 분류한다.

③ 그람 염색은 세균 분류의 가장 기본이 되며 염색성에 따라 화학구조, 생리적 성질, 항생물질에 대한 감수성과 영양요구성 등이 크게 다르다.

3 세균의 증식

1. 세균의 분열

① 세균은 거의 무성생식으로 증식하며 유성생식을 하는 것은 없다.

② 대부분의 세균은 무성생식 방법인 이분열법(fission)으로 증식을 하고 내생포자를 형성하는 것도 있다.

③ 세균은 외적인 조건이 적당하면 끊임없이 분열을 계속하며, 새로운 세포가 성장하여 다시 분열할 때까지의 필요한 시간을 세대(generation)라고 한다.

④ 세균은 언제나 2개씩 분열하므로 최초의 세균수를 a, 최후의 세균수를 b, 분열의 세대를 n, 세대시간을 G, 분열에 소요된 총시간을 t라고 하면 다음과 같은 공식이 성립된다.

$$b = 2^n \times a$$

$$2^n = \frac{b}{a}$$

$$n = \frac{\log b - \log a}{\log 2}$$

$$G = \frac{t}{n} \text{이므로, } G = \frac{t \cdot \log 2}{\log b - \log a}$$

2. 세균의 포자 형성

① 생육환경이 악화되면 세포 내에 포자(endospore)를 형성하는 세균이 있다.

② 포자 형성균은 주로 간균으로 호기성균의 *Bacillus*속, 혐기성균의 *Clostridium*속과 드물게는 *Sporosarcina*속 등이 있다.

③ 포자 형성균도 다른 세포와 마찬가지로 분열에 의하여 증식을 하지만 어느 조건하에서는 증식을 정지하여 세포 안에 포자를 형성한다.

④ 유리포자는 대사활동이 극히 낮고 건조나 가열, 자외선, 전리방사선과 많은 약품 등에 대한 저항성이 대단히 강하다.

4 세균의 분류

① 세균은 분열법에 의하여 증식하므로 일반적으로 분열균류(Schizomycetes)인 강(class)에 넣는다.

② 세균의 분류는 Bergey's Manual of Determinative Bacteriology 제8판(1974) 분류에 따라 원시핵 세포계(kingdom procaryotae)를 남조문(division cyanobacteria)과 세균문(division bacteria)으로 대별한다.

③ 세균문은 다시 Gram 염색성, 산소 의존성, 균의 형태, 포자 형성 유무, 편모의 유무와 종류 등 5가지를 기준으로 하여 19부문(19 part)으로 분류한다.

④ 세균의 part 7부터 part 12까지는 그람음성균이고, part 14부터 part 16까지는 그람양성균으로 되어 있다.

5 식품과 관계 깊은 세균

1. Pseudomoadaceae과

일반적으로 무포자 간균이며 극편모를 가져 운동하고 그람음성을 나타낸다. 호기성이며 내열성은 약하다. 식품의 표면 등에서 극히 신속하게 증식하고 특유의 냄새나 색소를 생산하여 식품의 향이나 색택을 손상시킨다.

*Pseudomonas*속과 *Xanthomonas*속, *Zoogloea*속, *Gluconobacter*속 등이 있다.

(1) *Pseudomonas*속

- 그람음성, 무포자, 간균, 호기성이며 내열성은 약하다. 특히, 형광성·수용성 색소를 생성하고, 비교적 저온균으로 20℃에서 잘 자란다.
- 육·유가공품, 우유, 달걀, 야채 등에 널리 분포하여 식품을 부패시키는 부패세균이다.

① *Pseudomonas fluorescesns*(형광균)

▷ 호냉성 부패균이며 겨울에 우유에서 쓴맛이 나게 한다.

▷ 배지에서 녹색의 형광을 낸다.

② *Pseudomonas aeruginas*(녹농균)

▷ 상처의 화농부에서 청색 색소 피오시아닌(pyocyanin)을 생성한다.

▷ 우유의 청변, 식품의 부패를 일으킨다.

(2) *Gluconobacter*속

- *Acetobacter*속처럼 초산을 산화할 수 있다.
- 포도당을 산화해서 gluconic acid를 생성하는 능력이 강하다.

① *Gluconobacter suboxydans*

▷ sorbose 발효력이 있어 비타민 C를 합성하는 전 단계에서 공업적으로 이용된다.

2. 기타 유연관계가 없는 속

*Alcaligenes*속, *Acetorbacter*속 등이 있다.

(1) *Acetorbacter*속

- 에탄올을 산화발효하여 acetic acid를 생성하는 호기성 세균을 식초산균이라 한다.
- 그람음성, 무포자, 간균이고 편모는 주모인 것과 극모인 것의 두 가지가 있다.
- 초산균은 alcohol 농도가 10% 정도일 때 가장 잘 자라고 5~8%의 초산을 생성한다. 18% 이상에서는 자랄 수 없고 산막(피막)을 형성한다.

① *Acetobacter aceti*

▷ glucose, ethanol, glycerol을 동화하여 초산을 생성한다. 식초양조에 이용한다.

▷ 8.75%의 초산을 생성하고 초산을 다시 이산화탄소로 분해한다.

② *Acetobacter schuetzenbachii*

▷ 독일의 식초 공장에서 분리한 속초용균으로 유명하다.

▷ 약 11.5%의 많은 초산을 생성하며 균막을 형성한다.

▷ 어떤 균주는 약 8.8%의 많은 초산과 약 3%의 gluconic acid를 생성하고 균막을 거의 형성하지 않는 것이 있다.

▷ 생육적온은 25~27℃이다.

③ *Acetobacter xylinum*

▷ 식초덧이나 술덧에 번식하여 혼탁, 산패, 점패 등의 원인으로 설탕의 점패, 빵의 산패 등을 일으킨다.

▷ 초산 생성력은 약하고, 초산을 분해하며 불쾌취를 발생하는, 식초양조에 유해한 균이다.

④ *Acetobacter suboxydans*

▷ 사과과즙 중 포도당을 산화하여 gluconic acid를 생성하는 능력이 강한 균종이다.

▷ *Gluconobacter*라 칭하며 gluconic acid의 제조에 이용된다.

3. Enterobacteriacease과(장내세균)

동물이나 사람의 장내에 서식하는 세균을 통틀어 대장균이라 한다. 대부분 주모를 가지고 운동성이 있으나 없는 균주도 있다. 식품에 대한 이용성보다 주로 위생적으로 주의해야 하는 세균들이다. 무포자 단간균이며 탄수화물을 혐기적으로 발효시켜서 유기산과 CO_2 및 H_2 등을 생성한다.

이 과에서 식품과 관계있는 속은 *Escherichia*, *Salmonella*, *Shigella*, *Serratia*, *Proteus*, *Erwinia* 등이 있다.

(1) *Escherichia*속

- 식품 위생검사에서 대장균군(Coliform bacteria)이라 칭한다.
- 그람음성, 무포자 간균으로 유당(lactose)을 분해하여 CO_2와 H_2 gas를 생성하는 호기성 또는 통성혐기성균을 말한다.
- *Escherichia, Enterobacter, Klebsiela, Citrobacter*속 등이 포함된다.
- 대장균 자체는 인체에 그다지 유해하지 않으나 식품위생지표균으로써 중요하다. 대장균이 검출되었다는 것은 병원성 및 식중독 세균들인 장티푸스균, *Salmonella* 식중독균, 이질균 등의 병원균이 오염되어 있다는 것을 뜻한다.

① *Escherichia coli*

▷ 사람, 동물의 장내세균의 대표적인 균종으로 비운동성 또는 주모를 가진 운동성균이다.

▷ 본래 장관기원이며 포유동물 변에서 분리된다.

▷ 유당을 분해하여 CO_2와 H_2 가스를 생성한다.

▷ 식품위생에서는 음식물의 하수나 분변오염의 지표로 삼는다.

▷ 식품의 일반적인 부패세균이다.

② *Aerobacter aerogenes*

▷ 본래 식물기원이며 역시 포유동물 변에서 분리된다.

(2) *Salmonella*속

- 대장균과 흡사한 간균이며 대부분 주모로 운동성을 나타낸다.
- 호기성 내지 혐기성의 그람음성 간균으로 가축과 쥐와 같은 야생동물의 장내에서 서식한다.

① *Salmonella typhi(Salmonella typosa)*

▷ 장티푸스를 일으키는 원인균이다.

② *Salmonella enteritidis*(장염균)
▷ 살모넬라 식중독의 원인균이다.

4. Micrococcaceae과

무포자의 구균으로 세포분열이 2 또는 3 평면상에서 일어나기 때문에 단구, 쌍구, 사연구, 팔연구 및 불규칙한 덩어리로 되며 드물게 단연쇄도 존재한다. 대개는 그람양성으로 운동성이 거의 없고 많은 종이 황, 등, 분홍, 적색의 색소를 만드나 백색의 것도 있다.
식품과 관련이 있는 것은 *Micrococcus*, *Staphylococcus*, *Sarcina*속이 있다.

(1) *Micrococcus*속

- 호기성, 그람양성의 구균으로 catalase는 전부 양성을 나타낸다.
- 최적온도는 25~30℃이며 황색과 적색의 색소를 생산하는 균주도 많다.

① *Micrococcus cryophilus*
▷ 10℃ 이하의 저온에서도 잘 생육하므로 냉장식품의 변질에 관여한다.

(2) *Staphylococcus*속

- 그람양성의 구균으로 단, 쌍, 4연구 또는 포도상의 덩어리를 만든다.
- 통성혐기성균으로 탄수화물을 혐기적에서도 잘 생육하지만 호기하에서도 생육이 양호하다.

① *Staphylococcus aureus*(황색포도상구균)
▷ 대표적인 화농균이며 내독소(entertoxin)를 가지는 식중독 원인균이다.
▷ 식염 10% 이하에서도 잘 생육한다.

② *Staphylococcus epidermidis*
▷ coagulase 음성이고, 병원성은 없다.
▷ 동물(유방, 피부 등), 생우유, 치즈, 양조물(청주, 간장의 국)에서 분리된다.

5. Streptococcacea과

식품과 관련이 있는 속은 *Streptococcus*, *Leuconostoc*, *Pediococcus*의 3가지이다.

(1) *Streptococcus*속

- 화농성 연쇄구균이 있으나 유용한 젖산균이 많다.

① *Streptococcus lactis*
▷ 쌍구균 또는 연쇄상 구균이고, 호기성 또는 통성혐기성이다.
▷ glucose, maltose 등을 homo형으로 발효해서 우선성 젖산을 생성한다.
▷ 생육최적적온은 30℃이다.
▷ yoghurt, butter, cheese 제조에 starter로 사용된다.

② *Sc. cremoris*
▷ 생육온도는 *Sc. lactis*보다 약간 낮은 28℃이다.
▷ yoghurt, butter, cheese 제조에 starter로 사용된다.

③ *Sc. thermophilus*
▷ 요구르트에 방향을 주는 내열성의 균이다.
▷ 생육적온은 40~45℃이며 homo형 젖산을 생성한다.

(2) *Leuconostoc*속

- 그람양성 구균이다.
- 유제품의 향기 생성에 도움을 주는 종이나 절임 숙성에 도움을 주는 것도 있으며 고당도 하에서도 견디는 것이 있다.
- hetero형의 젖산 발효를 하며 좌선성 또는 우선성의 젖산을 생성한다.

① *Leuconostoc mesenteroides*

▷ 그람양성이고, 쌍구 또는 연쇄의 헤테로형 젖산균이다.
▷ 설탕(sucrose)액에 배양하면 균체의 주위에 점질물(dextran)을 형성한다.
▷ 내염성을 갖고 있어서 김치의 발효 초기에 주로 발육하여 김치를 혐기성 상태로 만든다.
▷ 설탕액을 기질로 dextran 생산에 이용된다.

② *Leuconostoc dextranicum*

▷ 설탕액에 배양하면 신속하게 점질물(dextran)을 형성한다.
▷ dextran 생산에 이용된다.
▷ 발효버터의 방향 생성균으로 이용한다.

6. Bacillaceae과

포자를 형성하는 Gram 양성의 간균이다. 이 과에는 호기성의 *Bacillus*속과 혐기성의 *Clostridium*속이 있고, 이외에 *Sporolactobacillus*, *Sporosarcina*, *Desulfotomaculum*속 등이 있다. 내구성이 강하여 간헐멸균해야 한다.

(1) *Bacillus*속(호기성 포자형성세균)

- 그람양성, 호기성 또는 통성혐기성, 중온균 또는 고온성 유포자 간균이다.
- 단백질 분해력이 강하며, 단백질 식품에 침입하여 산 또는 가스를 생성한다.
- 식염 내성은 비교적 강하여 10%의 식염 존재 하에서 생육할 수 있다.

① *Bacillus subtilis*(고초균)

▷ 마른풀 등에 분포하며, 생육최적온도는 30~40℃이다.
▷ 강력한 α-amylase와 protease를 생산한다.
▷ 항생물질인 subtilin, subtenolin, bacillomycin 등을 생성한다.

② *Bacillus natto*(납두균, 청국장균)

▷ 일본 청국장인 납두에서 분리하였다.
▷ *Bac. subtilis*와 거의 동일하지만 생육인자로 biotin을 요구한다.

③ *Bacillus mesentericus*(마령서균)

▷ 감자, 고구마를 썩게 하는 균이다.

④ *Bacillus polymyxa*

▷ 산 또는 가스, 특히 ammonia를 많이 생성한다.
▷ 항생물질인 polymyxin을 생성한다.
▷ 포자내열성은 *Bac. subtilis*보다 강하다.

⑤ *Bacillus cereus*

▷ 유지분해력이 강하고 비타민 K를 생성한다.
▷ 때로는 식중독의 원인이 되기도 한다.

(2) *Clostridium*속(혐기성 포자형성세균)

- 그람양성, 편성혐기성, 유포자 간균이다.
- catalase는 대부분 음성이며, 단백질 분해력이 있고, 당분해성을 가지고 있어 butyric acid, 초산, CO_2, H_2 및 알코올류와 acetone 등을 생성한다.
- 육류와 어류에서 이 균은 단백질 분해력이 강하고, 부패, 식중독을 일으키는 것이 많다.
- 통조림, 우유, 치즈 등에서 팽창을 일으킨다.

① *Clostridium butyricum*

▷ 운동성이 있으며, 유포자 혐기성 간균이다.

▷ 당을 발효하여 낙산(butyric acid)을 생성한다.

▷ cheese로부터 분리된 균이며, 생육 최적온도는 35℃이다.

② *Clostridium sporogenes*

▷ 육류 등의 부패에 관여하는 혐기성 부패세균을 대표한다.

▷ 이 균의 포자는 내열성이 대단히 강하여 육류 통조림 등에 혼입하면 가열살균이 매우 어렵다.

▷ 육류의 식중독 원인균으로 유명하다.

③ *Clostridium botulinum*

▷ Cl. sporogenes와 비슷한 생리적, 형태적 특성을 가졌다.

▷ 독성이 강한 균체외 독소 생성균으로 식품위생상 중요한 균이다.

▷ 강력한 식중독 원인균으로 사망률이 대단히 높다.

7. Lactobacillaceae과(젖산균)

비운동성이고 색소를 생성하지 않은 간균으로 미호기성이다. 대부분 catalase 음성으로 산소를 이용하지 못하고 산소분압이 낮은 곳에서 잘 증식한다.

(1) *Lactobacillus*속

- 장간균이나 단간구상으로 연쇄를 하는 것이 많다.
- 미호기성이며 catalase 음성으로 대부분이 비운동성이다.

① *Lactobacillus lactis*

▷ 간균으로 단독 또는 연쇄로 되어 있다.

▷ fructose, glucose, galatose, maltose, lactose 등을 잘 발효한다.

▷ 생육적온은 40℃이다.

② *L. bulgaricus*

▷ 장간균이고 연쇄로 되어 있다.

▷ 젖산균 중 산의 생성이 가장 빠르고 53℃에서도 생육하며 유제품 제조에 중요한 균이다.

▷ 생육적온은 40~50℃이다.

③ *L. acidophilus*

▷ 간균으로 단독 또는 단연쇄로 존재한다.

▷ 유아의 장내에서 분리된 젖산간균이다.

▷ 내산성은 강하나 산의 생성은 늦다.

▷ 생육적온은 37℃이고, 정장작용이 있어 정장제로서 이용된다.

④ *L. delbrueckii*

▷ 발효침채류와 분쇄한 곡물 등에서 잘 검출된다.

▷ 생육적온은 45~50℃로 다소 높은 편이다.

▷ 젖산 생성력이 다소 강하므로 젖산 제조에 이용된다.

▷ 유당을 발효하지 않으며 포도당, maltose, sucrose 등으로 부터 젖산을 생성한다.

⑤ *L. plantarum*

▷ 식물계에 널리 분포하고 있는 젖산간균으로 야채의 pikle, 김치 등에 잘 번식한다.

▷ 김치 숙성에 관여하고 식염내성도 비교적 큰 편으로 5.5% 정도 된다.

▷ 생육적온은 30℃이다.

⑥ *L. homohiochii*

▷ *L. heterohiochii*와 더불어 저장 중의 청주를 백탁·산패시키고 소위 화락(hiochi)현상을 일으킨다.

▷ 생육적온은 25~30℃이다.

⑦ *L. fermentum*

▷ 젖산간균으로 생육최적온도는 41~42℃이다.

▷ 포도당, 과당, 맥아당, sucrose, 유당, mannose, galactose, raffinose 등을 발효하여 젖산과 부산물로 초산, 알코올, CO_2를 생성시킨다.

젖산균(lactic acid bacteria)

1. 당류를 발효해서 다량(50% 이상)의 젖산(lactic acid)을 생성하는 세균을 총칭하여 젖산균이라 한다.
2. 젖산균은 그람양성으로 구균과 간균이 있으며 구균은 Streptococcacea에 속하는 *Streptococcus*, *Diplococcus*, *Pediococcus*, *Leuconostoc*속 등이 있고, 간균은 Lactobacillaceae의 *Lactobacillus*속이 있다.
3. 대부분 무포자이고 통성혐기성 또는 편성혐기성균이다.
4. 젖산균은 당의 발효형식에 의하여 정상발효젖산균(homolactic acid bacteria)과 이상발효젖산균(hetero lactic acid bacteria)으로 구별한다.

(1) 정상발효젖산균
- 당류로부터 젖산만을 생성하는 균이다.
- $C_6H_{12}O_6 \rightarrow 2CH_3CHOHCOOH$
- 정상형(homo type) 젖산균에는 *Streptococcus lactis*, *Sc. cremoris*, *Lactobacillus bulgaricus*, *L. acidophilus*, *L. delbrueckii*, *L. plantarum* 등이 있다.

(2) 이상발효젖산균
- 젖산 이외의 알코올, 초산 및 CO_2 가스 등 부산물을 생성하는 균이다.
- $C_6H_{12}O_6 \rightarrow CH_3CHOHCOOH + C_2H_5OH + CO_2$
  $2C_6H_{12}O_6 + H_2O \rightarrow 2CH_3CHOHCOOH + CH_3COOH + C_2H_5OH + 2CO_2 + 2H_2$
- 이상형(hetero type) 젖산균에는 *L. fermentum*, *L. heterohiochii*, *Leuconostoc mesenteroides*, *Pediococcus halophilus* 등이 있다.

8. Propionibacteriaceae과

part 17의 방선균에 속하나 다른 방선균과 다른 생리적 성질을 나타내므로 여기서 언급한다. 이 과(family)에는 propionic acid를 생성하는 *Propionibacterium*과 butyric acid를 생성하는 *Eubacterium(Butyribacterium)*의 2속이 식품에 직접적으로 관계하고 있다.

(1) *Propionibacterium*속

- 당류 또는 젖산을 발효하여 propionic acid를 생성하는 균을 말한다.
- 그람양성, catalase 양성, 비운동성으로 포자를 만들지 못한다.
- 통성혐기성 단간균 또는 구균이고 균총은 회백색이다.
- 치즈 숙성에 관여하여 치즈에 특유한 향미를 부여한다.
- 다른 세균에 비하여 성장속도가 매우 느리며, 생육인자로 propionic aicd와 biotin을 요구한다.

① *Propionibacterium shermanii*

▷ Swiss cheese(Emmenthal cheese) 숙성에 관여하여 구멍(치즈의 눈)을 만들고, 풍미를 부여한다.

▷ 비타민 B_{12}를 생산한다.

② *Propionibacterium freudenreichii*

▷ cheese 숙성에 관여하여, 풍미를 부여한다.

▷ 비타민 B_{12}를 생산한다.

04 방선균(Actinomycetes)

1 방선균의 특성

방선균은 하등미생물 중에서 가장 형태적으로 조직분화의 정도가 진행된 균사상 세균이다. 세균과 곰팡이의 중간적인 미생물로 균사를 뻗치는 것, 포자를 만드는 것 등은 곰팡이와 비슷하다. 주로 토양에 서식하며 흙냄새의 원인이 된다. 특히, 방선균은 항생물질을 만든다.

2 방선균의 증식

무성적으로 균사가 절단되어 구균, 간균과 같이 증식하며, 또한 균사의 선단에 분생포자를 형성하여 무성적으로 증식한다.

3 방선균의 분류

분류학상 Bergy's Manual의 제8판에 의하면 part 17의 Actinomycetales목에 속한다.
식품미생물학에 관계있는 중요한 속은 다음과 같다.

1. Actinomycetaceae과

균사를 형성하나 포자를 형성하지 않는 균을 칭한다. 생리적 특성에 따라 *Actinomyces*속과 *Nocrdia*속으로 나눈다.

(1) *Actinomyces*속

혐기성 내지 미호기성이고 사람이나 동물의 방사선 균중독(actinomyces)에서 분리한다. 스트렙토마이신(streptomycin) 등의 항생물질을 생산하는 것이 있어서 유명하다.

(2) *Nocrdia*속

호기성균으로 토양에서 쉽게 분리되고 *Mycobacterium*과 유사한 겉모양이나 녹말, 단백질의 분해력은 없다.

(3) *Bifidobacterium*속

당을 발효해서 젖산, 식초산을 생성하며 모유영양아의 장내에 특히 많고 이유 후에는 곧 소실된다.

① *Bifidobacterium bifidum*

▷ *Bifidobacterium*속의 대표균이다.

2. Mycobacteriaceae과

균사가 발달해 있지 않으므로 간균 혹은 구균의 형태이며 포자 역시 형성하지 않는 균을 칭한다.

(1) *Mycobacterium*속

① *Mycobacterium tuberculosis*

▷ 결핵균이다.

3. Nocardiaceae과

4. Streptomycetaceae과

호기성 방선균으로 기균사를 잘 형성하며 연쇄상으로 분생포자를 형성하는 균을 칭한다. 토양 중에서 쉽게 분리되는 항생물질 생성균이다.

(1) *Streptomyces*속

식품에 번식하면 불쾌한 냄새를 내고 외관을 나쁘게 한다. 흙냄새를 내는 것이 특징이다.

① *Streptomyces griseus*

▷ streptomycin을 생산하는 균이고, gelatin 등의 단백질 분해력이 강하다.

② *Streptomyces aureofaciens*

▷ chlortetracyclin을 생산하는 균이다.

③ *Streptomyces venezuelae*

▷ chloramphenicol을 생산하는 균이다.

④ *Streptomyces kanamyceticus*

▷ kanamycin을 생산하는 균이다.

05 박테리오파지(bacteriophage)

1 바이러스(virus)와 파지(phage)

1. 바이러스의 정의와 종류

동식물의 세포나 미생물의 세포에 기생하고 숙주세포 안에서 증식하는 초여과성 입자(직경 0.5μ 이하)를 virus라 한다.

① 동물바이러스(animal virus) : 인간에게 발병의 원인이 되는 소아마비 바이러스, 천연두 바이러스와 곤충에 기생하는 곤충 바이러스 등

② 식물바이러스(plant virus) : 담배모자이크병 바이러스 등

③ 세균바이러스(bacterial virus) : 대장균 등에 기생하는 바이러스 등

2. 박테리오파지

바이러스 중 특히 세균의 세포에 기생하여 세균을 죽이는 virus를 bacteriophage(phage)라고 한다.

2 파지의 특징

① 생육증식의 능력이 없다.
② 숙주특이성이 대단히 높다(한 phage의 숙주균은 1균주에 제한되어 있다).
④ 핵산 중 대부분 DNA만 가지고 있다.

3 파지의 종류

1. 독성파지(virulent phage)

① 숙주세포 내에서 증식한 후 숙주를 용균하고 외부로 유리한다.
② 독성파지의 phage DNA는 균체에 들어온 후 phage DNA의 일부 유전정보가 숙주의 전사효소(RNA polymerase)의 작용으로 messenger RNA를 합성하고 초기단백질을 합성한다.

2. 용원파지(temperate phage)

① 세균 내에 들어온 후 숙주 염색체에 삽입되어 그 일부로 되면서 증식하여 낭세포에 전하게 된다.
② phage가 염색체에 삽입된 상태를 용원화(lysogenization)되었다고 하고 이와 같이 된 phage를 prophage라 부르고, prophage를 갖는 균을 용원균이라 한다.

4 파지의 구조

① 파지의 전형적인 형태는 올챙이처럼 생겼으며 두부, 미부, 6개의 spike가 달린 기부가 있고 말단에 짧은 미부섬조(tail fiber)가 달려 있다.
② 두부에는 DNA 또는 RNA만 들어 있고 미부의 초에는 단백질이 나선형으로 늘어 있고 그 내부 중심초는 속이 비어 있다.

5 파지의 증식

① 파지가 흡착되어 세포벽을 용해한다.
② 파지의 DNA가 숙주세포 내부에 주입된다.
③ 파지 DNA와 단백질이 합성된다.
④ 파지가 성숙한다.
⑤ 숙주세포는 용균되어 파지가 방출된다.

6 파지의 예방대책

1. 최근 파지의 피해가 우려되는 발효공업

최근 미생물을 이용하는 발효공업에 있어서의 파지감염은 cheese, yoghurt, 항생물질, acetone–butanol 발효, 핵산관련 물질, glutamic acid 발효에 관련된 세균과 방선균에 자주 발생한다.

2. 예방대책

숙주세균과 phage의 생육조건이 거의 일치하기 때문에 일단 감염되면 중지시키는 방법은 거의 없다. 그러므로 예방하는 것이 최선의 방법이다.

① 공장과 그 주변 환경을 미생물학적으로 청결히 하고, 기기의 가열살균, 약품살균을 철저히 한다.

② phage의 숙주 특이성을 이용하여 숙주를 바꾸어 phage 증식을 사전에 막는 starter rotation system을 사용한다. 특히 치즈 제조에 사용되는데, starter를 2균주 이상 조합하여 매일 바꾸어 사용한다.

③ 약재 사용 방법으로서 chloramphenicol, streptomycin 등 항생물질의 저농도에 견디고 정상발효하는 내성균을 사용한다.

제3장 미생물의 분리보존 및 균주개량

01 미생물의 분리

1 목적

많은 미생물로부터 특정한 성질 또는 능력을 가진 균주를 순수하게 분리하여 우리가 원하는 성질이나 능력을 최대한 발휘시키는 것이 목적이다.

2 미생물의 확보

① 자연계 존재하는 균을 직접 채취

② 균주 보존기관에서 분양 받음

3 미생물의 분리방법

1. 시료의 채취

① 분리 조건 결정 : 목적하는 미생물의 생리적 특성을 미리 예측 할 수 있을 경우에는 미생물의 영양, 온도, 산소량, 염농도, pH 등 여러 인자를 고려하여 분리조건을 결정한다.

② 분리원의 선택 : 분리 목적에 적합한 균의 생리적 특성과 생태적인 분포를 고려하여 분리원을 선택한다.

예 염전은 호염균, 온천은 고온균 등

2. 집적배양(enrichment)

① 직접분리법(direct isolation) : 집락(colony)이 서로 충분히 분리되어 외관이 대표적이라고 생각되는 것을 선택한다.

② 집적배양법(enrichment culture) : 분리하려는 미생물이 소수로 존재할 때, 선별 액체배지와 선별 조건을 이용하여 미생물을 선택적으로 성장시키는 방법이다.

3. 순수분리기술

① 획선평판배양법(streaked plate culture) : 평판 접시에 화염 멸균한 백금이를 시료액에 적셔서 지그재그로 획선한 후 그은 선의 끝 부분을 다시 반복적으로 획선하며, 획선에 의한 균이 감소되는 것을 이용한다.

② 도말평판배양법(spread plate culture) : 균액을 단계적으로 희석한 후 시료액 0.1ml를 떨어뜨리고 유리 spreader로 배지표면을 골고루 도말하여 시료액을 잘 건조시킨다.

③ 희석진탕배양법(dilute shake culture) : 균액을 단계적으로 희석한 후 배지와 녹은 한천을 섞은 후 굳히고 배양한다. 혐기균 선별에 이용한다.

④ 단일세포분리법(single cell isolation) : 현미경 하에서 micromanipulator를 이용한다. micromanipulator는 500~1000배 배율에서 효과적으로 미생물을 분리하는 기계이다.

⑤ 막분리법(membrane filter method) : 균수가 극히 적은 하천수 등에서 균을 분리한다.

4. 검색

많은 미생물들로부터 관심있는 미생물만 순수 분리하는 고도의 선별과정이고 저해환 생성법을 사용한다.

① 항생제 생산균 : 미리 시험균을 접종시켜 둔 한천평판에 생산성을 검토하려는 균을 중복하여 접종하면 알 수 있다.

② 약리활성물질 생산균 : 인체의 대사계의 key 효소 함유배지에 약리활성물질을 넣고 저해지역을 측정한다.

③ 생육인자 생성균 : 아미노산 생산균의 경우 영양요구성 균주(auxotroph)가 포함된 배지위에 아미노산 생산균을 도말하여 측정한다.

④ 다당균 생산균 : 점질물을 분리하는 colony를 선별한다.

⑤ 유기산 생성균 : pH 지시약 함유배지로 색깔 변화를 관찰하거나 $CaCO_3$ 함유배지로 용해 정도를 측정한다.

⑥ 세포 외 효소 생성균 : 색깔 형성이나 투명환을 관찰한다.

▷ amylase : soluble starch의 분해 → iodine 염색
▷ protease : casein의 용해 → 투명환
▷ cellulase : cellulose의 용해 → 투명환

5. 동정 및 명명

① 동정 : 대상 미생물의 성질조사 결과로부터 분류체계에 따른 그 미생물의 분류상의 위치를 결정한다.

② 명명 : 동정의 결과 새로운 미생물에 대하여 명명법에 따라 학명이 주어진다.

02 미생물의 보존

1 목적

한 균주를 오염되지 않게 변화나 변이 없이 가능한 한 원래의 분리된 그 상태를 순수하게 그대로 유지하는 것이다.

2 미생물 보존의 원리

세포 내에 함유되어 있는 수분을 조절함과 동시에 이 수분들이 관여하여 일어나는 생체대사를 조절하기 위하여 환경을 조절하는 것이다.

1. 대사 반응을 저하시키는 방법

① 저온 유지 : 계대배양 보존법
② 산소 제한 : 파라핀 중층법
③ 영양분 제한 : 현탁 보존법

2. 수분을 한정시켜 대사 반응을 정지시키는 방법

① 수분의 이동을 정지시키는 방법 : 냉동 보존법
② 수분을 제거시키는 방법 : 건조 보존법, 동결건조 보존법, 담체 보존법

3. 유의사항

① 생존율 : 장기간 생존 가능하고, 보존 중 사멸을 방지할 것
② 형질 유지 : 보존 중 변이같은 형질변화가 없을 것
③ 경제성 : 비교적 적은 비용으로 보존 가능할 것
④ 간편성 : 보존 시료 조제의 조작이나 용기가 가능한 한 간단할 것
⑥ 안전성 : 오염이 되지 않고 접종원으로 반복사용이 가능할 것

3 균주의 보존법

1. 계대배양 보존법

① 보존균주를 적당한 한천배지를 사용하여 사면(slant) 배양한 것을 2~10℃, 습도 55%의 저온실 내에 보존하고 1~2개월에 한 번씩 정기적으로 계대하면서 보존하는 방법이다.
② 배지는 탄수화물, 단백질 등 영양분이 풍부하지 않은 것을 사용한다.
③ 유전적 변이가 일어나기 쉽고, 작업이 많고, 잡균 오염 가능성이 크다.

2. 유동파라핀 중층법

① 사면 한천배지에 생육한 균체 위에 멸균한 유동파라핀을 중층하여 냉장 또는 실온에 보관하는 방법이다.
② 계대 보존법을 개선한 방법으로 산소의 공급을 제한하여 대사를 억제하고 수분 증발을 방지하므로 수년간 장기간 보존이 가능하다.

3. 현탁 보존법

① 세포 또는 포자를 유기 영양원이 함유되지 않은 완충액 등에 현탁하여 보존하는 방법이다.
② 곰팡이, 효모, 방선균 등 동결건조에 의하여 장기보존이 어려운 경우에 사용한다.

4. 담체 보존법

대부분의 균체는 건조 시 사멸하지만 포자 형성 균주와 같은 특수한 경우에는 적당한 용제에 건조시켜 보존하면 대사기능이 정지되어 휴지 상태로 장기간 생존한다.

(1) 토양 보존법

① 토양을 건조한 후 2회 정도 살균한 후 무균 검사를 하고 균액을 첨가한다.
② 포자 형성 세균, 방선균, 곰팡이에 사용한다.

(2) 모래 보존법

① 바다모래를 산, 알칼리, 물로 잘 세척하여 건열 멸균을 한다.
② 균 배양액을 넣고 모래와 잘 혼합하여 진공건조 후 상압에서 밀봉하여 보존한다.

5. 동결 보존법

① 세포를 동결하여 대사활동을 정지시켜 장기간 생존하게 하는 보존법이다. 미생물의 적용 범위, 생존기간, 형질의 안정성 등이 뛰어난 보존법이다.
② 건조조건에서 생존율이 현저히 떨어지는 균, 포자 형성이 어려운 곰팡이, 미세조류, 원생동물, 동식물세포, 적혈구, 암세포, 정자 등의 보존에 사용한다.
③ 분산매는 20% glycerol, 10% dimethylsulfoxide, 탈지유, 혈청 등이 사용된다.
④ 급속동결시키면 세포 내에 얼음 결정이 생겨 생존율이 저하될 수 있으므로 완만동결을 해야 한다.
⑤ 냉동보존 온도조건
▷ 냉동고(freezer) : −20℃
▷ 초저온 냉장고(deep freezer) : −70℃
▷ 액체질소 : −196℃

6. 동결건조 보존법

① 미생물 균체를 동결한 다음 감압 하에서 충분히 동결건조시키고 밀봉하여 5~7℃의 저온에 보존하는 방법이다.
② 균체로부터 대부분의 물을 제거하면 세포의 생활반응이 정지된 상태가 되어 장기간의 보존이 가능하게 된다.

7. L−건조 보존법

① 동결건조법에서 초기에 동결에 의한 장해를 받기 쉬운 세균의 보존을 위한 진공건조법이다.
② 생존율이 좋고 장기보존이 가능하다. 갑작스러운 온도 하강으로 균의 사멸 위험성을 감소시킬 수 있는 방법이다.

03 유전자 조작(gene manipulation)

1 정의

유전자의 여러 가지 기능을 분석하거나 특정 유전자를 작용시켜 단백질이나 펩타이드를 발현시키기 위해서는 유전자를 특별한 효소로 절단해 연결하거나 또는 이렇게 하여 만든 재조합 DNA를 세포에 넣어 증식시키지 않으면 안 된다. 이와 같이 인위적으로 유전자를 재조합하는 조작을 유전자 조작이라고 한다.

2 유전자 조작의 개요

① 유전자 DNA를 세포에서 분리하고 정제하여 이것에 적당한 제한효소를 작용시켜 특정한 유전자를 함유한 작은 단편을 만들어 분리한다. 목적하는 유전자 DNA를 다량으로 얻기 어려울 때에는 세포에서 mRNA를 분리하여 여기에서 목적하는 유전자에 대응하는 mRNA에 상보적인 DNA(cDNA)를 만든다. 이와 같이 준비한 DNA 단편을 passenger DNA라고 부른다.

② passenger DNA에서 유래하는 세포와 동종 혹은 이종의 세포에서 그 세포질 중에 존재하여 자율적으로 증식하는 환상 2본쇄의 DNA를 분리 정제한다. 보통 플라스미드, phage DNA, mitochondria DNA 또는 어떤 종류의 바이러스 DNA 등이 사용되며 이것을 벡터(vector)라고 한다.

③ 벡터(vector) DNA의 한 곳을 제한효소로 절단하고 여기에 DNA 연결효소(ligase)를 작용시켜 passenger DNA를 결합시켜 재조합체(recombinant)를 만든다. 벡터를 절단할 때에는 그 자신의 자율적 증식에 필요한 부위를 파손시키지 않도록 제한 효소를 선택하지 않으면 안 된다.

④ 원래의 벡터가 생존, 증식될 수 있는 세포 중에 재조합 DNA(recombinant DNA)를 주입하여 세포의 증식과 함께 증폭시킨다.

⑤ 증폭된 재조합체를 추출, 정제하여 목적으로 하는 유전자 부위를 끊어내어 모으고 이것을 유전자 구조의 해석 등의 실험에 공급한다. 이것을 DNA 클로닝이라고 한다. 또는 숙주세포 중에 발현시켜 목적으로 하는 유용단백질을 얻는다.

3 유전자 조작에 필요한 주요 효소

① 제한효소(restriction enzyme) : DNA 분자 내에서 특정 염기서열을 인식 절단하는 효소

② 알칼리 포스파타아제(alkaline phosphatase) : DNA와 RNA의 5′ 말단의 인산기를 제거해주는 효소

③ 폴리뉴클레오타이드 키나아제(polynucleotidekinase) : 인산기를 붙여 주는 효소

④ T4-DNA 리가아제(ligase) : 이인산에스터 공유결합 형성

4 유전자 조작에 이용되는 벡터(vector)

① 유전자 재조합 기술에서 원하는 유전자를 일정한 세포(숙주)에 주입시켜 증식시키려면 우선 이 유전자를 숙주세포 속에서 복제될 수 있는 DNA에 옮겨야 한다. 이때의 DNA를 운

반체(백터)라 한다.

② 운반체로 많이 쓰이는 것에는 플라스미드(plasmid)와 바이러스(용원성 파지, temperate phage)의 DNA 등이 있다.

③ 운반체로 사용되기 위한 조건
- ▷ 숙주세포 안에서 복제될 수 있게 복제 시작점을 가져야 한다.
- ▷ 정제과정에서 분해됨이 없도록 충분히 작아야 한다.
- ▷ DNA 절편을 클로닝하기 위한 제한효소 부위를 여러 개 가지고 있어야 한다.
- ▷ 재조합 DNA를 검출하기 위한 표지(marker)가 있어야 한다.
- ▷ 숙주세포 내에서의 복제(copy)수가 가능한 한 많으면 좋다.
- ▷ 선택적인 형질을 가지고 있어야 한다.
- ▷ 제한효소에 의하여 잘려지는 부위가 있어야 한다.
- ▷ 하나의 숙주세포에서 다른 세포로 스스로 옮겨가지 못하는 것이 더 좋다.

5 유전자 조작의 산업적 이용 분야

① 단백질의 대량생산 : 인슐린, 생장호르몬, 인터페론 등

② 백신개발 : 인플루엔자, 간염 등

③ 혈액응고인자, 혈관생성억제제 등의 대량생산

④ 새로운 항생물질의 생산

⑤ 유전병 환자의 원인규명과 치료제 개발

⑥ 유용한 유기화합물을 산업적으로 생산

⑦ 효소의 대량생산

⑧ 품종 육종

⑨ 발효공정의 개선

04 세포융합(cell fusion, protoplast fusion)

1 정의

서로 다른 형질을 가진 두 세포를 융합하여 두 세포의 좋은 형질을 모두 가진 새로운 우량형질의 잡종세포를 만드는 기술을 말한다.

2 세포융합 유도과정

① 세포의 protoplast화 또는 spheroplast화

② protoplast의 융합

③ 융합체(fusant)의 재생(regeneration)

④ 재조합체의 선택, 분리의 단계

3 세포융합의 방법

1. 세포융합

미생물의 종류에 따라 다르나 공통되는 과정은 적당한 한천배지에서 증식시킨 적기(보통 대

수중식기로부터 정상기로 되는 전환기)의 균체를 모아서 sucrose나 sorbitol과 같은 삼투압 안정제를 함유하는 완충액에 현탁하고 세포벽 융해효소로 처리하여 protoplast로 만든다.

2. 세포벽 분해효소

① 효모의 경우 달팽이의 소화효소(snail enzyme), *Arthrobacter luteus*가 생산하는 zymolyase 그리고 β-glucuronidase, laminarinase 등이 사용된다.

② 곰팡이는 *Trichoderma viride*의 drielase, *Streptomyces orientalis*의 chitinase 또는 달팽이의 소화효소 등이 사용된다.

③ 방선균, *Bacillus subtilis* 등 세균은 난백 리소자임(lysozyme)이 사용된다.

④ 고등식물의 세포에는 셀룰라아제(cellulase)가 쓰인다.

05 돌연변이

1 정의

생물의 유전적 변화를 넓은 의미로 변이라고 하며, 이 중에서 유전자 조작에 의하거나 분리의 법칙 등에 의하지 않는 유전자상의 변화를 돌연변이라 부른다. 즉, DNA 염기서열의 변화에 의하여 유전정보에 변화가 생기는 경우를 말한다.

2 자연돌연변이와 인공돌연변이

1. 자연돌연변이(spontaneous mutation)

자연적으로 일어나는 변이로 극히 낮은 빈도(10^{-8}~10^{-9})로 발생한다.

2. 인공돌연변이(artificial mutation)

여러 가지 변이원을 사용하여 물리적, 화학적으로 처리함으로써 발생한다.

(1) 유전자 돌연변이

① 점 돌연변이(point mutation) : DNA 염기 서열 중에서(adenine, guanine, cytosine, thymine) 하나의 염기서열이 바뀌는 경우를 말한다. 이렇게 네가지 염기 중 하나가 다른 염기로 바뀜으로써 유전정보에 손상이 발생한다.

미스센스 돌연변이(missense mutation)

▷ DNA 염기 하나가 다른 종류의 염기로 바뀜으로서, 아미노산이 다른 아미노산으로 바뀌어 만들어지는(암호화되는) 돌연변이를 말한다. 나중에 단백질 서열 변화에 영향을 미쳐서 비정상 단백질이 만들어지므로 큰 문제를 야기시킬 수 있다.

넌센스 돌연변이(nonsense mutation)

▷ DNA 염기 하나가 다른 종류의 염기로 바뀜으로서, 그 부분에 종결코돈이 생기는 돌연변이를 말한다. 실제 발현하는 단백질 서열보다 짧은 서열을 만들기 때문에 치명적인 돌연변이이다.

② 격자이동 돌연변이(frame shift mutation) : 유전자 배열에 1개의 뉴클레오티드가 첨가 또는 결실됨에 따라 트리플렛의 3개 염기 조합이 변동되어 번역 격자가 달라짐으로써 원래 지정된 단백질과는 전혀 다른 단백질을 생산하는 돌연변이이다.

(2) 돌연변이원(mutagen)

① 물리적 돌연변이원 : X-선, γ-선, 중성자, 고온, 저온 등

② 화학적 돌연변이원(화학물질)

알킬화제(alkylation agent)

▷ DNA의 염기에 알킬기(CH_3-, CH_3CH_2-)를 전달하는 작용을 하며, py이나 pu를 변화시켜 염기쌍을 만들 때 착오를 일으키게 하거나 저절로 화학적 변화가 일어나도록 염기를 약화시키는 물질들이다.

▷ 낮은 돌연변이 특이성 : 전위(transition), 전환(transversion), frameshift 그리고 염색체 이상의 모든 종류의 돌연변이를 유발한다.

▷ ENU(ethylnitrosourea), EMS(ethylmetanesulfonate), DMS(dimethyl sulfate), DPT(3,3-dimethyl-1-phenyl triazene), mustard gas, MNNG, MMS 등

염기유사물(base analogue)

▷ DNA의 4분자와 유사한 화합물인 DNA 분자로 합성될 수 있다.

▷ 복제하는 동안 standard base가 치환되어 다음 세대 daughter cell에 새로운 염기쌍이 나타나는 경우이다.

▷ AT⇔GC 전이(transition) 돌연변이를 일으킨다.

▷ 5-bromouracil(thymine의 유사물질), 2-aminopurine(adenine의 유사물질) 등

염기쌍 유사물질의 삽입(intercalating agent)

▷ 변이원의 길이가 염기쌍 길이와 유사하여 DNA 서열 사이로 삽입되어 새로운 염기쌍을 생성시킨다.

▷ 해독틀 이동 돌연변이(frame shift mutation)를 유발한다.

▷ acridine orange, proflavin, acriflavin, ICR170 등

산화적 탈아미노반응(deamination agent)

▷ 아질산(nitrous acid)은 DNA의 Pu, Py의 잔기를 탈아미노화 한다.

▷ AT⇔GC 전이(transition)를 유발한다.

hydroxylating agent

▷ hydroxylamine(NH_2OH)은 cytosine의 amino group을 hydroxylation(수산화)한다.

▷ GC⇔AT transition전이(GC에서 AT로의 전위만)를 유발한다.

▷ 하이드록실아민의 특이성 때문에 정 돌연변이(forward mutation)를 분석하는 데 매우 유용하다.

DNA 변형물질(DNA modifying agent)

▷ DNA와 반응하여 염기를 화학적으로 변화시켜 딸세포의 base pair를 변화시킨다.

▷ nitrous acid, hydroxylamine(NH_2OH), alkylating agent(EMS)

③ 생물학적 돌연변이원 : HBV(B형 간염바이러스)

3 DNA의 수복기구

1. 광회복(photoreactivation)

① DNA에 자외선을 조사하면 2분자의 티민(T) 사이에 화합결합이 생겨 티민이량체(thymine dimer)가 된다.

② 이 이량체가 생기면 DNA 합성이나 RNA 합성을 할 수 없게 되어 세포는 큰 영향을 받는다.

③ 이런 경우에 가시광선(300~480nm)을 조사하면 활성화된 광회복효소(DNA photolyase)가 이량체(dimer)를 원래의 형태(monomer)로 되돌려 놓는다. 이것을 광회복이라고 한다.

2. 제거 수복(excision repair)

① 자외선으로 pyrimidine dimer가 생기거나, 항암제인 mitomycin C 등이 DNA에 결합하였을 때 또는 알킬화제나 아질산이 작용하여 염기에 손상이 생겼을 경우 빛이 없는 조건에서 손상부분을 잘라내어 수복하는 기구를 제거수복이라고 한다.
② DNA 선상을 움직이는 효소가 한쪽 가닥에서 몇 개의 염기와 함께 dimer를 절단한다.
③ DNA polymerase와 ligase가 반대쪽 가닥을 주형으로 사용하여 새로운 nucleotide를 만들어 그 gap(틈)을 채운다.

3. 재조합 수복(recombination repair)

① 복제와 재조합에 의한 수복이다.
② 손상을 입은 DNA가 복제 시에 손상을 입은 염기에 대응하는 부위에 gap이 있는 DNA 가닥을 드물게 만들고 이 gap이 있는 부위가 재조합에 의해서 원래의 DNA 가닥으로 채워져서 수복되는 현상을 재조합수복이라 한다.
③ DNA polymerase 1이 관여하고 있다.

4. SOS 수복(transdimer synthesis)

① error-prone repair system이다.
② 정상적인 복제에 있어서는 DNA 합성이 저지될 DNA 주형상의 손상을 넘어서 계속 합성이 이루어지게 하는 수복기능이 있어서 합성은 진행되지만 수복된 염기배열에는 착오가 생기기 쉽다. 이와 같은 수복을 SOS 수복이라 한다.
③ DNA polymerase에 의해서 이루어지지만 유전정보가 결여되어 있는 상태에서 합성되기 때문에 염기배열은 원래의 것과 다른 것으로 될 가능성이 높다.
④ 결과적으로 변이체를 형성하게 된다.

 빈출문제

문제 {미생물 일반}

1 미생물의 명명법에 관한 설명 중 틀린 것은?

① 종명은 라틴어의 실명사로 쓰고 대문자로 시작한다.
② 학명은 속명과 종명을 조합한 2명법을 사용한다.
③ 세균과 방선균은 국제세균명명규약에 따른다.
④ 속명 및 종명은 이탤릭체로 표기한다.

2 세포의 세포구조에 대한 설명 중 틀린 것은?

① 점질층이나 협막은 세포의 건조 등과 같이 유해한 요소로부터 세포를 보호하는 기능을 갖는다.
② 세포벽은 물질의 투과 및 수송에 관여한다.
③ 단백질의 합성장소는 리보솜이다.
④ 염색체는 세포의 유전과 관련이 있다.

3 미생물 세포의 구성성분에 대한 설명 중 틀린 것은?

① 미생물 세포의 탄수화물은 세포벽이나 핵산과 결합한다.
② 미생물 세포의 가장 많이 차지하고 있는 성분은 수분이고, 대부분이 자유수로 존재한다.
③ 미생물 세포의 무기질 중 가장 많이 함유되어 있는 것은 마그네슘(Mg)이다.
④ 미생물 세포의 성분 조성은 생육의 시기, 배양 조건에 따라 다르다.

4 미생물의 세포막을 구성하는 주요물질은?

① 인지질(phospholipid)
② 지질다당류(lipopolysaccharide)
③ 다당류(polysaccharide)
④ 펩티도글리칸(peptidoglycan))

5 미생물에서 협막과 점질층의 구성물이 아닌 것은?

① 다당류 ② 폴리펩타이드
③ 지질 ④ 핵산

6 ATP를 소비하면서 저농도에서 고농도로 농도구배에 역행하여 용질분자를 수송하는 방법은?

① 단순 확산(simple diffusion)
② 촉진 확산(facilitated diffusion)
③ 능동 수송(active transport)
④ 세포 내 섭취작용(endocytosis)

7 단백질과 RNA로 이루어진 과립 형태의 물질로서 세포의 단백질 합성에 관여하는 세포내 기관은 무엇인가?

① 세포질(cytoplasm)
② 편모(flagella)
③ 메소좀(mesosome)
④ 리보솜(ribosome)

8 왓슨(Watson)과 크릭(Crick)이 처음으로 발견한 DNA의 구조는?

① 다중 나선구조 ② 2중 나선구조
③ 3중 나선구조 ④ 4차 입체구조

{미생물 일반}

1 종의 학명(scientfic name)

- 각 나라마다 다른 생물의 이름을 국제적으로 통일하기 위하여 붙여진 이름을 학명이라 한다.
- 현재 학명은 린네의 2명법이 세계 공통으로 사용된다.
  - 학명의 구성 : 속명과 종명의 두 단어로 나타내며, 여기에 명명자를 더하기도 한다.
  - 2명법 = 속명+종명+명명자의 이름
- 속명과 종명은 라틴어 또는 라틴어화한 단어로 나타내며 이탤릭체를 사용한다.
- 속명의 머리 글자는 대문자로 쓰고, 종명의 머리 글자는 소문자로 쓴다.

2 세균 세포구조의 특성

구조	기능
편모	운동력
선모(pili)	유성적인 접합과정에서 DNA의 이동통로와 부착기관
협막(점질층)	건조와 기타 유해요인에 대한 세포의 보호
세포벽	세포의 기계적 보호
세포막	투과 및 수송능
메소좀 (mesosome)	세포의 호흡능이 집중된 부위로 추정
리보솜 (ribosome)	단백질 합성
핵부위	세균 세포의 유전

3 미생물 세포의 무기질 중 가장 많이 함유되어 있는 것은 나트륨(Na)이다.

4 세포막(cell membrane)

- 세포와 세포 외부의 경계를 짓는 막으로 세포 내의 물질들을 보호하고 세포간 물질 이동을 조절한다.
- 주로 인지질과 단백질로 구성된 이중막이다.
- 양친매성(amphipathic)을 나타내는 인지질이 대칭적으로 분포하는 이중층 구조이다.
- 막의 내부는 소수성(hydrophobic, 비극성)을 띠는 인지질의 꼬리부분이, 외부는 친수성(hydrophilic, 극성)의 머리 부분이 위치한다.

5 협막 또는 점질층(slime layer)

- 대부분의 세균세포벽을 둘러싸고 있는 점성물질을 말한다.
- 협막의 화학적 성분은 다당류, polypeptide의 중합체, 지질 등으로 구성되어 있으며 균종에 따라 다르다.

6 능동 수송(active transport)

- 세포막의 수송단백질이 물질대사에서 얻은 ATP를 소비하면서 농도 경사를 거슬러서(낮은 농도에서 높은 농도 쪽으로) 물질을 흡수하거나 배출하는 현상이다.
- 적혈구나 신경세포의 Na^{+}–K^{+}펌프, 소장에서의 양분 흡수, 신장의 세뇨관에서의 포도당 재흡수 등의 예가 있다.

7 리보솜(ribosome)

- 단백질 합성이 일어나는 곳이다.
- 진핵과 원핵세포의 세포질에 들어 있다.

8 DNA의 구조

- Watson과 Crick은 DNA가 2중 나선구조를 이루고 있음을 밝혀냈다.
- DNA는 두 줄의 나선구조를 하고 있다.
- 사슬과 수직 방향으로, 2중 나선 안쪽 공간으로 염기가 위치한다. DNA의 2중 나선은 A와 T, G와 C 사이의 수소결합과 염기쌍과 염기쌍 사이의 소수성결합에 의해 안정화한다.
- 나선을 구성하는 nucleotide의 방향은 5′→3′, 다른 한쪽은 3′→5′ 방향으로 역평형이다.

정답				
	1 ①	2 ②	3 ③	4 ①
	5 ④	6 ③	7 ④	8 ②

식품미생물학

9 미생물 세포의 핵산에 관한 설명 중 틀린 것은?

① 미생물이 함유하는 DNA의 양은 항상 RNA의 양보다 많고 DNA의 함량은 균의 배양시기에 따라 차이를 나타낸다.
② RNA는 단백질의 합성이 왕성할 때 증가하다가 이후 감소하지만 DNA의 양은 거의 일정하다.
③ DNA는 세포의 분열 증식 등 유전에 관여한다.
④ RNA는 단백질의 합성과 효소의 생산에 관여한다.

10 미생물 세포의 핵산에 관한 설명 중 틀린 것은?

① 세포의 증식이 왕성할수록 RNA 함량은 감소한다.
② RNA 함량은 균의 배양시기에 따라 차이를 나타낸다.
③ DNA는 유전정보를 가지고 있다.
④ RNA는 세포 내에서 쉽게 분해된다.

11 세포 내의 막계(membrane system)가 분화, 발달되어 있지 않고 소기관이 존재하지 않는 미생물은?

① *Saccharomyces*속
② *Escherichia*속
③ *Candida*속
④ *Aspergillus*속

12 다음 세포의 구조 중 표면에 달라붙거나 미생물끼리 부착될 수 있도록 하는 것은?

① 편모(flagella)
② 선모(pilus)
③ 리보솜(ribosome)
④ 핵부위(nucleoid)

13 편모에 관한 설명 중 틀린 것은?

① 주로 구균이나 나선균에 존재하며 간균에는 거의 없다.
② 세균의 운동기관이다.
③ 위치에 따라 극모와 주모로 구분된다.
④ 그람 염색법에 의해 염색되지 않는다.

14 다음 편모균 중 주모종은?

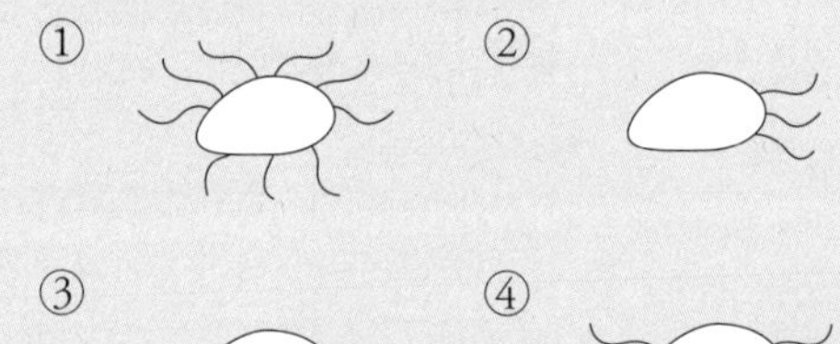

15 미생물의 표면 구조물 중 유전물질의 이동에 관여하는 것은?

① 편모(flagella)
② 섬모(cilia)
③ 필리(pili)
④ 핌브리아(fimbriae)

9 미생물 세포의 핵산

- DNA는 유전정보를 가지고 있다.
- DNA와 RNA로서 세포 내에 존재하는 DNA의 양은 RNA의 양보다 적고, 거의 일정하지만 RNA의 양은 생육시기에 따라서 현저하게 다르다.
- RNA는 단백질의 합성이 왕성할 때 증가하다가 이후 감소하지만 DNA의 양은 거의 일정하다.

10 9번 해설 참조

11 곰팡이·효모 세포와 세균 세포의 비교

성질	곰팡이·효모 세포	세균 세포
세포의 크기	통상 2㎛ 이상	통상 1㎛ 이하
핵	핵막을 가진 핵이 있으며, 인이 있다.	핵막을 가진 핵이 없고(핵부분이 있다), 인이 없다.
염색체수	2개 내지 그 이상	1개
소기관 (organelle)	미토콘드리아, 골지체, 소포체를 가진다.	존재하지 않는다.
세포벽	glucan, mannan-protein 복합체, cellulose, chitin(곰팡이)	mucopolysaccharide, teichoic acid, lipolysaccharide, lipoprotein

※ *Saccharomyces*속과 *Candida*속은 효모이고, *Aspergillus*속은 곰팡이이고, *Escherichia*속은 세균이다.

12 세포의 구조

- 편모(flagella) : 운동 또는 이동에 사용되는 세포 표면을 따라서 돌출된 구조물(긴 채찍형 돌출물)
- 선모(pilus) : 유성적인 접합과정에서 DNA의 이동 통로와 세포표면에 부착하는 부착기관
- 리보솜(ribosome) : 단백질 합성이 일어나는 곳
- 핵부위(핵양체, nucleoid) : 한 개의 긴 환상구조의 이중사슬 DNA 분자, 즉 염색체로 구성되어 있다. 이 DNA는 유전정보를 전달하고 보존하는 기능을 담당

13 편모(flagella)

- 세균의 운동기관이다.
- 편모는 위치에 따라 극모와 주모로 대별한다.
- 극모는 단모, 속모, 양모로 나뉜다.
- 주로 간균이나 나선균에만 존재하며 구균에는 거의 없다.
- 편모의 유무, 수, 위치는 세균의 분류학상 중요한 기준이 된다.

14 편모균

- 주모균(①) : 균체 주위에 많은 편모가 부착되어 있는 균
- 속모균(②와 ④) : 세포의 한 끝 또는 양 끝에 다수의 편모가 부착된 균
- 양모균(③) : 세포의 양 끝에 각각 1개씩 부착된 균
- 단모균 : 세포의 한 끝에 한 개의 편모가 부착된 균

15 미생물의 표면 구조물

- 편모(flagella) : 운동 또는 이동에 사용되는 세포 표면을 따라서 돌출된 구조물(긴 채찍형 돌출물)
- 섬모(cilia) : 운동 또는 이동에 사용되는 세포 표면을 따라서 돌출된 구조물(짧은 털 같은 돌출물)
- 선모(pili) : 유성적인 접합과정에서 DNA의 이동 통로와 부착기관
- 핌브리아(fimbriae) : 짧고 머리털 같은 부속지로서 세균 표면에 분포하며 숙주 표면에 부착하는 데 도움을 주는 기관

정답				
	9 ①	10 ①	11 ②	12 ②
	13 ①	14 ①	15 ③	

16 미생물 세포의 구조에 대한 설명으로 옳은 것은?

① 원핵세포에는 메소좀(mesosome) 대신 미토콘드리아(mitochondria)가 있다.
② 진핵세포에서 핵은 핵막에 의해 세포질과 구별되어 있다.
③ 진핵세포에는 핵부위(nuclear rigion)가 있다.
④ 원핵세포의 세포벽은 주로 글루칸(glucan)과 만난(mannan)으로 구성되어 있다.

17 원핵세포에 대한 설명 중 틀린 것은?

① 모든 세균은 원핵생물이고 진핵생물에 비해 단순한 구조를 이룬다.
② 세포막이나 다른 생체막은 지질이중층에 단백질이 삽입되어 있는 형태로 이루어졌다.
③ 그람음성균의 세포벽은 두껍고 균일한 펩티도글리칸(peptidoglycan)과 테이코산(teichoic acid)으로 이루어진 층을 이룬다.
④ 세포질에는 봉입체와 리보솜이 들어있다.

18 원핵세포 구조를 하고 있는 것은?

① 곰팡이(mold)
② 효모(yeast)
③ 세균(bacteria)
④ 박테리오파지(bacteriophage)

19 원핵세포의 특징이 아닌 것은?

① 핵양체가 있다.
② 인이 있다.
③ 세포벽은 펩티도글리칸층으로 구성되어 있다.
④ 미토콘드리아 대신에 메소좀을 가지고 있다.

20 원핵세포의 구조적 특징이 아닌 것은?

① DNA가 존재하는 곳에 특정한 막이 없다.
② 세포벽이 있다.
③ 유사분열을 볼 수 있다.
④ 세포에 따라 운동성 기관인 편모가 존재한다.

21 전사(transcription)와 번역(translation)이 동시에 일어나는 세포는?

① 진핵세포(eukaryotic cell)
② 원핵세포(procaryotic cell)
③ 동물세포
④ 식물세포

22 진핵세포로 이루어져 있지 않은 것은?

① 곰팡이　　② 조류
③ 방선균　　④ 효모

16 미생물 세포의 구조

- 원핵세포에는 미토콘드리아(mitochondria) 대신 메소좀(mesosome)이 있다.
- 진핵세포에는 핵(nuclear)이 존재하고 핵은 핵막에 의해 세포질과 구별되어 있다.
- 원핵세포에는 핵부위(nuclear region)가 존재하고, 핵부위는 이중사슬 DNA로 구성되어 있다.
- 진핵세포의 세포벽은 chitin, glucan, mannan, lipid, protein 등으로 구성되어 있다.
- 원핵세포의 세포벽은 그람양성 세균은 mucopeptide, teichoic acid, polysaccharide, 그람음성 세균은 lipid, lipoprotein, lipopolysaccharide, mucopeptide, protein, 방선균은 mucopeptide 등으로 구성되어 있다.

17 원핵세포 세포벽

- gram 양성균의 세포벽은 peptideglucan 이외에 teichoic acid, 다당류 아미노당류 등으로 구성된 mucop olysaccharide을 함유하고 있다.
- gram 음성균의 세포벽은 지질, 단백질, 다당류를 주성분으로 하고 있고, 각종 여러 아미노산을 함유하고, 일반 양성균에 비하여 lipopolysaccharide, lipoprotein 등의 지질 함량이 높고 glucosamine 함량은 낮다.

18 원생생물(protists)

- 고등미생물은 진핵세포로 되어 있다.
  - 균류, 일반조류, 원생동물 등
  - 진균류 ┌ 조상균류 : 곰팡이(***Mucor***, ***Rhizopus***)
    └ 순정균류 : 자낭균류(곰팡이, 효모), 담자균류(버섯, 효모), 불완전균류(곰팡이, 효모)
- 하등미생물은 원핵세포로 되어 있다.
  - 세균, 방선균, 남조류 등

19 원시핵세포(하등미생물)와 진핵세포(고등미생물)의 비교

	원핵생물 (procaryotic cell)	진핵생물 (eucaryotic cell)
핵막	없다.	있다.
인	없다.	있다.
DNA	단일분자, 히스톤과 결합하지 않는다.	복수의 염색체 중에 존재, 히스톤과 결합하고 있다.
분열	무사분열	유사분열
생식	감수분열 없다.	규칙적인 과정으로 감수분열을 한다.
원형질막	보통 섬유소가 없다.	보통 스테롤을 함유한다.
내막	비교적 간단, mesosome	복잡, 소포체, golgi체
ribosome	70s	80s
세포기관	없다.	공포, lysosome, micro체
호흡계	원형질막 또는 mesosome의 일부	mitocondria 중에 존재한다.
광합성 기관	mitocondria는 없다. 발달된 내막 또는 소기관, 엽록체는 없다.	엽록체 중에 존재한다.
미생물	세균, 방선균	곰팡이, 효모, 조류, 원생동물

20 19번 해설 참조

21 원핵세포와 진핵세포

- 원핵세포 : 전사와 번역이 동시에 일어나고 번역이 일어날 때 폴리시스트론의 성격을 보인다.
- 진핵세포 : 전사는 핵에서, 번역은 세포질에서 따로 일어나고 번역이 일어날 때 모노시스트론의 성격을 보인다.

22 18번 해설 참조

정답	16 ②	17 ③	18 ③	19 ②
	20 ③	21 ②	22 ③	

23 진핵세포의 특징에 대한 설명 중 틀린 것은?

① 염색체는 핵막에 의해 세포질과 격리되어 있다.
② 미토콘드리아, 마이크로솜, 골지체와 같은 세포 소기관이 존재한다.
③ 스테롤 성분과 세포골격을 가지고 있다.
④ 염색체의 구조에 히스톤과 인을 갖고 있지 않다.

24 진핵세포의 소기관 중 호흡작용과 산화적 인산화에 의해 에너지를 생산하는 역할을 하는 기관은?

① 미토콘드리아 ② 골지체
③ 편모 ④ 리보솜

25 다음 중 진핵생물 소기관의 특성과 기능이 맞지 않는 것은?

① 미토콘드리아 – 에너지 발생, 호흡
② 소포체 – 탄수화물 합성
③ 골지체 – 효소 및 거대분자 분비
④ 액포 – 음식 소화, 노폐물 배출

26 원핵세포와 진핵세포의 차이점이 아닌 것은?

① 핵막의 유무
② 세포분열방법
③ 세포벽의 유무
④ 미토콘드리아의 유무

27 원핵세포(procaryotic cell)와 진핵세포(eucaryotic cell)를 구별하는 데 가장 관계가 깊은 것은?

① 색소 생성능
② 섭취영양분의 종류
③ 세포의 구조
④ 광합성 능력

28 고등미생물의 진핵세포와 하등미생물의 원핵세포에 공통으로 존재하는 것은?

① 메소좀 ② 편모
③ 미토콘드리아 ④ 세포질

29 세균의 생육곡선과 관계가 없는 용어는?

① 유도기(lag phase)
② 정지기(stationary phase)
③ 산화기(oxidation phase)
④ 대수기(logarithmic phase)

30 세균의 증식에서 볼 수 있는 유도기(lag phase)가 생기는 이유는?

① 새로운 환경에 적응하기 위하여
② dipicolinic acid를 합성하기 위하여
③ 편모를 형성하기 위하여
④ 캡슐(capsule)을 형성하기 위하여

31 미생물의 증식곡선에서 환경에 대한 적응 시기로 세포수 증가는 거의 없으나 세포 크기가 증대되며 RNA 함량이 증가하고 대사활동이 활발해지는 시기는?

① 유도기(lag phase)
② 대수기(logarithmic phase)
③ 정상기(stationary phase)
④ 사멸기(death phase)

23 진핵세포(고등미생물)의 특징

- 핵막, 인, 미토콘드리아, 골지체 등을 가지고 있다.
- 메소좀(mesosome)이 존재하지 않는다.
- 편모가 존재하지 않는다.
- 유사분열을 한다.
- 곰팡이, 효모, 조류, 원생동물 등은 여기에 속한다.

24 진핵세포의 소기관

- 미토콘드리아(mitocondria) : 호흡작용과 산화적 인산화 반응을 통해 생명체의 에너지인 ATP를 합성하는 기관이다.
- 골지체(golgi body) : 단백질의 수송을 담당하는 세포 소기관이다.
- 편모(flagella) : 운동 또는 이동에 사용되는 세포 표면을 따라서 돌출된 구조물이다.
- 리보솜(ribosome) : 단백질 합성이 일어나는 곳이다.

25 소포체는 세포 내 물질의 수송을 위한 경로이며, 지질과 단백질 합성의 역할을 담당한다.

26 원핵세포(하등미생물)와 진핵세포(고등미생물)의 차이점

	원핵세포	진핵세포
세포의 크기	1μ 이하	통상 2μ 이상
세포의 구조	염색체가 세포질과 접촉하고 있다.	염색체는 핵막에 의해 세포질과 격리되어 있다.
세포벽	peptidoglycan (mucopeptide), polysacchride, lipopolysac-chride, lipoprotein, teichoic	glucan, mannan-protein 복합체, cellulose, chitin
세포분열	무사분열	유사분열
소기관 (organella)	존재하지 않는다.	미토콘드리아, 마이크로솜, 골지체, 액포 등
핵막	존재하지 않는다.	존재한다.
염색체	단일, 환상	복수로 분할되어 있다.
리보솜	70s	80s
메소좀	존재한다.	존재하지 않는다.
편모	존재한다.	존재하지 않는다.
미생물	세균, 방선균	곰팡이, 효모, 조류, 원생동물

27 26번 해설 참조

28 26번 해설 참조

29 세균과 효모의 증식곡선

- 유도기 : 미생물이 새로운 환경에 적응하는 시기
- 대수기 : 세포분열이 활발하게 되고 균수가 대수적으로 증가하는 시기
- 정상기(정지기) : 영양물질의 고갈, 대사생성물의 축적, 산소부족 등으로 생균수와 사균수가 같아지는 시기
- 사멸기 : 환경 악화로 증식보다 사멸이 진행되어 생균수보다 사멸균수가 증가하는 시기

30 유도기(lag phase)

- 균이 새로운 환경에 적응하는 시기이다.
- 균의 접종량에 따라 그 기간의 장단이 있다.
- RNA 함량이 증가하고, 세포대사 활동이 활발하게 되고 각종 효소 단백질을 합성하는 시기이다.
- 세포의 크기가 2~3배 또는 그 이상으로 성장하는 시기이다.

31 30번 해설 참조

정답				
	23 ④	24 ①	25 ②	26 ③
	27 ③	28 ④	29 ③	30 ①
	31 ①			

32 **미생물의 증식곡선에 있어서 다음 기(期, phase) 중 세포의 생리적 활성이 강하고 세포의 크기가 일정하며 세포수가 급격히 증가하는 기는?**

① 유도기 ② 대수기
③ 정상기 ④ 사멸기

33 **미생물의 성장곡선 중 미생물 성장이 가장 활발하게 일어나는 과정은?**

① 유도기 ② 대수기
③ 정지기 ④ 사멸기

34 **발효 미생물의 일반적인 생육곡선에서 정상기(정지기, stationary phase)에 대한 설명으로 잘못된 것은?**

① 균수의 증가와 감소가 같게 되어 균수가 더 이상 증가하지 않게 된다.
② 전 배양기간을 통하여 최대의 균수를 나타낸다.
③ 세포가 왕성하게 증식하며 생리적 활성이 가장 높다.
④ 정상기 초기는 세포의 저항성이 가장 강한 시기이다.

35 **세균의 생육곡선 중 생균수가 일정하게 유지되고 최대의 세포수를 나타내는 시기는?**

① 유도기(lag phase)
② 정지기(stationary phase)
③ 산화기(oxidation phase)
④ 대수기(logarithmic phase)

36 **최초 세균수는 a이고 한 번 분열하는 데 3시간이 걸리는 세균이 있다. 최적의 증식조건에서 30시간 배양 후 총균수는?**

① $a \times 3^{30}$ ② $a \times 2^{10}$
③ $a \times 5^{30}$ ④ $a \times 2^{5}$

37 **60분마다 분열하는 세균의 최초 세균수가 5개일 때 3시간 후의 세균수는?**

① 90개 ② 40개
③ 120개 ④ 240개

38 ***Bacillus subtilis*(1개)가 30분마다 분열한다면 5시간 후에는 몇 개가 되는가?**

① 10 ② 512
③ 1024 ④ 2048

39 ***Saccharomycers cerevisiae*를 12시간 배양한 결과, 균수가 2에서 128로 증가할 때 세대수와 평균 세대시간은?**

① 세대수 = 64, 평균 세대시간 = 20분
② 세대수 = 7, 평균 세대시간 = 2시간
③ 세대수 = 6, 평균 세대시간 = 2시간
④ 세대수 = 5, 평균 세대시간 = 3시간

40 **대장균의 대수증식기에서 비증식속도(μ)가 2.303/hr이라면 평균 세대시간은?**

① 30분 ② 18분
③ 15분 ④ 2분

32 대수기(증식기, logarithimic phase)

- 세포는 급격히 증식을 시작하여 세포 분열이 활발하게 되고, 세대시간도 가장 짧고, 균수는 대수적으로 증가한다.
- 대사물질이 세포질 합성에 가장 잘 이용되는 시기이다.
- RNA는 일정하고, DNA가 증가하고, 세포의 생리적 활성이 가장 강하고 예민한 시기이다.
- 이때의 증식속도는 환경(영양, 온도, pH, 산소 등)에 따라 결정된다.

33 32번 해설 참조

34 정상기(정지기, stationary phase)

- 생균수는 일정하게 유지되고 총균수는 최대가 되는 시기이다.
- 일부 세포가 사멸하고 다른 일부의 세포는 증식하여 사멸수와 증식수가 거의 같아진다.
- 영양물질의 고갈, 대사생산물의 축적, 배지 pH의 변화, 산소공급의 부족 등 부적당한 환경이 된다.
- 생균수가 증가하지 않으며 내생포자를 형성하는 세균은 이 시기에 포자를 형성한다.

35 34번 해설 참조

36 총균수 계산

- 총균수 = 초기균수×$2^{세대기간}$
  3시간씩 30시간이면 세대수는 10,
  초기균수 a이므로,
  총균수 = a×2^{10}

37 총균수 계산

- 총균수 = 초기균수×$2^{세대기간}$
  60분씩 3시간이면 세대수는 3,
  초기균수 5이므로,
  5×2^3 = 40

38 총균수 계산

- $세대시간(G) = \frac{분열에\ 소요되는\ 총시간(t)}{분열의\ 세대(n)}$
  30분씩 5시간이면,
  $세대시간(G) = \frac{300}{30} = 10$
- 총균수 = 초기균수×$2^{세대기간}$
  $1 \times 2^{10} = 1024$

39 총균수 계산

- 총균수 = 초기균수×$2^{세대기간}$
  $128 = 2 \times 2^n$, n = 6
  $\frac{12시간}{6} = 2시간$

40 비증식속도(specific growth rate, μ)

- 단위시간당 증가하는 세포의 수 또는 질량
  $평균\ 세대시간(td) = \frac{0.693}{\mu}$
  $td = \frac{0.693}{2.303} = 0.3시간$
  0.3×60 = 18분

정답				
정답	32 ②	33 ②	34 ③	35 ②
	36 ②	37 ②	38 ③	39 ③
	40 ②			

식품미생물학

문제

41 **4분원법, 연속도말법의 균배양에 적합한 것은?**

① 혐기성 액체배양
② 호기적 사면배양
③ 호기적 평판배양
④ 혐기적 소적배양

42 **천자배양(stab culture)에 가장 적합한 것은?**

① 호염성균의 배양
② 호열성균의 배양
③ 호기성균의 배양
④ 혐기성균의 배양

43 **액체식품 중의 생존균수를 희석평판배양법으로 아래와 같이 측정하였을 때 식품 1ml 중의 colony 수는?**

> a. 액체식품 1ml를 살균생리식염수로 25ml가 되도록 희석하였다.
> b. a의 희석액 1ml를 새로운 멸균수로 25ml가 되도록 희석하였다.
> c. b의 희석액 1ml를 취하여 24ml의 한천배지에 혼합하여 평판배양하였다.
> d. 평판배양 결과 colony 수가 10개이었다.

① 6.0×10^3　② 6.3×10^3
③ 1.5×10^5　④ 1.6×10^5

44 **식품 중 세균수 측정을 위해 시료 25g과 멸균식염수 225ml을 섞어 균질화하고 시험액을 다시 10배 희석한 후 1ml을 취하여 표준평판배양하였더니 63개의 집락이 형성되었다. 세균수 측정 결과는?**

① 63cfu/g　② 630cfu/g
③ 6300cfu/g　④ 63000cfu/g

45 **식품공전에 의거, 일반세균수를 측정할 때 10000배 희석한 시료 1ml를 평판에 분주하여 균수를 측정한 결과 237개의 집락이 형성되었다면 시료 1g에 존재하는 세균수는?**

① 2.37×10^5CFU/g
② 2.37×10^6CFU/g
③ 2.4×10^5CFU/g
④ 2.4×10^6CFU/g

46 **미생물의 세포수를 세는 데 쓰이는 것은?**

① Micrometer
② Haematometer
③ Refractometer
④ Burri씨관

47 **살아있는 미생물의 수를 측정할 때 사용하는 방법은?**

① Haematometer에 개체수 측정
② 현미경으로 보아 살아 움직이는 균수의 측정
③ 평판배양법에 의한 집락수 측정
④ 광학적 측정

48 **미생물의 균수측정법 중 생균수 측정법에 해당되지 않는 것은?**

① 현미경 직접계수법
② 표면평판법
③ 주입평판법
④ 최확수(MPN)법

해설

41 2분원법, 4분원법, 연속도말법, 방사도말법 등은 곰팡이, 효모, 세균 등 호기적 평판배양에 이용된다.

42 천자배양(stab culture)

- 혐기성균의 배양이나 보존에 이용된다.
- 백금선의 끝에 종균을 묻혀서 한천고층배지의 시험관의 주둥이를 아래로 하여 배지의 표면 중앙에서 내부로 향해 깊이 찔러 넣어 배양하는 방법이다.

43 식품 1ml 중의 colony 수

- 희석배수 : 25×25×25 = 15625배
- 집락수(colony) : 10개
- 총집락수 : 15625×10 = 156250
- 1ml 중의 colony 수 : 156250÷25 = 6250
  즉, 6.3×10^3

44 세균수

- 시료 희석액 : 시료 25g+식염수 225ml = 250ml
- 시료의 희석배수 : 250÷25 = 10배
- 최종 희석배수 : 10×10 = 100배
- 집락수(ml당) : 63개×100 = 6300cfu/g

45 집락수 산정 [식품공전]

- 집락수의 계산은 확산집락이 없고(전면의 1/2 이하일 때에는 지장이 없음) 1개의 평판당 30~300개의 집락을 생성한 평판을 택하여 집락수를 계산하는 것을 원칙으로 한다.
- 전 평판에 300개 이상 집락이 발생한 경우 300에 가까운 평판에 대하여 밀집평판측정법에 따라 안지름 9cm의 페트리접시인 경우에는 $1cm^2$ 내의 평균집락수에 65를 곱하여 그 평판의 집락수로 계산한다.
- 전 평판에 30개 이하의 집락만을 얻었을 경우에는 가장 희석배수가 낮은 것을 측정한다.

∴ 30~300개의 집락수 : 237
희석배수 : 10000배
균수 237×10000 = 2370000 = 2.4×10^6

46 현미경으로 직접 균수를 헤아리는 방법

- 세균의 경우는 눈금이 있는 Petroff Hausser 계산판을 이용한다.
- 효모의 경우는 Thoma의 haematometer를 사용한다.

47 식품의 일반생균수 검사

- 시료를 표준한천평판배지에 혼합 응고시켜서, 일정한 온도와 시간 배양한 다음, 집락(colony) 수를 계산하고 희석 배율을 곱하여 전체 생균수를 측정한다.

48 생균수 측정법

- 표면평판법, 주입평판법, 박막여과법, 최확수(MPN)법 등이 있다.

※현미경 직접계수법 : 현미경을 사용해 균수를 측정하는 방법으로 배양한 시료를 직접 사용하거나 세포를 염색하여 균수를 측정한다. 생균과 사균의 구분이 어렵다.

정답	41 ③	42 ④	43 ②	44 ③
	45 ④	46 ②	47 ③	48 ①

식품미생물학

49 haematometer는 미생물 실험에서 어느 경우에 적당한가?

① 총균수의 측정
② pH의 측정
③ turbidity의 측정
④ 용존 산소의 측정

50 haematometer의 1구역 내의 균수가 평균 5개일 때 ml당 균액의 균수는?

① 2×10^5 ② 2×10^6
③ 2×10^7 ④ 2×10^8

51 세균의 균수를 측정하는 방법에 대한 설명으로 틀린 것은?

① 총균수를 측정하기 위해서는 Thoma의 혈구계수기(haematometer)가 사용된다.
② 그람 염색법으로 생균과 사균을 구별할 수 있다.
③ 비교적 미생물 농도가 낮은 시료는 필터(filter)법을 이용한다.
④ 일반적으로 생균수는 평판배양법으로 측정할 수 있다.

52 그람(Gram) 염색의 목적은?

① 효모 분류 및 동정
② 곰팡이 분류 및 동정
③ 세균 분류 및 동정
④ 조류 분류 및 동정

53 다음 중 일반적으로 그람(Gram) 염색 후 검경 시 결과 판정이 다른 균은?

① *Escherhchia coli*
② *Bacillus subtilis*
③ *Pseudomonas fluorescens*
④ *Vibrio cholerae*

54 균체 증식도를 측정하는 것은?

① 균체 탄수화물량
② 균체 질소량
③ 균체 내 CO_2량
④ 균체의 산소분비량

55 미생물 증식 측정법이 아닌 것은?

① 건조 균체량 측정
② 분광학적 측정법
③ 균체 질소량 측정
④ 대사산물수 측정

56 미생물 정량법(microbial bioassay)이란?

① 미생물, 증식속도를 정량
② 비타민, 아미노산 등을 미생물 증식에 의하여 정량
③ 미생물의 생장을 미세한 정도까지 정량
④ 미생물의 미세부분을 정량

49 46번 해설 참조

50 haematometer의 측정원리

- 가로세로가 각각 세 줄로 된 큰 구역 안에는 가로 4칸, 세로 4칸으로 총 16칸이 있다. 맨 윗줄 4칸에 존재하는 효모의 수를 센다. 가로 및 세로 선 위에 있는 효모는 왼쪽 및 위쪽 선에 있는 것만 측정한다. 다음 줄 4칸에 존재하는 효모의 수를 센다.
- 동일한 방법으로 4줄을 센 다음 측정값의 평균을 구한다(한 구획에 5~15개 정도로 희석). 이 수치에 4×10^6을 곱하면 효모배양액 1ml 중의 효모수가 된다.
- 즉 1ml당 미생물수 = $4\times10^6\times1$구획의 미생물수
- 1ml당 미생물수 = $4\times10^6\times5 = 2\times10^7$

51 그람 염색

- 그람 염색은 세균 분류의 가장 기본이 되며 염색성에 따라 화학구조, 생리적 성질, 항생물질에 대한 감수성과 영양요구성 등이 크게 다르다.
- 그람 염색이 되는 세균(자주색) : gram positive
- 그람 염색이 되지 않는 세균(적자색) : gram negative

52 그람(gram) 염색

- 세균 분류의 가장 기본이 된다.
- 그람양성과 그람음성의 차이를 나타내는 것은 세포벽의 화학구조 때문이다.
- 그람음성균의 세포벽은 mucopeptide로 된 내층과 lipopolysaccharide와 lipoprotein으로 된 외층으로 구성되어 있다.
- 그람양성균은 그람 음성균에 비하여 보다 많은 양의 mucopeptide를 함유하고 있으며, 이외에도 teichoic acid, 아미노당류, 단당류 등으로 구성된 mucopolysaccharide를 함유하고 있다.
- 염색성에 따라 화학구조, 생리적 성질, 항생물질에 대한 감수성과 영양 요구성 등이 크게 다르다.

53 그람 염색 결과 판정

- 자주색(그람양성균) : 연쇄상구균, 쌍구균(폐렴구균), 4련구균, 8련구균, *Staphylococcus*속, *Bacillus*속, *Clostridium*속, *Corynebacterium*속, *Mycobacterium*속, *Lactobacillus*속, *Listeria*속 등
- 적자색(그람음성균) : *Aerobacter*속, *Neisseria*속, *Escherhchia*속(대장균), *Salmonella*속, *Pseudomonas*속, *Vibrio*속, *Campylobacter*속 등

54 미생물의 증식도 측정법

- 건조 균체량(dry weight), 균체 질소량, 원심침전법(packed volume), 광학적 측정법, 총균 계수법, 생균 계수법, 생화학적 방법 등이 있다.

55 54번 해설 참조

56 미생물 정량법(Microbial bioassay)

- 효모나 유산균 등을 이용하여 단백질, 아미노산, 비타민, 무기물, 호르몬, 약제 또는 에너지 등의 함량과의 회귀관계를 이용해서 미지(未知)물질 중에 포함된 어떤 물질의 함량이라든지 역가를 측정하는 방법을 말한다.

정답				
	49 ①	50 ③	51 ②	52 ③
	53 ②	54 ②	55 ④	56 ②

57 미생물 세포의 일반성분에 대한 설명 중 틀린 것은?

① RNA는 세포질의 중요 성분이며, DNA는 주로 핵 중에 들어 있다.
② 포자 중에 함유된 수분은 거의 결합수이므로 열에 대한 저항력이 강하다.
③ 균체의 탄수화물은 그 함유량이 건조량의 10~30%로서 육탄당(hexose)은 RNA와 DNA의 성분으로 존재한다.
④ 세균의 핵에 존재하는 단백질은 대부분 핵산과 결합한 뉴클레오프로테인(nucleoprotein)으로 존재한다.

58 미생물 생육인자(growth factor)에 대한 설명으로 틀린 것은?

① 미생물이 스스로 합성할 수 없어서 미량 요구하는 유기화합물이다.
② 조효소(coenzyme) 구성에 필요한 보결분자단(prosthetic group)의 역할을 한다.
③ 미생물이 자체적으로 합성하는 아미노산이다.
④ 비타민, 퓨린, 피리미딘 등이 생육인자라고 할 수 있다.

59 미생물의 발육소(growth factor)에 해당하는 것은?

① 포도당 등의 탄소원
② 아미노산 등의 질소원
③ 무기염류
④ 비타민, 핵산 등 유기영양소

60 효모에 의하여 이용되는 유기 질소원은?

① 펩톤 ② 황산암모늄
③ 인산암모늄 ④ 질산염

61 미생물의 영양요구성(auxotrophy)의 설명으로 옳은 것은?

① 합성배지에 biotin을 첨가해서 잘 증식되는 경우이다.
② 탄수화물배지에 질소를 첨가해서 잘 증식되는 경우이다.
③ 합성배지에서 증식되지 않고 1종 이상의 영양소를 보충했을 때 증식하는 것이다.
④ 천연배지에 무기물을 첨가해서 잘 증식되는 경우이다.

62 미생물의 영양원에 대한 설명으로 틀린 것은?

① 종속영양균은 탄소원으로 주로 탄수화물을 이용하지만 그 종류는 균종에 따라 다르다.
② 유기태 질소원으로 요소, 아미노산 등은 효모, 곰팡이, 세균에 의하여 잘 이용된다.
③ 무기염류는 미생물의 세포 구성성분, 세포 내 삼투압 조절 또는 효소활성 등에 필요하다.
④ 생육인자는 미생물의 종류와 관계없이 일정하다.

57 균체의 탄수화물

- 함유량은 건조량의 10~30%로써 glycogen, pentosan 등이 함유되어 있다.
- pentose(5탄당)와 deoxypentose는 주로 RNA와 DNA의 구성성분으로 존재한다.
- 그 밖의 것은 다당류로서 유리상태 또는 단백질 및 지질과 결합한 복합체로 존재한다.

58 미생물의 발육소(생육인자, growth factor)

- 주요 영양분인 탄소원, 질소원, 무기염류 등 이외에 미생물의 증식에 절대 필요하나 합성되지 않은 필수유기화합물을 생육인자라 한다.
- 생육인자는 미생물의 종류에 따라 다르나 대개 효소의 활성에 필요한 조효소로 작용하는 비타민과 단백질의 구성에 필요한 아미노산, 핵산의 구성분인 purine과 pyrimidine 염기 등이다.

59 58번 해설 참조

60 질소원(nitrogen source)

- 질소원은 균체의 단백질, 핵산 등의 합성에 반드시 필요하며 배지 상의 증식량에 큰 영향을 준다.
- 유기태 질소원 : 요소, 아미노산, 펩톤, 아미드 등은 효모, 곰팡이, 세균, 방선균에 의해 잘 이용된다.
- 무기태 질소원 : 암모늄인 황산암모늄, 인산암모늄 등은 효모, 곰팡이, 방선균, 대장균, 고초균 등이 잘 이용할 수 있다. 질산염은 곰팡이나 조류는 잘 이용하나, 효모는 이를 동화시킬 수 있는 것과 없는 것이 있어 효모 분류기준이 된다.

61 영양요구성

- 무기염류와 탄소원 등으로 된 합성배지에서 증식되지 않고 적어도 1종 이상의 영양소를 보충할 때 생육하는 경우이다.
- thymine을 보충해서 생육하면 티민요구성이라 한다.

62 미생물의 영양원

- 미생물 생육에 필요한 생육인자는 미생물의 종류에 따라 다르나 아미노산, purine 염기, pyrimidine 염기, vitamin 등이다. 미생물은 세포 내에서 합성되지 않는 필수유기화합물들을 요구한다.
- 일반적으로 세균, 곰팡이, 효모의 많은 것들은 비타민류의 합성 능력을 가지고 있으므로 합성배지에 비타민류를 주지 않아도 생육하나 영양요구성이 강한 유산균류는 비타민 B군을 주지 않으면 생육하지 않는다.
- *Saccharomyces cerevisiae*에 속하는 효모는 일반적으로 pantothenic acid를 필요로 하며 맥주 하면효모는 biotin을 요구하는 경우가 많다.

정답				
	57 ③	58 ③	59 ④	60 ①
	61 ③	62 ④		

문제

63 **독립영양세균(autotrophic bacteria)이란?**

① 무기물만으로 생육할 수 있는 균이다.
② acetyl-CoA 생성이 강한 균이다.
③ 색소(pigment) 합성을 하기 위하여 마그네슘(Mg)을 많이 요구하는 균이다.
④ 아미노산(amino acid)만을 질소원으로 요구하는 균이다.

64 **독립영양균(autotroph)이 아닌 것은?**

① *Thiobacillus*속
② *Nitrosomonas*속
③ *Nitrobacter*속
④ *Pseudomonas*속

65 **화학합성 무기물 이용균이 아닌 것은?**

① 수소세균 ② 유황산화세균
③ 철세균 ④ 초산균

66 **다음 중 유황세균은?**

① *Thiobacillus thioxidans*
② *Aspergillus flavus*
③ *Penicillium oxalicum*
④ *Streptomyces griseus*

67 **광합성 무기영양균(photolithotroph)과 관계없는 것은?**

① 에너지원을 빛에서 얻는다.
② 보통 H_2S를 수소 수용체로 한다.
③ 녹색황세균과 홍색황세균이 이에 속한다.
④ 통성혐기성균이다.

68 **광합성 무기영양균(photolithotroph)의 특징이 아닌 것은?**

① 에너지원을 빛에서 얻는다.
② 탄소원을 이산화탄소로부터 얻는다.
③ 녹색황세균과 홍색황세균이 이에 속한다.
④ 모두 호기성균이다.

69 **미생물의 영양에 유기화합물이 없어도 생육하는 균이 아닌 것은?**

① 독립영양균 ② 종속영양균
③ 무기영양균 ④ 광합성균

70 **빛에너지와 유기탄소원을 사용하는 미생물의 종류는?**

① 광독립영양균 ② 화학독립영양균
③ 광종속영양균 ④ 화학종속영양균

71 **종속영양균의 탄소원과 질소원에 관한 설명 중 옳은 것은?**

① 탄소원과 질소원 모두 무기물만으로써 생육한다.
② 탄소원으로 무기물을, 질소원으로 유기 또는 무기질소화합물을 이용한다.
③ 탄소원으로 유기물을, 질소원으로 유기 또는 무기질소화합물을 이용한다.
④ 탄소원과 질소원 모두 유기물만으로써 생육한다.

63 영양요구성에 의한 미생물의 구분

① 독립영양균(autotroph)

- 무기탄소원과 무기질소원을 이용하여 생육할 수 있는 미생물이다.
- 무기탄소원에는 CO_2, 탄산염 등이 있으며, 무기질소원에는 아질산염, 질산염, 암모늄염 등이 있다.
  - 화학합성균(chemoautotroph) : 무기화합물(NH_4^+, NO_2, S 등)의 산화에 의하여 에너지를 획득하는 미생물이다. 여기에는 질화세균(*Nitrobacter*속, *Nitrosomonas*속), 황산화세균(*Thiobacillus*속, *Thioicrospira*속, *Sulofolobus*속), 철세균(*Jallionella*속), 수소세균(Hydrogenomonas속) 등이 있다.
  - 광합성균(photoautotroph) : 빛에너지를 이용하여 생체성분을 합성하는 미생물이다. 여기에는 홍색유황세균(*Thiospirillum*속, *Chromatium*속, *Ectothiorhodospira*속), 녹색유황세균, 홍갈색세균(*Rhodospirillum*속, *Rhodopseudomonas*속, *Rhodomicrobium*속) 등이 있다.

② 종속영양균(heterotroph)

- 유기화합물을 탄소원으로 하여 생육하는 미생물이다.
- 모든 필수대사산물을 직접 합성하는 능력이 없기 때문에 다른 생물에 의해서 만들어진 유기물을 이용한다.
- *Azotobacter*속, 대장균, *Pseudomonas*속, *Clostridium*속, *Acetobacter butylicum* 등이 있다.
  - 광합성 종속영양균(photosynthetic heteroph) : 빛에너지를 이용하지만 유기탄소원을 필요로 하는 종속영양균이다. 홍색비유황세균이 여기에 속하며 흔하지 않다.
  - 화학합성 종속영양균(mosynthetic heteroph) : 유기화합물의 산화에 의하여 에너지를 얻는 종속영양균이다. 이외의 세균, 곰팡이, 효모 등을 비롯한 대부분의 미생물이 속한다.
  - 사물기생균(saprophyte) : 사물에 기생하는 부생균이다. 버섯 중에서 표고버섯, 느타리버섯, 팽이버섯이다. 그리고 slime mold 등이 여기에 속한다.
  - 생물기생균(obligate parasite) : 생세포나 생조직에 기생하여 생육하는 미생물이다. 기생균, 병원균, 공서균 등으로 구분된다.

64 63번 해설 참조

65 63번 해설 참조

66 유황세균

- *Thiobacillus*에 속하는 균으로서 유화수소와 유리상태의 유황을 이용하여 생육한다.
- 유황세균에는 *Thiobacillus thioxidans*, *Thiobacillus ferroxidans* 등이 있다.

67 광합성 무기영양균(photolithotroph)의 특징

- 탄소원을 이산화탄소로부터 얻는다.
- 광합성균은 광합성 무기물 이용균과 광합성 유기물 이용균으로 나눈다.
- 세균의 광합성 무기물 이용균은 편성혐기성균으로 수소 수용체가 무기물이다.
- 대사에는 녹색식물과 달리 보통 H_2S를 필요로 한다.
- 녹색황세균과 홍색황세균으로 나누어지고, 황천이나 흑화니에서 발견된다.
- 황세균은 기질에 황화수소 또는 분자 상황을 이용한다.

68 67번 해설 참조

69 63번 해설 참조

70 63번 해설 참조

71 종속영양미생물

- 모든 필수대사산물을 직접 합성하는 능력이 없기 때문에 다른 생물에 의해서 만들어진 유기물을 이용한다.
- 탄소원, 질소원, 무기염류, 비타민류 등의 유기화합물은 분해하여 호흡 또는 발효에 의하여 에너지를 얻는다.
- 탄소원으로는 유기물을 요구하지만 질소원으로는 무기태질소나 유기태질소를 이용한다.

정답				
	63 ①	64 ④	65 ④	66 ①
	67 ④	68 ④	69 ②	70 ③
	71 ③			

72 유기화합물 합성을 위하여 햇빛을 에너지원으로 이용하는 광독립영양생물(photoautotroph)은 탄소원으로 무엇을 이용하는가?

① 메탄 ② 이산화탄소
③ 포도당 ④ 지방산

73 유기물을 분해하여 호흡 또는 발효에 의해 생기는 에너지를 이용하여 생육하는 균은?

① 광합성균 ② 화학합성균
③ 독립영양균 ④ 종속영양균

74 탄소원으로서 CO_2를 이용하지 못하고 다른 동식물에 의해서 생성된 유기탄소화합물을 이용하는 미생물의 명칭은?

① 독립영양미생물
② 호기성미생물
③ 호염성미생물
④ 종속영양미생물

75 다음 중 유기물을 이용하여 생육하는 세균은?

① 수소세균 ② 유황산화세균
③ 철세균 ④ 초산균

76 독립영양균과 종속영양균에 대한 설명 중 틀린 것은?

① 독립영양균은 탄소원으로 이산화탄소를 이용하지만 종속영양균은 유기화합물을 필요로 한다.
② 독립영양균은 광합성 독립영양균과 화학합성 독립영양균으로 나뉘어 진다.
③ 종속영양균에는 생물에 기생하는 활물기생균과 유기물에만 생육하는 사물기생균이 있다.
④ 미생물이 영양분을 분해하여 에너지를 얻는 화학변화과정의 차이에서 구분된다.

77 종속영양균(heterotrophs)인 효모류가 이용하지 못하는 당류는?

① 포도당(glucose)
② 과당(furctose)
③ 맥아당(maltose)
④ 젖당(lactose)

78 다음 중 공기 중의 질소를 고정할 수 있는 능력이 있는 미생물이 아닌 것은?

① *Achromobacter* sp.
② *Aerobacter aerogenes*
③ *Acetobacter aceti*
④ *Azotobacter vinelandii*

72 생물그룹과 에너지원

생물그룹	에너지원	탄소원	예
독립영양 광합성생물 (Photoautotrophs)	태양광	CO_2	고등식물, 조류, 광합성세균
종속영양 광합성생물 (Photoheterotrophs)	태양광	유기물	남색, 녹색 박테리아
독립영양 화학합성생물 (Chemoautotrophs)	화학반응	CO_2	수소, 무색 유황, 철, 질산화세균
종속영양 화학합성생물 (Chemoheterotrophs)	화학반응	유기물	동물, 대부분 세균, 곰팡이, 원생동물

73 71번 해설 참조

74 63번 해설 참조

75 63번 해설 참조

76 63번 해설 참조

77 효모류는 젖당을 이용하지 못하고, 젖당은 장내세균, 일부 젖산균만이 이용된다.

78 질소고정균

- 호 기 성 균 : *Azotobacter*, *Beijerikia*, *Derxia*, *Azospirillum*
- 통성혐기성균 : *Klebsiella*, *Pneumoniae*, *Bacillus Polymyxa*
- 절대혐기성균 : *Clostridium*, *Pasteurianum*, *Desulfovibrio*
- 광합성 세균 : *Chromatium*, *Rhodospirillum*, *Chlorobium*

※*Achromobacter* sp., *Aerobacter aerogenes* 등도 질소를 고정할 수 있는 능력이 있는 미생물이다.

정답				
	72 ②	73 ④	74 ④	75 ④
	76 ④	77 ④	78 ③	

79 EMP 경로에 대한 설명으로 틀린 것은?

① 수소전달체는 NAD이다.
② 혐기성 반응의 경로이다.
③ 포도당이 6-phosphogluconic acid를 거치는 경로이다.
④ ATP 생성량이 TCA cycle에서보다 적다.

80 EMP(Embden-Meyerhof-Parnas) 경로에 대한 설명 중 맞지 않는 것은?

① 포도당이 혐기적으로 분해되어 피루브산을 생성하는 과정을 말한다.
② 알코올발효나 젖산발효, 해당작용 등이 이 경로를 통하여 이루어진다.
③ 대사반응 초기에 생성된 5탄당이 이 경로의 주요 역할을 한다.
④ 본 경로를 통하여 4분자의 ATP가 합성되고 2분자의 ATP가 소비된다.

81 EMP 경로에서 생성될 수 없는 물질은?

① lecithin ② acetaldehyde
③ lactate ④ pyruvate

82 당의 분해대사에 대한 설명으로 틀린 것은?

① EMP 경로는 혐기적인 대사이다.
② TCA cycle에서 dehydrogenase의 수소를 수용하는 조효소는 모두 NAD이다.
③ HMP 경로는 호기적인 대사이다.
④ 피루브산에서 TCA cycle의 대사경로는 호기적인 대사이다.

83 에틸알코올 발효 시 에틸알코올과 함께 가장 많이 생성되는 것은?

① CO_2 ② H_2O
③ $C_3H_5(OH)_3$ ④ CH_3OH

84 glucose대사 중 NADPH가 주로 생성되는 경로는?

① EMP 경로 ② HMP 경로
③ TCA 회로 ④ Glyoxylate 회로

85 아래의 반응에 관여하는 효소는?

$$CH_3COCOOH + NADH \rightarrow CH_3CHOCOOH + NAD$$

① alcohol dehydrogenase
② lactic acid dehydrogenase
③ succinic acid dehydrogenase
④ α-ketoglutaric acid dehydrogenase

86 다음은 알코올 발효과정의 일부 반응이다. ㉠과 ㉡에 해당되는 것은?

pyruvic acid →(㉠) acetaldehyde →(㉡) alcohol

① ㉠ TPP, ㉡ NAD
② ㉠ NADP, ㉡ NAD
③ ㉠ TPP, ㉡ FAD
④ ㉠ NADP, ㉡ FAD

79 EMP 경로(해당과정)

- 대부분 세포 내에서 일어나는 당의 혐기적 분해 과정으로 2단계(6-탄소계, 3-탄소계)의 이화작용을 통해 포도당이 피루브산(1 glucose→2 pyruvate)으로 분해되는 가장 일반적인 대사과정이다.
- 6-탄소계에서 2ATP가 소모된다.
- 3-탄소계에서 4ATP가 생성되고, 2NAD가 수소전달체로 작용하여 $2NADH_2$(2.5ATP×2 = 5ATP)을 생성한다.
- EMP 경로에서는 총 7ATP가 생성된다.
- TCA cycle은 미토콘드리아에서 일어나는 산소호흡과정으로 $4NADH_2$(2.5ATP×4 = 10 ATP), $FADH_2$(1.5ATP), GTP(1ATP)가 생성되어 12.5ATP가 발생된다. 1 glucose로부터 2 pyruvate가 생성되므로 TCA cycle에서는 총 25ATP가 발생된다.

80 79번 해설 참조

81 EMP 경로에서 생성될 수 있는 물질

- pyruvate, lactate, acetaldehyde, CO_2 등이다.

※lecithin은 인지질 대사에서 합성된다.

82 TCA cycle에서 dehydrogenase(탈수소효소)의 조효소

- dehydrogenase의 수소를 수용하는 조효소는 NAD, NADP, FAD 등이다.

83 알코올 발효

- glucose로부터 EMP 경로를 거쳐 생성된 pyruvic acid가 CO_2 이탈로 acetaldehyde가 되고 다시 환원되어 알코올과 CO_2가 생성된다.
- 효모에 의한 알코올 발효의 이론식

$$C_6H_{12}O_6 \longrightarrow 2C_2H_5OH + CO_2$$

84 glucose대사 중 NADPH 생성

- EMP 경로 : 1NADPH
- HMP 경로 : 6NADPH
- TCA 회로 : 4NADPH

85 lactate dehydrogenase(LDH, 젖산 탈수소효소)

- 간에서 젖산을 피루브산으로 전환시키는 효소이다.

$$\underset{\text{(피루브산)}}{CH_3COCOOH} \xrightarrow[\text{lactate dehydrogenase}]{NADH_2 \quad NAD} \underset{\text{(젖산)}}{CH_3CHOHCOOH}$$

86 알코올 발효과정

- EMP 경로에서 생산된 pyruvic acid는 pyruvate decarboxylase에 의해(TPP, Mg 필요) 탈탄산되어 acetaldehyde로 된다.
- 다시 NADH로부터 alcohol dehydrogenase에 의해 수소를 수용하여 ethanol로 환원된다.

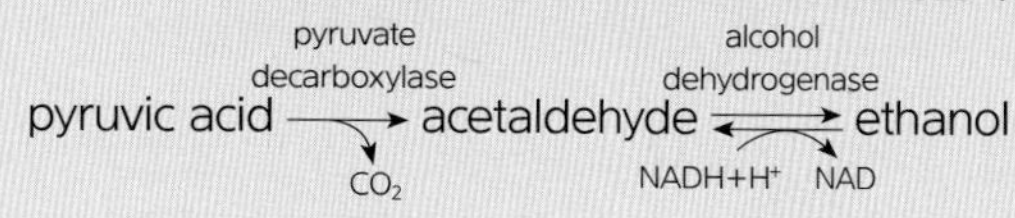

정답				
	79 ③	80 ③	81 ①	82 ②
	83 ①	84 ②	85 ②	86 ①

문제

87 포도당이 에너지원으로 완전산화가 일어날 때(호흡)의 화학식은?

① $C_6H_{12}O_6+6O_2$
→ $6CO_2+6H_2O+686kcal$
② $C_6H_{12}O_6$
→ $2CO_2+2C_2H_5OH+58kcal$
③ $C_6H_{12}O_6+6CO_2$
→ $6CO_2+6H_2O+686kcal$
④ $C_6H_{12}O_6$
→ $2CO_2+2C_2H_5OH+686kcal$

88 주정공업에서 glucose 1ton을 발효시켜 얻을 수 있는 에탄올의 이론적 수량은?

① 180kg ② 511kg
③ 244kg ④ 711kg

89 단백질의 생합성에 대한 설명 중 틀린 것은?

① DNA의 염기 배열순에 따라 단백질의 아미노산 배열 순위가 결정된다.
② 단백질 생합성에서 RNA는 r-RNA→t-RNA→m-RNA순으로 관여한다.
③ RNA에는 H_3PO_4, D-ribose가 있다.
④ RNA에는 adenine, guanine, cytosine, uracil이 있다.

90 단백질 합성과정에서 DNA를 주형으로 하여 mRNA를 합성하는 것을 무엇이라 하는가?

① 전사(transcription)
② 번역(translation)
③ 복제(replication)
④ 생합성(biosynthesis)

91 mRNA로부터 단백질 합성에 직접 관여하는 세포성분은?

① ribosome
② mitocondria
③ genome
④ protoplast

92 다음 중 미생물의 아미노산 생합성과 관계 없는 효소는?

① glutamic dehydrogenase
② isocitrate lyase
③ aspartase
④ transaminase

93 아미노산으로부터 아민(amine)을 생성하는 데 관여하는 효소는?

① amino acid decarboxylase
② amino acid oxidase
③ aminotransferase
④ aldolase

94 미생물의 대사산물 중 혐기성 세균에 의해서만 생산되는 것은?

① acetic acid, ethanol
② citric acid, ethanol
③ propionic acid, butanol
④ glutamic acid, butanol

87 호기적 대사

- 미생물은 에너지를 얻기 위해서 호흡작용을 취하게 되고, 이는 발효의 경우보다 10배 이상의 에너지가 생성되는 대사과정이다.
- 호흡 : $C_6H_{12}O_6+6O_2 \rightarrow 6CO_2+6H_2O$(30ATP, 686kcal)
- 발효 : $C_6H_{12}O_6 \rightarrow 2CO_2+2C_2H_5OH$(2ATP, 58kcal)

88 포도당으로부터 에탄올 생성

- 반응식

$$\underset{(180)}{C_6H_{12}O_6} \longrightarrow \underset{(2\times46)}{2C_6H_5OH}+2CO_2$$

- 포도당 1ton으로부터 이론적인 ethanol 생성량
  180 : 46×2 = 1000 : x
  x = 511.1kg

89 단백질 합성에 관여하는 RNA

- m-RNA는 DNA에서 주형을 복사하여 단백질의 amino acid 배열순서를 전달 규정한다.
- t-RNA(sRNA)는 활성아미노산을 ribosome의 주형(template) 쪽에 운반한다.
- r-RNA는 m-RNA에 의하여 전달된 정보에 따라 t-RNA에 옮겨진 amino산을 결합시켜 단백질 합성을 하는 장소를 형성한다.
- 단백질 생합성에서 RNA는 m-RNA → r-RNA → t-RNA 순으로 관여한다.

90 단백질의 생합성

- 세포 내 ribosome에서 이루어진다.
- mRNA는 DNA에서 주형을 복사하여 단백질의 아미노산 배열순서를 전달 규정한다(전사).
- t-RNA은 다른 RNA와 마찬가지로 RNA polymerase(RNA 중합효소)에 의해서 만들어진다.
- aminoacyl-tRNA synthetase에 의해 아미노산과 tRNA로부터 aminoacyl-tRNA로 활성화되어 합성이 개시된다.

91 단백질을 합성하는 장소

- 세포 내에서 단백질을 합성하는 장소를 ribosome이라 부른다.
- mRNA는 DNA에서 주형을 복사하여 단백질의 아미노산 배열순서를 전달 규정한다.
- 유전자 DNA의 암호에 의하여 합성된 mRNA는 핵 외로 방출되어 세포질 중으로 이동하여 단백질 합성장소인 ribosome과 결합하여 복합체를 형성한다.

92 미생물의 아미노산 생합성에 중요한 것

- glutamic dehydrogenase에 의한 glutamic acid의 생성
- aspartase에 의한 aspartic acid의 생성
- alanine dehydrogenase에 의한 alanine의 생성
- transaminase에 의한 transamination의 생성

※ 이소시트레이트 리아제(isocitrate lyase)는 이소시트르산을 숙신산과 글리옥실산으로 분해시키고, 글리옥실산이 아세틸과 축합하여 말산을 생성한다.

93 아미노산으로부터 amine 생성

- 여러 아미노산은 미생물의 decarboxylase에 의하여 탈탄산되어 1급 amine을 생성한다.
- 이들 효소의 보효소는 pyridoxal phosphate (PALP)이다.
- $\underset{\text{Amino acid}}{R-\underset{|}{CH}(NH_2)-COOH} \xrightarrow[\text{PALP}]{\text{decarboxylase}} \underset{\text{amine}}{R-CH-NH_2}+CO_2$

94 혐기성 세균에 의해서 생성되는 대사산물

- 통성혐기성균인 대장균(*E. coli*), 젖산균, 효모 및 특정 진균(fungi)들은 피루브산(pyruvic acid)을 젖산(lactic acid)으로 분해시킨다.
- 편성혐기성균인 *Clostridium* 등은 피루브산을 낙산(butyric acid), 시트르산(citric acid), 프로피온산(propionic acid), 부탄올(butanol), 아세토인(acetoin)과 같은 물질로 분해시킨다.

정답				
	87 ①	88 ②	89 ②	90 ①
	91 ①	92 ②	93 ①	94 ③

95 미생물의 총균수 측정법의 방법으로 옳은 것은?

① 사균수만 측정한다.
② 생균수만 측정한다.
③ 생균수와 사균수를 모두 측정한다.
④ 대수 증식기만 측정한다.

96 미생물 증식도 측정에서 균체 질소량법의 설명인 것은?

① 균체 용적의 측정이다.
② 균체의 단백질을 성장의 지수로 할 수 있다.
③ 비색법으로 측정한다.
④ 비탁법으로 측정한다.

97 에너지, 포화지방산 등 생장에 필요한 물질을 합성하기 위해 산소를 꼭 필요로 하여 산소가 없으면 자라지 못하며 최종 전자수용체로서 산소를 이용하는 균은?

① 절대호기성균 ② 미호기성균
③ 통성혐기성균 ④ 절대혐기성균

98 생장에 산소가 필수적이지 않지만 산소가 있으면 더 잘 자라는 미생물은?

① 통성혐기성균 ② 절대호기성균
③ 미호기성균 ④ 절대혐기성균

99 산소 존재 하에서 사멸되는 미생물은?

① *Bacillus*속
② *Bifidobacterium*속
③ *Citrobacter*속
④ *Acetobacter*속

100 다음의 미생물 중 통성혐기성균에 속하지 않는 것은?

① *Staphylococcus*속
② *Salmonella*속
③ *Micrococcus*속
④ *Listeria*속

101 산소가 5% 정도인 미호기 상태에서 성장하는 세균은?

① *Campylobacter* spp.
② *Salmonella* spp.
③ *Clostridium botulinum*
④ *Bacillus cereus*

102 편성혐기성균의 특징이 아닌 것은?

① 유리산소가 없을 때만 생육한다.
② cytochrome계 효소가 없다.
③ 고층한천 배양기의 저부에서만 생육한다.
④ catalase 양성이다.

103 완전히 탈기 밀봉된 통조림 식품에서 생육할 수 있는 변패세균의 종류는?

① 미호기성균
② 혐기성균
③ 편성호기성균
④ 호냉성균

104 발효과정 중에서 산소의 공급이 필요하지 않은 것은?

① 젖산 발효 ② 호박산 발효
③ 구연산 발효 ④ 글루탐산 발효

95 **총균수(total count)**

- 식품 등 검체 중에 존재하는 미생물의 세포수를 현미경을 통하여 직접 계산한 것으로 사멸된 균도 포함한다.
- 가열 공정을 거치는 식품의 경우 총균수를 통하여 가열 이전의 원료에 대한 신선도와 오염도를 파악할 수 있다.
- Breed법이 대표적인 검사방법이다.

96 **균체 질소량법**

- 단백질의 양을 측정하면 생물활성량과 비례하는데, 균체의 단백질을 성장의 지수로 하는 것이다.

97 **산소 요구성에 의한 미생물의 분류**

① 편성호기성균(절대호기성균)
- 유리산소의 공급이 없으면 생육할 수 없는 균
- 곰팡이, 산막효모, *Acetobacter*, *Micrococcus*, *Bacillus*, *Sarcina*, *Achromobacter*, *Pseudomonas* 속의 일부이다.

② 통성혐기성균
- 산소가 있으나 없으나 생육하는 미생물
- 대부분의 효모와 세균으로 *Enterobacteriaceae*, *Staphylococcus*, *Aeromonas*, *Salmonella*, *Listeria*, *Bacillus*속의 일부이다.

③ 절대혐기성균(편성혐기성균)
- 산소가 절대로 존재하지 않을 때 증식이 잘되는 미생물
- *Clostridium*, *Bacteriodes*, *Desulfotomaculum* 속이다.

98 **97번 해설 참조**

99
- *Bacillus*속 : 호기성 내지 통성혐기성의 중온, 고온성 유포자간균이다.
- *Bifidobacterium*속 : 절대혐기성이고 무포자 간균이다.
- *Citrobacter*속 : 호기성 내지 통성혐기성이고 무포자 단간균이다.
- *Acetobacter*속 : 절대호기성이고 포자를 형성하지 않는다.

100 **97번 해설 참조**

101
- *Campylobacter* spp. : 산소 3~15% 정도에서 성장하는 미호기성균
- *Salmonella* spp. : 통성혐기성 간균
- *Clostridium botulinum* : 혐기성 유포자 간균
- *Bacillus cereus* : 호기성 유포자 간균

102 **편성혐기성균의 특징**

- 고층한천 배양기의 저부에서만 생육한다.
- 유리산소의 존재는 유해하고 산소가 없을 때만 생육한다.
- cytochrome계 효소가 없고 산소를 이용할 수 없다.
- 산소가 존재하면 대사에 의해서 생성된 H_2O_2가 유해작용을 하고 또 산화환원 전위가 상승하여 생육을 불가능하게 한다.
- catalase 음성이다.
- *Clostridium*, *Bacteroides*, *Methanococcus* 등이 이에 속한다.

103 **혐기성 변패세균**

- 완전히 탈기 밀봉된 통조림 식품에서는 혐기성균(특히 *Clostridium*속)이 잘 발육한다.
- *Clostridium botulinus*는 통조림 식품의 살균지표 세균이다.

104 젖산균에 의한 젖산 발효는 혐기적 조건에서 진행된다.

정답				
	95 ③	96 ②	97 ①	98 ①
	99 ②	100 ③	101 ①	102 ④
	103 ②	104 ①		

식품미생물학

105 채소류는 건조곡물에 비해 세균에 의한 부패가 일어나기 쉬운 식품이다. 그 이유를 설명한 것 중 맞지 않는 것은?

① 수분활성도가 높다.
② 자유수 함량이 낮다.
③ 수확하는 과정에서 손상되기 쉽다.
④ 산도가 낮다.

106 일반적으로 미생물의 생육 최저수분활성도가 높은 것부터 순서대로 나타낸 것은?

① 곰팡이 〉 효모 〉 세균
② 효모 〉 곰팡이 〉 세균
③ 세균 〉 효모 〉 곰팡이
④ 세균 〉 곰팡이 〉 효모

107 수분활성도(Aw)가 미생물에 미치는 영향으로 틀린 것은?

① 수분활성도가 최적 이하로 되면 유도기의 연장, 생육 속도 저하 등이 일어난다.
② 생육에 적합한 pH에서는 최저수분활성도가 낮은 값을 보인다.
③ 탄산가스와 같은 생육 저해물질이 존재하면 생육할 수 있는 수분활성도 범위가 좁아진다.
④ 일반적인 미생물의 생육이 가능한 수분활성도 범위는 0.4~0.6이다.

108 건조상태로 저장 중인 곡물에서 볼 수 있는 미생물은?

① *Aspergillus glaucus*
② *Bacillus cereus*
③ *Leuconostoc mesenteroides*
④ *Pseudomonas fluorescens*

109 일반적인 간장이나 된장의 숙성에 관여하는 내삼투압성 효모의 증식 가능한 최저 수분활성도는?

① 0.95 ② 0.88
③ 0.80 ④ 0.60

110 절인생선, 건포도, 잼 등과 같은 식품에서 호염성 세균, 곰팡이 및 효모가 주로 생육하여 식품을 부패하게 한다. 이때 이 미생물들이 생육하기 위해 요구되는 최소한의 수분활성도의 범위는?

① 0.95~0.99 ② 0.90~0.95
③ 0.61~0.90 ④ 0.61 이하

111 식품 보존 시 미생물 발육억제를 위하여 첨가하는 소금은 어떤 작용으로 식품의 부패를 방지하는가?

① 식품의 수분활성도를 낮추어 준다.
② 균체의 단백질을 응고시킨다.
③ 미생물의 호흡작용을 방해한다.
④ 미생물 세포벽의 스테롤(sterol) 함량을 높여 준다.

112 식염(NaCl)이 미생물 생육을 저해하는 원인이 아닌 것은?

① 삼투압에 의해 원형질 분리가 일어난다.
② 탈수작용으로 세포 내 수분을 뺏는다.
③ 산소용해도가 증가한다.
④ 세포의 탄산가스 감수성을 높인다.

105 **채소류가 건조곡물에 비해 부패가 쉬운 이유**
- 채소류는 건조곡물에 비해 산도가 낮고 수분(자유수)이 많으므로 세균에 의한 부패가 일어나기 쉽다.
- 수확하는 과정에서 손상되기 쉽고, 취급 부주의로 효소작용이나 미생물의 증식을 촉진하게 한다.

106 **미생물이 이용하는 수분**
- 주로 자유수(free water)이며, 이를 특히 활성수분(active water)이라 한다.
- 활성수분이 부족하면 미생물의 생육은 억제된다.
- A_W 한계를 보면 세균은 0.86, 효모는 0.78, 곰팡이는 0.65 정도이다.

107 **수분활성도(water activity, A_W)**
- 어떤 임의의 온도에서 식품이 나타내는 수증기압(Ps)에 대한 그 온도에 있어서의 순수한 물의 최대수증기압(Po)의 비로써 정의한다.

> **[미생물 성장에 필요한 최소한의 수분활성]**
> - 보통 세균 : 0.91
> - 보통 효모, 곰팡이 : 0.80
> - 내건성 곰팡이 : 0.65
> - 내삼투압성 효모 : 0.60

108 건조상태에서 가장 생육이 가능한 미생물은 곰팡이이다.

109 **107번 해설 참조**

110 **염장법**
- 소금의 삼투압 증가를 이용해서 수분활성도를 낮추어 미생물 생육을 억제하는 저장법이다.
- 삼투압이 증가하면 수분활성도는 감소되며, 낮은 수분활성과 높은 삼투압 조건하에서는 세포의 탈수현상으로 인하여 생물체들이 정상적인 생육을 할 수 없게 된다.
- 미생물의 성장에 필요한 최소한의 수분활성도(water activity, A_W)를 보면 보통 세균 0.91, 보통 효모·곰팡이 0.80, 내건성 곰팡이 0.65, 내삼투압성 효모 0.60이다.

111 **110번 해설 참조**

112 **소금 절임의 저장효과**
- 고삼투압으로 원형질 분리
- 수분활성도의 저하
- 소금에서 해리된 Cl^-의 미생물에 대한 살균작용
- 고농도 식염용액 중에서의 산소 용해도 저하에 따른 호기성 세균 번식 억제
- 단백질 가수분해효소 작용 억제
- 식품의 탈수

정답				
	105 ②	106 ③	107 ④	108 ①
	109 ④	110 ③	111 ①	112 ③

문제

113 미생물 증식의 최적온도에 관한 설명으로 옳은 것은?

① 최적온도보다 낮은 온도에서 미생물은 증식할 수 없다.
② 최적온도 이상의 온도에서 미생물은 증식할 수 없다.
③ 미생물이 증식할 수 있는 최고한계의 온도를 말한다.
④ 세포 내 효소반응이 최대속도로 일어나는 온도를 말한다.

114 생육온도에 따른 미생물의 대별시 고온균(thermophile)의 최적생육온도의 범위에 해당하는 것은?

① 30~40℃　② 50~60℃
③ 70~80℃　④ 90~100℃

115 생육온도에 따른 미생물 분류 시 대부분의 곰팡이, 효모 및 병원균이 속하는 것은?

① 저온균　② 중온균
③ 고온균　④ 호열균

116 고온균에 대한 설명으로 적합하지 않은 것은?

① 세포막 중 불포화지방산 함량이 높아서 열에 안정하다.
② 세포 내의 효소가 내열성을 지니고 있어 고온에서 증식할 수 있다.
③ 발효 중인 퇴비더미의 미생물은 대부분 고온균에 속한다.
④ 고온균의 최적생육온도는 50~60℃이다.

117 저온균류(低溫菌類)의 생육적온은?

① 0~10℃　② 15~25℃
③ 30~40℃　④ 45~55℃

118 다음 중 가장 넓은 범위의 생육 pH를 가지는 것은?

① 세균　② 효모
③ 바이러스　④ 곰팡이

119 주어진 온도조건에서 미생물 수를 90% 감소시키는 데 소요되는 시간(분)을 나타내는 값은?

① Z값　② D값
③ F값　④ S값

120 살균제의 기작(mechanism)으로 적합하지 않은 것은?

① 산화 작용
② 환원 작용
③ 단백질 변성 작용
④ 삼투압

121 다음 중 가장 광범위하게 거의 모든 미생물에 대하여 비선택적으로 유사한 정도의 항균작용을 가지는 것은?

① sorbic acid
② propionic acid
③ dehydroacetic acid
④ benzoic acid

113 미생물 증식의 최적온도

- 효소의 반응속도가 최대가 되는 온도이다.
- 효소의 반응속도는 온도가 올라감에 따라 상승하지만, 온도가 지나치게 높은 경우에는 효소의 활성을 잃게 된다. 이 때문에 반응속도는 일정한 온도에서 극대치를 나타내게 된다.

114 증식온도에 따른 미생물의 분류

종류	최저온도 (℃)	최적온도 (℃)	최고온도 (℃)	예
저온균 (호냉균)	0~10	12~18	25~35	발광세균, 일부 부패균
중온균 (호온균)	0~15	25~37	35~45	대부분 세균, 곰팡이, 효모, 초산균, 병원균
고온균 (호열균)	25~45	50~60	70~80	황세균, 퇴비세균, 유산균

115 114번 해설 참조

116 고온균의 특성

- 고온균은 효소, 단백질, ribosome의 내열성이 높다.
- 고온균의 세포막 지질은 융점이 높은 포화지방산을 많이 함유한다.
- 고온균의 최적생육온도는 50~60℃이다.

117 114번 해설 참조

118 미생물의 pH 범위

① 곰팡이
- 최적 pH 5.0~6.0
- pH 2~8.5의 넓은 범위에서 생육 가능하다.

② 효모
- 최적 pH 4.0~6.0
- pH 2.0 또는 그 이하의 강산성에서 생육하는 것도 있다.

③ 세균
- 최적 pH 7.0~8.0
- 대부분 pH 4.5 이하에서는 생육하지 못한다.
- 젖산균과 낙산균 : pH 3.5 정도에서도 생육

119

- D값 : 일정한 온도에서 미생물을 90%(1/10) 사멸시키는 데 필요한 시간(분)
- Z값 : 가열치사시간을 90% 단축하는 데 따른 온도 상승
- F_0값 : 121℃에서 미생물을 100% 사멸시키는 데 필요한 시간
- F값 : 일정온도에서 미생물을 100% 사멸시키는 데 필요한 시간(분)

120 살균제의 작용기작(mechanism)은 산화 작용, 환원 작용, 단백질 변성 작용, 표면장력 저하 등이다.

121 안식향산(benzoic acid)

- 세균, 곰팡이, 효모 등 모든 미생물에 광범위하게 항균효과를 나타낸다.
- 과실·채소류 음료, 탄산음료 기타음료 및 간장(0.6g/kg 이하), 알로에전잎 건강식품(0.5g/kg 이하), 마요네즈, 잼류(1.0g/kg 이하), 마가린(1.0g/kg 이하), 식초절임(1.0g/kg 이하)에 사용이 허가되어 있다.

정답				
	113 ④	114 ②	115 ②	116 ①
	117 ②	118 ④	119 ②	120 ④
	121 ④			

문제

122 **식품 살균과정에서 다양한 미생물저해기술을 순차적이나 병행적으로 처리하여 식품의 변질을 최소화하면서 미생물에 대한 살균력을 높이는 기술은?**

① 나노기술 ② 허들기술
③ 마라톤기술 ④ 바이오기술

123 **자외선이 살균효과를 갖는 주된 이유는?**

① 단백질 변성을 초래한다.
② RNA 변이를 일으킨다.
③ DNA 변이를 일으킨다.
④ 세포 내 ATP를 고갈시킨다.

124 **자외선 조사에 의한 살균에 대한 설명으로 틀린 것은?**

① 동일한 DNA 사슬상의 서로 이웃한 퓨린(purine) 염기 사이에 공유결합이 형성됨
② 260nm의 자외선이 살균력이 높음
③ 불투명 물체를 통과한 자외선은 살균력이 약해짐
④ 자외선 처리한 세균을 즉시 300~400nm의 가시광선으로 조사하면 변이율이나 살균율이 감소

125 **β-lactame계 항생제로 세포벽(peptidoglycan) 합성을 저해하는 것은?**

① macrolides
② tetracyclines
③ penicillins
④ aminoglycosides

126 **미생물의 증식을 억제하는 항생물질 중 세포벽 합성을 저해하는 것은?**

① erythromycin
② tetracycline
③ penicillin
④ chloramphenicol

127 **라이소자임(lysozyme)과 페니실린은 세균의 어느 부분에 작용하는가?**

① 세포막 ② 세포벽
③ 협막 ④ 점질물

128 **펩티도글리칸(peptidoglycan)층을 용해하는 효소는?**

① 인버타아제(invertase)
② 지마아제(zymase)
③ 펩티다아제(peptidase)
④ 라이소자임(lysozyme)

129 **식품의 산화환원전위 값이 음성(negative)을 나타내는 식품은?**

① 오렌지 주스 ② 마쇄한 고기
③ 통조림 식품 ④ 우유(원유)

122 허들기술(hudle technology)

- 식품의 살균과정에서 화학보존료의 사용을 낮게 하기 위해 다양한 미생물 저해방법을 병행적으로 처리하여 식품의 변질을 최소화하는 방법이다.
- 미생물에 대한 살균력을 높이는 기술을 말한다.
- 낮은 소금의 농도, 낮은 산도, 그리고 낮은 농도의 보존료와 같이 낮은 수분활성도는 제품의 품질을 좋게 하여 그 제품의 선호도를 높게 할 수도 있게 된다.

123 자외선의 살균효과

- 조사에 의한 세포 내의 핵산(DNA)이 변화되어 신진대사의 장해가 오고 그 결과 증식능력을 잃어 사멸한다.
- 동일한 DNA 사슬상의 서로 이웃한 피리미딘(pyrimidine) 염기(특히 티민에 강하게 흡수) 사이에 공유결합(-T-T-) 2합체가 형성되어 변이를 일으킨다.
- 피리미딘 이합체가 DNA 이중나선 구조를 파괴하고 정확한 DNA 복제를 방해한다.
- 260nm의 자외선은 세균의 DNA에 최대로 흡수되어 DNA의 구조적 변화를 일으킴으로써 세균의 돌연변이율을 증가시킨다.

124 123번 해설 참조

125 페니실린(penicillins)

- 베타-락탐(β-lactame)계 항생제로서, 보통 그람양성균에 의한 감염의 치료에 사용한다.
- lactam계 항생제는 세균의 세포벽 합성에 관련 있는 세포질막 여러 효소(carboxypeptidases, transpeptidases, entipeptidases)와 결합하여 세포벽 합성을 억제한다.

126 125번 해설 참조

127 β-lactam계 항생물질과 lysozyme

- penicillin, cephalosporin 등과 같은 β-lactam계 항생물질과 lysozyme은 세균 세포벽의 펩티도글리칸(peptidoglycan)의 합성을 저해함으로써 세균의 생육을 저해한다.

128 라이소자임(lysozyme)

- 눈물이나 침과 같이 여러 가지 체액에서 발견되는 효소이다.
- 펩티도글리칸의 N-acetylglucosamine과 N-acetylmuramic acid 사이의 연결 결합을 분해한다.

129 식품의 산화환원전위(oxidation reduction potential)

- 기질의 산화정도가 많을수록 양(positive)의 전위차를 가지고, 기질의 환원이 더 많이 일어나면 음(negative)의 전위차를 가진다.
- 일반적으로 호기성 미생물은 양의 값을 갖는 산화조건에서 생육하고, 혐기성 미생물은 음의 전위차를 갖는 환원조건에서 생육한다.
- 과일주스의 산화환원전위는 +300~+400mV의 값을 갖는다. 이런 식품은 주로 호기성 세균 및 곰팡이에 의해서 부패가 일어난다.
- 통조림과 같이 탈기, 밀봉한 식품은 -446mV의 값을 갖는다. 이런 식품은 주로 혐기성 또는 통성혐기성 세균에 의해 부패가 일어난다.

[미생물 생육 중 산화환원전위]

- 호기성균
  Pseudomonas fluorescens : +500~+400mV
- 통성혐기성균
  Staphylococcus aureus : +180~-230mV
  Proteus vulgaris : +150~-600mV
- 혐기성균
  Clostridium : -30~-550mV

정답				
	122 ②	123 ③	124 ①	125 ③
	126 ③	127 ②	128 ④	129 ③

식품미생물학

문제

{ 식품미생물 }

1 곰팡이의 구조와 관련이 없는 것은?

① 균사　② 격벽

③ 자실체　④ 편모

2 곰팡이의 형태를 설명한 것 중 틀린 것은?

① 자실체는 성숙한 균사체에서 균사가 갈라져 가지가 위로 뻗고 그 끝에 포자를 갖는 구조를 말한다.

② 균사체는 균사들의 집합체를 말한다.

③ 균사는 주로 키틴의 주성분인 세포벽이 세포질을 보호하고 있으며, 영양물질이 수송되는 통로가 된다.

④ 영양균사는 기질 표면에서 공기 중으로 직립한 균사를 말한다.

3 곰팡이 균총(colony)의 색깔은 곰팡이의 종류에 따라 다르다. 이 균총의 색깔은 다음의 어느 것에 의해서 주로 영향을 받게 되는가?

① 포자

② 기중균사(영양균사)

③ 기균사

④ 격막(격벽)

4 *Rhizopus*속에 대한 설명으로 옳은 것은?

① 털곰팡이라고도 한다.

② 가근을 형성하지 않는다.

③ 혐기적인 조건에서 알코올이나 젖산 등을 생산한다.

④ 자낭균류에 속한다.

5 다음 곰팡이 중 가근(rhizoid)이 있는 것은?

① *Aspergillus*속　② *Penicillium*속

③ *Rhizopus*속　④ *Mucor*속

6 다음 곰팡이 중 정낭(頂囊)이 있는 것은?

① *Mucor*속　② *Rhizopus*속

③ *Aspergillus*속　④ *Penicillum*속

7 *Aspergillus*속과 *Penicillium*속의 분생자두(分生子頭)의 차이점은?

① 분생자(分生子)

② 경자(梗子)

③ 정낭

④ 분생자병(分生子柄)

8 *Aspergillus*속과 *Penicillium*속 곰팡이의 가장 큰 형태적 차이점은?

① 분생포자와 균사의 격벽

② 영양균사와 경자

③ 정낭과 병족세포

④ 자낭과 기균사

9 다음 그림 ㉠, ㉡에 해당하는 곰팡이 속명은?

㉠
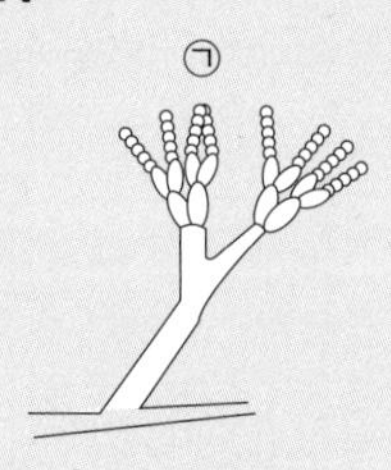

㉡
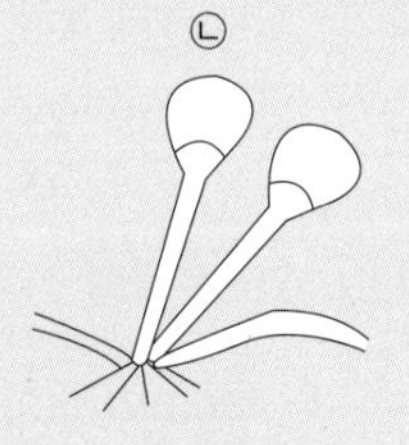

① ㉠ *Penicillium*　㉡ *Aspergillus*

② ㉠ *Aspergillus*　㉡ *Mucor*

③ ㉠ *Penicillium*　㉡ *Rhizopus*

④ ㉠ *Aspergillus*　㉡ *Penicillium*

{ 식품미생물 }

1 곰팡이의 구조

- 균사체, 가근, 포복지, 자실체, 포자, 포자낭병, 격벽 등으로 구성되어 있다.

※ 편모는 세균의 운동기관으로 편모의 유무, 착생 부위 및 수는 세균 분류의 중요한 지표가 된다.

2 균사가 자라는 형태에 따라

- 기중균사(submerged hyphae) : 기질 속으로 침투해 들어가며 자라는 균사
- 영양균사(vegetative hyphae) : 균사가 기질 표면에 밀착하여 뻗어가는 균사
- 기균사(aerial hyphae) : 균사 끝에 번식기관을 형성하지 않고 기질 표면에서 곧게 공중으로 뻗는 균사

3 곰팡이 균총(colony)

- 균사체와 자실체를 합쳐서 균총(colony)이라 한다.
- 균사체(mycelium)는 균사의 집합체이고, 자실체(fruiting body)는 포자를 형성하는 기관이다.
- 균총은 종류에 따라 독특한 색깔을 가진다.
- 곰팡이의 색은 자실체 속에 들어 있는 각자의 색깔에 의하여 결정된다.

4 *Rhizopus*속의 특징

- 거미줄 곰팡이라고도 한다.
- 조상균류(Phycomycetes)에 속하며 가근(rhizoid)과 포복지(stolon)를 형성한다.
- 포자낭병은 가근에서 나오고, 중축바닥 밑에 자낭을 형성한다.
- 포자낭이 구형이고 영양성분(배지)이 닿는 곳에 뿌리 모양의 가근(rhigoid)을 내리고 그 위에 1~5개의 포자낭병을 형성한다.
- 균사에는 격벽이 없다.
- 유성, 무성 내생포자를 형성한다.
- 대부분 pectin 분해력과 전분분해력이 강하므로 당화효소와 유기산 제조용으로 이용되는 균종이 많다.
- 호기적 조건에서 잘 생육하고, 혐기적 조건에서는 알코올, 젖산, 푸마르산 등을 생산한다.

5 4번 해설 참조

6 *Aspergillus*속

- 균사의 일부가 팽대한 병족 세포에서 분생자병이 수직으로 분지하고, 선단이 팽대하여 정낭(vesicle)을 형성한다.
- 그 위에 경자와 아포자를 착생한다.

7 *Aspergillus*속과 *Penicillium*속의 차이점

- *Aspergillus*속과 *Penicillium*은 분류학상 가까우나 *Penicillium*속은 병족세포가 없고, 또한 분생자병 끝에 정낭(vesicle)을 만들지 않고 직접 분기하여 경자가 빗자루 모양으로 배열하여 취상체(penicillus)를 형성하는 점이 다르다.

8 7번 해설 참조

9 곰팡이 속명

- *Penicillium* : 빗자루 모양의 분생자 자루를 가진 곰팡이의 총칭
- *Rhizopus* : 가근과 포복지가 있고, 포자낭병은 가근에서 나오며, 중축 바닥 밑에 자낭을 형성한다.

정답				
	1 ④	2 ④	3 ①	4 ③
	5 ③	6 ③	7 ③	8 ③
	9 ③			

문제

10 **포자낭병이 포복지의 중간 부분에서 분지되는 것은?**

① *Mucor rouxii*

② *Rhizopus delemar*

③ *Absidia lichtheimi*

④ *Phycomyces nitens*

11 **자낭균류 자낭과의 유형에서, 성숙했을 때 자실층이 외부로 노출되는 것은?**

① 폐자낭각 ② 자낭반

③ 소방 ④ 자낭각

12 **진균류의 무성생식법이 아닌 것은?**

① 분생자(conidia)

② 후막포자(chlamydospore)

③ 포자낭포자(sporangiospore)

④ 자낭포자(ascospore)

13 **곰팡이에 대한 설명으로 틀린 것은?**

① 곰팡이는 주로 포자에 의해서 번식한다.

② 곰팡이의 포자에는 유성포자와 무성포자가 있다.

③ 곰팡이의 유성포자에는 포자낭포자, 분생포자, 후막포자, 분열자 등이 있다.

④ 포자는 적당한 환경 하에서는 발아하여 균사로 성장하며 또한 균사체를 형성한다.

14 **무성포자의 종류에 해당하지 않는 것은?**

① 분생자(conidia)

② 후막포자(chlamydospore)

③ 포자낭포자(sporangiospore)

④ 자낭포자(ascospore)

15 **곰팡이의 유성포자에 해당하지 않는 것은?**

① 분생포자(condiospore)

② 접합포자(zygospore)

③ 난포자(oospore)

④ 담자포자(basidiospore)

16 **다음 균주 중 분생포자(conidia)를 만드는 것은?**

① *Penicillium notatum*

② *Mucor mucedo*

③ *Toluraspora fermentati*

④ *Thamnidium elegans*

17 **곰팡이의 분류나 동정하는 데 적용되지 않는 항목은?**

① 균사의 격벽 유무

② 편모의 존재와 형태 및 위치

③ 유성포자의 형성 여부 및 종류

④ 무성포자의 종류

18 **균사에 격막(septa)이 없는 *Rhizopus*속과 *Mucor*속의 곰팡이는 분류상 어디에 속하는가?**

① 접합균류(Zygomycetes)

② 자낭균류(Ascomycetes)

③ 담자균류(Basidiomycetes)

④ 불완전균류(Deuteromycetes)

19 **곰팡이 균사에 격벽을 갖지 않는 것은?**

① *Trichoderma*속

② *Monascus*속

③ *Penicillium*속

④ *Rhizopus*속

10 *Absidia*속(활털곰팡이속)은 포복지의 중간에서 포자낭병이 생긴다.

11 자낭균류 자낭과는 외형에 따라 3가지 형태로 분류한다.
- 폐자기(폐자낭각, cleistothecium) : 완전구상으로 개구부가 없는 상태
- 피자기(자낭각, perithecium) : 플라스크 모양으로 입구가 약간 열린 상태
- 나자기(자낭반, apothecium) : 성숙하면 컵모양으로 내면이 완전히 열려 있는 상태

12 곰팡이의 증식

① 무성생식
- 무성포자로 발아하여 균사를 형성한다.
- 무성포자 : 포자낭포자, 분생포자(분생자), 후막포자, 분절포자(분열자)
  *분절포자 : 균사의 일부가 차례로 격벽을 만들고 짧은 조각으로 떨어져 생기는 포자

② 유성생식
- 2개의 다른 성세포가 접합하여 2개의 세포핵이 융합하는 것이다.
- 유성포자 : 접합포자, 자낭포자, 담자포자, 난포자

13 곰팡이 포자
- 유성포자 : 두 개의 세포핵이 융합한 후 감수분열하여 증식하는 포자 – 난포자, 접합포자, 담자포자, 자낭포자 등
- 무성포자 : 세포핵의 융합이 없이 단지 분열 또는 출아증식 등 무성적으로 생긴 포자 – 포자낭포자(내생포자), 분생포자, 후막포자, 분열포자 등

14 12번 해설 참조

15 12번 해설 참조

16 *Penicillium*속과 *Aspergillus*속 곰팡이
- 생식균사인 분생자병의 말단에 분생포자를 착생하여 무성적으로 증식한다.
- 포자가 밖으로 노출되어 있어 외생포자라고도 한다.

17 곰팡이의 분류
- 진균류는 먼저 균사의 격벽(격막)의 유무에 따라 대별하고, 다시 유성포자 특징에 따라 나뉘어진다.
- 균사에 격벽이 없는 것을 조상균류라 하며, 균사에 격벽이 있는 것을 순정균류라 한다.
- 순정균류 중 자낭포자를 형성하는 것을 자낭균류, 담자포자를 형성하는 것을 담자균류라 부르며, 유성포자를 형성하지 않은 것을 일괄하여 불완전균류라고 한다.

18 진균류(Eumycetes)는 격벽의 유무에 따라 조상균류와 순정균류로 분류한다.

① 조상균류 : 균사에 격벽(격막)이 없다.
- 호상균류 : 곰팡이
- 난균류 : 곰팡이
- 접합균류 : 곰팡이(*Mucor*속, *Rhizopus*속, *Absidia*속)

② 순정균류 : 균사에 격벽이 있다.
- 자낭균류 : 곰팡이(*Monascus*속, *Neurospora*속), 효모
- 담자균류 : 버섯, 효모
- 불완전균류 : 곰팡이(*Aspergillus*속, *Penicillium*속, *Trichoderma*속), 효모

19 18번 해설 참조

정답				
	10 ③	11 ②	12 ④	13 ③
	14 ④	15 ①	16 ①	17 ②
	18 ①	19 ④		

문제

20 **접합균류에 속하는 곰팡이는?**

① *Rhizopus*속
② *Aspergillus*속
③ *Penicillium*속
④ *Fusarium*속

21 **자낭균류와 조상균류의 차이점 설명으로 틀린 것은?**

① 자낭균류 – *Neurospora*
조상균류 – *Achlya*
② 자낭균류 – 자낭속에 8개 포자
조상균류 – 접합자 속 포자수는 일정치 않다
③ 자낭균류 – 격벽이 있다
조상균류 – 격벽이 없다
④ 자낭균류 – 자실체 형성 안 함
조상균류 – 자실체 형성함

22 **조상균류에 속하는 것은?**

① *Aspergillus oryzae*
② *Mucor rouxii*
③ *Saccharomyces cerevisiae*
④ *Lactobacillus casei*

23 **포자낭포자를 갖는 미생물이 아닌 것은?**

① *Mucor*, *Rhizopus*속 곰팡이
② *Monascus*속 곰팡이
③ *Absidia*속 곰팡이
④ *Aspergillus*속 곰팡이

24 ***Mucor*속과 *Rhizopus*속이 형태학적으로 다른 점은?**

① 포자낭의 유무
② 포자낭병의 유무
③ 경자의 유무
④ 가근의 유무

25 **자낭균류에 속하는 균은?**

① *Mucor hiemalis*
② *Rhizopus japonicus*
③ *Absidia lichtheimi*
④ *Aspergillus niger*

26 **다음 중 분절포자(arthrospore)를 만드는 곰팡이는?**

① *Geotrichum candidum*
② *Cephalosporium acremonium*
③ *Byssochlamyces fulva*
④ *Eremothecium ashbyii*

27 **불완전균류(fungi imperfect)를 옳게 설명한 것은?**

① 진핵세포를 하고 있으며 유성세대가 알려져 있는 균이다.
② 진핵세포를 하고 있으며 유성세대가 알려지지 않은 균이다.
③ 원핵세포를 하고 있으며 유성세대가 알려지지 않은 균이다.
④ 원핵세포를 하고 있으며 유성세대가 알려져 있는 균이다.

해설

20 18번 해설 참조

21 자낭균류와 조상균류의 차이점

자낭균류	• 균사에는 격막이 있다. • 무수의 자낭이 모여 자실체를 형성하고, 발달된 자실체(버섯)를 만드는 것이다.
조상균류	• 균사에는 격막이 없다. • 포자낭에는 부정수의 포자를 형성하고, 자실체를 형성하지 않는다.

22 18번 해설 참조

23 조상균류(Phycomycetes)의 특징

- 균사에 격막이 없다.
- 무성생식 시에는 내생포자, 즉 포자낭포자를 만들고 유성생식 시에는 접합포자를 만든다.
- 균사의 끝에 중축이 생기고 여기에 포자낭이 형성되며 그 속에 포자낭 포자를 내생한다.
- 대표적인 곰팡이는 *Mucor*, *Rhizopus*, *Absidia*가 있다.

※*Aspergillus*속은 분생포자를 갖는다.

24 *Rhizopus*속의 특징

- 생육이 빠른 점에서 *Mucor*속과 유사하지만 수 cm에 달하는 가근과 포복지를 형성하는 점이 다르다.

25 18번 해설 참조

26 분절포자(arthrospore)

- 균사 자체에 격막이 생겨 균사마디가 끊어져 내구성포자가 형성된다. 분열자(oidium)라고도 한다.
- 불완전균류 *Geotrichum*과 *Moniliella*속에서 볼 수 있다.

27 불완전균류(fungi imperfect)

- 균사에 격막이 있는 균사체와 분생자만으로 증식하는 균류, 즉 유성생식이 인정되지 않은 진균류와 유성생식이 인정되는 균류의 불완전세대(무성생식)를 불완전균류라 한다.
- 곰팡이 이외에도 효모, 사출효모도 포함된다.

정답				
	20 ①	21 ④	22 ②	23 ④
	24 ④	25 ④	26 ①	27 ②

28 불완전균류에 대한 설명으로 옳은 것은?

① 유성생식시대가 불명(不明)한 균이다.
② 형태가 완전하지 못한 균류이다.
③ 포자를 형성하지 않는 균들이다.
④ 변이를 일으킨 균들이다.

29 다음 곰팡이속들 중 불완전균류가 아닌 것은?

① *Cladosporium*속
② *Fusarium*속
③ *Absidia*속
④ *Trichoderma*속

30 *Mucor*속 중 cymomucor형에 해당하는 것은?

① *Mucor rouxii*
② *Mucor mucedo*
③ *Mucor hiemalis*
④ *Mucor racemosus*

31 고구마를 연부(軟腐)시키는 미생물은?

① *Bacillus subtilis*
② *Aspergillus oryzae*
③ *Saccharomyces cerevisiae*
④ *Rhizopus nigricans*

32 *Aspergillus*속의 설명으로 틀린 것은?

① 균총의 색은 백색, 황색, 녹색, 흑색이다.
② 황국균, 흑국균, 백국균을 만든다.
③ 병족세포를 갖는 것이 특징이다.
④ 장모균은 단백질 분해력이, 단모균은 전분 당화력이 강하다.

33 *Aspergillus*속에 속하는 곰팡이에 대한 설명으로 틀린 것은?

① *A. oryzae*는 단백질 분해력과 전분 당화력이 강하여 주류 또는 장류 양조에 이용된다.
② *A. glaucus*군에 속하는 곰팡이는 백색 집락을 이루며 ochratoxin을 생산한다.
③ *A. niger*는 대표적인 흑국균이다.
④ *A. flavus*는 aflatoxin을 생산한다.

34 병족세포를 가지는 곰팡이속은?

① *Rhizopus*속
② *Aspergillus*속
③ *Penicillium*속
④ *Monascus*속

35 과즙 청정제(淸淨材)로 사용하는 효소를 생산하는 균주는?

① *Aspergillus niger*
② *Mucor rouxii*
③ *Neurospora crassa*
④ *Penicillium roqueforti*

36 흑색 균총을 형성하며, amylase와 protease 등의 효소와 구연산 생산능을 가지고 있는 곰팡이는?

① *Aspergillus flavus*
② *Aspergillus niger*
③ *Aspergillus oryzae*
④ *Aspergillus ochraceus*

28 불완전균류(fungi imperfect)

- 곰팡이 속들 중 유성포자를 형성하지 않는 균류를 불완전균류라 한다.
- *Aspergillus*속, *penicillum*속, *Cladosporium*속, *Fusarium*속, *Trichoderma*속, *Monilia*속 등이 있다.

29 28번 해설 참조

※*Absidia*속은 조상균류에 속한다.

30 *Mucor rouxii*

- amylo법에 의한 알코올 제조에 처음 사용된 균이다.
- 포자낭병은 cymomucor에 속한다.

31 *Rhizopus nigricans*

- 집락은 회백색이며 접합포자와 후막포자를 형성하고 가근도 잘 발달한다.
- 생육적온은 32~34℃이다.
- 맥아, 곡류, 빵, 과일 등 여러 식품에 잘 발생한다.
- 고구마의 연부병의 원인균이 되며 마섬유의 발효 정련에 관여한다.

32

- 장모균 : 균사가 길고 전분 당화력이 강하다.
- 단모균 : 균사가 짧고 단백질 분해력이 강하다. Koji산을 생성한다.

33 *A. glaucus*군에 속하는 곰팡이

- 녹색이나 청록색 후에 암갈색 또는 갈색 집락을 이룬다.
- 빵, 피혁 등의 질소와 탄수화물이 많은 건조한 유기물에 잘 발생한다.
- 포도당 및 자당 등을 분해하여 oxalic acid, citric acid 등 많은 유기산을 생성한다.

34 *Aspergillus*속

- 균사의 일부가 팽대한 병족세포에서 분생자병이 수직으로 분지하고, 선단이 팽대하여 정낭(vesicle)을 형성하며, 그 위에 경자와 아포자를 착생한다.

35 *Aspergillus niger*

- 균총은 흑갈색으로 흑국균이라고 한다.
- 전분 당화력(α-amylase)이 강하고, pectin 분해효소(pectinase)를 많이 생성한다.
- glucose로부터 글루콘산(gluconic acid), 옥살산(oxalic acid), 호박산(citric acid) 등을 다량으로 생산하므로 유기산 발효공업에 이용된다.
- pectinase를 분비하므로 과즙 청정제 생산에 이용된다.

36 35번 해설 참조

정답				
	28 ①	29 ③	30 ①	31 ④
	32 ④	33 ②	34 ②	35 ①
	36 ②			

문제

37 ***Aspergillus*속에 속하는 곰팡이에 대한 설명으로 틀린 것은?**

① *A. oryzae*는 단백질 분해력과 전분 당화력이 강하여 주류 또는 장류 양조에 이용된다.
② *A. glaucus*군에 속하는 곰팡이는 건조에 대한 내성이 크다.
③ *A. niger*는 대표적인 황국균이며 알코올 발효용 코지 곰팡이균에 이용된다.
④ *A. flavus*는 aflatoxin을 생산한다.

38 **식품공업에서 amylase를 생산하는 대표적인 균주와 거리가 먼 것은?**

① *Aspergillus oryzae*
② *Bacillus subtilis*
③ *Rhizopus delemar*
④ *Candida lipolytica*

39 ***Aspergillus oryzae*에 대한 설명으로 적합하지 않는 것은?**

① pectinase를 강하게 생산하여 과실주스의 청징에 이용된다.
② 간장, 된장 등의 제조에 이용된다.
③ 대사산물로 kojic acid를 생성한다.
④ 효소활성이 강해 소화제 생산에 이용된다.

40 **간장 제조 시 종균으로 쓰이는 균주는?**

① *Aspergillus flavus*
② *Aspergillus nidulans*
③ *Aspergillus niger*
④ *Aspergillus oryzae*

41 **메주에서 흔히 발견되는 균이 아닌 것은?**

① *Rhizopus oryzae*
② *Aspergillus flavus*
③ *Bacillus subtilis*
④ *Aspergillus oryzae*

42 **치즈 숙성과 관계가 먼 것은?**

① *Penicillium camemberti*
② *Penicillium roqueforti*
③ *Streptococcus lactis*
④ *Mucor rouxii*

43 **치즈 숙성에 관련된 균이 아닌 것은?**

① *Penicillium camemberti*
② *Aspergillus oryzae*
③ *Penicillium roqueforti*
④ *Propionibacterium freudenreichii*

44 **asymmetrica에 속하며 cheese 제조에 사용되는 곰팡이는?**

① *Penicillium roqueforti*
② *Penicillium chrysogeum*
③ *Penicillium expansum*
④ *Penicillium citrinum*

45 **생육온도 특성으로 볼 때 시판 냉동식품에서 발견되기 가장 쉬운 미생물은?**

① *Salmonella*속
② *Aureobasidium*속
③ *Rhizopus*속
④ *Bacillus*속

37 35번 해설 참조

38 amylase를 생산하는 미생물

- *Asp. niger*, *Asp. oryzae*, *B. mesentericus*, *B. subtilis*, *Rhizopus delemar*, *R. oryzae*, *Endomycopsis fibuliger* 등이 있다.

39 ***Aspergillus oryzae***

- 황국균(누룩곰팡이)이라고 한다.
- 생육온도는 25~37℃이다.
- 전분 당화력과 단백질 분해력이 강해 간장, 된장, 청주, 탁주, 약주 제조에 이용된다.
- 분비효소는 amylase, maltase, invertase, cellulase, inulinase, pectinase, papain, trypsin, lipase이다.
- 특수한 대사산물로서 kojic acid를 생성하는 것이 많다.

※***Asp. niger***(흑국균)이 pectinase를 강하게 생산하여 주스 청징제에 이용된다.

40 39번 해설 참조

41 메주에 관여하는 주요 미생물

- 곰팡이 : *Aspergillus oryzae*, *Rhizopus oryzae*, *Aspergillus sojae*, *Rhizopus nigricans*, *Mucor abundans* 등
- 세균 : *Bacillus subtilis*, *B. pumilus* 등
- 효모 : *Saccharomyces coreanus*, *S. rouxii* 등

42 치즈 숙성과 관계있는 미생물

- *Penicillium camemberti*와 *Penicillium roqueforti*은 프랑스 치즈의 숙성과 풍미에 관여하여 치즈에 독특한 풍미를 준다.
- *Streptococcus lactis*는 우유 중에 보통 존재하는 대표적인 젖산균으로 버터, 치즈 제조의 starter로 이용된다.
- *Propionibacterium freudenreichii*는 치즈눈을 형성시키고, 독특한 풍미를 내기 위하여 스위스 치즈에 사용된다.

※***Mucor rouxii***는 당화력이 강하여 amylo법에 의한 알코올 제조에 사용되고 있다.

43 42번 해설 참조

※***Aspergillus oryzae***는 amylase와 protease 활성이 강하여 코지(koji)균으로 사용된다.

44 ***Penicillium roqueforti***

- asymmetrica(비대칭)에 속하며, 프랑스 roquefort 치즈의 숙성과 풍미에 관여하여 치즈에 독특한 풍미를 준다.

45 오레오바시듐(***Aureobasidium***속)

- 불완전균류의 한 속으로 *A. pullulans*만이 알려져 있다.
- 부생미생물의 하나로 신선한 채소, 과일 또는 냉동저장육 등에서 분리된다.
- 플루란을 생성한다.

정답				
	37 ③	38 ④	39 ①	40 ④
	41 ②	42 ④	43 ②	44 ①
	45 ②			

46 곤충이나 곤충의 번데기에 기생하는 동충하초균속인 것은?

① *Monascus*속
② *Neurospora*속
③ *Gibberella*속
④ *Cordyceps*속

47 곰팡이독(mycotoxin)을 생산하지 않는 곰팡이는?

① *Fusarium*속
② *Monascus*속
③ *Aspergillus*속
④ *Penicillium*속

48 과일이나 채소를 부패시킬 뿐만 아니라 보리나 옥수수와 같은 곡류에서 zearalenone이나 fumonisin 등의 독소를 생산하는 곰팡이는?

① *Aspergillus*속
② *Fusarium*속
③ *Penicillium*속
④ *Cladosporium*속

49 다음 중 곰팡이 독소가 아닌 것은?

① patulin ② ochratoxin
③ enterotoxin ④ aflatoxin

50 곰팡이가 생성하는 독소는?

① enterotoxin ② ochratoxin
③ neurotoxin ④ verotoxin

51 황변미는 여름철 쌀의 저장 중 수분 15~20%에서 미생물이 번식하여 대사독성물질이 생성되는 것인데 다음 중 이에 관련된 미생물은?

① *Bacillus subtillis, Bacillus mesentericus*
② *Lactobacillus plantarum, Escherichia coli*
③ *Penicillus citrinum, Penicillus islandicum*
④ *Mucor rouxii, Rhizopus delemar*

52 수확 직후의 쌀에 빈번한 곰팡이로 저장 중 점차 감소되어 쌀의 변질에는 거의 관여하지 않는 것으로만 묶인 것은?

① *Alternaria, Fusarium*
② *Aspergillus, Penicillium*
③ *Alternaria, Penicillium*
④ *Asprergillus, Fusarium*

53 식품 저장 중 발생하는 독소인 aflatoxin을 생산하는 균은?

① *Aspergillus oryzae*
② *Aspergillus kawachii*
③ *Aspergillus niger*
④ *Aspergillus flavus*

54 효소 및 유기산 생성에 이용되며 강력한 발암물질인 aflatoxin을 생성하는 것은?

① *Aspergillus*속
② *Fusarium*속
③ *Saccharomyces*속
④ *Penicillium*속

46 **대표적인 동충하초속**

- 자낭균의 맥각균과(Clavicipitaceae)에 속하는 *Cordyceps*속이 있다.
- 이밖에도 불완전균류의 *Paecilomyces*속, *Torrubiella*속, *Podonectria*속 등이 있다.

47 **곰팡이독(mycotoxin)을 생산하는 곰팡이**

- 간장독 : aflatoxin(*Aspergillus flavus*), rubratoxin(*Penicillium rubrum*), luteoskyrin(*Pen. islandicum*), ochratoxin(*Asp. ochraceus*), islanditoxin(*Pen. islandicum*)
- 신장독 : citrinin(*Pen. citrinum*), citreomycetin, kojic acid(*Asp. oryzae*)
- 신경독 : patulin(*Pen. patulum*, *Asp. clavatus* 등), maltoryzine(*Asp. oryzae var. microsporus*), citreoviridin(*Pen. citreoviride*)
- 피부염 물질 : sporidesmin(*Pithomyces chartarum*), psoralen(*Sclerotina sclerotiorum*) 등
- fusarium독소군 : fusariogenin(*Fusarium poe*), nivalenol(*F. nivale*), zearalenone(*F. graminearum*)
- 기타 : shaframine(*Rhizoctonia leguminicola*) 등

48 **47번 해설 참조**

49 **곰팡이 독소**

- 파툴린(patulin) : *Penicillium, Aspergillus*속의 곰팡이가 생성하는 독소로서 주로 사과를 원료로 하는 사과주스에 오염되는 것으로 알려져 있다.
- 오클라톡신(ochratoxin) : *Asp. ochraceus*를 생성하는 곰팡이독(mycotoxin)이다.
- 아플라톡신(aflatoxin) : *Aspergillus flavus*에 의해 생성되어 간암을 유발하는 강력한 간장독성분을 나타내며 땅콩, 밀, 쌀, 보리, 옥수수 등의 곡류에서 발견된다.

※ 엔테로톡신(enterotoxin) : 포도상구균이 생산하는 장독소이다.

50 **오클라톡신(ochratoxin)**

- *Asp. ochraceus*가 생성하는 곰팡이독(mycotoxin)이다.

※ 엔테로톡신(enterotoxin) : 포도상구균(*Staphylococcus aureus*)이 생산하는 장독소이다.

※ 뉴로톡신(neurotoxin) : 보툴리누스균(*Clostridium botulinum*)이 생성하는 신경독소이다.

※ 베로톡신(verotoxin) : *E. coli* O157:H7 균주가 생성하는 장관독소이다.

51 **황변미 식중독**

- 수분을 15~20% 함유하는 저장미는 *Penicillium*이나 *Aspergillus*에 속하는 곰팡이류의 생육에 이상적인 기질이 된다.
- 쌀에 기생하는 *Penicillium*속의 곰팡이류는 적홍색 또는 황색의 색소를 생성하며 쌀을 착색시켜 황변미를 만든다.
- *Penicillum toxicarium* : 1937년 대만쌀 황변미에서 분리, 유독대사산물은 citreoviride이다.
- *Penicillum islandicum* : 1947년 아일랜드산 쌀에서 분리, 유독대사산물은 luteoskyrin이다.
- *Penicillum citrinum* : 1951년 태국산 쌀에서 분리, 유독대사산물은 citrinin이다.

52 **쌀 저장 중 미생물의 영향**

- 수확 직후의 쌀에는 세균으로서 *Psudomonas*속이 특이적으로 검출되고 곰팡이로서는 기생성의 불완전균의 *Helminthosporium*, *Alternaria*, *Fusarium*속 등이 많으나 저장시간이 경과됨에 따라 이러한 균들은 점차 감소되어 쌀의 변질에는 거의 영향을 주지 않는다.

53 **아플라톡신(aflatoxin)**

- *Asp. flavus*가 생성하는 대사산물로서 곰팡이 독소이다.
- 간암을 유발하는 강력한 간장독성분이다.

54 **53번 해설 참조**

정답				
	46 ④	47 ②	48 ②	49 ③
	50 ②	51 ③	52 ①	53 ④
	54 ①			

문제

55 ergotoxin을 생성하는 곰팡이는?

① *Aspergillus parasiticus*
② *Claviceps purpurea*
③ *Aspergillus ochraceus*
④ *Fusarium roseum*

56 곰팡이의 작용과 거리가 먼 것은?

① 치즈의 숙성
② 페니실린 제조
③ 황변미 생성
④ 식초의 양조

57 곰팡이에 의한 빵의 변패를 방지하기 위한 방법으로 옳지 않은 것은?

① 적절한 냉각 및 포장 전 빵의 응축수 제거
② 반죽에 보존료 첨가
③ 공장의 공기를 여과, 자외선 살균
④ 빵 반죽 발효시간 연장

58 식품과 주요 변패 관련 미생물이 잘못 연결된 것은?

① 시판 냉동식품 – *Aspergillus*속
② 감자전분 – *Bacillus*속
③ 통조림 식품 – *Clostridium*속
④ 고구마의 연부현상 – *Rhizopus*속

59 식물의 병과 그 원인균이 바르게 짝지어진 것은?

① 보리붉은곰팡이병
– *Fusarium moniliforme*
② 흑반병 – *Alternaria tenius*
③ 키다리병 – *Fusarium graminearum*
④ 탄저병 – *Botrytis cinerea*

60 과즙제품 저장 중의 미생물에 의한 변패의 양상이 아닌 것은?

① 혼탁 ② 당류의 증가
③ 알코올 생성 ④ 유기산의 변화

61 효모의 형태에 관한 설명으로 옳은 것은?

① 효모는 배지조성, pH, 배양방법 등과는 관계없이 항상 일정한 형태를 보인다.
② 효모 영양세포는 구형, 계란형, 타원형, 레몬형 등이 있다.
③ 일반적으로 효모의 크기는 1㎛ 이하 정도가 보통으로 세균과 유사한 크기를 가진다.
④ 효모는 곰팡이와는 달리 위균사나 균사를 형성하지 않는다.

62 효모와 곰팡이에 관한 설명으로 틀린 것은?

① 효모는 곰팡이보다 작은 세포이다.
② 효모와 곰팡이는 낮은 pH나 낮은 온도의 환경에서도 잘 자란다.
③ 곰팡이는 효모보다 대사활성이 높고 성장속도도 빠르다.
④ 효모는 곰팡이보다 혐기적인 조건에서 성장하는 종류가 많다.

55 **맥각균(*Claviceps purpurea*)**

- 보리, 밀, 라이맥 등의 개화기에 기생하는 자낭균에 속하며 맥각병에 걸리면 맥각이 형성된다.
- 맥각에는 ergotoxine, ergotamine, ergometrine 등이 들어있어 교감신경의 마비 등 중독 증상을 나타낸다.

56

- 치즈의 숙성 : *Penicillium*속의 곰팡이
- 페니실린 제조 : *Penicillium*속의 곰팡이
- 황변미 생성 : *Penicillium*속의 곰팡이
- 식초의 양조 : *Acetobacter*속(초산균)의 세균

57 **곰팡이에 의한 빵의 변패 방지**

- 빵을 적절히 냉각하여 포장지에 응축수가 생기지 않게 한다.
- 반죽에 허용 보존료를 첨가한다.
- 실내의 공기를 여과하거나 자외선 살균을 하여 곰팡이에 오염되지 않게 한다.

58 **냉동식품과 미생물**

- 냉동식품의 저온성 세균으로서는 *Pseudomonas*와 *Flavobacterium* 등이 과반수 이상 분포해 있다.
- 어육의 냉동식품에서는 *Brevibacterium*, *Corynebacterium*, *Arthrobacter* 등이 발견되고, 야채·과일의 가공 냉동식품에서는 *Micrococcus*가 많이 발견된다.

59 **식물의 병과 원인균**

- 보리붉은곰팡이병 – *Fusarium graminearum*
- 키다리병 – *Gibberella fujikuroi*
- 탄저병 – *Bacillius anthracis*

60 **과즙제품 저장 중 미생물에 의한 변패 양상**

- 혼탁 : 과즙의 혼탁은 효모에 의한 것이 많다. 효모로 혼탁되면 알코올 발효를 한다. 주로 *Torulopsis*속이 관여한다.
- 알코올 생성 : 효모에 의한 알코올의 생성은 과즙 저장 중에서 일어난다. 세균에 의한 알코올의 생성은 드물기는 하지만 *Bacterium mannitopoeum*이 과다의 40%를 알코올로 변화시킨다. 곰팡이에 의한 알코올 생성은 *Mucor*, *Fusarium*, *Aspergillus*속의 일부가 과즙 중에서 알코올을 생성한다.
- 유기산의 변화 : 포도과즙에는 주석산·사과산이 많고, 귤, 포도, 사과, 배 등에는 구연산이 많다. 효모는 주석산에는 작용하지 못한다. *Bacterium tartarophorum*, *Bac. succinium*, *Aerobacter*, *Escherichia*속 등만이 주석산을 분해 이용한다. 과즙 중의 대부분의 젖산균은 구연산을 분해하여 초산, 젖산, 탄산가스를 생성한다. 곰팡이 중 *Citromyces*, *Mucor*, *Fusarium*, *Aspergillus*, *Penicillium*, *Botrytis*, *Dematium*속 등은 구연산을 분해하거나 형성하기도 한다.

61 **효모의 형태와 특성**

① 효모의 형태

- 균의 종류에 따라 다르고, 같은 종류라도 배양조건이나 시기, 세포의 나이, 영양상태, 공기의 유무 등 물리·화학적 조건, 그리고 증식법에 따라서 달라진다.

② 효모의 특성

- 효모는 대부분 출아에 의해 무성생식을 하나 세포분열을 하는 종도 있다.
- 크기는 대략 3~4㎛로 하나의 세포로 이루어진 단세포 생물이다.
- 위균사를 형성하는 종도 있다.
- 효모 영양세포는 구형, 계란형, 타원형, 레몬형, 소시지형, 위균사형 등이 있다.
- 낮은 pH에서도 생육할 수 있으며 생육최적온도는 중온균(25~30℃)이다.

62 **효모와 곰팡이**

- 효모는 곰팡이보다 일반적으로 작은 세포이므로 대사활성이 높고 성장속도도 빠르다.
- 효모와 곰팡이는 진핵세포로 된 고등미생물이다.
- 효모는 낮은 pH나 낮은 온도 및 낮은 수분활성도의 환경에서도 잘 자라는 생리적인 특성은 곰팡이와 같으나 혐기적인 조건에서도 성장하는 종류가 많다는 점이 다르다.

정답				
	55 ②	56 ④	57 ④	58 ①
	59 ②	60 ②	61 ②	62 ③

63 **맥주효모 세포의 기본적인 형태는?**

① 계란형(cerevisiae type)
② 타원형(ellipsoideus type)
③ 소시지형(pastorianus type)
④ 레몬형(apiculatus type)

64 **효모 미토콘드리아(mitochondria)의 주요작용은?**

① 호흡 작용
② 단백질 생합성 작용
③ 효소 생합성 작용
④ 지방질 생합성 작용

65 **효모의 세포벽을 분석하였을 때 일반적으로 가장 많이 검출될 수 있는 화합물은?**

① glucomannan ② protein
③ lipid and fats ④ glucosamine

66 **효모 세포 내에서 단백질의 생합성이 일어나는 곳은?**

① mitochondria
② deoxyribonucleic acid
③ ribosome
④ cytoplasm

67 **효모의 증식에 관한 설명으로 옳은 것은?**

① 효모는 출아법과 분열법만으로 증식한다.
② 효모의 무성포자에는 담자포자, 자낭포자, 위균사포자가 있다.
③ 효모는 출아법, 분열법, 무성포자와 유성포자법으로 증식한다.
④ 효모의 무성포자에는 동태접합, 이태접합, 위접합이 있다.

68 **효모의 증식에 대한 설명으로 틀린 것은?**

① 효모의 증식법에는 영양증식과 포자형성에 의한 증식이 있다.
② 효모의 영양증식 중에는 출아증식이 효모의 대표적인 증식법이다.
③ 효모의 증식법에는 분열법과 출아분열이 대부분을 차지한다.
④ 효모가 무성적으로 포자를 형성하는 데는 단위생식, 위접합, 사출포자, 분절포자 등이 있다.

69 **효모의 대표적인 증식방법으로 세포에 생긴 작은 돌기가 커지면서 새로운 자세포가 생성되는 방법은?**

① 출아 ② 사출
③ 세포분열 ④ 접합

70 **대부분 무성생식을 하며 주로 출아법(budding)에 의하여 증식하는 진균류로 빵, 맥주, 포도주 등을 만드는 데 사용되는 것은?**

① 세균(bacteria)
② 곰팡이(mold)
③ 효모(yeast)
④ 바이러스(virus)

71 **다음 효모 중 분열에 의해서 증식하는 효모는?**

① *Saccharomyces*속
② *Hansenula*속
③ *Schizosaccharomyces*속
④ *Candida*속

63 효모의 기본적인 형태

- 계란형(cerevisiae type) : *Saccharomyces cerevisiae*(맥주효모)
- 타원형(ellipsoideus type) : *Saccharomyces ellipsoideus*(포도주효모)
- 구형(torula type) : *Torulopsis versatilis*(간장 후숙에 관여)
- 레몬형(apiculatus type) : *Saccharomyces apiculatus*
- 소시지형(pastorianus type) : *Saccharomyces pastorianus*
- 위균사형(pseudomycellium) : *Candida*속 효모

64 효모 미토콘드리아

- 고등식물의 것과 같이 호흡계 효소가 집합되어 존재하는 장소로서 세포호흡에 관여한다.
- 미토콘드리아는 TCA회로와 호흡쇄에 관여하는 효소계를 함유하며, 대사기질을 CO_2와 H_2O로 완전분해한다.
- 이 대사과정에서 기질의 화학에너지를 ATP로 전환한다.

65 효모의 세포벽

- 효모의 세포형을 유지하고 세포 내부를 보호한다.
- 주로 glucan, glucomannan 등의 고분자 탄수화물과 단백질, 지방질 등으로 구성되어 있다.
- 두께가 0.1~0.4μ 정도 된다.

66 단백질의 생합성이 일어나는 곳

- 세포 내에서 단백질을 합성하는 장소를 리보솜(ribosome)이라고 한다.
- mRNA는 DNA에서 주형을 복사하여 단백질의 아미노산 배열순서를 전달 규정한다.

67 효모의 증식

- 대부분의 효모는 출아법(budding)으로서 증식하고 출아방법은 다극출아와 양극출아 방법이 있다.
- 종에 따라서는 분열, 포자 형성 등으로 생육하기도 한다.
- 효모의 유성포자에는 동태접합과 이태접합이 있고, 효모의 무성포자는 단위생식, 위접합, 사출포자, 분절포자 등이 있다.
  - *Saccharomyces*속, *Hansenula*속, *Candida*속, *Kloeckera*속 등은 출아법에 의해서 증식
  - *Schizosaccharomyces*속은 분열법으로 증식

68 67번 해설 참조

69 67번 해설 참조

70 효모(yeast)

- 균계에 속하는 미생물로 약 1,500종이 알려져 있다.
- 대부분 출아법에 의해 증식하나 세포 분열을 하는 종도 있다.
- 크기는 대략 3~4㎛로 하나의 세포로 이루어진 단세포 생물이다.
- 빵, 맥주, 포도주 등의 발효에 이용된다.

71 67번 해설 참조

정답				
	63 ①	64 ①	65 ①	66 ③
	67 ③	68 ③	69 ①	70 ③
	71 ③			

72 분열에 의한 무성생식을 하는 전형적인 특징을 보이는 효모로 알맞는 것은?

① *Saccharomyces*속
② *Zygosaccharomyces*속
③ *Sacchromycodes*속
④ *Schizosaccharomyces*속

73 ***Schizosaccharomyces*속 효모의 무성생식 방법은?**

① 자낭포자형성법
② 분열법
③ 양극출아법
④ 접합포자형성법

74 다극출아에 의하여 증식하는 효모는?

① *Nadsonia*속
② *Saccharomycodes*속
③ *Saccharomyces*속
④ *Schizosaccharomyces*속

75 사출포자를 형성하지 않는 효모는?

① *Candida*속
② *Sproidiobolus*속
③ *Sporobolomyces*속
④ *Bullera*속

76 효모를 분리하려고 할 때 배지의 pH로 가장 적합한 것은?

① pH 2.0~3.0 ② pH 4.0~6.0
③ pH 7.0~8.0 ④ pH 10.0~12.0

77 다음 중 효모의 생육억제 효과가 가장 큰 것은?

① glucose 50% ② glucose 30%
③ sucrose 50% ④ sucrose 30%

78 glucose에 ***Saccharomyces cerevisiae*****를 접종하여 호기적으로 배양하였을 경우의 결과는?**

① $6CO_2+6H_2O$
② CH_3CH_2OH
③ CO_2
④ $2CH_3CH_2OH+2CO_2$

79 효모의 Neuberg 제1 발효형식에서 에틸알코올 이외에 생성하는 물질은?

① CO_2 ② H_2O
③ $C_3H_5(OH)_3$ ④ CH_3CHO

80 효모에 관한 설명 중 옳지 않은 것은?

① 곰팡이와 같이 자낭균류, 담자균류 및 불완전균류로 분류한다.
② 세포벽은 글루칸, 만난 및 키틴 같은 다당류가 주성분이다.
③ 증식은 주로 유성적인 출아법에 의한다.
④ 대부분 곰팡이보다 대사활성이 높고 성장속도가 빠르다.

81 효모균의 동정(同定)과 관계 없는 것은?

① 포자의 유무와 모양
② 라피노스(raffinose) 이용성
③ 편모 염색
④ 피막 형성

72 *Schizosaccharomyces*속 효모

- 가장 대표적인 분열효모이고, 세균과 같이 이분열법에 의해 증식한다.

73 72번 해설 참조

74 *Saccharomyces*속

- 구형, 달걀형, 타원형 또는 원통형으로 다극출아를 하는 자낭포자효모이다.

75 Deuteromicotina(fungi imperfecti, 불완전효모균류)

- Cryptococaceae과 : 자낭, 사출포자를 형성하지 않는 불완전균류에 속한다.
  - *Candida*속, *Kloeclera*속, *Rhodotorula*속, *Torulopsis*속, *Cryptococcus*속 등
- Sporobolomycetaceae과(사출포자효모) : 사출포자효모는 돌기된 포자병의 선단에 액체 물방울(소적)과 함께 사출되는 무성포자를 형성한다. 이 포자를 만드는 사출효모는 담자균의 일종이나 독립된 group으로 분류하기도 한다.
  - *Bullera*속, *Sporobolomyces*속, *Sproidiobolus*속 등

76 미생물의 최적 pH

- 곰팡이와 효모 : 5.0~6.5
- 세균, 방선균 : 7.0~8.0

77 효모의 생육억제 효과

- 당 농도가 높을수록 크다.
- 같은 중량을 가한 경우 설탕은 단당류보다 억제 효과가 적다.

78 효모 배양

- 호기적 조건으로 배양하면 호흡작용을 하여 당분은 효모 자신의 증식에 이용하게 되어 CO_2와 H_2O만을 생성한다.
- 혐기적 조건으로 배양하면 효모는 발효작용을 일으켜 당분을 알코올과 CO_2로 분해한다.

79 Neuberg 발효형식

- 제1 발효형식
  $C_6H_{12}O_6 \rightarrow 2CH_5OH + 2CO_2$
- 제2 발효형식 : Na_2SO_3를 첨가
  $C_6H_{12}O_6 \rightarrow C_3H_5(OH)_3 + CH_3CHO + CO_2$
- 제3 발효형식 : $NaHCO_3$, Na_2HPO_4 등의 알칼리를 첨가
  $2C_6H_{12}O_6 + H_2O$
  $\rightarrow 2C_3H_5(OH)_3 + CH_3COOH + C_2H_5OH + 2CO_2$

80 67번 해설 참조

81 효모의 분류 동정

- 형태학적 특징, 배양학적 특징, 유성생식의 유무와 특징, 포자형성 여부와 형태, 생리적 특징으로서 질산염과 탄소원의 동화성, 당류의 발효성, 라피노스(raffinose) 이용성, 피막 형성 유무 등을 종합적으로 판단하여 분류 동정한다.

정답				
	72 ④	73 ②	74 ③	75 ①
	76 ②	77 ①	78 ①	79 ①
	80 ③	81 ③		

문제

82 효모의 주요 분류와 그에 속하는 효모명이 바르게 짝지어진 것은?

① 유포자효모 – *Candida*
② 자낭포자효모 – *Torulopsis*
③ 담자포자효모 – *Saccharomyces*
④ 사출포자효모 – *Bullera*

83 다음 중 무포자효모는?

① *Saccharomyces cerevisiae*
② *Schizosaccharomyces pombe*
③ *Candida utilis*
④ *Zygosaccharomyces rouxii*

84 다음 중 유포자효모가 아닌 것은?

① *Schizosacchromyces*속
② *Kluyveromyces*속
③ *Hansenula*속
④ *Rhodotorula*속

85 불완전효모류에 속하는 것은?

① *Saccharomyces*속
② *Pichia*속
③ *Rhodotorula*속
④ *Hansenula*속

86 배양효모와 야생효모의 비교에 대한 설명 중 옳은 것은?

① 배양효모는 장형이 많으며 세대가 지나면 형태가 축소된다.
② 야생효모는 번식기에 아족을 형성하며 액포가 작고 원형질이 흐려진다.
③ 배양효모는 발육온도가 높고 저온, 건조, 산에 대한 저항성이 약하다.
④ 야생효모의 세포막은 점조성이 풍부하여 세포가 쉽게 액내로 흩어지지 않는다.

87 산막효모의 특징이 아닌 것은?

① 산소를 요구한다.
② 산화력이 약하다.
③ 액의 표면에서 발육한다.
④ 피막을 형성한다.

88 산화력이 강하며 배양액의 표면에서 피막을 형성하는 산막효모(피막효모, film yeast)에 속하는 것은?

① *Candida*속
② *Pichia*속
③ *Saccharomyces*속
④ *Shizosaccharomyces*속

89 아래의 설명에 해당하는 효모는?

- 배양액 표면에 피막을 만든다.
- 질산염을 자화할 수 있다.
- 자낭포자는 모자형 또는 토성형이다.

① *Schizosaccharomyces*속
② *Hansenula*속
③ *Debarymyces*속
④ *Saccharomyces*속

90 효모에 관한 다음 설명 중 틀린 것은?

① 진핵세포구조를 가진 고등 미생물로 출아법 또는 분열법으로 증식한다.
② 알코올 발효능이 강한 종류가 많아 양조, 제빵 등에 사용된다.
③ 당질 원료 이외에는 탄소원으로 사용할 수 없으며, 단세포 단백질을 생산하므로 균체 자체의 중요도가 높아지고 있다.
④ 양조나 식품에 유해한 효모나 인체에 병원성을 갖는 효모도 있다.

해설

82 효모의 주요 분류

- 유포자효모(자낭포자효모) : *Saccharomyces*속, *Saccharomycodes*속, *Pichia*속, *Shizosaccharomyces*속, *Hansenula*속, *Kluyveromyces*속, *Debaryomyces*속 , *Nadsonia*속 등
- 담자포자효모 : *Rhodosporidium*속, *Leucosporidium*속
- 사출포자효모 : *Bullera*속, *Sporobolomyces*속, *Sporidiobolus*속
- 무포자효모 : *Cryptococcus*속, *Torulopsis*속, *Candida*속, *Trichosporon*속, *Rhodotorula*속, *Kloeckera*속 등

83 82번 해설 참조

84 82번 해설 참조

85 불완전효모류

- 무포자효모목 : *Candida*, *Cryptococcus*, *Kloeckera*, *Rhodotorula*, *Torulopsis*속
- 사출포자효모목 : *Sporobolomyces*속

86 배양효모와 야생효모의 비교

	배양효모	야생효모
세포	• 원형 또는 타원형이다. • 번식기의 것은 아족을 형성한다. • 액포는 작고 원형질은 흐려진다.	• 대부분 장형이다. • 고립하여 아족을 형성하지 않는다. • 액포는 크고, 원형질은 밝다.
배양	• 세포막은 점조성이 풍부하여 소적 중 세포가 백금선에 의하여 쉽게 액내로 흩어지지 않는다.	• 세포막은 점조성이 없어 백금선으로 쉽게 흩어져 혼탁된다.
생리	• 발육온도가 높고 저온, 산, 건조 등에 저항력이 약하고, 일정 온도에서 장시간 후에 포자를 형성한다.	• 생육온도가 낮고, 산과 건조에 강하다.
이용	• 주정효모, 청주효모, 맥주효모, 빵효모 등의 발효공업에 이용한다.	• 과실과 토양 중에서 서식하고 양조상 유해균이 많다.

87 산막효모와 비산막효모의 비교

	산막효모	비산막효모
산소요구	산소를 요구한다.	산소의 요구가 적다.
발육위치	액면에 발육하며 피막을 형성한다.	액의 내부에 발육한다.
특징	산화력이 강하다.	발효력이 강하다.
균속	*Hansenula*속 *Pichia*속 *Debaryomyces*속	*Saccharomyces*속 *Schizosaccharomyces*속

88 87번 해설 참조

89 ***Hansenula*속의 특징**

- 액면에 피막을 형성하는 산막효모이다.
- 포자는 헬멧형, 모자형, 부정각형 등 여러 가지다.
- 다극출아를 한다.
- 알코올로부터 에스테르를 생성하는 능력이 강하다.
- 질산염(nitrate)을 자화할 수 있다.

90 효모(yeast)의 특성

- 진핵세포의 구조를 가지며 출아법(budding)에 의하여 증식하는 균류이다.
- 당질 원료 이외의 탄화수소를 탄소원으로 하여 생육하는 효모가 발견되어 단세포 단백질의 생산이 실용화되고 있다.
- 알코올 발효능이 강한 균종이 많아서 주류의 양조, 알코올 제조, 제빵 등에 이용되고 있다.
- 식·사료용 단백질, 비타민, 핵산관련물질 등의 생산에도 중요한 역할을 하고 있다.

정답				
	82 ④	83 ③	84 ④	85 ③
	86 ③	87 ②	88 ②	89 ②
	90 ③			

91 ***Sacchramyces*속에 대한 설명 중 틀린 것은?**

① 다극출아법으로 분열한다.
② 담자포자를 형성한다.
③ 위균사를 형성하기도 한다.
④ 체세포는 구형, 타원형, 원통형 등이다.

92 **다음 중 맥주산업에 사용되는 상면발효효모는?**

① *Saccharomyces cerevisiae*
② *Zygosaccharomyces rouxii*
③ *Saccharomyces uvarum*
④ *Saccharomyces servazzii*

93 **하면발효효모에 대한 설명 중 잘못된 것은?**

① 난형 또는 타원형이다.
② 발효작용이 상면발효효모보다 빠르다.
③ 라피노스(raffinose)를 발효시킬 수 있다.
④ 생육최적온도는 5~10℃ 정도이다.

94 **하면발효효모의 특징으로 옳은 것은?**

① 소적배양으로 효모를 발효시키며 액 중에 쉽게 분산된다.
② 균체가 균막을 형성한다.
③ 발효작용이 빠르다.
④ raffinose, melibiose를 발효한다.

95 **하면발효효모에 해당되는 것은?**

① *Saccharomyces cerevisiae*
② *Saccharomyces carlsbergensis*
③ *Saccharomyces sake*
④ *Saccharomyces coreanus*

96 **맥주 발효 시 상면발효효모와 하면발효효모의 예로 옳은 것은?**

① 상면발효효모
– *Saccharomyces carlsbergensis*,
하면발효효모
– *Saccharomyces cerevisiae*
② 상면발효효모
– *Saccharomyces cerevisiae*,
하면발효효모
– *Saccharomyces carlsbergensis*
③ 상면발효효모
– *Saccharomyces rouxii*,
하면발효효모
– *Saccharomyces cerevisiae*
④ 상면발효효모
– *Saccharomyces ellipsoideus*,
하면발효효모
– *Saccharomyces cerevisiae*

97 **영국 등지에서 맥주 제조에 쓰이는 상면발효효모는?**

① *Saccharomyces carlsbergensis*
② *Saccharomyces cerevisiae*
③ *Saccharomyces uvarum*
④ *Shizosaccharomyces pombe*

98 **알코올성 음료의 상업적 생산에 관여하는 효모와 가장 거리가 먼 것은?**

① *Saccharomyces cerevisiae*
② *Saccharomyces sake*
③ *Saccharomyces carlsbergensis*
④ *Zygosaccharomyces rouxii*

해설

91 *Saccharomyces*속의 특징

- 발효공업에 가장 많이 이용되는 효모이다.
- 세포는 구형, 난형 또는 타원형이고, 위균사를 만드는 것도 있다.
- 무성생식은 출아법 또는 다극출아법에 의하여 증식하며, 접합 후 자낭포자를 형성하여 유성적으로 증식하기도 한다.
- 빵효모, 맥주효모, 알코올효모, 청주효모 등이 있다.

92 *Saccharomyces cerevisiae*

- 영국의 맥주공장에서 분리된 상면발효효모이다.
- 맥주효모, 청주효모, 빵효모 등에 주로 이용된다.
- glucose, fructose, mannose, galactose, sucrose를 발효하나 lactose는 발효하지 않는다.

93 상면발효와 하면효모의 비교

	상면효모	하면효모
형식	• 영국계	• 독일계
형태	• 대개는 원형이다. • 소량의 효모점질물 polysaccharide를 함유한다.	• 난형 내지 타원형이다. • 다량의 효모점질물 polysaccharide를 함유한다.
배양	• 세포는 액면으로 뜨므로, 발효액이 혼탁된다. • 균체가 균막을 형성한다.	• 세포는 저면으로 침강하므로, 발효액이 투명하다. • 균체가 균막을 형성하지 않는다.
생리	• 발효작용이 빠르다. • 다량의 글리코겐을 형성한다. • raffinose, melibiose를 발효하지 않는다. • 최적온도는 10~25℃이다.	• 발효작용이 늦다. • 소량의 글리코겐을 형성한다. • raffinose, melibiose를 발효한다. • 최적온도는 5~10℃이다.
대표 효모	• *Saccharomyces cerevisiae*	• *Sacch. carlsbergensis*

94 93번 해설 참조

95 맥주발효효모

- *Saccharomyces cerevisiae* : 맥주의 상면발효효모
- *Saccharomyces carlsbergensis* : 맥주의 하면발효효모

※*Saccharomyces sake* : 청주효모

※*Saccharomyces coreanus* : 한국의 약·탁주효모

96 93번 해설 참조

97 맥주발효효모

- *Saccharomyces cerevisiae* : 맥주의 상면발효효모(영국계)
- *Saccharomyces carlsbergensis* : 맥주의 하면발효효모(독일계)
- *Saccharomyces uvarum* : 맥주의 하면발효효모
- *Shizosaccharomyces pombe* : 아프리카 원주민들이 마시는 pombe술의 효모

98 *Zygosaccharomyces rouxii*

- 간장이나 된장의 발효에 관여하는 효모

정답				
	91 ②	92 ①	93 ②	94 ④
	95 ②	96 ②	97 ②	98 ④

99 ***Saccharomyces cerevisiae*를 포도 착즙액에 접종하고 혐기적으로 배양할 때 주로 생성되는 물질은?**

① 초산, 물
② 젖산, 이산화탄소
③ 에탄올, 젖산
④ 이산화탄소, 에탄올

100 포도주 제조에 쓰이는 것은?

① *Saccharomyses sake*
② *Saccharomyses formosensis*
③ *Saccharomyses ellipsoideus*
④ *Saccharomyses pasteurianus*

101 포도 과피에 다량 존재하여 포도주의 자연 발효 시 이용되는 균주는?

① *Aspergillus niger*
② *Kluyveromyces marxiannus*
③ *Saccharomyces carlsbergensis*
④ *Saccharomyces cerevisiae var. ellipsoideus*

102 당화효소를 분비하여 전분을 직접 발효할 수 있는 능력이 있는 효모는?

① *Saccharomyces cerevisiae*
② *Saccharomyces sake*
③ *Saccharomyces diastaticus*
④ *Saccharomyces dairensis*

103 높은 식염농도에서도 생육하는 내염성 효모는?

① *Zygosaccharomyces rouxii*
② *Saccharomyces pasteurianus*
③ *Saccharomyces carlsbergensis*
④ *Candida utilis*

104 간장이나 된장 발효에 관여하는 효모로 높은 염농도(18% NaCl)에서도 자라는 것은?

① *Saccharomyces cerevisiae*
② *Saccharomyces carlsbergensis*
③ *Saccharomyces fragilis*
④ *Saccharomyces rouxii*

105 탄화수소(炭化水素)의 자화성(資化性)이 가장 강하며 사료효모 제조 균주로 사용되는 것은?

① *Candida guillermondi*
② *Candida tropicalis*
③ *Hansenula anomala*
④ *Pichia membranaefaciens*

106 자일로스(xylose) 동화력이 있어 사료효모로 사용되며 탄화수소 자화성이 강한 균주는?

① *Candida tropicalis*
② *Saccharomyces sake*
③ *Hansenula anomala*
④ *Shizosaccharomyces pombe*

107 xylose를 이용하므로 아황산펄프폐액에서 배양할 수 있는 효모는?

① *Candida lipolytica*
② *Candida albicans*
③ *Candida utilis*
④ *Candida versatilis*

99 효모의 알코올 발효

- glucose로부터 EMP 경로(혐기적 대사)를 거쳐 생성된 pyruvic acid가 CO_2의 이탈로 acetaldehyde로 되고 다시 환원되어 알코올을 생성하게 된다.
  $C_6H_{12}O_6 \longrightarrow 2C_2H_5OH+2CO_2$
- 포도주효모 : *Saccharomyces cerevisiae* (*Sacch. ellipsoideus*)가 이용된다.

100 포도주는 포도과즙을 효모(*Saccharomyces ellipsoideus*)에 의해서 알코올 발효시켜 제조한다.

101 *Saccharomyces cerevisiae var. ellipsoideus*

- 전형적인 포도주효모이며 포도 과피에 존재한다.

102 *Saccharomyces diastaticus*

- dextrin이나 전분을 분해해서 발효하는 효모이다.
- 맥주양조에 있어서는 엑스분(고형물)을 감소시키므로 유해균으로 취급한다.

103 내염성 효모

- *Zygosaccharomyces soja*와 *Z. major* 그리고 *Z. japonicus* 등은 모두 *Sacch. rouxii*로 Lodder에 의해 통합 분류되었다.
- *Sacch. rouxii*는 간장이나 된장의 발효에 관여하는 효모로서, 18% 이상의 고농도의 식염이나 잼같은 당 농도에서 발육하는 내삼투압성 효모이다.

104 103번 해설 참조

105 *Candida tropicalis*

- 세포가 크고, 짧은 난형으로 위균사를 잘 형성한다.
- 자일로스(xylose)를 잘 동화하므로 식·사료효모로 사용된다.
- 탄화수소 자화성이 강하여 균체 단백질 제조용 석유 효모로서 사용되고 있다.

106 105번 해설 참조

107 *Candida utilis*

- xylose를 자화하므로 아황산펄프폐액 등에 배양하여 균체사료 또는 inosinic acid 제조 원료로 사용된다.

정답				
	99 ④	100 ③	101 ④	102 ③
	103 ①	104 ④	105 ②	106 ①
	107 ③			

108 **GRAS(generally regarded as safe) 균주로 안전성이 입증되어 있고, 단세포 단백질 및 리파아제 생산균주는?**

① *Candida rugosa*
② *Aspergillus niger*
③ *Rhodotorula glutinus*
④ *Bacillus subtilis*

109 ***Torulopsis*속과 다른 미생물의 비교 설명으로 틀린 것은?**

① *Candida*속과 달리 위균사를 형성하지 않는다.
② *Vibrio*속과 달리 내염성이 약하다.
③ *Rhodotorula*속과 달리 carotenoid 색소를 생성하지 않는다.
④ *Crytococcus*속과 달리 전분과 같은 물질을 만들지 않는다.

110 **간장의 후숙에 관여하여 맛과 향기를 내는 내염성 효모의 세포는 형태학적으로 어느 것에 속하는가?**

① 난형(cerevisiae type)
② 타원형(ellipsoideus type)
③ 구형(torula type)
④ 레몬형(apiculatus type)

111 **카로티노이드 색소를 띠는 적색효모로서 균체 내에 많은 지방을 함유하고 있는 것은?**

① *Candida albicans*
② *Saccharomyces cerevisiae*
③ *Debaryomyces hansenii*
④ *Rhodotorula glutinus*

112 ***Pichia*속 효모의 특징이 아닌 것은?**

① 김치나 양조물 표면에서 증식하는 대표적인 산막효모이다.
② 다극출아에 의해 증식하며, 생육조건에 따라 위균사를 형성하기도 한다.
③ 알코올 생성능이 강하다.
④ 질산염을 자화하지 않는다.

113 **다음의 효모 중 김치류의 표면에 피막을 형성하며, 질산염을 자화하지 않는 것은?**

① *Saccharomyces*속
② *Pichia*속
③ *Rhodotorula*속
④ *Hansenula*속

114 **유당(lactose)을 발효하여 알코올을 생성하는 효모는?**

① *Saccharomyces*속
② *Kluyveromyces*속
③ *Candida*속
④ *Pichia*속

115 **당으로부터 알코올을 생성하는 능력은 약하나 내염성이 강한 효모는?**

① *Saccharomyces*속
② *Debaryomyces*속
③ *Kluyveromyces*속
④ *Shizosaccharomyces*속

116 **간장의 발효 및 숙성과정에서 소금과 젖산 때문에 차츰 도태되는 것은?**

① *Zygosaccharomyces rouxii*
② *Candida versatilis*
③ *Bacillus subtilis*
④ *Pediococcus halophilus*

108 ***Candida*속 효모**

- 탄화수소의 자화능이 강한 균주가 많은 것이 알려져 있다.
- 특히 *Candida tropicalis*, *Candida rugosa*, *Candida pelliculosa* 등이 탄화수소 자화력이 강하며 단세포 단백질(SCP, single cell protein) 생성균주로 주목되고 있다.
- *Candida rugosa*는 lipase 생성효모로 알려져 있고 버터와 마가린의 부패에 관여한다.

109 ***Torulopsis*속의 특징**

- 세포는 일반적으로 소형의 구형 또는 난형이며 대표적인 무포자효모이다.
- 황홍색 색소를 생성하는 것이 있으나 carotenoid 색소는 아니다.
- *Candida*속과 달리 위균사를 형성하지 않는다.
- *Crytococcus*속과 달리 전분과 같은 물질을 생성하지 않는다.
- 내당성 또는 내염성 효모로 당이나 염분이 많은 곳에서 검출된다.
- 오렌지 주스나 벌꿀 등에 발육하여 변패시킨다.

110 **간장의 후숙**

- 간장의 숙성 후기에는 *Torula*속이 주로 존재한다.
- *Torula*속은 일반적으로 소형의 구형 또는 난형이며 대표적인 무포자효모이다.
- 내당성 또는 내염성 효모로 *Torula versatilis*와 *Torula etchellsil*은 간장의 맛과 향기를 내는 데 관여한다.

111 ***Rhodotorula*속의 특징**

- 원형, 타원형, 소시지형이 있다.
- 위균사를 만든다.
- 출아 증식을 한다.
- carotenoid 색소를 현저히 생성한다.
- 빨간 색소를 갖고, 지방의 집적력이 강하다.
- 대표적인 균종은 *Rhodotorula glutinus*이다.

112 ***Pichia*속 효모의 특징**

- 자낭포자가 구형, 토성형, 높은 모자형 등 여러 가지가 있다.
- 다극출아로 증식하는 효모가 많다.
- 산소요구량이 높고 산화력이 강하다.
- 생육조건에 따라 위균사를 형성하기도 한다.
- 에탄올을 소비하고 당 발효성이 없거나 미약하다.
- KNO_3을 동화하지 않는다.
- 액면에 피막을 형성하는 산막효모이다.
- 주류나 간장에 피막을 형성하는 유해효모이다.

113 **112번 해설 참조**

114 ***Kluyveromyces*속**

- 다극출아를 하며 보통 1~4개의 자낭포자를 형성한다.
- lactose를 발효하여 알코올을 생성하는 특징이 있는 유당발효성 효모이다.
- *Kluyveromyce maexianus*, *Kluyveromyces lactis*(과거에는 *Sacch. lactis*), *Kluyveromyces fragis*(과거에는 *Sacch. fragis*)

115 ***Debaryomyces*속**

- 표면에 돌기가 있는 포자를 형성한다.
- 알코올 발효력은 약하며 배양액에 건조성의 피막을 형성한다.
- 산막성의 내염성 효모는 대부분 이 속에 속하며 소금에 절인 육류나 오이 등의 침채류에 잘 발육하여 분리된다.
- 질산염은 이용하지 못하나 아질산염은 이용한다.

116 ***Bacillus*속 세균 중**

- 중성에서는 식염농도가 높은 상태에서 생육할 수 있는 것도 있다.
- 하지만 간장에서는 젖산균이 생성한 젖산 때문에 영양세포는 생육할 수 없고 포자만 생존한다.

정답				
	108 ①	109 ②	110 ③	111 ④
	112 ③	113 ②	114 ②	115 ②
	116 ③			

117 **미생물과 그 이용에 대한 설명이 옳지 않은 것은?**

① *Bacillus subtilis* – 단백 분해력이 강하여 메주에서 번식한다.
② *Aspergillus oryzae* – amylase와 protease 활성이 강하여 코지(koji)균으로 사용된다.
③ *Propionibacterium shermanii* – 치즈눈을 형성시키고, 독특한 풍미를 내기 위하여 스위스치즈에 사용된다.
④ *Kluyveromyces lactis* – 내염성이 강한 효모로 간장의 후숙에 중요하다.

118 **killer yeast가 자신이 분비하는 독소에 영향을 받지 않는 이유는?**

① 항독소를 생산한다.
② 독소 수용체를 변형시킨다.
③ 독소를 분해한다.
④ 독소를 급속히 방출시킨다.

119 **세균 세포의 협막과 점질층의 구성물질인 것은?**

① 뮤코(muco) 다당류
② 펙틴(pectin)
③ RNA
④ DNA

120 **다음 세균 중 외막(outer membrane)을 갖고 있는 것은?**

① *Lactobacillus*속
② *Staphylococcus*속
③ *Escherichia*속
④ *Corynebacterium*속

121 **그람양성균의 세포벽에만 있는 성분은?**

① 테이코산(teichoic acid)
② 펩티도글리칸(peptidoglycan)
③ 리포폴리사카라이드(lipopolysaccharide)
④ 포린단백질(porin protein)

122 **세균의 지질다당류(lipopolysaccharide)에 대한 설명 중 옳은 것은?**

① 그람양성균의 세포벽 성분이다.
② 세균의 세포벽이 양(+)전하를 띠게 한다.
③ 지질 A, 중심 다당체, H항원의 세 부분으로 이루어져 있다.
④ 독성을 나타내는 경우가 많아 내독소로 작용한다.

123 **세균의 증식법에 대한 설명으로 옳지 않은 것은?**

① 대부분의 세균은 이분법으로 증식한다.
② 내생포자를 형성하는 것도 있다.
③ 균종에 따라 세포벽 형성방법이 차이가 있다.
④ 출아에 의하여 증식한다.

124 **세균이 주로 증식(增殖)하는 방법은?**

① 포자형성법(胞子形成法)
② 출아법(出芽法)
③ 막형성법(膜形成法)
④ 분열법(分裂法)

125 **다음 중 유성생식이 불가능한 것은?**

① 세균류　② 효모류
③ 곰팡이류　④ 버섯류

117 114번 해설 참조

118 킬러 효모(killer yeast)

- 특수한 단백질성 독소를 분비하여 다른 효모를 죽이는 효모를 가리키며 킬러주(killer strain)라고도 한다.
- 자신이 배출하는 독소에는 작용하지 않는다(면역성이 있다고 한다). 다시 말해 킬러 플라스미드를 갖고 있는 균주는 독소에 저항성이 있고, 갖고 있지 않는 균주만을 독소로 죽이고 자기만이 증식한다.
- 알코올 발효 때에 킬러 플라스미드를 가진 효모를 사용하면 혼입되어 있는 다른 효모를 죽이고 사용한 효모만이 증식하게 되어 발효 제어가 용이하게 된다.

119 협막 또는 점질층(slime layer)

- 대부분의 세균 세포벽을 둘러싸고 있는 점성물질을 말한다.
- 협막의 화학적 성분은 다당류, polypeptide의 중합체, 지질 등으로 구성되어 있으며 균종에 따라 다르다.

120 세균의 세포벽

그람음성	• 펩티도글리칸(peptidoglycan)이 10%를 차지하며, 단백질 45~50%, 지질다당류 25~30%, 인지질 25%로 구성된 외막을 함유하고 있다. • *Escherichia*속
그람양성	• 단일층으로 존재하는 펩티도글리칸(peptidoglycan)을 95% 정도까지 함유하고 있으며, 이외에도 다당류, 테이코산(teichoic acid), 테이쿠론산(teichuronic acid) 등을 가지고 있다. • *Lactobacillus*속, *Staphylococcus*속, *Corynebacterium*속 등

121 120번 해설 참조

122 세균의 지질다당류(lipopolysaccharide)

- 그람음성균의 세포벽 성분이다.
- 세균의 세포벽이 음(−)전하를 띠게 한다.
- 지질 A, 중심 다당체(core polysaccharide), O 항원(O antigen)의 세 부분으로 이루어져 있다.
- 독성을 나타내는 경우가 많아 내독소로 작용한다.

※ 일반적으로 세균독소는 외독소와 내독소의 두 가지가 있다. 내독소는 특정 그람음성세균이 죽어 분해되는 과정에서 방출되는 독소이다. 이 독소는 세균의 외부막을 형성하는 지질다당류이다.

123 세균의 증식법

- 세균은 거의 무성생식으로 증식하며 유성생식을 하는 것은 없다.
- 대부분의 세균은 하나의 세포가 자라 2개로 나누어지는 분열법(fission)으로 증식하고 균종에 따라 내생포자를 형성하는 것도 있다.
- 즉, 간균이나 나선균은 먼저 세포가 신장하여 2배 정도로 길어지고 중앙에 격막이 생겨 2개의 세포로 분열하게 된다.
- 격벽의 형성은 세포벽이 위축하여 일어나는 경우와 중앙의 세포벽이 구심적으로 생장하여 일어나는 경우가 있다.

124 123번 해설 참조

125 123번 해설 참조

정답				
	117 ④	118 ②	119 ①	120 ③
	121 ①	122 ④	123 ④	124 ④
	125 ①			

문제

126 세균의 증식에 관한 설명 중 맞지 않는 것은?

① 세균을 액체배지에 접종하여 배양시간에 다른 세포수의 변화를 그래프로 나타내면 S자형으로 나타난다.
② 유도기에는 세포수의 증가는 거의 없고 세포의 대사활동이 활발하게 일어나는 시기이다.
③ 세포 생육량 및 2차 대사산물의 생산량이 최대로 나타나는 시기는 대수기이다.
④ 세대시간이나 세포의 크기가 일정하며, 세포의 생리적 활성이 가장 강한 시기는 대수기이다.

127 발효미생물의 생육곡선에서 정상기가 형성되는 이유가 아닌 것은?

① 대사산물의 축적
② 포자의 형성
③ 영양분의 고갈
④ 수소이온 농도의 변화

128 일반적으로 세균포자 중에 특이하게 존재하는 물질은?

① dipicolinic acid
② magnesium(Mg)
③ phycocyanin
④ oxalic acid

129 세균의 포자에 특징적으로 많이 존재하는 물질은?

① peptidoglycan
② dipicolinic acid
③ lysozyme
④ 물

130 세균 내생포자의 설명이 잘못된 것은?

① 외부환경(방사선, 화학물질, 열)에 대한 저항력이 크다.
② 발육이 불리한 환경에서는 휴면상태이다.
③ 탄소원 또는 질소원과 같은 주영양분이 풍부할 때 포자 형성이 시작된다.
④ 발아하여 번식형 세포가 된다.

131 세균의 내생포자에 특징적으로 많이 존재하며 열저항성과 관련된 물질은?

① 펩티도글리칸(peptidoglycan)
② 디피콜린산(dipicolinc acid)
③ 라이소자임(lysozyme)
④ 물

132 다음의 미생물 중 내생포자를 형성하지 않는 균은?

① *Bacillus*속
② *Clostridium*속
③ *Desulfotomaculum*속
④ *Corynebacterium*속

133 내생포자(endospore)를 형성하는 균 중 빵이나 밥에서 증식하며 청국장 제조에 관여하는 것은?

① *Bacillus*속
② *Sporosarcina*속
③ *Desulfotomaculum*속
④ *Sporolactobacillus*속

126 미생물의 증식

유도기 (잠복기, lag phase)	• 미생물이 새로운 환경(배지)에 적응하는 데 필요한 시간이다. • 증식은 거의 일어나지 않고, 세포 내에서 핵산(RNA)이나 효소단백의 합성이 왕성하고, 호흡활동도 높으며, 수분 및 영양물질의 흡수가 일어난다. • DNA 합성은 일어나지 않는다.
대수기 (증식기, logarithimic phase)	• 세포는 급격히 증식을 시작하여 세포분열이 활발하게 되고, 세대시간도 짧고, 균수는 대수적으로 증가한다. • RNA는 일정하고, DNA는 증가하고, 세포의 생리적 활성이 가장 강하고 예민한 시기이다. • 이때의 증식속도는 환경(영양, 온도, pH, 산소 등)에 따라 결정된다.
정상기 (정지기, stationary phase)	• 생균수는 최대 생육량에 도달하고, 배지는 영양물질의 고갈, 대사생성물의 축적, pH의 변화, 산소부족 등으로 새로 증식하는 미생물수와 사멸되는 미생물수가 같아진다. • 더 이상의 증식은 없고, 일정한 수로 유지된다. • 포자를 형성하는 미생물은 이때 형성한다.
사멸기 (감수기, death phase)	• 환경의 악화로 증식보다는 사멸이 진행되어 균체가 대수적으로 감소한다. • 생균수보다 사멸균수가 증가된다.

127 정상기(stationary phase)

- 생균수는 일정하게 유지되고 총균수는 최대가 되는 시기이다.
- 일부 세포가 사멸하고 다른 일부의 세포는 증식하여 사멸수와 증식수가 거의 같아진다.
- 영양물질의 고갈, 대사생산물의 축적, 배지 pH의 변화, 산소공급의 부족 등 부적당한 환경이 된다.
- 생균수가 증가하지 않으며 내생포자를 형성하는 세균은 이 시기에 포자를 형성한다.

128 세균의 포자

- 세균 중 어떤 것은 생육환경이 악화되면 세포 내에 포자를 형성한다.
- 포자형성균으로는 호기성의 *Bacillus*속과 혐기성의 *Clostridium*속에 한정되어 있다.
- 포자는 비교적 내열성이 강하다.
- 포자에는 영양세포에 비하여 대부분 수분이 결합수로 되어 있어서 상당한 내건조성을 나타낸다.
- 유리포자는 대사활동이 극히 낮고 가열, 방사선, 약품 등에 대하여 저항성이 강하다.
- 적당한 조건이 되면 발아하여 새로운 영양세포로 되어 분열, 증식한다.
- 세균의 포자는 특수한 성분으로 dipicolinic acid를 5~12% 함유하고 있다.

129 128번 해설 참조

130 128번 해설 참조

131 포자의 내열성 원인

- 포자 내의 수분함량이 대단히 적다.
- 영양세포에 비하여 대부분의 수분이 결합수로 되어 있어서 상당히 내건조성을 나타낸다.
- 특수성분으로 dipicolinic acid을 5~12% 함유하고 있다.

132 포자형성균

- 호기성균의 *Bacillus*속과 혐기성균의 *Clostridium*속과 드물게는 *Sporosarcina*속에서 무성적으로 내생포자를 형성한다.
- 이외에도 *Sporolactobacillus*속, *Desulfotomaculum*속도 포자를 형성한다.
- 포자형성균은 주로 간균이다.

133 *Bacillus*속

- 그람양성 호기성 때로는 통성혐기성 유포자 간균이다.
- 단백질 분해력이 강하며 단백질 식품에 침입하여 산 또는 gas를 생성한다.
- *Bacillus subtilis*는 마른 풀 등에 분포하며 고온균으로서 α-amylase와 protease를 생산하고 항생물질인 subtilin을 만든다.
- *Bacillus natto*(납두균, 청국장균)는 청국장 제조에 이용되며, 생육인자로 biotin을 요구한다.

정답				
	126 ③	127 ②	128 ①	129 ②
	130 ③	131 ②	132 ④	133 ①

134 **호기성 또는 통성혐기성 포자형성세균은?**

① *Escherichia*속
② *Clostridium*속
③ *Pseudomonas*속
④ *Bacillus*속

135 **혐기성 포자형성세균은?**

① *Enterobacter*속
② *Escherichia*속
③ *Clostridium*속
④ *Bacillus*속

136 **일반적으로 할로겐 원소 등의 살균제에 대하여 가장 강한 내성을 가지고 있는 것은?**

① 바이러스
② 그람음성세균
③ 그람양성세균
④ 포자

137 **세균(bacteria)에 대한 설명이 틀린 것은?**

① 미토콘드리아가 없다.
② 단일세포로 분열에 의하여 번식한다.
③ 운동하는 세균은 편모를 갖고 있다.
④ 세포질 내의 막 구조가 잘 발달되어 있다.

138 **다량의 리보솜, 폴리인산, 글루코겐, 효소 등을 함유하고 있는 곳은?**

① 핵　② 미토콘드리아
③ 액포　④ 세포질

139 **세균에 대한 설명 중 틀린 것은?**

① 저온성 세균이란, 최적발육온도가 12~18℃이며, 0℃ 이하에서도 자라는 균을 말한다.
② *Clostridium*속은 저온성 세균들이다.
③ 고온성 세균은 45℃ 이상에서 잘 자라며 최적발육온도가 55~65℃인 균을 말한다.
④ *Bacillus stearothermophilus*는 고온균이다.

140 **다음 중 Enterobacteriaceae과에 속하지 않는 것은?**

① *Eschrichia*속
② *Klebsiella*속
③ *Pseudomonas*속
④ *Shigella*속

141 **다음 중 사람의 장내세균(Enteric bacteria)이 아닌 것은?**

① *Listeria* spp.
② *Enterobacter* spp.
③ *Escherichia* spp.
④ *Salmonella* spp.

142 **캠필로박터 제주니를 현미경으로 검경 시 확인되는 모습은?**

① 나선형 모양
② 포도송이 모양
③ 대나무 마디모양
④ V자 형태로 쌍을 이룬 모양

134 **포자형성세균**

- *Bacillus*속과 *Clostridium*속이 있다.
- *Bacillus*속은 호기성 그람양성 간균이고, *Clostridium*속은 혐기성 그람양성 간균이다.

135 **134번 해설 참조**

136 **128번 해설 참조**

137 **세균(bacteria)의 특징**

- 핵막, 인, 미토콘드리아가 없다.
- 무사분열을 한다.
- 운동하는 세균은 편모를 갖고 있다.
- 세포질 내의 막 구조가 비교적 간단하다.
- 세포기관이 없다.

138 **세포질(cytoplasm)**

- 세포 내부를 채우고 있는 투명한 점액 형태의 물질이다. 세포핵을 제외한 세포액과 세포소기관으로 이루어진다.
- 세포질의 최대 80%까지 차지하는 액체 성분은 이온 및 용해되어 있는 효소, 탄수화물(glycogen 등), 염, 단백질, RNA와 같은 거대분자로 구성되어 있다.
- 세포질 내부의 비용해성 구성요소로는 미토콘드리아, 엽록체, 리보솜, 과산화소체, 리보솜과 같은 세포소기관 및 일부 액포, 세포골격 등이 있으며, 소포체나 골지체도 구성요소의 하나이다.

139 ***Clostridium*속**

- 그람양성 혐기성 유포자 간균이다.
- catalase는 전부 음성이며 단백질 분해성과 당류 분해성의 것으로 나눈다.
- 육류와 어류에서 이 균은 단백질 분해력이 강하고 부패, 식중독을 일으키는 것이 많다.
- 채소, 과실의 변질은 당류 분해성이 있는 것이 일으킨다.
- 발육적온은 보통 30~37℃이다.

140 **대장균형 세균(Coli form bacteria)**

- 동물이나 사람의 장내에 서식하는 세균을 통틀어 대장균이라 한다.
- 대장균은 제8부(Enterobacteriacease과)에 속하는 12속을 말한다.
- 이 과에서 식품과 관련이 있는 속은 *Escherichia*, *Enterobacter*, *Klebsiella*, *Citrobacter*, *Erwinia*, *Serratia*, *Proteus*, *Salmonella* 및 *Shigella*속 등이다.
- 대장균은 그람음성, 호기성 또는 통성혐기성, 주모성 편모, 무포자 간균이고, lactose를 분해하여 CO_2와 H_2 gas를 생성한다.
- 식품에 대한 이용성보다는 주로 위생적으로 주의해야 하는 세균들이다.

141 **140번 해설 참조**

142 **캠필로박터 제주니(*Campylobacter jejuni*)**

- 그람음성의 간균으로서 나선형(comma상)이다.
- 균체의 한쪽 또는 양쪽 끝에 균체의 2~3배의 긴 편모가 있어서 특유의 screw상 운동을 한다.
- 크기는 (0.2~0.9)×(0.5~5.0)㎛이며 미호기성이기 때문에 3~15%의 O_2 환경하에서만 발육 증식한다.

정답				
	134 ④	135 ③	136 ④	137 ④
	138 ④	139 ②	140 ③	141 ①
	142 ①			

143 **세균의 그람(Gram) 염색과 직접 관계되는 것은?**

① 세포막　② 세포벽
③ 원형질막　④ 격벽

144 **Gram 염색에 대한 설명 중 틀린 내용은?**

① *Escherichia coli*는 Gram 양성이다.
② Gram 염색시약에 crystal violet이 필요하다.
③ Gram 염색시약에 lugol액이 필요하다.
④ *Staphylococcus aureus*는 Gram 양성이다.

145 **Gram 염색에 대한 설명 중 틀린 것은?**

① *Salmonella*는 Gram 양성이다.
② Gram 염색시약에 crystal violet이 필요하다.
③ Gram 염색시약에 safranin 염색액이 필요하다.
④ *Bacillus cereus*는 Gram 양성이다.

146 **세균이 그람염색에서 그람양성과 그람음성의 차이를 보이는 것은 다음 중 무엇의 차이 때문인가?**

① 세포벽(cell wall)
② 세포막(cell membrane)
③ 핵(nucleus)
④ 플라스미드(plasmid)

147 **그람(Gram) 양성 및 음성균의 세포벽 성분 함량에 관한 다음 설명 중 맞는 것은?**

① 양성균은 chitin과 단백질이 많고, 음성균은 glucan, teichoic acid가 많다.
② 양성균은 chitosan과 지방이 많고, 음성균은 peptidoglycan과 teichoic acid가 많다.
③ 양성균은 mucopeptide, teichoic acid가 많고, 음성균은 지질, lipiprotein이 많다.
④ 양성균은 mucopeptide와 지질이 많고, 음성균은 lipoproteinm teichoic acid가 많다.

148 **그람양성세균의 세포벽이 음성의 극성을 갖는 데 관여하는 물질은?**

① 펩티도글리칸(peptidoglycan)
② 포린(porin)
③ 인지질(phospholipid)
④ 테이코산(teichoic acid)

149 **그람양성균의 세포벽 성분은?**

① peptidoglycan, teichoic acid
② lipopolysaccharide, protein
③ polyphosphate, calcium dipicholinate
④ lipoprotein, phospholipid

150 **다음 중 그람염색 시 자주색을 나타내는 균은?**

① 리스테리아균　② 캠필로박터균
③ 살모넬라균　④ 장염비브리오균

143 세균의 세포벽

- 세포벽의 주성분은 peptidoglycan이고 세포벽의 화학적 조성에 따라 염색성이 달라진다.
- 일반적으로 그람양성균은 그람음성균에 비하여 peptidoglycan 성분이 많다.

144 *Escherichia coli*

- 그람음성, 호기성 또는 통성혐기성, 주모성 편모, 무포자 간균이다.
- lactose를 분해하여 산(acid)과 CO_2, H_2 등 가스를 생성한다.

145 *Salmonella*균

- 동물계에 널리 분포한다.
- 무포자 그람음성 간균이고 편모를 가지고 있으며 운동성이 있다.
- 호기성, 통성혐기성균으로 보통배지에 잘 발육하고 indole을 생성하지 않으나 황화수소를 생성 한다.
- 최적온도는 37℃, 최적 pH는 7~8이다.

146 그람(Gram) 염색

- 세균 분류의 가장 기본이 된다.
- 그람양성과 그람음성의 차이를 나타내는 것은 세포벽의 화학구조 때문이다.

147 세균의 세포벽 성분

그람 양성균	• peptidoglycan 이외에 teichoic acid, 다당류, 아미노당류 등으로 구성된 mucopolysaccharide을 함유하고 있다. • 연쇄상구균, 쌍구균(폐염구균), 4련구균, 8련구균, *Staphylococcus*속, *Bacillus*속, *Clostridium*속, *Corynebacterium*속, *Mycobacterium*속, *Lactobacillus*속, *Listeria*속 등
그람 음성균	• 지질, 단백질, 다당류를 주성분으로 하고 있으며, 각종 여러 아미노산을 함유하고 있다. • 일반 양성균에 비하여 lipopolysaccharide, lipoprotein 등의 지질 함량이 높고, glucosamine 함량은 낮다. • *Aerobacter*속, *Neisseria*속, *Escherhchia*속(대장균), *Salmonella*속, *Pseudomonas*속, *Vibrio*속, *Campylobacter*속 등

148 그람양성균의 세포벽

- peptidoglycan 90% 정도와 teichoic acid, 다당류가 함유되어 있다.
- 테이코산은 리비톨인산이나 글리세롤인산이 반복적으로 결합한 폴리중합체이다.
- 테이코산의 기능은 이들이 갖는 인산기로 인한 음전하(−)를 세포외피에 제공하므로서 Mg^{2+}와 같은 양이온이 외부로부터 유입되는 데 도움을 준다.

149 148번 해설 참조

150 그람 염색

- 자주색(그람양성균) : 연쇄상구균, 쌍구균(폐염구균), 4련구균, 8련구균, *Staphylococcus*속, *Bacillus*속, *Clostridium*속, *Corynebacterium*속, *Mycobacterium*속, *Lactobacillus*속, *Listeria*속 등
- 적자색(그람음성균) : *Aerobacter*속, *Neisseria*속, *Escherhchia*속(대장균), *Salmonella*속, *Pseudomonas*속, *Vibrio*속, *Campylobacter*속 등

식품미생물학

정답				
	143 ②	144 ①	145 ①	146 ①
	147 ③	148 ④	149 ①	150 ①

문제

151 다음 중 그람양성세균은?
① 슈도모나스(*Pseudomonas* spp.)
② 락토바실러스(*Lactobacillus* spp.)
③ 대장균(*Escherichia* spp.)
④ 살모넬라균(*Salmonella* spp.)

152 그람음성균인 대장균의 세포 표층 성분에 해당하지 않는 것은?
① 인지질 ② 덱스트란
③ 리포단백질 ④ 펩티도글리칸

153 그람음성세균의 세포벽을 구성하는 물질 중 내독소(endotoxin)라 부르는 독성 활성을 갖는 물질은?
① 펩티도글리칸(peptidoglycan)
② 테이코산(teichoic acid)
③ 지질 A(lipid A)
④ 포린(porin)

154 다음 중 Gram 음성세균은?
① 젖산균 ② 방선균
③ 대장균 ④ 포도상구균

155 그람(Gram) 음성세균에 해당되는 것은?
① *Enterobacter aerogenes*
② *Staphylococcus aureus*
③ *Sarcina lutea*
④ *Lactobacillus bulgaricus*

156 *Escherichia coli*와 *Enterobacter aerogenes*의 공통적인 특징은?
① indol 생성여부
② acetoin 생성여부
③ 단일 탄소원으로 구연산염의 이용성
④ 그람염색 결과

157 대장균은 어느 속(genus)에 속하는가?
① *Escherichia*속
② *Pseudomonas*속
③ *Streptococcus*속
④ *Bacillus*속

158 대장균(*E. coli*)에 대한 설명으로 틀린 것은?
① 비운동성 또는 균주에 따라서 운동성 균주가 있으며, 생육최적온도는 30℃이며 병원성이다.
② 유당(lactose)을 분해하여 CO_2와 H_2를 생산한다.
③ 온혈동물의 장관에서 서식하며, 장관 내에서 비타민 K를 생합성하여 인간에게 유익한 작용을 하기도 한다.
④ 분변 오염의 지표균으로서 식품위생상 중요한 균으로 취급된다.

159 그람음성의 포자를 형성하지 않는 간균으로, 대개 주모에 의한 운동성이 있고, 유당으로부터 산과 가스를 형성하는 균은?
① *Salmonella typhi*
② *Shigella dysenteriae*
③ *Proteus vulgaris*
④ *Escherichia coli*

160 *Escherichia coli*의 생리와 관계가 없는 것은?
① 그람(Gram)양성이다.
② 유당(lactose)을 분해한다.
③ 인돌(indole)을 생성한다.
④ 포자를 형성하지 않는다.

151 150번 해설 참조

152 세균의 세포벽

- 그람음성균의 세포벽은 펩티도글리칸이 10%를 차지하며, 단백질 45~50%, 지질다당류 25~30%, 인지질 25%로 구성된 외막을 함유하고 있다.
  - *Escherichia*속은 그람음성균이다.
- 그람양성균의 세포벽은 단일층으로 존재하는 펩티도글리칸을 95% 정도까지 함유하고 있으며, 이외에도 다당류, 테이코산(teichoic acid), 테이쿠론산(techuronic acid) 등을 가지고 있다.
  - *Lactobacillus*속, *Staphylococcus*속, *Corynebacterium*속 등은 그람양성균이다.

153 세균의 지질다당류(lipopolysaccharide)

- 그람음성균의 세포벽 성분이다.
- 세균의 세포벽이 음(−)전하를 띠게 한다.
- 지질 A, 중심 다당체(core polysaccharide), O 항원(O antigen)의 세부분으로 이루어져 있다.
- 독성을 나타내는 경우가 많아 내독소로 작용한다.

※ 일반적으로 세균독소는 외독소와 내독소의 두 가지가 있다. 내독소는 특정 그람음성 세균이 죽어 분해되는 과정에서 방출되는 독소이다. 이 독소는 세균의 외부막을 형성하는 지질다당류이다.

154 152번 해설 참조

155 그람염색 특성

- 그람음성세균 : *Pseudomonas*, *Gluconobacter*, *Acetobacter*(구균, 간균), *Escherichia*, *Salmonella*, *Enterobacter*, *Erwinia*, *Vibrio*(통성혐기성 간균)속 등이 있다.
- 그람양성세균 : *Micrococcus*, *Staphylococcus*, *Streptococcus*, *Leuconostoc*, *Pediococcus*(호기성 통성혐기성균), *Sarcina*(혐기성균), *Bacillus*(내생포자 호기성균), *Clostridium*(내생포자 혐기성균), *Lactobacillus*(무포자 간균)속 등이 있다.

156 155번 해설 참조

157 대장균군

- 포유동물이나 사람의 장내에 서식하는 세균을 통틀어 대장균이라 한다.
- *Escherichia*, *Enterobacter*, *Klebsiella*, *Citrobacter*속 등이 포함되고, 대표적인 대장균은 *Escherichia coli*, *Acetobacter aerogenes*이다.
- 대장균은 그람음성, 호기성 또는 통성혐기성, 주모성 편모, 무포자 간균이다.
- 생육최적온도는 30~37℃이며 비운동성 또는 주모를 가진 운동성균으로 lactose를 분해하여 CO_2와 H_2 가스를 생성한다.
- 대변과 함께 배출되며 일부 균주를 제외하고는 보통 병원성은 없으나 이 균이 식품에서 검출되면 동물의 분뇨로 오염되었다는 것을 의미한다.
- 식품위생상 분뇨 오염의 지표균인 동시에 식품에서 발견되는 부패세균이기도 하며 음식물, 음료수 등의 위생검사에 이용된다.
- 동물의 장관 내에서 비타민 K를 생합성하여 인간에게 유익한 작용을 하기도 한다.

158 157번 해설 참조

159 157번 해설 참조

160 157번 해설 참조

정답				
정답	151 ②	152 ②	153 ③	154 ③
	155 ①	156 ④	157 ①	158 ①
	159 ④	160 ①		

161 대장균 O157:H7이라는 균의 명칭 중 O와 H의 설명에 해당하는 것은?

① O : 체성항원, H : 편모항원
② O : 편모항원, H : 체성항원
③ O : 협막항원, H : Vi 항원
④ O : Vi 항원, H : 협막항원

162 *E. coli* O157 균이 보통 *E. coli* 균주와 다르게 특이한 항원성을 보이는 것은 세포 성분 중 무엇이 다르기 때문인가?

① 외막의 지질다당류(lipopolysaccharide)
② 세포벽의 peptidoglycan
③ 세포막의 porin 단백질
④ 세포막의 hopanoid

163 대장균 O157:H7에 대한 설명 중 맞지 않는 것은?

① 100℃에서 30분 가열하여도 파괴되지 않을 만큼 열에 강하다.
② 베로톡신을 생산하며 감염 후 용혈성 요독 증후군을 일으키기도 한다.
③ pH 3.5 정도의 산성조건에서도 살아남는다.
④ 장관출혈성 대장균으로 혈변과 설사가 주증상으로 나타난다.

164 병원성 대장균(pathogenic *E. coli*)에 대한 설명으로 맞지 않는 것은?

① 병원성 대장균은 균주에 따라 독소형 식중독 또는 감염형 식중독을 유발한다.
② *E. coli* O157:H7 균주가 식품에서 증식하면 베로톡신(verotoxin)을 생성하여 식중독을 일으킨다.
③ 장관침입성 대장균은 상피세포에 침입하여 증식하므로, 세포점막을 괴사시킨다.
④ 장관독소원성 대장균의 감염증상은 장염과 설사이다.

165 병원성 대장균 O157:H7의 발병양식에 따른 분류로 적합한 것은?

① 장관병원성 대장균(EIEC)
② 장관독소원성 대장균(EPEC)
③ 장관출혈성 대장균(EHEC)
④ 장관부착성 대장균(EAEC)

166 부패된 통조림에서 균을 분리하여 시험을 실시하였더니 유당(lactose)을 발효하였다. 어떤 균인가?

① *Proteus morganii*
② *Salmonella typhosa*
③ *Pseudomonas fluorescens*
④ *Escherichia coli*

161 대장균 O157:H7

- 대장균은 혈청형에 따라 다양한 성질을 지니고 있다.
- O항원은 균체의 표면에 있는 세포벽의 성분인 직쇄상의 당분자(lipopolysaccharide)의 당의 종류와 배열방법에 따른 분류로서 지금까지 발견된 173종류 중 157번째로 발견된 것이다.
- H항원은 편모부분에 존재하는 아미노산의 조성과 배열방법에 따른 분류로서 7번째 발견되었다는 의미이다.
- H항원 60여종이 발견되어 O항원과 조합하여 계산하면 약 2,000여종으로 분류할 수 있다.

162 161번 해설 참조

163 대장균 O157:H7

- 사람이나 가축의 장내에 생존하는 세균이다.
- 열에 대한 저항성은 60℃에서 45분, 65℃에서 10분, 75℃에서 30초간 가열하면 완전히 사멸한다.
- 염 농도 6.5%까지 성장이 가능하며, 성장을 억제하기 위해서는 8% 이상의 염 농도를 요구한다.
- pH 3.5 정도의 산성조건에서도 생육가능하다.
- 균량이 1g당 100개 정도로써 감염력이 대단히 강하다.
- 일반 대장균과 달리 베로독소라는 강한 독소를 생성한다.
- 증상은 설사와 심한 복통을 수반하며 사람에 따라서는 출혈성 대장염, 용혈성 요독증을 일으킨다.
- 잠복기는 1~10일, 보통 2~4일이다.
- 주요 오염원은 소고기이며 덜 익거나 조리가 불충분한 육류, 충분히 살균되지 않은 우유, 오염된 물, 덜 익은 소고기로 조리한 음식 등이다.

164 병원성 대장균(pathogenic *E. coli*)

- 대장균의 대부분은 병원성이 없으나 일부 대장균에 있어서는 사람에게 해를 줄 수 있는 종류들이 있다. 사람에게 병을 유발할 수 있는 병원성 대장균은 5가지로 분류할 수 있다.
- 장관병원성 대장균 : 소장점막의 상피세포에 섬모를 사용하여 부착 증식함으로써 장염을 일으킨다. O55, O86, O111, O126 등의 혈청형이다.
- 장관조직 침투성 대장균 : 이질과 유사한 증상을 보이고 장과 점막에 염증을 일으킨다. O29, O112, O124, O143 등의 혈청형이다.
- 장관독소원성 대장균 : 소장의 상부에 감염하여 콜레라와 같은 독소를 생산함으로써 복통과 수양성 설사를 유발한다. O6, O8, O20, O25, O63, O78 등의 혈청형이다.
- 장관출혈성 대장균 : 장관에 정착 후 베로독소를 생산한다. 이 독소에 의해 장관 상피세포, 신장 상피세포가 장애를 받는다. O157, O26, O111, O113, O146 등의 혈청형이다.
- 장관부착성 대장균 : 최근에 보고된 새로운 형으로 주로 열대와 아열대의 위생 취약 지역에서 장기간에 걸친 소아설사의 원인균이다.

165 164번 해설 참조

166 157번 해설 참조

정답				
	161 ①	162 ①	163 ①	164 ②
	165 ③	166 ④		

문제

167 초산균(*Acetobacter*)에 관한 설명으로 틀린 것은?

① 초산균속은 그람양성 무포자 간균으로 운동성이 있는 것과 없는 것이 있다.
② 액체배지에서 피막을 형성하며 에탄올을 산화하여 초산을 만드는 것이 있다.
③ 초산균 중에는 식포발효액에 혼탁을 일으키고 불쾌한 에스테르(ester)를 생성하거나 생성된 초산을 과산화하는 유해한 종도 있다.
④ 초산균은 쉽게 변이를 일으키며 특히 40℃ 이상의 고온에서는 이상 형태를 보이고 집락의 S → R 변이 또는 균체의 색 등에 변이가 잘 일어난다.

168 *Acetobacter*속이 주요 미생물로 작용하는 발효식품은?

① 고추장 ② 청주
③ 식초 ④ 김치

169 속초(速酢) 양조에 가장 적당한 균주는?

① *Acetobacter aceti*
② *Acetobacter rancens*
③ *Acetobacter schutzenbachii*
④ *Acetobacter xylinum*

170 Bergey의 초산균 분류 중 초산을 산화하지 않으며 포도당 배양기에서 암갈색 색소를 생성하는 균주는?

① *Acetobacter roseum*
② *Acetobacter oxydans*
③ *Acetobacter melanogenum*
④ *Acetobacter aceti*

171 초산 1000g을 제조하려면 이론적으로 약 몇 g의 에탄올이 필요한가?

① 1000g ② 667g
③ 1304g ④ 767g

172 젖산균의 특징으로 옳은 것은?

① catalase 양성 ② 그람양성균
③ 호기성균 ④ 내성포자 형성

173 젖산균의 특성으로 틀린 것은?

① 내생포자를 형성한다.
② 색소를 생성하지 않는 간균 또는 구균이다.
③ 포도당을 분해하여 젖산을 생성한다.
④ 생합성 능력이 한정되어 영양요구성이 까다롭다.

174 정상발효젖산균(homofermentative lactic acid bacteria)이란?

① 당질에서 젖산만을 생성하는 것
② 당질에서 젖산과 탄산가스를 생성하는 것
③ 당질에서 젖산과 CO_2, 에탄올과 함께 초산 등을 부산물로 생성하는 것
④ 당질에서 젖산과 탄산가스, 수소를 부산물로 생성하는 것

175 다음 중 정상발효젖산균은?

① *Lactobacillus fermentum*
② *Lactobacillus brevis*
③ *Lactobacillus casei*
④ *Lactobacillus heterohiochi*

해설

167 초산균(acetic acid bacteria)

- 에탄올을 산화 발효하여 acetic acid를 생성하는 세균을 말한다.
- 분류학상으로는 *Acetobacter*속에 속하는 호기성 세균이다.
- 그람음성, 무포자, 간균이다.
- 초산균은 alcohol 농도가 10% 정도일 때 가장 잘 자라고 5~8%의 초산을 생성한다.
- 18% 이상에서는 자랄 수 없고 산막(피막)을 형성한다.

168 *Acetobacter*속

- Pseudomonadaceae과에 속하는 그람음성, 호기성의 무포자 간균이다.
- 대부분 액체배양에서 피막을 만들며 알코올을 산화하여 초산을 생성하므로 식초양조에 유용된다.
- 일반적으로 식초공업에 사용하는 유용균은 *Acetobacter aceti*, *Acet. acetosum*, *Acet. oxydans*, *Acet. rancens*가 있으며, 속초균은 *Acet. schutzenbachii*가 있다.

169 168번 해설 참조

170 *Acetobacter melanogenum*

- 그람음성, 호기성의 무포자 간균이다.
- 초산을 산화하지 않으며 포도당 배양기에서 암갈색 색소를 생성한다.

171 Gay Lusacc식에 의하면

- 이론적으로는 glucose로부터 51.1%의 알코올이 생성된다.
- 포도당 1kg으로부터 이론적인 ethanol 생성량
  $180 : 46 \times 2 = 1000 : x$
  $x = 511.1g$
- 포도당 1kg으로부터 초산 생성량
  $180 : 60 \times 2 = 1000 : x$
  $x = 666.6g$

∴ 초산 1000g을 제조하려면
  $511.1 : 666.6 = x : 1000$
  $x = 767g$

172 젖산균(lactic acid bacteria)의 특성

- 당을 발효하여 다량의 젖산을 생성하는 세균을 말한다.
- 그람양성, 무포자, 간균 또는 구균이고 통성혐기성 또는 편성혐기성균이다.
- catalase는 대부분 음성이고 장내에 증식하여 유해균의 증식을 억제한다.
- 젖산균은 *Streptococcus*속, *Diplococcus*속, *Pediococcus*속, *Leuconostoc*속 등의 구균과 *Lactobacillus*속 간균으로 분류한다.
- 생합성 능력이 한정되어 영양요구성이 까다롭다.

173 172번 해설 참조

174 젖산 발효형식

① 정상발효형식(homo type) : 당을 발효하여 젖산만 생성

- EMP경로(해당과정)의 혐기적 조건에서 1mole의 포도당이 효소에 의해 분해되어 2mole의 ATP와 2mole의 젖산이 생성된다.
- $C_6H_{12}O_6$ (포도당) ⟶ (2ATP) $2C_6H_3CHOHCOOH$ (젖산)
- 정상발효유산균 : *Str. lactis*, *Str. cremoris*, *L. delbruckii*, *L. acidophilus*, *L. casei*, *L. homohiochii* 등

② 이상발효형식(hetero type) : 당을 발효하여 젖산 외에 알코올, 초산, CO_2 등 부산물 생성

- $C_6H_{12}O_6$
  $\rightarrow CH_3CHOHCOOH + C_2H_5OH + CO_2$
- $2C_6H_{12}O_6 + H_2O$
  $\rightarrow 2CH_3CHOHCOOH + C_2H_5OH + CH_3COOH + 2CO_2 + 2H_2$
- 이상발효유산균 : *L. brevis*, *L. fermentum*, *L. heterohiochii*, *Leuc. mesenteoides*, *Pediococcus halophilus* 등

175 174번 해설 참조

정답				
정답	167 ①	168 ③	169 ③	170 ③
	171 ④	172 ②	173 ①	174 ①
	175 ③			

176 정상형(homofermentative) 젖산균이 아닌 것은?

① *Lactobacillus acidophilus*
② *Lactobacillus casei*
③ *Lactobacillus brevis*
④ *Lactobacillus bulgaricus*

177 이형발효젖산균이란?

① 당질에서 젖산만을 생성하는 것
② 당질에서 젖산과 탄산가스를 생성하는 것
③ 당질에서 젖산과 CO_2,에탄올과 함께 초산 등을 부산물로 생성하는 것
④ 당질에서 젖산과 탄산가스, 수소를 부산물로 생성하는 것

178 젖산균을 당발효 양상에 따라 구분할 때 이형발효(heterofermentative)균에 해당하는 것은?

① *Enterococcus*속
② *Lactococcus*속
③ *Leuconostoc*속
④ *Streptococcus*속

179 homo 젖산균과 hetero 젖산균에 대한 설명 중 옳은 것은?

① *Leuconostoc*속은 homo형이고, *Pediococcus*속은 hetero형이다.
② homo 젖산균은 당으로부터 젖산, 에탄올, 초산을 생성하며, hetero 젖산균은 젖산만을 생성한다.
③ EMP 경로에 따라서 포도당 1mole에 대해 2mole의 ATP가 생성되는 것이 homo 젖산발효이다.
④ 대부분의 *Lactobacillus*속은 hetero형이다.

180 이상형(hetero형) 젖산발효젖산균이 포도당으로부터 에탄올과 젖산을 생산하는 당대사경로는?

① EMP 경로
② ED 경로
③ Phosphoketolase 경로
④ HMP 경로

181 젖산균(lactic acid bacteria)에 대한 설명으로 틀린 것은?

① 대표적인 젖산균으로 homo 발효 젖산균인 *Lactobacillus plantarium*과 hetero 발효 젖산균인 *Leuconostoc mesemteroides*가 있다.
② homo 발효 젖산균의 당 대사 key enzyme은 phosphoketolase이며, hetero 발효 젖산균의 당 대사 key enzyme은 aldolase이다.
③ 당이 5탄당인 경우 homo 발효 젖산균 및 hetero 발효 젖산균 모두 젖산 이외에 초산을 주요 대사산물로 생산한다.
④ 모든 젖산균은 Gram 양성, catalase 음성이다.

182 요구르트(yoghurt) 제조에 이용하는 젖산균은?

① *Lactobacillus bulgaricus*와 *Streptococcus thermophilus*
② *Lactobacillus plantarum*와 *Acetobacter aceti*
③ *Lactobacillus bulgaricus*와 *Streptococcus pyogenes*
④ *Lactobacillus plantarum*와 *Lactobacillus homohiochi*

176 174번 해설 참조

177 174번 해설 참조

178 174번 해설 참조

179 174번 해설 참조

180 경로별 발효젖산균
- EMP경로와 ED경로(key enzyme : aldolase)는 homo 발효젖산균이 이용한다.
- PK경로(key enzyme : phosphoketolase)는 hetero 발효젖산균이 이용한다.

181 젖산균의 당 대사 key enzyme
- homo 발효 젖산균의 당 대사 key enzyme은 aldolase이며, hetero 발효 젖산균의 당 대사 key enzyme은 phosphoketolase이다.

182 yoghurt 제조에 이용되는 젖산균
- *L. bulgaricus*, *Sc. thermophilus*, *L. casei*와 *L. acidophilus* 등이다.

정답	176 ③	177 ③	178 ③	179 ③
	180 ③	181 ②	182 ①	

183 육제품과 젖산균을 이용하여 발효시켜 제조한 식품은?
① 살라미
② 요구르트
③ 템페
④ 사우어크라우트

184 김치류의 숙성에 관여하는 젖산균이 아닌 것은?
① *Escherichia*속
② *Leuconostoc*속
③ *Pediococcus*속
④ *Lactobacillus*속

185 김치발효 시 발효 초기에 생육하고 다른 젖산균보다 급속히 발효하여 생성되는 산으로 다른 세균의 생육을 억제하는 그람양성 구균은?
① *Leuconostoc mesenteroides*
② *Streptococcus faecalis*
③ *Lactobacillus plantarum*
③ *Saccharomyces cerevisiae*

186 간장 제조 시 풍미에 관여하는 대표적인 내염성 젖산세균은?
① *Zygosaccharomyces rouxii*
② *Pediococcus halophilus*
③ *Staphylococcus aureus*
④ *Bacillus subtilis*

187 비타민 B_{12}를 생육인자로 요구하는 비타민 B_{12}의 미생물적인 정량법에 이용되는 균주는?
① *Staphylococcus aureus*
② *Bacillus cereus*
③ *Lactobacillus leichmanii*
④ *Escherichia coli*

188 ***Lactobacillus leichmanii***(ATCC 7830)는 어떤 생육인자를 정량할 때 이용하는가?
① 비타민 B_2 ② 비타민 B_6
③ 비타민 B_{12} ④ 비오틴(biotin)

189 산업적인 글루탐산 생성균으로 가장 적합한 것은?
① *Corynebacterium glutamicum*
② *Lactobacillus plantarum*
③ *Mucor rouxii*
④ *Pediococcus halophilus*

190 글루탐산 등과 같은 아미노산 생산에 사용되고 있는 세균은?
① *Corynebacterium glutamicum*
② *Lactobacillus bulgaricus*
③ *Streptococcus thermophilus*
④ *Bacillus natto*

191 식품공업에서 아밀라아제를 생산하는 대표적인 균주와 거리가 먼 것은?
① *Aspergillus oryzae*
② *Bacillus subtilis*
③ *Rhizopus delemar*
④ *Candida lipolytica*

183 발효식품

- 살라미(salami) : 쇠고기, 돼지고기, 소금, 향료 등을 세절, 혼합하여 케이싱에 충전하고 젖산발효 및 건조시켜 제조한 대표적인 발효소시지
- 요구르트(yoghurt) : 우유, 산양유 및 마유 등과 같은 포유동물의 젖을 원료로 하여 젖산균이나 효모 또는 이 두 종류의 미생물을 이용하여 발효시킨 제품
- 템페(tempeh) : 인도네시아 전통발효식품으로 대두를 증자하여 *Rhizophus*속으로 발효시킨 제품
- 사우어크라우트(sauerkraut) : 잘게 썬 양배추를 2~3% 식염하에 젖산발효를 행하여 산미와 특유의 향을 갖는 발효 pickle

184 김치 숙성에 관여하는 미생물

- *Lactobacillus plantarum*, *Lactobacillus brevis*, *Streptococcus faecalis*, *Leuconostoc mesenteroides*, *Pediococcus halophilus*, *Pediococcus cerevisiae* 등이 있다.

※*Escherichia*속은 포유동물의 변에서 분리되고, 식품의 일반적인 부패세균이다.

185 *Leuconostoc mesenteroides*

- 그람양성, 쌍구 또는 연쇄의 헤테로형 젖산균이다.
- 내염성을 갖고 있어서 김치의 발효 초기에 주로 발육하여 김치를 혐기성 상태로 만든다.

※*Lactobacillus plantarum*은 간균이고 호모형 젖산균으로 침채류의 주젖산균이고 우리나라 김치발효에 중요한 역할을 한다.

186 간장 제조 시 풍미에 관여하는 미생물

- 간장 숙성 시 내염성이 없는 젖산균은 담금 후 2개월 이내에 사멸하지만 그동안 젖산을 생성하여 최초에 pH 6.0 정도이던 것이 1개월 정도로 5.5 정도까지 저하된다.
- 간장요는 18% 정도의 식염을 함유하고 있으므로 그 후 증식되는 것은 주로 내염성의 젖산균과 효모이다.
- 젖산균으로는 *Pediococcus halophilus*가 증식하여 간장 특유의 향미를 형성한다. 효모로는 *Zygosaccharomyces rouxii*가 증식하여 왕성한 알코올 발효를 하게 된다.

187 영양요구성 미생물

- 일반적으로 세균, 곰팡이, 효모의 많은 것들은 비타민류의 합성 능력을 가지고 있으므로 합성배지에 비타민류를 주지 않아도 생육하나 영양요구성이 강한 유산균류는 비타민 B군을 주지 않으면 생육하지 않는다.

[유산균이 요구하는 비타민류]

비타민류	요구하는 미생물(유산균)
biotin	*Leuconostoc mesenteroides*
vitamin B_{12}	*Lactobacillus leichmanii* *Lactobacillus lactis*
folic acid	*Lactobacillus casei*
vitamin B_1	*Lactobacillus fermentii*
vitamin B_2	*Lactobacillus casei* *Lactobacillus lactis*
vitamin B_6	*Lactobacillus casei* *Streptococcus faecalis*

188 187번 해설 참조

189 glutamic acid 발효에 사용되는 생산균

- *Corynebacterium glutamicum*을 비롯하여 *Brev. flavum*, *Brev. lactofermentum*, *Microb. ammoniaphilum*, *Brev. thiogentalis* 등이 알려져 있다.

190 189번 해설 참조

191 아밀라아제를 생산하는 대표적인 균주

- 세균 amylase : *Bacillus subtilis*, *B. stearothermophillus* 등을 이용한다.
- 곰팡이 amylase : *Aspergillus oryzae*는 α-amylase를, *Asp. usami*와 *Rhizopus delemar* 등은 glucoamylase를 주로 생성한다.
- *Asp. awamori*와 *Asp. inuii*는 이 중간형으로 α-amylase와 glucoamylase를 함께 생성한다.

정답				
	183 ①	184 ①	185 ①	186 ②
	187 ③	188 ③	189 ①	190 ①
	191 ④			

192 락타아제(lactase)를 생산하는 균이 아닌 것은?

① *Candida kefyr*
② *Candida pseudotropicalis*
③ *Saccharomyces fraglis*
④ *Saccharomyces cerevisiae*

193 설탕배지에서 배양하면 dextran을 생산하는 균은?

① *Bacillus levaniformans*
② *Leuconostoc mesenteroides*
③ *Bacillus subtilis*
④ *Aerobacter levanicum*

194 ***Leuconostoc mesenteroides*의 영양요구 성분이 아닌 것은?**

① ρ-aminobenzoic acid
② biotin
③ thiamine
④ pyrimidine

195 ***Propionibacterium*속의 특성과 관계없는 것은?**

① 그람양성균
② 운동성균
③ propionic acid 발효
④ catalase 양성

196 ***Bacillus*속 세균에 대한 설명 중 틀린 것은?**

① *Bacillus*속은 혐기성 세균이다.
② *Bacillus coagulans*, *Bacillus circulans*는 병조림, 통조림 식품의 부패균이다.
③ *Bacillus natto*는 청국장 제조에 사용된다.
④ endospore를 형성하는 세균으로서 강력한 α-amylase와 protease를 생성한다.

197 내생포자(endospore)를 형성하는 균 중 빵이나 밥에서 증식하며 청국장 제조에 관여하는 것은?

① *Bacillus*속
② *Sporosarcina*속
③ *Desulfotomaculum*속
④ *Sporolactobacillus*속

198 청국장 제조에 쓰이는 균은?

① *Bacillus mesentericus*
② *Bacillus subtilis*
③ *Bacillus coagulans*
④ *Lactobacillus plantarum*

199 ***Clostridium butyricum*이 장내에서 정장 작용을 나타내는 것은?**

① 강한 포자를 형성하기 때문이다.
② 유기산을 생성하기 때문이다.
③ 항생물질을 내기 때문이다.
④ 길항세균으로 작용하기 때문이다.

해설

192 락타아제(lactase)

- 젖당(lactose)을 포도당(glucose)과 갈락토스(galactose)로 가수분해하는 β- galctosidase이다.
- 이 효소는 *kluyveromyces marxianus*(*Saccharomyces fraglis*), *Saccharomyces lactis*, *Candida spherica*, *Candida kefyr*(*Candida pseudotropicalis*), *Candida utilis* 등 젖당발효성효모의 균체 내 효소로서 얻어진다.

193 *Leuconostoc mesenteroides*

- 쌍구균 또는 연쇄상 구균이고, 생육최적온도는 21~25℃이다.
- 설탕(sucrose)액을 기질로 dextran 생산에 이용된다.
- 영양요구 성분은 biotin, thiamine, pyrimidine, nicotinic acid, pantothenic acid, pyridoxine, riboflavin, purine 등이다.

194 193번 해설 참조

195 *Propionibacterium*속

- 당류 또는 젖산을 발효하여 propionic acid를 생성하는 균을 말한다.
- 그람양성, catalase 양성, 통성혐기성, 비운동성으로 무포자, 단간균 또는 구균이고 균총은 회백색이다.
- cheese 숙성에 관여하여 cheese 특유 향미를 부여한다.
- 다른 세균에 비하여 성장속도가 매우 느리며, 생육인자로 propionic aicd와 biotin을 요구한다.

196 *Bacillus*속의 특징

- 그람양성 호기성 또는 통성혐기성 유포자 간균이다.
- 단백질 분해력이 강하며 단백질식품에 침입하여 산 또는 gas를 생성한다.
- *Bacillus subtilis* : 마른 풀 등에 분포하며 고온균으로서 α-amylase와 protease를 생산하고 항생물질인 subtilin을 만든다.
- *Bacillus coagulans* : 병조림, 통조림 식품의 주요 부패균이다.
- *Bacillus natto*(납두균, 청국장균) : 청국장 제조에 이용되며, 생육인자로 biotin을 요구한다.

197 196번 해설 참조

198 *Bacillus subtilis*

- 고초균으로 gram 양성, 호기성, 통성혐기성 간균으로 내생포자를 형성하고, 내열성이 강하다.
- 85~90℃의 고온 액화 효소로 protease와 α-amylase를 생산하다.
- subtilin, subtenolin, bacitracin 등의 항생물질도 생산하지만 biotin은 필요로 하지 않는다.
- 마른 풀 등에 분포하며 주로 밥(도시락)이나 빵에서 증식하여 부패를 일으킨다. 또한 청국장의 발효 미생물로서 관계가 깊을 뿐만 아니라 여러 미생물 제제로서도 이용되고 있다.

199 *Clostridium butyricum*

- 그람양성 유포자 간균으로 운동성이 있으며, 당을 발효하여 butyric acid를 생성하고, cheese나 단무지 등에서 분리된다,
- 최적온도는 35℃이다.
- 생성된 유기산은 장내 유해세균의 생육을 억제하여 정장작용을 나타낸다.
- *C. butyricum*균은 장내 유익한 균으로 유산균과의 공생이 가능하고 많은 종류의 비타민 B군 등을 생산하여 유산균이 이용할 수 있게 한다.
- 대부분의 *Lactobacillus*균은 비타민이 성장에 꼭 필요한 성분으로 요구된다.

정답				
	192 ④	193 ②	194 ①	195 ②
	196 ①	197 ①	198 ②	199 ②

식품미생물학

문제

200 사람이나 동물의 장관에서 잘 생육하는 장구균의 일종이며 분변오염의 지표가 되는 균은?

① *Streptococcus lactis*
② *Streptococcus faecalis*
③ *Streptococcus pyogenes*
④ *Streptococcus thermophilus*

201 우유를 냉장고에서 장시간 저장 시에 부패취와 쓴맛의 생성, 산패에 관여하는 대표적인 저온균은?

① *Pseudomonas*속
② *Aermonas*속
③ *Bacillus*속
④ *Clostridium*속

202 생육온도의 특성으로 볼 때 시판 냉동식품에서 발견되기 가장 쉬운 균속은?

① *Pseudomonas*속
② *Clostridium*속
③ *Rhizopus*속
④ *Candida*속

203 우유의 pasteurization에서 지표균으로 주로 이용되는 것은?

① *Mysobacterium tuberculosis*
② *Clostridium botulinum*
③ *Bacillus stearothermophilus*
④ *Staphulococcus aureus*

204 소맥분 중에 존재하며 빵의 slime화, 숙면의 변패 등의 주요 원인균은?

① *Bacillus licheniformis*
② *Aspergillus niger*
③ *Pseudomonas aeruginosa*
④ *Rhizopus nigricans*

205 식빵의 점질화(rope) 현상을 일으키는 미생물은?

① *Rhizopus nigricans*
② *Bacillus licheniformis*
③ *Penicillium citrinum*
④ *Aspergillus niger*

206 우유 표면에 점질물이 생기게 하는 미생물은?

① *Fusarium* spp.
② *Alcaligenes viscolactis*
③ *Pseudomonas* spp.
④ *Flavobacterium* spp.

207 catalase와 enterotoxin을 생성하며 coagulase 양성 반응을 특징으로 하는 식중독균은?

① *Listeria monocytogenes*
② *Salmonella* spp.
③ *Vibrio parahaemolyticus*
④ *Staphylococcus aureus*

해설

200 ***Streptococcus faecalis***
- 사람이나 동물의 장관에서 잘 생육하는 장구균의 일종이며 분변오염의 지표가 된다.
- 젖산균 제재나 미생물 정량에 이용된다.

201 ***Pseudomonas*****속**
- 그람음성, 무포자 간균, 호기성이며 내열성은 약하다.
- 특히 형광성, 수용성 색소를 생성한다.
- 비교적 저온균으로 5℃ 부근에서도 생육할 수 있고 최적온도는 20℃ 이하이며 식품을 저온저장, 냉장해도 증식이 일어난다.
- 육·유가공품, 우유, 달걀, 야채 등에 널리 분포하여 식품을 부패시키는 부패세균이다.

202 **201번 해설 참조**

203 **우유의 저온살균(pasteurization)**
- 우유 살균은 우유 성분 중 열에 가장 쉽게 파괴될 수 있는 크림선(cream line)에 영향을 미치지 않고 우유 중에 혼입된 병원 미생물 중 열에 저항력이 가장 강한 결핵균(*Mysobacterium tuberculosis*)을 파괴할 수 있는 적절한 온도와 시간으로 처리한다.

204 **점질화(slime) 현상**
- *Bacillus subtilis* 또는 *Bacillus licheniformis*의 변이주 협막에서 일어난다.
- 밀의 글루텐이 이 균에 의해 분해되고, 동시에 amylase에 의해서 전분에서 당이 생성되어 점질화를 조장한다.
- 빵을 굽는 중에 100℃를 넘지 않으면 rope균의 포자가 사멸되지 않고 남아 있다가 적당한 환경이 되면 발아 증식하여 점질화(slime) 현상을 일으킨다.

205 **204번 해설 참조**

206 **우유의 변패**
- 시게 변패(산패) : *Streptococcus lactis*
- 우유 표면 변패(점질화), 알칼리화 : *Alcaligenes viscolactis*
- 분홍색, 적색 변패 : *Serratia marcescens*
- 청회색 변패 : *Pseudomonas syncyanea*
- 황색 변패 : *Pseudomonas synxantha*
- 갈색 변패 : *Pseudomonas fluorescens*(처음 녹색→점차 갈색)

207 ***Staphylococcus aureus*** **분류학적 특징**
- 그람양성, 비운동성, 아포를 형성하지 않음
- 직경 0.5~1.5μm의 구균으로 황색색소를 생성하며 포도상 형성
- 7개의 혈청형(A, B, C_1, C_2, C_3, D, E)으로 분류
- catalase 양성, mannitol 분해, coagulase 양성
- enterotoxin 생성

정답				
	200 ②	201 ①	202 ①	203 ①
	204 ①	205 ②	206 ②	207 ④

식품미생물학

208 당으로부터 에탄올(ethanol) 발효능이 강한 세균은?

① *Vibrio*속 ② *Escherichia*속
③ *Zymomonas*속 ④ *Proteus*속

209 붉은 색소를 생성하며 빵, 육류, 우유 등에 번식하여 적색으로 변하게 하는 세균은?

① *Serratia*속
② *Escherichia*속
③ *Pseudomonas*속
④ *Lactobacillus*속

210 염장어, 육제품, 우유의 적변을 일으키는 세균은?

① *Acetobacter xylinum*
② *Serratia marcescens*
③ *Chromobacterium lividum*
④ *Pseudomonas fluorescens*

211 육류의 변패에 관여하는 미생물에 대한 설명 중 틀린 것은?

① 호기적 조건에서 고기색이 녹색, 갈색 또는 회색으로 변하는 것은 세균의 H_2S 생성 등에 기인한다.
② *Photobacterium*속 균종에 의해 육류 표면에 인광이 발생한다.
③ 육류를 혐기적 조건으로 보존하는 경우 미생물에 의한 변패는 발생하지 않는다.
④ 산소 투과성이 낮은 필름으로 포장된 육류는 젖산균에 의해서 변패가 발생한다.

212 말로락트 발효(malolactic fermentation)에 대한 설명 중 옳지 않은 것은?

① 와인, 오이피클 등의 저장 중 말산(malic acid)이 젖산과 이산화탄소로 변하는 현상이다.
② 산미가 감소하므로 유기산이 많은 포도를 사용한 와인의 경우에는 바람직한 반응이다.
③ 말로락트 발효를 일으킨 와인에는 L형의 젖산(L-lactic acid)보다 D형의 젖산(D-lactic acid)이 더 많다.
④ *Leuconostoc*속 등의 젖산균에 의한다.

213 부패미생물에 의한 부패산물이 아닌 것은?

① 암모니아 ② 아민
③ 트리메틸아민 ④ 아세트산

214 버섯에 대한 설명이 잘못된 것은?

① 진핵세포를 하고 있다.
② 주름(gills)에 포자가 있다.
③ 포자는 담자포자이다.
④ 균사에 격벽이 있고 자낭균과 차이가 없다.

215 버섯류에 대한 설명으로 맞지 않는 것은?

① 버섯은 분류학적으로 담자균류에 속한다.
② 유성적으로는 담자포자 형성에 의해 증식을 하며, 무성적으로는 균사 신장에 의해 증식한다.
③ 건강보조식품으로 사용되고 있는 동충하초(*Cordyceps* sp.)도 분류학상 담자균류에 속한다.
④ 우리가 식용하는 부위인 자실체는 3차 균사에 해당된다.

208 *Zymomonas*속

- 당으로부터 에탄올(ethanol)을 생산하는 미생물로 포도당, 과당, 서당을 에너지원으로 한다.
- 공기 속에 살지 못하는 세균으로 발효 조건에 따라 다양한 부산물을 생성시킬 수 있어 혈장 대용제, 면역제 등과 같은 의약품 생산 분야에 응용될 수 있다.

209 *Serratia*속

- 주모를 가지고 운동성이 적은 간균이며 특유한 적색색소를 생성한다.
- 토양, 하수 및 수산물 등에 널리 분포하고 누에 등 곤충에서도 검출된다.
- 빵, 육류, 우유 등에 번식하여 빨간색으로 변하게 한다.
- 단백질 분해력이 강하여 부패세균 중에서도 부패력이 비교적 강한 균이다.
- 대표적인 균주 : *Serratia marcescens*

210 209번 해설 참조

211 육류의 변패

- 호기적인 조건, 혐기적인 조건이나 또 원인 미생물이 세균, 곰팡이, 효모의 어느 것인가에 따라 여러 형태로 나뉘어진다.
- 혐기적 조건 하에서 *Clostridium*, 대장균군, 고기자체의 효소로도 숙성 중에 변패가 일어난다.
- 세균이 혐기적 조건에서 지방산, 젖산 및 단백질의 분해로 산과 가스를 생성하여 악취를 발생하여 산패한다.

212 말로락틱 발효 (MLF : maloLactic fermentation)

- 와인 속 사과산이 말로락틱 유산균 작용을 통해 젖산으로 바뀌는 것을 말한다.
- 말로락틱 발효를 하면 산성도가 낮아지기 때문에 맛이 더욱 순해진다. 그리고 와인의 향과 맛을 변화시켜서 복잡한 풍미를 가지게 한다.
- 말로락트 발효를 일으킨 와인에는 D형의 젖산(D-lactic acid)보다 L형의 젖산(L-lactic acid)이 더 많다.

213 미생물에 의한 부패산물

- 아민류, 지방산류, 암모니아, 황화수소, 메탄가스, 인돌, 케토산, 수산, 수분 등이다.

214 버섯

- 대부분 분류학상 담자균류에 속하며, 일부는 자낭균류에 속한다.
- 버섯균사의 뒷면 자실층(hymenium)의 주름살(gill)에는 다수의 담자기(basidium)가 형성되고, 그 선단에 보통 4개의 경자(sterigmata)가 있고 담자포자를 한 개씩 착생한다. 담자가 생기기 전에 취상돌기(균반, clamp connection)를 형성한다.
- 담자균류는 균사에 격막이 있고 담자포자인 유성포자가 담자기 위에 외생한다.
- 담자기 형태에 따라 대별
  - 동담자균류 : 담자기에 격막이 없는 공봉형 태를 지닌 것
  - 이담자균류 : 담자기가 부정형이고 간혹 격막이 있는 것
- 식용버섯으로 알려져 있는 것은 거의 모두가 동담자균류의 송이버섯목에 속한다.
- 이담자균류에는 일부 식용버섯(흰목이버섯)도 속해 있는 백목이균목이나 대부분 식물병원균인 녹균목과 깜부기균목 등이 포함된다.
- 대표적인 동충하초속으로는 자낭균(Ascomycetes)의 맥간균과(Clavicipitaceae)에 속하는 *Cordyceps*속이 있으며 이밖에도 불완전균류의 *Paecilomyces*속, *Torrubiella*속, *Podonectria*속 등이 있다.

215 214번 해설 참조

정답				
정답	208 ③	209 ①	210 ②	211 ③
	212 ③	213 ④	214 ④	215 ③

216 버섯에 대한 설명 중 틀린 것은?

① 포자가 착생하는 자실체가 육안으로 볼 수 있을 정도로 크게 발달한 대형 자실체를 형성하는 것을 버섯이라고 한다.
② 분류학적으로 담자균류와 자낭균류에 속하지만 대부분 담자균류에 속한다.
③ 담자균류에는 동담자균류와 이담자균류가 있다.
④ 담자균류에서 무성생식포자는 드물게 나타나며, 유성생식포자로는 핵융합과 감수분열을 거쳐 담자기에서 보통 4개의 자낭포자가 형성된다.

217 담자균류의 특징과 관계가 없는 것은?

① 담자기(basidium)
② 담자포자
③ 자낭포자
④ 주름살(gills)

218 버섯의 각 부위 중 담자기(basidium)가 형성되는 곳은?

① 주름(gills) ② 균륜(ring)
③ 자루(stem) ④ 각포(volva)

219 송이버섯목, 백목이균목 등과 같은 대부분의 버섯은 미생물 분류학상 어디에 속하는가?

① 담자균류 ② 자낭균류
③ 편모균류 ④ 접합균류

220 다음 중 버섯의 증식순서로 옳은 것은?

① 균뇌 – 포자 – 균사체 – 균병 – 균포 – 균륜 – 균산 – 갓
② 균병 – 균사체 – 균뇌 – 포자 – 균포 – 균륜 – 균산 – 갓
③ 균포 – 균사체 – 포자 – 균뇌 – 균병 – 균륜 – 균산 – 갓
④ 포자 – 균사체 – 균뇌 – 균포 – 균병 – 균산 – 갓

221 느타리버섯을 재배할 때 일반적으로 사용하지 않는 배지 원료는?

① 흙 ② 미루나무
③ 톱밥 ④ 볏짚

222 일반적인 버섯의 감별법으로 잘못된 것은?

① 줄기와 마디를 찢었을 때 유즙이 있으면 유독하다.
② 줄기가 세로로 찢어지지 않고 부스러지는 것은 유독하다.
③ 버섯을 끓일 때 은수저의 반응으로 적색이 나타나면 유독하다.
④ 쓴맛이나 신맛은 유독하다.

223 독버섯의 유독성분에 대한 설명으로 틀린 것은?

① muscaridine : 위경련, 구토, 설사증상을 나타낸다.
② neurine : LD_{50} 90mg/kg 독성으로 호흡곤란, 경련, 마비증상을 보인다.
③ muscarine : 3~5mg의 피하주사나 0.5g 경구투여 할 경우 사망한다.
④ phaline : 용혈작용이 있다.

216 214번 해설 참조

217 214번 해설 참조

218 214번 해설 참조

219 214번 해설 참조

220 버섯의 증식과정(가장 일반적인 삿갓모양)

- 포자가 발아하여 균사체(mycelium)가 되고, 여기에서 아기버섯인 균뇌(菌雷)가 발생하면 균포(volva)로부터 균병(stem)이 위로 뻗어나서 상단에 균륜(annulis)이 환대(ring)를 형성하며, 그 위에 균산(pileus)이 갓(cap) 모양으로 완성한다.
- 갓(cap)의 뒷면에는 자실층(hymenium)이 생겨서 담자기를 형성하여 담자포자(basidospore)를 착상하게 되는데 이것을 균습(lamella) 또는 주름살(gills)이라고 한다.

221 느타리버섯 재배법

- 원목재배 : 포플러 등의 활엽수 원목을 1m 이하로 절단하여 종균을 접종하고 자연상태에서 배양 후 버섯을 발생시켜 재배하는 방식 – 침엽수를 제외한 거의 모든 활엽수의 원목 사용가능
- 균상재배 : 폐면(솜부산물), 볏짚 등 농산부산물을 발효시켜 균상에서 재배하는 방식
- 봉지재배 : 내열성 봉지형태의 필름에 톱밥 등의 재료를 담아 재배하는 방식
- 병재배 : 내열성 플라스틱 병에 톱밥 등의 재료를 담아 자동화 기계를 활용한 재배 방식

222 버섯의 감별법

- 쓴맛, 신맛이 나면 유독하다.
- 줄기에 마디가 있으면 유독하다.
- 균륜이 칼날 같거나, 악취가 나면 유독하다.
- 줄기가 부서지면 유독하다.
- 끓일 때 은수저 반응($H_2S+Ag \rightarrow Ag_2S$)으로 흑색이 나타나면 유독하다.

※줄기가 세로로 찢어지는 것은 독이 없다.

223 muscaridine

- 광대버섯에 많이 들어 있다.
- 뇌증상, 동공확대, 일과성 발작 증상을 나타낸다.

정답				
	216 ④	217 ③	218 ①	219 ①
	220 ④	221 ①	222 ③	223 ①

224 조류(algae)에 대한 설명 중 옳은 것은?

① 엽록소인 엽록체를 갖는다.
② 녹조류, 갈조류, 홍조류가 대표적이며 다세포이다.
③ 클로렐라(chlorella)는 단세포 갈조류의 일종이다.
④ 우뭇가사리, 김은 갈조류에 속한다.

225 조류(algae)에 대한 설명으로 틀린 것은?

① 대부분 수중에서 생활한다.
② 남조류, 녹조류는 육안으로 볼 수 있는 다세포형이다.
③ 남조류, 규조류, 갈조류, 홍조류 등이 있다.
④ 조류는 세포 내에 엽록체나 엽록소를 갖는다.

226 엽록소를 갖는 조류가 주로 행하는 반응은?

① 해당과정 ② 광합성
③ 탈수소반응 ④ 호흡

227 광합성을 하는 조류(algae)와 일반 균류를 구별할 수 있는 가장 특징적인 특성은?

① 엽록소 함유 ② 증식방법
③ 크기 ④ 형태

228 남조류에 대한 설명으로 틀린 것은?

① 단세포 종류들은 이분열에 의한 무성생식으로만 번식한다.
② 세포벽은 있으나 세포막은 없다.
③ 가스소포를 만들어서 세포에 부력을 주어 뜨게 한다.
④ 단세포 조류로서 세포 안에 핵과 액포가 없다.

229 남조류(blue green alge)의 특성과 관계 없는 것은?

① 일반적으로 스테롤(sterol)이 없다.
② 진핵세포이다.
③ 핵막이 없다.
④ 활주 운동(gliding movement)을 한다.

230 클로렐라의 설명 중 틀린 것은?

① 클로로필(chlorophyll)을 갖는 구형이나 난형의 단세포 조류이다.
② 건조물은 약 50%가 단백질이고 아미노산과 비타민이 풍부하다.
③ 단위 면적당 연간 단백질 생산량은 대두의 50배 정도이다.
④ 태양에너지 이용률은 일반 재배식물과 같다.

231 클로렐라의 설명으로 틀린 것은?

① 녹조류에 속하며, 분열에 의해 한 세포가 4~8개의 낭세포로 증식하며 편모는 없다.
② 빛의 존재 하에 간단한 무기염과 CO_2의 공급으로 쉽게 증식한다.
③ 값싸고 단백질 함량이 높은 단세포 단백질(SCP)로 이용된다.
④ 소화가 잘 되고 맛도 좋다.

224 조류(algae)

- 분류학상 대부분 진정핵균에 속하므로 세포의 형태는 효모와 비슷하다.
- 종래에는 남조류를 조류에 분류했으나 이는 원시핵균에 분류하므로 세균 중 청녹세균에 분류하고 있다.
- 갈조류, 홍조류 및 녹조류의 3문이 여기에 속한다.
- 보통 조류는 세포 내에 엽록체를 가지고 광합성을 하지만 남조류에는 특정의 엽록체가 없고 엽록소는 세포 전체에 분산되어 있다.
- 바닷물에 서식하는 해수조와 담수 중에 서식하는 담수조가 있다.
- chlorella는 단세포 녹조류이고 양질의 단백질을 대량 함유하므로 식사료화를 시도하고 있으나 소화율이 낮다.
- 우뭇가사리, 김은 홍조류에 속한다.

225 224번 해설 참조

226 224번 해설 참조

227 광합성을 하는 조류와 일반 균류의 차이

- 조류는 분류학상으로 대부분은 진정핵균에 속하므로 세포의 형태는 효모와 비슷하다.
- 보통 조류는 세포 내에 엽록체를 가지고 광합성을 하지만 균류는 광합성 능력이 없다.

228 남조류(blue green algae)

- 단세포로서 세균처럼 핵막이 없고 세포벽과 세포막이 존재하는 세균과 고등식물의 중간에 위치한다.
- 고등식물과는 달리 세균처럼 원핵세포로 되어 있어서 세포 내에 막으로 싸여 있는 핵, 미토콘드리아, 골지체, 엽록체, 소포체 등을 가지고 있지 않다.
- 세포는 보통 점질물에 싸여 있으며 담수나 토양 중에 분포하고 특정적인 활주운동을 한다.
- 광합성 세균과는 달리 고등식물의 광합성 색소와 비슷한 엽록소 a를 가지며 광합성의 산물로서 산소 분자를 내보낸다.
- 특정의 엽록체가 없고 엽록소는 세포 전체에 분산되어 있다.
- 특유한 세포 단백질인 phycocyan과 phycoerythrin을 가지고 있기 때문에 남청색을 나타내고 점질물에 싸여 있는 것이 보통이다.
- 무성생식을 하는데 단세포나 군체로 자라는 종류들은 이분열법으로, 사상체인 종류들은 분절법 또는 포자형성법으로 생식한다.

229 228번 해설 참조

230 클로렐라(chlorella)의 특징

- 진핵세포생물이며 분열증식을 한다.
- 단세포 녹조류이다.
- 크기는 2~12μ 정도의 구형 또는 난형이다.
- 분열에 의해 한 세포가 4~8개의 낭세포로 증식한다.
- 엽록체를 가지며 광합성을 하여 에너지를 얻어 증식한다.
- 빛의 존재 하에 무기염과 CO_2의 공급으로 쉽게 증식하며 이때 CO_2를 고정하여 산소를 발생시킨다.
- 건조물의 50%가 단백질이며 필수아미노산과 비타민이 풍부하다.
- 필수아미노산인 라이신(lysine)의 함량이 높다.
- 비타민 중 특히 비타민 A, C의 함량이 높다.
- 단위 면적당 단백질 생산량은 대두의 약 70배 정도이다.
- 양질의 단백질을 대량 함유하므로 단세포 단백질(SCP)로 이용되고 있다.
- 소화율이 낮다.
- 태양에너지 이용률은 일반 재배식물보다 5~10배 높다.
- 생산균주 : *Chlorella ellipsoidea*, *Chlorella pyrenoidosa*, *Chlorella vulgaris* 등

231 230번 해설 참조

정답				
	224 ①	225 ②	226 ②	227 ①
	228 ②	229 ②	230 ④	231 ④

문제

232 **녹조류로서 균체단백질(SCP)로 이용되며 CO_2를 이용하고 O_2를 방출하는 것은?**

① 효모(yeast)
② 지의류(lichens)
③ 클로렐라(chlorella)
④ 곰팡이(molds)

233 **균체단백질을 생산하는 식사료로 사용되는 미생물은?**

① *Candida utilis*
② *Bacillus cereus*
③ *Penicillum chrysogenum*
④ *Aspergillus flavus*

234 **홍조류에 대한 설명 중 틀린 것은?**

① 클로로필 이외에 피코빌린이라는 색소를 갖고 있다.
② 열대 및 아열대 지방의 해안에 주로 서식하며 한천을 추출하는 원료가 된다.
③ 세포벽은 주로 셀룰로스와 알긴으로 구성되어 있으며 길이가 다른 2개의 편모를 갖고 있다.
④ 엽록체를 갖고 있어 광합성을 하는 독립영양생물이다.

235 **홍조류(red algae)에 속하는 것은?**

① 미역 ② 다시마
③ 김 ④ 클로렐라

236 **박테리오파지(bacteriophage)의 설명 중 틀린 것은?**

① 숙주(宿主)로 되는 균이 한정되어 있지 않다.
② 기생증식하면서 용균(溶菌)하는 virus체이다.
③ 머리는 DNA, 꼬리는 단백질로 구성되어 있다.
④ 독성(virulent)과 온화(temperate) phage로 대별한다.

237 **phage에 대한 설명 중 틀린 것은?**

① 자기복제에 필요한 정보를 가진 작고 단순한 생물이다.
② DNA가 들어있는 머리부분이 숙주에 부착되면 효소를 분비하여 자기복제를 실시한다.
③ 숙주특이성이 있으며 대체로 약품에 대한 저항성이 일반세균보다 높다.
④ 발효공정에 이용되는 세균이나 방선균을 감염시켜 커다란 피해를 입히기도 한다.

238 **세균의 세포에 기생해서 숙주세균을 용균시키는 것은?**

① bacteriophage ② rickettsia
③ vector ④ plasmid

232 230번 해설 참조

233 *Candida utilis*

- pentose 중 크실로스(xylose)를 자화한다.
- 아황산 펄프 폐액 등을 기질로 배양하여 식사료 효모, inosinic acid 및 guanylic acid 생산에 사용된다.

234 홍조류(red algae)

- 엽록체를 갖고 있어 광합성을 하는 독립영양생물로 거의 대부분의 식물이 열대, 아열대 해안 근처에서 다른 식물체에 달라붙은 채로 발견된다.
- 세포막은 주로 셀룰로스와 펙틴으로 구성되어 있으나 칼슘을 침착시키는 것도 있다.
- 홍조류가 빨간색이나 파란색을 띠는 것은 홍조소(phycoerythrin)와 남조소(phycocyanin)라는 2가지의 피코빌린 색소들이 엽록소를 둘러싸고 있기 때문이다.
- 생식체는 운동성이 없다.
- 약 500속이 알려지고 김, 우뭇가사리 등이 홍조류에 속한다.

235 조류(algae)

- 규조류 : 깃돌말속, 불돌말속 등
- 갈조류 : 미역, 다시마, 녹미채(톳) 등
- 홍조류 : 우뭇가사리, 김
- 남조류 : *Chroococcus*속, 흔들말속, 염주말속 등
- 녹조류 : 클로렐라

236 박테리오파지(bacteriophage)

- virus 중 세균의 세포에 기생하여 세균을 죽이는 virus를 말한다.
- phage의 전형적인 형태는 올챙이처럼 생겼으며 두부, 미부, 6개의 spike가 달린 기부가 있고 말단에 짧은 미부섬조(tail fiber)가 달려 있다.
- 두부에는 DNA 또는 RNA만 들어 있고 미부의 초에는 단백질이 나선형으로 늘어 있고 그 내부 중심초는 속이 비어 있다.
- phage에는 독성파지(virulent phage)와 용원파지(temperate phage)의 두 종류가 있다.
- phage의 특징
  - 생육증식의 능력이 없다.
  - 한 phage의 숙주균은 1균주에 제한되고 있다(phage의 숙주특이성).
  - 핵산 중 대부분 DNA만 가지고 있다.

237 phage의 자기복제

- phage는 꼬리 끝의 섬유로 숙주에 부착하고 효소를 분비하여 그 세포벽에 구멍을 뚫어 두부 내의 DNA를 세포 내로 주입하여 자기복제를 실시한다.

238 bacteriophage의 종류

① 독성파지(virulent phage)

- 숙주세포 내에서 증식한 후 숙주를 용균하고 외부로 유리한다.
- 독성파지의 phage DNA는 균체에 들어온 후 phage DNA의 일부 유전정보가 숙주의 전사효소(RNA polymerase)의 작용으로 messenger RNA를 합성하고 초기단백질을 합성한다.

② 용원파지(temperate phage)

- 세균 내에 들어온 후 숙주 염색체에 삽입되어 그 일부로 되면서 증식하여 낭세포에 전하게 된다.
- phage가 염색체에 삽입된 상태를 용원화(lysogenization)되었다 하고 이와 같이 된 phage를 prophage라 부르고, prophage를 갖는 균을 용원균이라 한다.

정답				
	232 ③	233 ①	234 ③	235 ③
	236 ①	237 ②	238 ①	

문제

239 **다음 중 용원성 파지(phage)의 특성이 아닌 것은?**

① 숙주세포의 염색체에 결합하여 prophage가 된다.
② 세균의 증식에 따라 분열한 세균세포로 유전된다.
③ 세균세포벽을 용해시켜 유리파지가 된다.
④ 숙주세포 내에서 새로운 DNA나 단백질을 합성하지 않는다.

240 **세균의 파지(phage)에 대한 설명으로 틀린 것은?**

① 발효액을 평판한천배양하면 투명한 plaque를 형성해서 식별된다.
② 파지는 세균을 이용한 cheese, amylase 발효 등에 의해 오염된다.
③ 파지는 세균을 이용한 발효탱크에 파지가 오염되면 발효액이 혼탁성을 띤다.
④ 파지는 세균을 이용한 inosinic acid, acetone-butanol 발효공업 등에서 발생한다.

241 **바이러스(virus)와 파지(phage)에 대한 설명으로 틀린 것은?**

① phage는 동물·식물기생파지와 세균·조류기생파지로 분류한다.
② virus는 동물, 식물, 미생물 등의 세포에 기생하는 초여과성 입자이다.
③ phage는 두부, 미부, 6개의 spike와 기부로 구성되어 있다.
④ virus 중에서 세균에 기생하는 경우를 phage 또는 bacteriophage라 한다.

242 **박테리오파지(bacteriophage)가 감염하여 증식할 수 없는 균은?**

① *Bacillus subtilis*
② *Aspergillus oryzae*
③ *Escherichia coli*
④ *Clostridium perfringens*

243 **용균성 박테리오파지의 증식과정으로 올바른 것은?**

① 흡착 – 용균 – 침입 – 핵산 복제 – phage 입자 조립
② 흡착 – 침입 – 핵산 복제 – phage 입자 조립 – 용균
③ 흡착 – 침입 – 용균 – phage 입자 조립 – 핵산 복제
④ 흡착 – 용균 – 침입 – phage 입자 조립 – 핵산 복제

244 **독성파지(virulent phage)의 설명 중 틀린 것은?**

① 생세균에 기생한다.
② 세균에 주입된 DNA는 세균 세포 내에서 새로이 합성된다.
③ 세균에 주입된 DNA는 염색체에 부착하여 세균의 증식에 따라 분열한 세포에 옮겨간다.
④ 용균작용이 있다.

239 238번 해설 참조

240 발효탱크에 파지가 오염되면

- 발효가 늦어지거나, 멈추거나, 용균이 일어나 발효액의 탁도가 저하된다.

241 236번 해설 참조

242 236번 해설 참조

※*Aspergillus oryzae*는 곰팡이이다.

243 bacteriophage(phage)

- virus 중 세균의 세포에 기생하여 세균을 죽이는 virus를 말한다.
- 파지의 증식과정 : 부착(attachment) → 주입(injection) → 핵산 복제(nucleic acid replication) → 단백질 외투의 합성(synthesis of protein coats) → 조립(assembly) → 방출(release)

244 238번 해설 참조

정답				
	239 ③	240 ③	241 ①	242 ②
	243 ②	244 ③		

문제

245 **파지(phage)에 감염되었으나 그대로 살아가는 세균세포를 무엇이라고 하는가?**

① 비론(viron) ② 숙주세포
③ 용원성 세포 ④ 프로파지

246 **식품공장에서 박테리오파지의 대책으로 부적합한 것은?**

① 사용하는 균주를 바꾸는 rotation system을 실시
② 공장 환경의 청결 유지
③ 항생제 내성 균주 사용
④ 세균여과기 사용

247 **식품공장에서의 일반적인 파지(phage) 예방법이 아닌 것은?**

① 2종 이상의 균주 조합 계열을 만들어 2~3일마다 바꾸어 사용한다.
② 항생물질의 낮은 농도에 견디고 정상발효를 행하는 내성 균주를 사용한다.
③ 공장 내의 공기를 자주 바꾸어주거나 온도, pH 등의 환경조건을 변화시킨다.
④ 공장과 주변을 청결히 하고 용기의 가열 살균, 약제 사용 등을 통한 살균을 철저히 한다.

248 **파지(phage)에 오염되었다는 현상으로 옳지 않은 것은?**

① 이상발효를 일으키는 인자가 세균여과기를 통과한다.
② 살아있어서 대사가 왕성한 세균의 세포 내에서만 증식한다.
③ 이상발효를 일으키는 인자를 가해주면 발효가 빨라지거나 탁도가 증가한다.
④ 숙주균 특이성이 있다.

249 **파지(phage)의 피해와 관계가 없는 발효는?**

① ethanol 발효
② cheese 발효
③ glutamic acid 발효
④ acetone-butanol 발효

250 **제조공정에서 박테리오파지에 의한 오염이 발생하지 않는 것은?**

① 낙농식품 발효
② 젖산(lactic acid) 발효
③ 아세톤-부탄올(acetone-butanol) 발효
④ 맥주 발효

251 **바이러스에 대한 설명으로 틀린 것은?**

① 일반적으로 유전자로서 RNA나 DNA 중 한 가지 핵산을 가지고 있다.
② 숙주세포 밖에서는 증식할 수 없다.
③ 일반 세균과 비슷한 구조적 특징과 기능을 가지고 있다.
④ 완전한 형태의 바이러스 입자를 비리온(virion)이라 한다.

245 용원파지(phage)

- 바이러스 게놈이 숙주세포의 염색체와 안정된 결합을 해 세포분열 전에 숙주세포 염색체와 함께 복제된다.
- 이런 경우 비리온의 새로운 자손이 생성되지 않고 숙주를 감염시킨 바이러스는 사라진 것처럼 보이지만, 실제로는 바이러스의 게놈이 원래의 숙주세포가 새로 분열할 때마다 함께 전달된다.
- 용원균은 보통 상태에서는 일반 세균과 마찬가지로 분열, 증식을 계속한다.

246 phage의 예방대책

- 공장과 그 주변 환경을 미생물학적으로 청결히 하고 기기의 가열살균, 약품살균을 철저히 한다.
- phage의 숙주특이성을 이용하여 숙주를 바꾸어 phage 증식을 사전에 막는 starter rotation system을 사용, 즉 starter를 2균주 이상 조합하여 매일 바꾸어 사용한다.
- 약재 사용 방법으로서 chloramphenicol, streptomycin 등 항생물질의 저농도에 견디고 정상 발효하는 내성균을 사용한다.

※ 숙주세균과 phage의 생육조건이 거의 일치하기 때문에 일단 감염되면 살균하기 어렵다. 그러므로 예방하는 것이 최선의 방법이다.

247 246번 해설 참조

248 파지에 오염된 것을 아는 방법

- 이상발효를 일으키는 인자가 세균여과기를 통과한다.
- 살아있어서 대사가 왕성한 세균의 세포 내에서만 증식한다.
- 이상발효를 일으키는 인자를 가해주면 발효가 지연되거나 중단 또는 용균되어 탁도가 떨어진다.
- 이상인자는 이식이 가능하다.
- 숙주균 특이성이 있다.
- 평판배양으로 용균반(plaque) 즉, 무균의 무늬가 보인다.

249 최근 미생물을 이용하는 발효공업

- yoghurt, amylase, acetone, butanol, glutamate, cheese, 납두, 항생물질, 핵산 관련 물질의 발효에 관여하는 세균과 방사선균에 phage의 피해가 자주 발생한다.

250 249번 해설 참조

251 바이러스

- 동식물의 세포나 세균세포에 기생하여 증식하며 광학현미경으로 볼 수 없는 직경 0.5μ 정도로 대단히 작은 초여과성 미생물이다.
- 미생물은 DNA와 RNA를 다 가지고 있는데 반하여 바이러스는 DNA나 RNA 중 한 가지 핵산을 가지고 있다.

정답				
	245 ③	246 ④	247 ③	248 ③
	249 ①	250 ④	251 ③	

문제

252 바이러스 증식단계가 올바르게 표현된 것은?

① 부착단계-주입단계-단백외투합성단계-핵산복제단계-조립단계-방출단계
② 주입단계-부착단계-단백외투합성단계-핵산복제단계-조립단계-방출단계
③ 부착단계-주입단계-핵산복제단계-단백외투합성단계-조립단계-방출단계
④ 주입단계-부착단계-조립단계-핵산복제단계-단백외투합성단계-방출단계

253 방선균의 성질 및 형태와 거리가 먼 것은?

① 분생자를 형성하거나 포자낭 중에 포자를 형성한다.
② 세포벽에 화학구조가 그람양성세균과 유사하다.
③ 균사상으로 되어 있다.
④ 세포는 진핵세포로 되어 있다.

254 실모양의 균사가 분지하여 방사상으로 성장하는 특징이 있는 미생물로 다양한 항생물질을 생산하는 균은?

① 초산균
② 방선균
③ 프로피온산균
④ 연쇄상구균

255 발효에 관여하는 미생물에 대한 설명 중 틀린 것은?

① 글루타민산 발효에 관여하는 미생물은 주로 세균이다.
② 당질은 원료로 한 구연산 발효에는 주로 곰팡이를 이용한다.
③ 항생물질 스트렙토마이신의 발효 생산은 주로 곰팡이를 이용한다.
④ 초산 발효에 관여하는 미생물은 주로 세균이다.

256 항생물질과 그 항생물질의 생산에 이용되는 균이 아닌 것은?

① penicillin – *Penicillium chrysogenum*
② streptomycin – *Streptomyces aureus*
③ teramycin – *Streptomyces rimosus*
④ chlorotetracycline – *Streptomyces aureofaciens*

257 melanine 과잉생산은 피부노화 및 피부암을 유발시키고 채소, 과일, 생선의 질을 저하시킨다. melanine 억제를 위한 방법으로 가능성이 있는 것은?

① *Aspergillus flavus*가 생산하는 aflatoxin을 이용한다.
② *Cellulomonas fimi*가 생산하는 cellulase를 이용한다.
③ *Mucor rouxii*가 생산하는 lactose를 이용한다.
④ *Streptomyces bikiniensis*가 생산하는 kojic acid 등을 이용한다.

252 바이러스의 증식과정

- 부착(attachment) → 주입(injection) → 핵산 복제(nucleic acid replication) → 단백질 외투의 합성(synthesis of protein coats) → 조립(assembly) → 방출(release)

253 방선균(방사선균)

- 하등미생물(원시핵 세포) 중에서 가장 형태적으로 조직분화의 정도가 진행된 균사상 세균이다.
- 세균과 곰팡이의 중간적인 미생물로 균사를 뻗치는 것, 포자를 만드는 것 등은 곰팡이와 비슷하다.
- 주로 토양에 서식하며 흙냄새의 원인이 된다.
- 특히 방선균은 대부분 항생물질을 만든다.
- 0.3~1.0μ 크기이고 무성적으로 균사가 절단되어 구균과 간균과 같이 증식하며 또한 균사의 선단에 분생포자를 형성하여 무성적으로 증식한다.

254 253번 해설 참조

255 스트렙토마이신(streptomycin)

- 당을 전구체로 하는 대표적인 항생물질이다.
- 생합성은 방선균인 *Streptomyces griseus*에 의해 D-glucose로부터 중간체로서 myoinositol을 거쳐 생합성 된다.

256 255번 해설 참조

257 멜라닌의 침착을 방지하기 위한 방법

- 자외선으로부터 노출 방지
  - 자외선 흡수제와 자외선 산란제
- tyrosinase의 저해제 사용
  - 비타민 C, kojic acid
  - *Streptomyces bikiniensis*가 생산하는 kojic acid 등을 이용
- 멜라닌세포에 특이적인 독성을 나타내는 물질 투여
  - hydroquinone류
- 생성된 멜라닌을 피부 밖으로 배출 촉진
  - AHA(alpha-hydroxy acid)

정답				
	252 ③	253 ④	254 ②	255 ③
	256 ②	257 ④		

문제

{ 미생물의 분리보존 및 균주개량 }

1 미생물의 순수분리방법이 아닌 것은?

① 평판배양법
② Lindner의 소적배양법
③ Micromanipulater를 이용하는 방법
④ 모래배양법(토양배양법)

2 변이는 일으키지 않고 미생물을 보존하는 방법은?

① 토양보존법
② 동결건조법
③ 유중(油中)보존법
④ 모래보존법

3 유전암호에서 1개의 암호단위인 codon은 몇 개의 핵산 염기로 되어 있는가?

① 2개 ② 3개
③ 4개 ④ 5개

4 단시간 내에 특정 DNA 부위를 기하급수적으로 증폭시키는 중합효소반응의 반복되는 단계를 바르게 나열한 것은?

① DNA 이중나선의 변성 → RNA 합성 → DNA 합성
② RNA 합성 → DNA 이중나선의 변성 → DNA 합성
③ DNA 이중나선의 변성 →프라이머 결합 → DNA 합성
④ 프라이머 결합 → DNA 이중나선의 변성 → DNA 합성

5 세균의 세포융합에 직접 관련이 없는 것은?

① protoplast
② lysozyme
③ spheroplast
④ plasmid

6 다음 중 세포융합의 단계에 해당하지 않는 것은?

① 세포의 protoplast화
② 융합체의 재생
③ 세포분열
④ protoplast의 응집

7 세포융합(cell fusion)의 실험순서로 옳은 것은?

① 재조합체 선택 및 분리 → protoplast의 융합 → 융합체의 재생 → 세포의 protoplast화
② protoplast의 융합 → 세포의 protoplast화 → 융합체의 재생 → 재조합체 선택 및 분리
③ 세포의 protoplast화 → protoplast의 융합 → 융합체의 재생 → 재조합체 선택 및 분리
④ 융합체의 재생 → 재조합체 선택 및 분리 → protoplast의 융합 → 세포의 protoplast화

해설

{ 미생물의 분리보존 및 균주개량 }

1 호기성 내지 통성호기성균의 순수분리법

- 평판배양법(plate culture method), 묵즙 점적 배양법, Linder씨 소적배양법, 현미경 해부기(micro-manipulator) 이용법 등

※ 모래배양법(토양배양법) : acetone-butanol 균과 같이 건조해서 잘 견디는 세균 또는 곰팡이의 보존에 쓰인다.

2 미생물을 보존하는 방법

① 토양보존법

- 건조한 토양에 물을 가하고 수분의 약 25%가 되도록 시험관에 분주하여 121℃에서 3시간 살균하고 2~3일 후에 다시 한 번 살균한 후 포자나 균사현탁액을 가하여 실온에서 보존
- 장기보존 가능
- 세균, 곰팡이 및 효모에 이용 가능

② 동결건조법

- 동결처리한 세포부유액을 진공저온에서 건조시켜 용기의 앰플을 융봉하여 저온에서 보존
- 세균, 바이러스, 효모, 일부의 곰팡이, 방선균 등의 포자를 장기보존
- 세균의 분산매로 탈지유, 혈청 등을 사용
- 변이는 일으키지 않고 보존하는 방법

③ 유중(油中)보존법

- 고체배지에 배양한 후 균체 위에 살균한 광유를 1cm 두께로 부은 후 보존
- 배지의 건조를 막아 3~4년 보존가능, 냉장보관
- 곰팡이 보존에 사용

④ 모래보존법

- 바다모래를 산, 알칼리 및 물로 여러 번 씻어 시험관 깊이 2~3cm 정도 넣고 건열살균하여 배양한 균체를 약 1ml 정도 첨가하여 모래와 잘 혼합시켜 진공 중에서 건조시킨 후 시험관을 밀봉하여 보존하는 것
- 수년간 보존 가능
- 건조상태에서 오래 견딜 수 있는 세균 또는 곰팡이 보존에 사용

3 유전암호(genetic code)

- DNA를 전사하는 mRNA의 3염기 조합, 즉 mRNA의 유전암호의 단위를 코돈(codon, triplet)이라 하며 이것에 의하여 세포 내에서 합성되는 아미노산의 종류가 결정된다.

4 PCR 반응(polymerase chain reaction)

- 변성(denaturation), 가열냉각(annealing), 신장(extension) 또는 중합(polymerization)의 3단계로 구성되어 있다.
- 변성 단계 : 이중가닥 표적 DNA가 열 변성되어 단일가닥 주형 DNA로 바뀐다.
- 가열냉각 단계 : 상보적인 원동자 쌍이 각각 단일가닥 주형 DNA와 혼성화된다.
- 신장 단계 : DNA 중합효소가 deoxyribonucleotide triphosphate(dNTP)를 기질로 하여 각 원동자로부터 새로운 상보적인 가닥들을 합성한다.

※ 이러한 과정이 계속 반복됨으로써 원동자 쌍 사이의 염기서열이 대량으로 증폭된다.

5 세포융합(cell fusion, protoplast fusion)

- 서로 다른 형질을 가진 두 세포를 융합하여 두 세포의 좋은 형질을 모두 가진 새로운 우량형질의 잡종세포를 만드는 기술을 말한다.
- 세포융합을 하기 위해서는 먼저 세포의 세포벽을 제거하여 원형질체인 프로토플라스트(protoplast)를 만들어야 한다. 세포벽 분해효소로 세균에는 리소자임(lysozyme), 효모와 사상균에는 달팽이의 소화관액, 고등식물의 세포에는 셀룰라아제(cellulase)가 쓰인다.

[세포융합의 단계]

- 세포의 protoplast화 또는 spheroplast화
- protoplast의 융합
- 융합체(fusant)의 재생(regeneration)
- 재조합체의 선택, 분리

6 5번 해설 참조

7 5번 해설 참조

정답	1 ④	2 ②	3 ②	4 ③
	5 ④	6 ③	7 ③	

식품미생물학

8 효모의 protoplast 제조 시 세포벽을 분해시킬 수 없는 것은?

① β-glucosidase
② β-glucuronidase
③ laminarinase
④ snail enzyme

9 플라스미드(plasmid)에 관한 설명으로 틀린 것은?

① 다른 종의 세포 내에도 전달된다.
② 세균의 성장과 생식과정에 필수적이다.
③ 약제에 대한 저항성을 가진 내성인자, 세균의 자웅을 결정하는 성결정인자 등이 있다.
④ 염색체와 독립적으로 존재하며, 염색체 내에 삽입될 수 있다.

10 재조합 DNA기술(recombinant DNA technology)과 직접 관련된 사항이 아닌 것은?

① plasmid
② DNA ligase
③ transformation
④ spheroplast

11 재조합 DNA를 제조하기 위해 DNA를 절단하는 데 사용하는 효소는?

① 중합효소
② 제한효소
③ 연결효소
④ 탈수소효소

12 세균의 유전적 재조합(genetic recombination) 방법이 아닌 것은?

① 형질전환(transformation)
② 형질도입(transduction)
③ 돌연변이(mutation)
④ 접합(conjugation)

13 재조합 DNA 기술 중 형질도입이란?

① 세포를 원형질체(protoplast)로 만들어 DNA를 재조합시키는 방법
② 성선모(sex pili)를 통한 염색체의 이동에 의한 DNA 재조합
③ 파지(phage)의 중개에 의하여 유전형질이 전달되어 일어나는 DNA 재조합
④ 공여세포로부터 유리된 DNA가 직접 수용세포 내에 들어가서 일어나는 DNA 재조합

14 bacteriophage를 매개체로 하여 DNA를 옮기는 유전적 재조합 현상은?

① 형질전환(transformation)
② 세포융합(cell fusion)
③ 형질도입(transduction)
④ 접합(conjugation)

15 세균의 DNA가 phage에 혼합된 후 이 phage가 다른 세균에 침입하여 세균의 유전적 성질을 변화시키는 현상은?

① recombination
② transformation
③ transduction
④ heterocaryon

8 세포융합의 방법

- 효모의 경우 달팽이의 소화효소(snail enzyme), *Arthrobacter luteus*가 생산하는 zymolyase, 그리고 β-glucuronidase, laminarinase 등이 사용된다.

9 플라스미드(plasmid)

- 소형의 환상 이중사슬 DNA를 가지고 있다. 염색체 이외의 유전인자로서 세균의 염색체에 접촉되어 있지 않고 독자적으로 복제된다.
- 정상적인 환경 하에서 세균의 생육에는 결정적인 영향을 미치지 않으므로 세포의 생명과는 관계없이 획득하거나 소실될 수가 있다.
- 항생제 내성, 독소 내성, 독소 생성 및 효소 합성 등에 관련된 유전자를 포함하고 있다.
- 약제에 대한 저항성을 가진 내성인자(R인자), 세균의 자웅을 결정하는 성결정인자(F인자) 등이 발견되고 있다.
- 제한효소 자리를 가져 DNA 재조합 과정 시 유전자를 끼워 넣기에 유용하다.
- 다른 종의 세포 내에도 전달된다.

10 재조합 DNA기술

- 어느 생물에서 목적하는 유전자를 갖고 있는 부분을 취하여 자율적으로 증식능력을 갖는 plasmid, phage, 동물성 virus 등의 매개체(vector)를 사용하여 결합시켜서 그것을 숙주세포에 옮겨 넣어 목적하는 유전자를 증식 또는 그 기능을 발휘할 수 있게 하는 방법을 유전자 조작(gene cloning) 또는 재조합 DNA 기술이라 한다.
- 가장 많이 사용되는 방법은 제한효소로 긴 DNA 분자와 plasmid DNA분자를 절단하여 놓고 이 두 DNA를 연결시키는 DNA ligase라는 DNA 연결효소로 절단부위를 이어주고, 이것을 형질전환(transformation)으로 숙주세포에 넣어 증식시키고 그 후 목적하는 DNA부분을 함유하는 plasmid를 갖는 세포를 선발해내는 방법이다.

11 제한효소(restriction enzyme)

- 세균 속에서 만들어져 DNA의 특정 인식부위(restriction site)를 선택적으로 분해하는 효소를 말한다.
- 세균의 세포 속에서 제한효소는 외부에서 들어온 DNA를 선택적으로 분해함으로써 병원체를 없앤다.
- 제한효소는 세균의 세포로부터 분리하여 실험실에서 유전자를 포함하고 있는 DNA 조각을 조작하는 데 사용할 수 있다. 이 때문에 제한효소는 DNA 재조합 기술에서 필수적인 도구로 사용된다.

12 세균의 유전자 재조합 방법

- 형질전환(transformation) : 공여세포로부터 유리된 DNA가 직접 수용세포 내로 들어가 일어나는 DNA 재조합 방법으로, A라는 세균에 B라는 세균에서 추출한 DNA를 작용시켰을 때 B라는 세균의 유전형질이 A라는 세균에 전환되는 현상을 말한다.
- 형질도입(transduction) : 숙주세균 세포의 형질이 phage의 매개로 수용균의 세포에 운반되어 재조합에 의해 유전형질이 도입된 현상을 말한다.
- 접합(conjugation) : 두 개의 세균이 서로 일시적인 접촉을 일으켜 한 쪽 세균이 다른 쪽에게 유전물질인 DNA를 전달하는 현상을 말한다.

13 12번 해설 참조

14 12번 해설 참조

※세포융합(cell fusion)은 2개의 다른 성질을 갖는 세포들을 인위적으로 세포를 융합하여 목적하는 세포를 얻는 방법이다.

15 형질도입(transduction)

- 어떤 세균 내에 증식하던 bacteriophage가 그 세균의 염색체 일부를 빼앗아 방출하여 다른 새로운 세균 숙주 속으로 침입함으로써 처음 세균의 형질이 새로운 세균의 균체 내에 형질이 전달되는 현상을 말한다.
- *Salmonella typhimurium*과 *Escherichia coli* 등에서 볼 수 있다.

정답				
	8 ①	9 ②	10 ④	11 ②
	12 ③	13 ③	14 ③	15 ③

식품미생물학

문제

16 **세균에서 일어나는 유전물질 전달(gene transfer) 방법이 아닌 것은?**

① 형질전환(transformation)
② 형질도입(transduction)
③ 전사(transcription)
④ 접합(conjugation)

17 **세포들 사이에 유전물질이 전달되는 기작 중에서 세포와 세포가 접촉하여 한 세균에서 다른 세균으로 유전물질인 DNA가 전달되는 기작은?**

① 접합(conjugation)
② 전사(transcription)
③ 형질도입(transduciton)
④ 형질전환(transformation)

18 **미생물의 유전에 관계되는 현상 중 virus에 의한 것은?**

① recombination
② transformation
③ transduction
④ heterocaryon

19 **공여세포로부터 유리된 DNA가 바이러스를 매개로 수용세포 내로 들어가 일어나는 DNA 재조합 방법은?**

① 형질전환(transformation)
② 형질도입(transduction)
③ 접합(conjugation)
④ 세포융합(cell fusion)

20 **숙주세균 세포의 형질이 플라스미드(plasmid)를 매개로 수용세균의 세포에 운반되어 재조합에 의해 유전형질이 도입되는 것은?**

① 접합(conjugation)
② 형질전환(transfomation)
③ 형질도입(transduction)
④ 세포융합(cell fusion)

21 **돌연변이에 대한 설명으로 틀린 것은?**

① DNA를 변화시킨다.
② DNA에 변화가 있더라도 표현형이 바뀌지 않는 잠재성 돌연변이가 있다.
③ 모든 변이는 세포에 있어서 해로운 것이다.
④ 자연적으로 발생하기도 한다.

22 **자연발생적 돌연변이가 일어나는 방법과 거리가 먼 것은?**

① 염기전이(transition)
② 틀변환(frameshift)
③ 삽입(intercalation)
④ 염기전환(transversion)

23 **유전자 재조합에서 목적하는 DNA 조각을 숙주세포의 DNA 내로 도입시키기 위하여 사용하는 자율복제기능을 갖는 매개체는?**

① 프라이머(primer)
② 벡터(vector)
③ 마커(marker)
④ 중합효소(polymerase)

16 12번 해설 참조

17 접합(conjugation)

- 유전자를 공여하는 세포로부터 복제된 DNA의 일부가 성선모를 통해 다른 세포로 이동한다.
- 새로 도입된 DNA는 이에 상응하는 염기서열을 대치하여 새로운 유전자 조합을 형성한다.

18 15번 해설 참조

19 12번 해설 참조

20 12번 해설 참조

21 돌연변이(mutation)

- DNA의 염기배열이 원 DNA의 염기배열과 달라졌을 때 흔히 쓰는 말이다.
- DNA의 염기배열 변화로 일어나는 돌연변이는 대부분의 경우 생물체의 유전학적 변화를 가져오게 된다.
- 대부분 불리한 경우로 나타나지만 때로는 유익한 변화로 나타나는 경우도 있다.

22 자연발생적 돌연변이

- 방사선이나 돌연변이원(mutagens) 등의 외적인 요인이 아닌 자연적으로 일어나는 돌연변이를 말하는 것이다. 유전물질 복제나 유지과정에서 제대로 복제되지 못하고 유전정보가 바뀌게 된다.
- 염기전이(transition), 염기전환(transversion), 틀변환(frameshift) 등이 자연발생적 돌연변이이다.

※삽입(intercalation)은 유도돌연변이이다.

23 유전자 조작에 이용되는 벡터(vector)

- 유전자 재조합 기술에서 원하는 유전자를 일정한 세포(숙주)에 주입시켜서 증식시키려면 우선 이 유전자를 숙주세포 속에서 복제될 수 있는 DNA에 옮겨야 한다. 이때의 DNA를 운반체(벡터)라 한다.
- 운반체로 많이 쓰이는 것에는 플라스미드와 바이러스(용원성 파지, temperate phage)의 DNA 등이 있다.

[운반체로 사용되기 위한 조건]

- 숙주세포 안에서 복제될 수 있게 복제 시작점을 가져야 한다.
- 정제과정에서 분해됨이 없도록 충분히 작아야 한다.
- DNA 절편을 클로닝하기 위한 제한효소 부위를 여러 개 가지고 있어야 한다.
- 재조합 DNA를 검출하기 위한 표지(marker)가 있어야 한다.
- 숙주세포 내에서의 복제(copy) 수가 가능한 한 많으면 좋다.
- 선택적인 형질을 가지고 있어야 한다.
- 제한효소에 의하여 잘려지는 부위가 있어야 한다.
- 하나의 숙주세포에서 다른 세포로 스스로 옮겨가지 못하는 것이 더 좋다.

정답				
	16 ③	17 ①	18 ③	19 ①
	20 ③	21 ③	22 ③	23 ②

24 유전자 조작에 이용되는 벡터(vector)가 가져야 할 성질로서 틀린 것은?

① 숙주역(host range)이 넓어야 한다.
② 제한효소에 의해 절단부위가 적어야 한다.
③ 세포 외에서의 copy 수가 많아야 한다.
④ 재조합 DNA를 검출하기 위한 표지(marker)가 있어야 한다.

25 유전자 재조합 기술에서 벡터로 사용될 수 있는 것은?

① 용원성 파지(temperate phage)
② 용균성 파지(virulent phage)
③ 탐침(probe)
④ 프라이머(primer)

26 특정유전자 서열에 대하여 상보적인 염기서열을 갖도록 합성된 짧은 DNA 조각을 일컫는 용어는?

① 프라이머(primer)
② 벡터(vector)
③ 마커(marker)
④ 중합효소(polymerase)

27 돌연변이에 대한 설명 중 틀린 것은?

① 자연적으로 일어나는 자연돌연변이와 변이원 처리에 의한 인공돌연변이가 있다.
② 돌연변이의 근본적 원인은 DNA의 nucleotide 배열의 변화이다.
③ 염기배열의 변화에는 염기첨가, 염기결손, 염기치환 등이 있다.
④ 점돌연변이(point mutation)는 frame shift에 의한 변이에 의해 복귀돌연변이(back mutation)가 되기 어렵다.

28 돌연변이에 대한 설명으로 틀린 것은?

① 돌연변이의 근본 원인은 DNA상의 nucleotide 배열의 변화이다.
② DNA상 nucleotide 배열의 변화는 단백질의 아미노산 배열에 변화를 일으킨다.
③ nucleotide에서 염기쌍 변화에 의한 변이에는 치환, 첨가, 결손 및 역위가 있다.
④ 번역 시 어떠한 아미노산도 대응하지 않는 triplet(UAA, UAG, UGA)을 갖게 되는 변이를 nonsense 변이라 한다.

29 유전자의 프로모터(promoter)의 조절부위 혹은 조절단백질의 활성에 변이가 생겼을 때 일어나는 돌연변이체는?

① 영양요구 돌연변이체(auxotrophic mutant)
② 조절 돌연변이체(regulatory mutant)
③ 대사 돌연변이체(metabolic mutant)
④ 내성 돌연변이체(resistant mutant)

30 미생물의 변이 처리법으로 부적절한 것은?

① 방사선, 자외선 조사법
② sodium nitrite 등 아질산 처리
③ nitrogen mustard 등 alkyl화제 처리
④ bromouracil 등 염기 유사체 처리

31 미생물의 변이를 유도하기 위한 돌연변이원으로 이용되지 않는 것은?

① acriflavine ② 페니실린
③ 자외선 ④ 5-bromouracil

24 23번 해설 참조

25 23번 해설 참조

26 **프라이머(primer)**

- 특정 유전자 서열에 대하여 상보적인 짧은 단선의 유전자 서열 즉, oligonucleotide로 PCR 진단, DNA sequencing 등에 이용할 목적으로 합성된 것이다.
- DNA 중합효소에 의해 상보적인 유전자 서열이 합성될 때 전체 유전자 서열 중에서 primer에서부터 합성이 시작되는 기시절이 된다.
- 일반적으로 20~30 base-pair의 길이로 합성하여 사용한다.

27 점돌연변이(point mutation)는 긴 염기군의 결손, 중복 등의 염색체 변화에 비하여 변이에 의해서 잃어버린 유전기능을 회복하는 복귀돌연변이(back mutation)가 되기 쉬운 것이 특징이다.

28 **염기배열 변환의 방법**

- 염기첨가(addition), 염기결손(deletion), 염기치환(substitution) 등이 있다.

29 **조절 돌연변이원(regulatory mutant)**

- 유전자의 프로모터의 조절부위 혹은 조절단백질의 활성에 변이가 생겼을 때에 일어난다. 그 결과 오페론이나 레귤론의 정상적인 표현이 방해를 받게 된다.
- 예를 들면 arabinose의 대사에 관여하고 있는 ara C 유전자 산물에 결손이 있으면 이 돌연변이원은 ara C 단백질이 ara C 레귤론의 표현을 위해서 필수적이기 때문에 arabinose를 유일한 탄소원으로 한 배지에서는 생육할 수 없게 된다.
- 이와 같은 돌연변이원의 이용은 세균의 조절기구를 해명하는 데에 있어서 매우 유효하다.

30 **돌연변이원(mutagen)**

① 방사선 : 전자기파, 소립자, X선, 감마선, 알파선, 베타선, 자외선 등

② 화학적 돌연변이원(화학물질)

- 삽입성 물질(intercalating agent) : purine-pyrimidine pair와 유사하므로 DNA stacking 사이에 끼게 된다. acridine orange, proflavin, acriflavin
- 염기유사물(base analogue) : 정상적인 뉴클레오티드와 매우 유사한 화합물로 자라고 있는 DNA 사슬에 쉽게 끼어들 수 있다. 5-bromouracil, 2-aminopurine
- DNA 변형물질(DNA modifying agent) : DNA와 반응하여 염기를 화학적으로 변화시켜 딸세포의 base pair를 변화시킨다. nitrous acid, hydroxylamine(NH_2OH), alkylating agent(EMS)

31 30번 해설 참조

정답				
	24 ③	25 ①	26 ①	27 ④
	28 ③	29 ②	30 ②	31 ②

문제

32 돌연변이원에 대한 설명 중 틀린 것은?

① 아질산은 아미노기가 있는 염기에 작용하여 아미노기를 이탈시킨다.
② NTG(N-Methyl-N′-nitro-nitrosoguanidine)는 DNA 중의 구아닌(guanine) 잔기를 메틸(methyl)화한다.
③ 알킬(alkyl)화제는 특히 구아닌(guanine)의 7위치를 알킬(alkyl)화 한다.
④ 5-bromouracil(5-BU)은 보통 에놀(enol)형으로 아데닌(adenine)과 짝이 되나 드물게 케토(keto)형으로 되어 구아닌(guanine)과 짝을 이루게 된다.

33 돌연변이 결과 어떤 다른 아미노산도 암호화하지 않는 codon을 갖게 되어 이 부분에서 펩타이드(peptide) 합성이 중단되는 돌연변이는?

① missense mutation
② point mutation
③ nonsense mutation
④ frame shift mutation

34 UAG, UAA, UGA codon에 의하여 mRNA가 단백질로 번역될 때 peptide 합성을 정지시키고 야생형보다 짧은 polypeptide 사슬을 만드는 변이는?

① missense mutation
② induced mutation
③ nonsense mutation
④ frame shift mutation

35 돌연변이의 기구에 대한 설명 중 틀린 것은?

① 자연변이의 발생률은 일반적으로 10^{-8} ~10^{-6} 정도이다.
② 돌연변이의 근본적 원인은 DNA의 nucleotide 배열의 변화이다.
③ 쌍단위의 염기의 변이에는 염기첨가(addition), 염기결손(deletion) 및 염기치환(substitution)이 있다.
④ purine 염기가 pyrimidine 염기로 바뀌는 치환을 transition이라고 한다.

36 미생물 돌연변이원 중 하나인 NTG에 대한 설명으로 틀린 것은?

① DNA의 guanine 잔기를 methyl화 하는 것이 주요 변이기구이다.
② 염기를 alkyl화 하여 염기 짝의 변화를 초래한다.
③ 변이 처리액의 pH와 온도가 변이율에 커다란 영향을 준다.
④ 일반적으로 틀변화 돌연변이(frame shift)형 변이를 유발한다.

37 돌연변이원 알킬(alkyl)화제에 대한 설명으로 틀린 것은?

① 대표적인 알킬(alkyl)화제에는 DMS, DES, EMS 등이 있다.
② 알킬(alkyl)화제는 주로 구아닌(guanine)을 알킬(alkyl)화시켜 염기짝의 변화를 초래한다.
③ 대부분의 알킬화제는 강력한 발암원이다.
④ 일반적으로 대장균의 경우 사멸률이 99% 이상으로 처리되었을 때 변이율이 높다.

32 5-bromouracil(5-BU)

- thymine의 유사물질이고 호변변환(tautomeric shift)에 의해 케토형(keto form) 또는 에놀형(enol form)으로 존재한다.
- keto form은 adenine과 결합하고, enol form은 guanine과 결합한다. A:T에서 G:C로 돌연변이를 유도한다.

33 돌연변이

- 미스센스 돌연변이(missense mutation) : DNA의 염기가 다른 염기로 치환되면 polypeptide 중에 대응하는 아미노산이 야생형과는 다른 것으로 치환되거나 또는 아미노산으로 번역되지 않은 짧은 peptide 사슬이 된다. 이와 같이 야생형과 같은 크기의 polypeptide 사슬을 합성하거나 그 중의 아미노산이 바뀌어졌으므로 변이형이 표현형이 되는 것이다.
- 점 돌연변이(Point mutation) : 보통 염기쌍치환과 프레임쉬프트 같은 DNA분자 중의 단일 염기쌍 변화로 인한 돌연변이의 총칭이다.
- 유도 돌연변이(induced mutagenesis) : 자외선이나 전리방사선 또는 여러 화학약품 등의 노출에 의해 야기되는 돌연변이이다.
- 넌센스 돌연변이(nonsense mutation) : UAG, UAA, UGA codon은 nonsense codon이라고 불리어지며 이들 RNA codon에 대응하는 aminoacyl tRNA가 없다. mRNA가 단백질로 번역될 때 nonsense codon이 있으면 그 위치에 peptide 합성이 정지되고 야생형보다 짧은 polypeptide 사슬을 만드는 변이이다.
- 격자이동 돌연변이(frameshift mutation) : 유전자 배열에 1개 또는 그 이상의 염기가 삽입되거나 결실됨으로써 reading frame이 변화되어 전혀 다른 polypeptide chain이 생기는 돌연변이이다.

34 33번 해설 참조

35 염기치환(subtitution)

- DNA 분자 중의 어느 염기가 다른 염기로 변화하는 것으로 염기전이(transition)와 염기전환(transversion)이 있다.
- 염기전이(transition) : 유사형 염기치환, purine에서 다른 purine 염기로 또는 pyrimidine에서 다른 pyrimidine 염기로 치환되는 것
- 염기전환(transversion) : 교차형 염기치환, purine 염기에서 pyrimidine 염기 또는 pyrimidine 염기에서 purine 염기로 치환되는 것

36 N-methyl-N′-nitro-nitrosoguanidine (NTG)

- guanine을 alkyl화시켜 thymine과 짝을 이루게 함(3중 결합→2중 결합)으로서 특정부위 구조변화(alkyl화제)를 일으킨다.

37 돌연변이원 알킬(alkyl)화제

- dimethylsulfonate(DMS), diethylsulfonate (DES), ethylmethane sulfonate(EMS), mustard gas 등이 있다.
- alkyl화제는 염기 중 특히 구아닌(guanine)의 7위치를 alkyl화시켜 염기짝의 변화를 초래한다.
- alkyl화된 guanine염기는 depurine화되기 쉽다. 따라서 GC→AT의 transition형 외에도 transversion형의 차이도 가능하다.
- alkyl화제의 작용은 자외선과 비슷한 점이 많다.

정답				
	32 ④	33 ③	34 ③	35 ④
	36 ④	37 ④		

38 DNA의 수복기구가 아닌 것은?

① 광회복 ② 제거수복
③재조합수복 ④ 염기수복

39 복제상의 실수와 돌연변이 유발물질에 의한 염기변화를 수선(repair)하는 DNA 수선의 방법이 아닌 것은?

① excision repair
② recombination repair
③ mismatch repair
④ UV repair

40 폴리옥소트로픽 변이주(polyauxotrophic mutant)란?

① 여러 가지 무기영양 변이균주
② 두 가지 이상의 영양소 요구성 변이균주
③ 여러 가지 자력영양균
④ 여러 가지 화학영양균

41 영양요구변이주(auxotroph)의 검출방법이 아닌 것은?

① replica법 ② 농축법
③ 여과농축법 ④ 융합법

42 발암물질 선별을 위한 세균시험방법인 에임즈 테스트(Ames test)에서는 어떤 돌연변이를 이용하여 물질의 잠재적 발암활성도를 측정하는가?

① 역 돌연변이(back mutation)
② 불변 돌연변이(silent mutation)
③ 불인식 돌연변이(nonsense mutation)
④ 틀변환(격자이동) 돌연변이(frame shift mutation)

43 현미경에 배율이 10배인 대안렌즈와 배율이 45배인 대물렌즈를 썼을 때 전체적인 배율은?

① 4.5배 ② 45배
③ 450배 ④ 4500배

44 경사면으로 굳혀 호기성 미생물 배양에 사용하는 배지는?

① 사면배지 ② 평판배지
③ 고층배지 ④ 증균배지

45 검출하고자 하는 미생물이 특징적으로 가지는 생육특성을 지시약이나 화학물질을 이용하여 고체배지상에서 검출할 수 있는 배지는?

① 일반영양배지(general nutrient medium)
② 선택배지(selective medium)
③ 분별배지(differential medium)
④ 강화배지(enrichment medium)

38 **DNA의 수복기구**

• 광회복, 제거수복, 재조합수복, SOS수복이 있다.

39 **DNA 수선방식**

① DNA 손상복귀(damage reversal)

• photoreactivation(광활성화) : 빛에 의한 pyrimidine dimers의 제거
• single-strand break의 연결 : X-ray나 peroxide와 같은 화학물질은 DNA의 절단유도

③ DNA 손상제거(damage removal)

• base excision repair : 손상된 염기를 deoxyribose에서 제거
• mismatch repair : DNA replication이 끝난 후 복제의 정밀도(accuracy)를 검사하는 과정
• nucleotide excision repair : DNA가닥에 나타난 커다란(bulky) 손상을 치유

③ DNA 손상무시(damage tolerance)

• recombinational repair : 유사한 DNA나 sister chromatid를 이용한 recombination을 통하여 daughter-strand에 생긴 gap을 수선하는 방식
• mutagenic repair : pyrirmdine dimmer 등에 의하여 복제가 정지된 DNA polymerase가 dimmer 부분에 대한 특이성을 변화시켜 반대편에 아무 nucleotide나 삽입하여 복제를 계속하는 방법

40 **폴리옥소트로픽 변이주**

• 다영양(두가지 이상의 영양소) 요구성 돌연변이 균주이다.

41 **영양요구변이주(auxotroph)의 균주분리법**

• 농축법
• 여과법
• 직접법(replica법)
• sandwich technique

42 **에임즈 테스트(Ames test)**

• *Salmonella typhimurium* 히스티딘 요구성 변이주를 이용한다.
• 에임즈 테스트는 살모넬라를 이용해서 화학물질이 돌연변이를 일으키는지 확인하는 것으로 복귀 돌연변이(역 돌연변이, back mutation) 실험이다.

43 현미경의 배율 = 대안렌즈×대물렌즈
= 10×45 = 450

44 **배지의 종류**

① 물리적 성상에 따른 분류

• 액체배지 : 배지 내에 한천을 첨가하지 않은 액체상태의 배지이다. 미생물의 증식, 당분해 시험, 성상검사, 대사산물의 검출 등에 사용된다.
• 고체배지 : 액체배지를 고형화한 형태로서 한천 1.5~2%를 첨가하여 만든다. 주로 미생물 순수분리나 균주 보존을 목적으로 이용된다.
  – 평판배지 : 멸균된 배지를 멸균 페트리접시에 붓고 응고시킨 배지이다. 순수배양이나 생균수 측정 등의 목적에 사용한다.
  – 고층배지 : 고체배지를 시험관에 넣고 수직으로 응고시킨 배지이다. 미호기성이나 혐기성균의 배양, 균주의 보존, 세균의 운동성 시험에 사용된다.
  – 사면배지 : 고체배지를 시험관에 넣고 경사지게 응고시킨 배지이다. 호기성 미생물의 증식 및 보존, 세균의 생화학적 검사 등에 사용된다.

② 사용목적에 따른 분류

• 증식배지 : 여러 종류의 영양소를 적당량 함유한 배지이다. 미생물의 증식, 순수배양, 보존 등 일반적인 배양에 사용된다.
• 증균배지 : 많은 미생물이 혼합된 경우, 특정한 균종만을 다른 균종보다 빨리 증식시켜 분리 배양이 쉽게 되도록 한 배지이다.
• 선택배지 : 두 종류 이상의 미생물이 혼합되어 있는 검체에서 원하는 미생물만을 선택적으로 분리배양하는 데 사용하는 배지이다.
• 감별배지 : 순수배양된 미생물의 특정한 효소반응을 정상적으로 확인하여 균종의 감별과 동정을 하기 위한 배지이다.

정답				
	38 ④	39 ④	40 ②	41 ④
	42 ①	43 ③	44 ①	45 ③

문제

46 **TSI 사면배지에서 균을 배양하였더니 배지에 균열이 발생하였다. 이로부터 알 수 있는 사실은?**

① 용혈작용 발생
② 응집현상 발생
③ 암모니아 발생
④ 가스 발생

47 **세균의 선택배양배지와 대상 세균이 잘못 연결된 것은?**

① MSA 한천배지 – 살모넬라
② MYP 한천배지 – 바실러스 세레우스
③ Oxford 한천배지 – 리스테리아 모노사이토제네스
④ TCBS 한천배지 – 장염비브리오

48 **EMB(eosin methylene blue) 한천배지에서 배양한 대장균 집락의 형상은?**

① 황색 불투명 집락
② 금속성 광택을 가진 흑녹색 집락
③ 흑색 환을 가진 녹회색 집락
④ 불투명 환을 가진 검정색 집락

49 **미생물 배양용 고체배지의 최적한천농도는?**

① 0.5~1.0%　② 1.5~2.0%
③ 3.0~4.0%　④ 5.0~7.0%

50 **액체배양의 목적으로 적합하지 않은 것은?**

① 미생물 균체의 생산
② 미생물 대사산물의 생산
③ 미생물의 증균배양
④ 미생물의 순수분리

51 **미생물의 배양방법 중 슬라이드 배양(slide culture)이 적합한 경우는?**

① 효모의 알코올 발효를 관찰할 때
② 곰팡이의 증식과정을 관찰할 때
③ 혐기성균을 배양할 때
④ 방선균을 Gram 염색할 때

52 **유당배지를 이용한 대장균군의 정성검사 절차가 옳게 나열된 것은?**

① 추정시험→완전시험→확정시험
② 추정시험→확정시험→완전시험
③ 완전시험→추정시험→확정시험
④ 확정시험→완전시험→추정시험

53 **MPN이라고 하며, 연속적으로 희석된 시료를 배지에 접종하여 미생물 증식 여부를 판단한 후 확률론적으로 균수를 산정하는 방법은?**

① 멤브레인필터법
② 평판배지법
③ 최확수법
④ 직접현미경법

45 선택배지와 분별배지

- 선택배지(selective medium) : 특정 미생물을 선택적으로 배양하기 위해, 그 미생물만 이용할 수 있는 영양물질(항생제, 염료, 탄소원 등)을 포함하여 만든 배지이다.
- 분별배지(differential medium) : 특정 미생물을 다른 종류의 미생물과 구별하기 위해 배지에 특수한 생화학적 지시약을 넣어 만든 배지이다.

46 TSI 사면배지

- TSI 사면배지의 사면과 고층부에 균을 접종하고 35℃에서 18~24시간 배양하여 생물학적 성상을 검사한다.
- 살모넬라는 유당, 서당 비분해(사면부 적색), 가스를 생성(균열 확인)하는 양성인 균에 대하여 그람음성 간균임을 확인한다.
- 가스는 배지 밑 부분이 균열하거나 또는 시험관 옆 부분이 갈라져서 올라온다.

47 MSA 한천배지(만니톨식염한천배지)

- 황색포도상구균의 선택배양배지이다.

48 대장균 확정시험 양성판정배지의 집락 형상

- EMB배지 : 금속성 광택을 가진 흑녹색 집락
- Endo배지 : 붉은색 콜로니
- BGLB배지 : 가스 발생(기포 확인)

49 고체배지의 최적한천농도

- 5% 한천이 함유된 배지 : proteus 균종의 유주(swarming) 현상 억제에 이용된다.
- 1.5~2.0% 한천이 함유된 고체배지 : 주로 분리배양에 이용된다.
- 0.3~0.5% 한천이 함유된 반고체배지 : 주로 운동성 관찰에 이용된다.

50 액체배양의 목적

- 미생물의 증균배양
- 미생물 균체의 대량생산
- 미생물 대사산물의 생산
- 미생물을 균일하게 분산배양

※미생물의 순수분리 : 고체배양

51 슬라이드 배양(slide culture)

- 곰팡이의 형태를 관찰하기 위하여 실시하는 방법이다.

52 대장균의 정성시험(3단계)

- 추정시험 : 유당부이온 배지 사용
- 확정시험 : BGLB 배지 사용
- 완전시험 : EMB 배지 사용

53 최확수법(MPN : most probable number)

- 수단계의 연속한 동일희석도의 검체를 수개씩 유당부이온 발효관에 접종하여 대장균군의 존재 여부를 시험하고 그 결과로부터 확률론적인 대장균군의 수치를 산출하여 이것을 최확수(MPN)로 표시하는 방법이다.
- 검체 10, 1 및 0.1ml씩을 각각 5개씩 또는 3개씩의 발효관에 가하여 배양 후 얻은 결과에 의하여 검체 100ml 중 또는 100g 중에 존재하는 대장균군수를 표시하는 것이다.
- 최확수란, 이론상 가장 가능한 수치를 말한다.

정답				
	46 ④	47 ①	48 ②	49 ②
	50 ④	51 ②	52 ②	53 ③

54 Baird Parker 배지는 coagulase 양성인 포도상구균의 선택배지이다. 만약 어떤 균을 이 배지에 증식시켰더니 집락 주위에 투명환이 생겼다면 이는 무엇을 의미하는가?

① 배지 중에 있는 단백질이 가수분해되었다는 것이다.
② 배지 중에 있는 지방질이 분해되었다는 것이다.
③ 배지 중에 있는 적혈구가 파괴된 것이다.
④ 배지 중에 있는 탄수화물이 분해된 것이다.

55 식품공전에 의한 살모넬라(*Salmonella* spp.)의 미생물시험법의 방법 및 순서가 옳은 것은?

① 증균배양-분리배양-확인시험(생화학적 확인시험, 응집시험)
② 균수측정-확인시험-균수계산-독소확인시험
③ 종균배양-분리배양-확인시험-독소유전자 확인시험
④ 배양 및 균분리-동물시험-PCR 반응 병원성 시험

56 바실러스 세레우스 정량시험 과정에 대한 설명이 틀린 것은?

① 25g 검체에 225ml 희석액을 가하여 균질화한 후 10배 단계별 희석액을 만든다.
② MYP 한천평판배지에 총 접종액이 1ml가 되도록 3~5장을 도말한다.
③ 30℃에서 24±2시간 배양한 후 집락 주변에 혼탁한 환이 있는 분홍색 집락을 계수한다.
④ 총 집락수를 5로 나눈 후 희석배수를 곱하여 집락수를 계산한다.

57 세균의 Gram 염색에 사용되지 않는 것은?

① crystal violet 액
② lugol 액
③ safranin 액
④ methylene blue 액

58 일반적으로 그람염색에서 사용되지 않는 화학물질은?

① 말라카이트 그린(malachite green)
② 크리스탈 바이올렛(crystal violet)
③ 에틸알코올(ethyl alcohol)
④ 사프라닌(safranin)

59 아래 시약 중 그람염색에서 가장 먼저 사용하는 시약은?

① 알코올(alcohol)
② 크리스탈 바이올렛(crystal violet)
③ 사프라닌(safranin)
④ 그람 요오드(Gram's iodine)

60 당류의 발효성 실험법으로 적합하지 않은 것은?

① Lindner법
② Durham tube법
③ Einhorn tube법
④ Pilsner법

54 Baird Parker 배지

- *Staphylococcus aureus* 분리배지로 현재 널리 추천되고 있다.
- *Staphylococcus aureus*는 tellurite를 환원하여 회색~검정색의 빛나는 집락을 형성하며 단백질 분해작용에 의해 집락 주변에 투명한 구역이 생긴다. 전형적인 회색~검정색 집락과 함께 이 투명한 구역은 *Staphylococcus aureus*를 진단하는 특징이다.
- 더 오래 배양하면 대부분의 *Staphylococcus aureus* 종은 집락 주변에 불투명한 환을 형성한다. 이것은 아마도 lipase의 작용 때문에 생기는 것이다.

55 살모넬라(*Salmonella* spp.) 시험법

- 증균배양 : 검체 25g을 취하여 225ml의 peptone water에 가한 후 35℃에서 18±2시간 증균배양한다. 배양액 0.1ml를 취하여 10ml의 Rappaport-Vassiliadis배지에 접종하여 42℃에서 24±2시간 배양한다.
- 분리배양 : 증균배양액을 MacConkey 한천배지 또는 desoxycholate citrate 한천배지 또는 XLD한천배지 또는 bismuth sulfite 한천배지에 접종하여 35℃에서 24시간 배양한 후 전형적인 집락은 확인시험을 실시한다.
- 확인시험 : 분리배양된 평판배지상의 집락을 보통 한천배지(배지 8)에 옮겨 35℃에서 18~24시간 배양한 후, TSI 사면배지의 사면과 고층부에 접종하고 35℃에서 18~24시간 배양하여 생물학적 성상을 검사한다. 살모넬라는 유당, 서당 비분해(사면부 적색), 가스생성(균열 확인) 양성인 균에 대하여 그람음성 간균임을 확인하고 urease 음성, lysine decarboxylase 양성 등의 특성을 확인한다.

56 바실러스 세레우스(정량시험) 균수 계산

- 확인 동정된 균수에 희석배수를 곱하여 계산한다.
- 예로 희석용액을 0.2ml씩 5장 도말배양하여 5장의 집락을 합한 결과 100개의 전형적인 집락이 계수되었고 5개의 집락을 확인한 결과 3개의 집락이 바실러스 세레우스로 확인되었을 경우, 100×(3/5)×10 = 600으로 계산한다.

57 Gram 염색법

- 일종의 rosanilin 색소, 즉 crystal violet, methyl violet 혹은 gentian violet으로 염색시켜 옥도로 처리한 후 acetone이나 알코올로 탈색시키는 것이다.
- Gram 염색 순서
  A액(crystal violet 액)으로 1분간 염색→수세→물흡수→B액(lugol 액)에 1분간 담금→수세→흡수 및 완전 건조→95% ethanol에 30초 색소 탈색→흡수→safranin 액으로 10초 대비 염색→수세→건조→검경
- 그람양성균은 자주색, 그람음성균은 분홍색으로 염색된다.

58 57번 해설 참조

59 57번 해설 참조

60 효모의 당류 발효성 실험

- Einhorn관법, Durham관법, Meissel씨 정량법, Linder의 소적발효시험법이 있다.

정답				
	54 ①	55 ①	56 ④	57 ④
	58 ①	59 ②	60 ④	

생화학 및 발효공학

[제1장] 효소

[제2장] 탄수화물

[제3장] 지질

[제4장] 단백질

[제5장] 핵산

[제6장] 비타민

[제7장] 발효공학

[제8장] 발효공학의 산업이용

제5과목 생화학 및 발효공학

제1장 효소

01 효소의 정의

효소(enzyme)란 동식물, 미생물의 생활세포에 생성되어 촉매작용을 하며 세포 조직에서 분리되어도 작용을 잃지 않는 고분자의 유기화합물, 즉 생체촉매이다.

02 효소의 본체

효소단백질은 대개 단순단백질 혹은 복합단백질의 형태로 존재한다. 복합단백질은 단백질 부분과 여기에 붙어 있는 보결분자족(prosthetic group)으로 되어 있다. 보결분자족은 다음과 같은 경우가 있다.

1 단순단백질과 강고한 결합의 복합단백질을 형성하는 경우

catalase나 peroxidase의 Fe-porphyrin

2 단백질과 해리되기 쉽고 투석에 의하여 쉽게 이탈되는 금속이온의 경우

① 이때 금속이온을 보인자(cofactor)라 한다.

② hexokinase에서 Mg^{++}, amylase에서 Ca^{++}, carboxypeptidase에서 Zn^{++}, leucine amino peptidase에서 Mn^{++}의 경우이다.

3 단백질과 해리되기 쉽고 투석성으로 내열성의 유기화합물인 경우

① 이 경우의 보결분자족을 보효소(coenzyme)라 하며 단백질 부분을 apoenzyme이라 하며, 이 양자를 holoenzyme이라 하고 이때 비로소 활성을 띤다.

② apoenzyme + coenzyme → holoenzyme

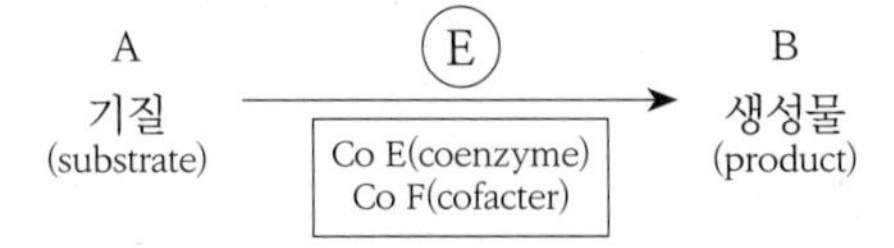

03 효소의 촉매작용

효소가 작용하는 분자를 기질(substrate)이라 하는데, 효소의 표면은 이들 기질과 작용하는 활성부위(active site)를 갖고 있으며 여기에 기질과 효소의 관계처럼 기질이 결합하여 효소-기질복합체(ES 복합체)를 형성한다.

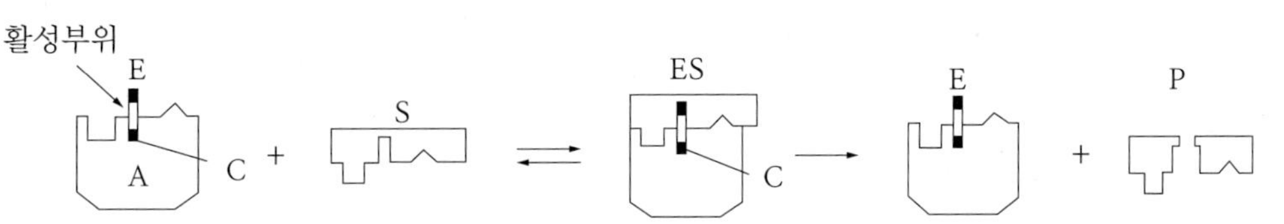

E : holoenzyme[apoenzyme(A)+보효소(C)]
ES : 기질·효소복합체
P : 생성물(product)
S : 기질(substrate)

이 복합체는 계속 반응하여 재생된 효소와 함께 반응생성물을 만들어낸다. 효소의 촉매작용은 생체화학반응의 속도를 증가시키며, 실제 생체대사에 관여하는 작용은 다음과 같다.

① 고분자 물질을 세포 내로 넣기 위한 세포 외 소화
② 저분자화된 물질의 세포 내로 수송
③ 에너지 공급을 위한 세포 내에서의 산화환원
④ 생합성에 쓰이는 기질의 전환조립

04 효소의 명명

1 효소위원회 번호

효소번호, 상용명, 계통명으로 효소표에 등록되어 있으며, 각 효소들은 촉매하는 화학반응의 형식에 따라 4자리 숫자단위로 나뉘어 표시되는 효소위원회 번호(EC No.)가 붙여져 있고, 그 번호의 의미는 다음과 같다.

① 첫 번째 숫자는 반응의 종류에 따라 6종으로 크게 분류된다.
② 두 번째 숫자는 더 세분화하여 나타낸 것으로 반응의 종류나 부위를 규정한 작은 분류이다.
③ 세 번째 숫자는 그 다음의 분류를 나타낸 것으로, 제2분류의 내용을 더 작게 분류한 것이다.
④ 네 번째 숫자는 제3분류에 따른 효소의 일련번호이다.

2 효소의 명칭

① substrate(기질)의 이름 뒤에 -ase를 붙여 명명한다.
   예 amylase(amylose 가수분해), urease(urea 가수분해) 등
② 오래 전부터 사용되는 관용명은 그대로 사용한다.
   예 pepsin, trypsin, chymotrypsin, catalase 등

05 효소의 분류

1 산화환원효소(oxidoreductase)

① 전자공여체와 전자수용체 간의 산화환원반응을 촉매한다.
② $AH_2 + B \rightarrow A + BH_2$
③ catalase, peroxidase, polyphenoloxidase, ascorbic acid oxidase 등

2 전이효소(transferase)

① 관능기의 전이, 즉 methyl기, 인산기, acetyl기, amino기 등을 기질(donor)에서 다른 기질(acepter)로 전이하는 반응을 촉매한다.
② $AX + B \rightarrow A + BX$
③ aminotransferase, methyltransferase, carboxyltransferase 등

3 가수분해효소(hydrolase)

① ester 결합, amide 결합, peptide 결합 등의 가수분해를 촉매하는 효소로서, 생체 내에서 탈수 생성된 고분자 물질에 수분을 가하여 분해하는 효소이다.
② $AB + H_2O \rightarrow AH + BOH$
③ polysaccharase, oligosaccharase, protease, amylase, lipase 등

4 탈이효소(lyase)

① 비가수분해적으로 분자가 2개의 부분으로 나누어지는 반응에 관여하는 효소를 말한다. C−C, C−O, C−N, C−S, C−X 결합을 절단한다.
② $AB \rightarrow A + B$
③ carboxylase, 가수효소(hydrolase), 탈탄산효소(decarboxylase), 탈수효소(dehydratase) 등

5 이성화효소(isomerase)

① 광학적 이성체(D형 ⇄ L형), keto ⇄ enol 등 이성체 간의 반응을 촉매한다.
② glucose isomerase에 의해서 glucose가 fructose로 전환된다.

6 합성효소(ligase)

① ATP, GTP 등의 고에너지 인산화합물의 pyro인산 결합의 절단반응과 같이 2종의 기질분자의 축합반응을 촉매한다.
② $A + B + ATP \rightarrow AB + ADP + P$
③ acetyl CoA synthetase에 의해 초산으로부터 acetyl CoA를 생성한다.

06 효소활성에 영향을 주는 인자

1 온도

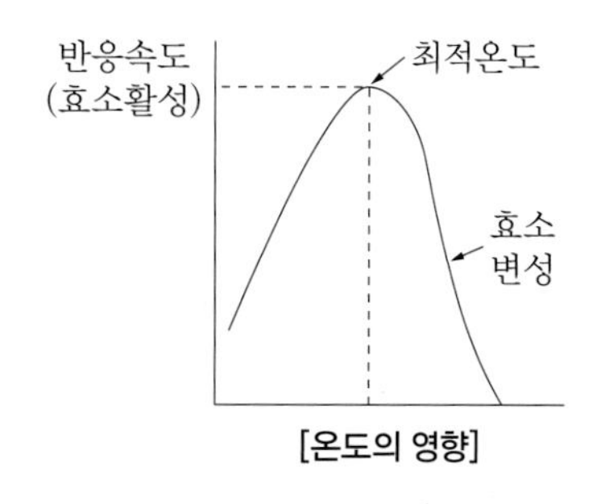

[온도의 영향]

① 화학반응의 속도는 온도가 상승한 만큼 반응속도가 빨라지며, 일반적으로 10℃의 온도상승은 반응속도를 약 2배로 증가시킨다.
② 효소는 본체가 단백질이므로 열변성을 받는 조건에서는 급속히 활성저하를 일으킨다. 따라서 효소가 열변성을 받지 않고 반응속도가 최대가 되는 온도가 그 효소에 있어서 최적온도가 된다.
③ 대다수 효소의 최적온도는 20~40℃이다.

2 pH

반응속도
(효소활성)
최적 pH
6 7 8 9

[pH의 영향]

① 효소는 단백질이므로 강산이나 강알칼리에서는 변성하여 불활성화 된다. 대부분의 효소는 일정의 pH 범위에서만 활성을 갖는다.
② 효소활성이 가장 좋은 때의 pH를 최적 pH라 한다.
③ 일반적인 효소의 pH는 중성 부근이지만, 그 중에는 pepsisn과 같이 강산성, arginase와 같이 알칼성 측에 있는 것도 있다.

3 기질농도

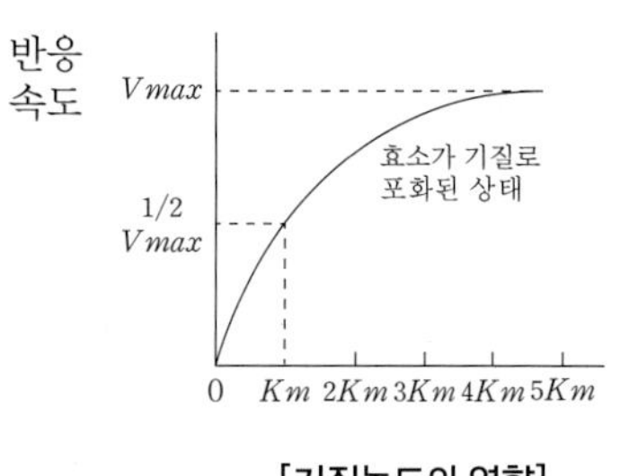

[기질농도의 영향]

① 기질농도가 낮을 경우의 효소반응은 반응속도가 기질농도에 비례하지만, 기질농도가 일정치에 달하면 그 이상은 반응속도가 기질농도와 무관하게 되어 변화가 없어진다.
② 기질이 효소의 활성중심을 포화하기까지는 효소-기질복합체가 증가하여 반응속도가 증가하나 일단 포화상태가 되면 더 이상은 증가되지 않는다.

4 효소농도

① 기질농도가 일정하고 반응초기의 효소반응속도는 효소의 농도에 직선적으로 비례하여 증가한다.
② 그러나 반응이 진행되어 반응생성물이 효소작용을 저해하므로 반드시 정비례하지 않는다.

07 저해제(inhibitor)

효소와 결합하여 그 활성을 저하 또는 실활시키는 물질을 말한다.

1 가역적 저해(reversible inhibition)

저해제가 효소와 결합하여 효소반응을 저해하지만 이 결합은 가역적이며 저해제는 효소로부터 제거될 수 있다.

1. 경쟁적 저해(competitive inhibition)

① 기질과 저해제의 화학구조가 비슷하여 효소단백질의 활성부위에 저해제가 기질과 경쟁적으로 비공유결합하여 효소작용을 저해하는 것이다.

② 전형적인 예로 succinate dehydrogenase의 기질인 succinic acid와 구조가 비슷한 malonic acid가 TCA cycle을 저해하는 경우이다.

2. 비경쟁적 저해(noncompetitive inhibition)

① 저해제가 효소 또는 효소-기질복합체에 다 같이 결합하여 저해하는 경우이며, 이때 기질의 농도를 높여도 저해는 없어지지 않는다. 저해제는 기질과 구조상 유사하지 않다.

② 예를 들면 Hg, Ag, Cu 등의 중금속은 urease, papain 등의 효소단백질과 염을 만들어 효소를 불활성화 시킴으로써 저해하는 것이다.

2 비가역적 저해(irreversible inhibition)

① 저해제가 효소와 공유결합을 형성하여 효소활성을 저해하는 경우이며, 효소와 강하게 결합하여 있기 때문에 일반적인 조건에서는 효소와 분리되지 않는다.

② 예를 들면 cyanide 화합물(CN^-)은 호흡효소를 저해하는 물질이다.

3 반경쟁적 저해(uncompetitive inhibition)

① 저해제가 효소에는 결합하지 않고 효소-기질복합체에만 결합하는 경우이며, 비경쟁적 저해와 마찬가지로 기질의 농도를 높여도 저해는 없어지지 않는다.

② 예로는 호흡효소의 산화형에만 작용하는 azide나 KCN 등이 있다.

08 효소의 기질 특이성

효소가 작용하는 경우에는 일반적으로 무기질의 촉매와는 달리 각자의 효소가 특정의 기질에만 작용하게 된다. 이것은 효소가 가진 특이한 성질의 하나로 이를 효소의 기질 특이성이라 한다.

1 절대적 특이성(absolute specificity)

① 효소가 특이적으로 한 종류의 기질에만 작용하고 한 가지 반응만을 촉매하는 경우이다.

② 예를 들면 urease는 요소(urea)만을 분해하고, peptidase는 peptide 결합을 분해하며, maltase는 maltose만을 가수분해하는 경우이다.

2 군 특이성(group specificity)

① 효소가 특정한 작용기를 가진 기질군에 작용하는 특이성이다.

② 예를 들면 phosphatase군은 반드시 인산기를 가진 기질군에 작용이 가능하다.

3 결합 특이성(linkage specificity)

① 효소가 특정의 화학결합형태에 대하여 갖는 특이성이다.

② 예를 들면 esterase는 ester 결합을 가수분해한다는 것이다.

4 입체적 특이성(stereo specificity), 광학적 특이성(optical specificity)

① 효소가 기질의 입체이성체(광학이성질체)의 상위에 따라 오직 어느 한 쪽 이성체에만 작용하는 특이성이다.

② 예를 들면 L-amino acid oxidase는 D-amino acid에는 작용하지 못하고 L-amino acid에만 작용한다. β-glycosidase(emulsin)는 β-glycoside만 분해하고 α-glycoside는 분해하지 못한다.

09 부활체(부활물질, activator)

효소활성을 특수하게 발현시키거나 혹은 증강시키는 것을 부활체라 한다.

1 활소(kinase)

① 여러 효소는 생체 세포 내에서 불활성의 상태로 존재 또는 분비된다. 이와 같은 불활성 상태의 효소를 zymogen 혹은 proezyme(효소원)이라 한다.

② 이 불활성효소를 부활시키는 단백성 물질을 활소(kinase)라고 한다.

[단백질 소화효소의 효소원과 효소]

zymogen(불활성)	activator	enzyme(활성)
• pepsinogen(위액)	• 위액의 산 또는 pepsin	• pepsin(위에서 단백질 분해)
• trypsinogen(췌액)	• 장활소(enterokinase)	• trypsin(소장에서 단백질 분해)
• chymotrypsinogen(췌액)	• active trypsin	• chymotrypsin(위에서 단백질 분해)

10 보조효소(coenzyme, 조효소)

보조효소는 apoenzyme에 결합하여 주로 활성중심으로 작용하며, 기질과 반응하여 보조효소 그 자체가 변화를 받거나 기질과 직접결합하여 효소반응이 보조효소 분자 위에서 진행하는 경우도 있다.

[보조효소의 종류와 기능]

보조효소	관련 비타민	기능
NAD, NADP	niacin	산화환원 반응
FAD, FMN	Vt. B_2	산화환원 반응
lipoic acid	lipoic acid	수소, acetyl기의 전이
TPP	Vt. B_1	탈탄산 반응(CO_2 제거)
CoA	pantothenic acid	acyl기, acetyl기의 전이
PALP	Vt. B_6	아미노기 전이반응
biotin	biotin	carboxylation(CO_2 전이)
cobamide	Vt. B_{12}	methyl기 전이
THFA	folic acid	탄소 1개의 화합물 전이

제2장 탄수화물

01 탄수화물의 정의

넓은 의미로 탄수화물(carbohydrate)은 분자구조 내에 polyhydroxy aldehyde나 polyhydroxy ketone을 가지는 물질 또는 그 유도체이다. 일반식은 $(CH_2O)n$, $Cm(H_2O)n$ (m=n : 단당류, m≠n : 이당류)으로 표시된다.

- 일반식에 부합되지 않는 당질 : rhamnose($C_6H_{12}O_5$), glucuronic acid($C_6H_{10}O_7$), glucosamine($C_6H_{13}NO_5$), deoxyribose($C_5H_{10}O_4$)
- 일반식은 같으나 당질이 아닌 것 : acetic acid(CH_3COOH, $C_2H_4O_2$), lactic acid[$CH_3CH(OH)COOH$, $C_3H_6O_3$]

02 탄수화물의 분류

1 단당류(monosaccharide)

탄수화물의 최종가수분해물인 기본당, 즉 aldehyde기나 ketone기 하나를 가진 당질로써 분자 내의 탄소 수에 따라 2탄당(diose), 3탄당(triose), 4탄당(tetrose), 5탄당(pentose), 6탄당(hexose), 7탄당(heptose) 등으로 분류한다.

aldehyde기를 가진 것을 aldose, ketone기를 가진 것을 ketose라고 한다. 일반적으로 당의 어미에 −ose를 붙여 명명한다.

이탄당(diose)	aldose → glycolaldehyde(=glycolose)
삼탄당(triose)	aldose → glyceraldehyde(=glycerose) ketose → dihydroxyacetone
사탄당(tetrose)	aldose → erythrose, threose ketose → erythrulose
오탄당(pentose)	aldose → ribose, xylose, arabinose ketose → ribulose, xylulose
육탄당(hexose)	aldose → glucose, mannose, galactose ketose → fructose
칠탄당(peptose)	ketose → sedoheptulose

2 소당류(oligosaccharide)

단당이 2~7개 정도가 glycoside 결합에 의해 연결된 당을 oligo당이라 한다.

1. 이당류(disaccharide) : 분해에 의해서 단당이 2개 생성되는 당이다.

① 맥아당(엿당, maltose) = glucose + glucose

② 유당(젖당, lactose) = glucose + galactose

③ 설탕(자당, sucrose, saccharose) = glucose + fructose

2. 삼당류(trisaccharide) : 분해에 의해서 단당이 3개 생성되는 당이다.

raffinose(melitose) = galactose + saccharose(glu. + fru.)

3. 사당류(tetrasaccharide) : 분해에 의해서 단당이 4개 생성되는 당이다.

stachyose = galactose + raffinose(gal. + glu. + fru.)

3 다당류(polysaccharide)

수십, 수천 개의 단당이 glycoside결합에 의해 연결된 당이다.

1. 단순다당류(simple polysaccharide) : 단 1종의 단당류로 구성되어 있는 homo 다당이다.

(1) glucose polymer(=glucan) : D-glucose만으로 이루어진 다당이다.

① starch(녹말, 전분) : 식물성 저장 다당류

② glycogen : 동물성 저장 다당류

③ cellulose : 식물체의 골격구조

(2) fructose polymer(=fructan) : fructose의 β-(2→1)결합에 의해서 이루어져 있는 다당이다.

① inulin : 식물성 저장 다당류

2. 복합다당류(complex polysaccharide) : 2종 이상의 단당을 함유한 hetero 다당으로 단백질과 결합한 당단백질, 지질과 결합한 당지질 등이다.

① hemicellulose

② pectin-galacturonic acid polymer

생화학 및 발효공학

③ chitin
④ hyaluronic acid
⑤ heparin
⑥ chondroitin sulfate

03 부제탄소와 광학적 이성(질)체

1 부제탄소(비대칭 탄소, asymmetric carbon)

① 탄소의 결합수 4개가 각각 다른 원자 또는 기에 연결되는 탄소를 말한다.
② glucose는 4개의 부제탄소 원자가 존재한다.

2 광학적 이성체(거울상 이성체, optical isomer)

부제탄소에 의해 생기는 이성질체이다.

1. D형, L형

① 광학적 이성질체의 개수는 2^n으로 표시하며 이의 반수는 D형, 반수는 L형이다. 예를 들면 aldohexose는 4개의 부제탄소원자가 있으므로 $2^4 = 16$의 광학적 이성체가 가능하다.
② 자연계에 존재하는 당질은 거의 D형이므로 D형을 기본형으로 쓴다.(예외 : L-rhamnose)

2. α형, β형

C_1(anomeric carbon)의 입체배위의 상위에 의한 이성체를 anomer라 하고 α, β로 구별한다.

04 변선광(mutarotation)

단당류 및 그들 유도체가 수용액 상태에서 호변이성을 일으켜 선광도가 시간의 경과와 더불어 변화하여 어느 평행상태에 도달하면 일정치의 선광도를 나타내는 현상을 말한다.

1 대상

① 단당류 및 그들 유도체
② 환원성 이당류

2 D-glucose의 호변선광

(평형상태)
α-D-glucose ⇄ equilibrium ⇄ β-D-glucose
+112.2° +52.7° +18.7°

05 에피머(epimer)

두 물질 사이에 1개의 부제탄소상의 배위(configuration)가 다른 두 물질을 서로 epimer라 한다. D-glucose와 D-mannose 및 D-glucose와 galactose는 각각 epimer 관계에 있으나 D-mannose와 D-galactose는 epimer가 아니다.

06 탄수화물(단당류)의 성질

1 결정성

대개 무색 또는 백색의 결정체이며 감미가 있다.

2 용해성

① 대체로 물에 잘 녹는다(-OH기가 많으므로 잘 녹음).
② methanol, ethanol, acetone 등에 난용이고 ether, chloroform, benzene에는 불용이다.

3 감미도

① sucrose는 표준적 감미제이며 다른 당류와 비교하면 다음과 같다.
② fructose(150) 〉 invert sugar(110) 〉 sucrose(100) 〉 glucose(75) 〉 maltose(60) 〉 glycerol, D-sorbitol(48) 〉 mannitol(45) 〉 xylose(40) 〉 galactose(33) 〉 lactose(27) 순이다.

4 산화

1. aldose의 산화

① 약산화제(예 NaOBr)로 산화시키면 aldehyde기가 카르복실기로 산화되어 일염기산인 aldonic acid가 생성된다.
② 강산화제(예 HNO_3)로 산화시키면 aldehyde기와 제1급 alcohol기가 카르복실기로 동시에 산화되어 이염기산인 saccharic acid(당산)가 생성된다.
③ aldehyde기를 보호시키고 선택적으로 제1급 alcohol기만 카르복실기로 산화시키면(특이 효소 또는 $KMnO_4$ 사용) 일염기산인 uronic acid가 생성된다.
▷ glucose로부터 glucuronic acid(해독제)가 생성된다.
▷ galactose로부터 galacturonic acid(pectin의 주성분)가 생성된다.

2. ketose의 산화

① aldose와 달라서 ketose는 약산화제로는 산화되지 않는다.
② 강산화제(HgO, HNO_3)로 산화시키면 ketose는 ketone기의 부분에서 분해되어 2개의 산을 생성한다.

5 환원

① 단당류를 Na-amalgam으로 환원하면 aldehyde기는 제1급 alcohol기로 되고 ketone기는 제2급 alcohol기로 된다.

② 이때 생성되는 다가알코올을 당알코올(sugar alcohol)이라 한다.
▷ 어미에 -itol 또는 -it를 붙인다.
▷ 감미는 있으나 환원성은 없다.
▷ aldose는 1종류, ketose는 2종류를 생성한다.

6 환원당(reducing sugar)

① 당이 수용액 중에서 유리상태의 aldehyde기, ketone기가 존재할 경우 Fehling 시약(황산구리)을 환원하여 이산화구리로 만드는 당이다. hemiacetal성 -OH기가 존재하면 환원성이 있다.

② 모든 단당류 및 일부 이당류(maltose, lactose) 등이 환원당이고, sucrose는 비환원당(nonreducing sugar)이다.

07 주요 탄수화물

1 단당류(monosaccharide)

1. 오탄당(pentose)

각종 식물체에 유리상태로 존재하지 않고 주로 다당류 또는 핵산과 같은 중합체들의 구성단위로 존재한다. 발효는 되지 않는다.

(1) L-arabinose

식물의 hemicellulose나 arabia gum 등의 점질물 혹은 pectin 물질의 구성성분으로 존재한다.

(2) D-ribose와 D-deoxyribose

핵산(RNA 및 DNA)의 구성당이다.

(3) xylose(목당, wood sugar)

① 식물 hemicellulose의 주성분인 xylan을 구성한다.
② xylan은 당뇨병 환자의 감미료로 쓰인다.

2. 육탄당(hexose)

동·식물계에 유리형태 또는 결합한 형태로서 광범위하게 분포되어 있다. 효모에 의하여 발효되므로 zymohexose라고 불리며 대체로 단맛을 가지고 있다.

(1) D-glucose

① 우선성의 당이란 의미에서 관습적으로 dextrose라고도 한다.
② 유리상태로는 과실류, 서류, 동물의 혈액(0.07~0.1%) 중에 함유되어 있다.
③ 결합상태로는 전분, 섬유소 등의 다당류, sucrose, maltose, lactose 등의 소당류 및 각종 배당체의 성분으로서 식물계에 분포되어 있으며 또 동물체 내에서는 glycogen의 형태로 저장되어 있다.

(2) D-galactose

① 자연계에 유리상태로 존재하지 않는다.

② lactose, raffinose, stachyose, agar, arabia gum의 구성당이고, 당지질인 cerebroside의 구성성분으로 존재한다.

(3) D-mannose

① mannan, galactomannan의 구성단위이다.

② 동물조직에서 당지질, 당단백질, 특히 혈액형 물질의 구성성분이다.

(4) D-fructose

① 과당(fruit sugar)이라고 하며 좌선성의 당이란 의미에서 levulose라고도 부른다.

② 유리상태로 과일, 벌꿀 등에 함유되어 있으며, 결합상태로 sucrose, raffinose 등의 소당류와 돼지감자에 많이 들어있는 inulin의 구성당으로 존재한다.

③ 단맛이 가장 강하고 상쾌하여 청량음료 등의 감미료로서 중요시되고 있다. 용해도가 가장 크며, 강한 흡습 조해성 때문에 결정형으로 존재하기 어렵다.

3. 단당류의 유도체

(1) deoxy sugar

① 산소의 수가 탄소의 수보다 하나 적은 당이다.

② 대표적인 것은 D-ribose, 2-deoxy-D-ribose, L-rhamnose, L-fucose 등이다.

③ 2-deoxy-D-ribose는 DNA의 구성성분으로 중요하다.

(2) amino sugar(아미노당)

① 당의 알코올성 -OH기가 $-NH_2$기에 의하여 치환된 유도체이다.

② 자연계에 있는 amino당은 hexose의 두 번째 탄소에 $-NH_2$기를 가진 hexosamine이다.

▷ D-glucosamine : 새우, 게 등의 갑각류의 각질을 구성하는 다당류로 chitin의 구성성분이다.

▷ D-galactosamine : 연체동물, 연골 등의 당단백질 중 chondroitin sulfate의 구성성분이다.

(3) uronic acid

① 당의 aldehyde기 반대측에 있는 제1급 alcohol기가 산화되어 -COOH기로 된 것이다.

② 자연에 존재하는 pectin, alginic acid, hesparin, hemicellulose, chondroitin sulfate 등의 다당류의 구성성분이다.

(4) sugar alcohol(당알코올)

① 단당류의 carbonyl기(-CHO, >C=O)가 환원되어 alcohol기(-OH)로 된 것이다. 단맛이 있고 체내에서 이용하지 않으므로 저칼로리 감미료로 이용된다.

② D-sorbitol, D-mannitol, D-dulcitol, inositol, erythritol, xylitol 등이 있다.

(5) glycoside(배당체)

① pyranose 혹은 furanose환을 가진 당류의 glycoside성 -OH기(hemiacetal성 -OH기)의 수소 원자가 다른 -OH 화합물과 물 한 분자를 잃고 ether 같은 결합을 한 것이다.

▷ 당에 결합된 비당 부분을 aglycone이라 한다.

▷ 천연에 존재하는 배당체는 β-form이 많다.

② 배당체(β-형) 가수분해효소 : emulsin

③ 배당체의 명명 : aglycone의 이름에 당의 어미를 -oside로 한다. 결합되는 당의 종류에 따라 glucoside, mannoside, galactoside라 부른다.

④ 배당체의 분류 : aglycone의 종류에 따라

▷ alcohol 또는 phenol 배당체 : salicin(버드나무 껍질)

▷ nitrile 배당체(독소 배당체) : amygdalin(청매실 종자)

▷ isocyanate 배당체 : sinigrin(무, 마늘, 겨자 등의 매운맛 성분)

▷ anthocyan 배당체 : 꽃, 과실, 야채류의 적색, 청색 또는 자색의 수용체

▷ flavone 배당체 : 식물체의 황색 또는 orange색 예 hesperidin - 감귤류의 과즙 또는 껍질

2 소당류(oligosaccharide)

1. 이당류(disaccharide)

단당류들이 축합($C_{12}H_{24}O_{12}$에서 $-H_2O$, 탈수중합)에 의하여 결합된 당류로서 일반적으로 2~10개의 단당류 잔기가 glycoside 결합을 형성하고 있다.

(1) 맥아당(엿당, maltose)

① α-glucose의 C_1의 glycoside성 OH기와 α- 또는 β-glucose의 C_4의 OH기가 α-1,4-glycoside 결합으로 축합된 화합물로서 환원당이다.

② 엿기름(malt) 또는 발아 중의 곡류에 다량 함유되어 있다. 물엿의 주성분이다.

(2) 유당(젖당, lactose)

① β-galactose의 C_1의 glycoside성 OH기와 α- 또는 β-glucose의 C_4의 OH기가 β-1,4-galactoside 결합으로 축합된 화합물이다.

② 포유동물의 젖에만 존재하며 식물계에는 발견되지 않는다.

③ 환원당이며 보통 효모에 의하여 발효되지 않는다.

(3) 설탕(자당, sucrose, saccharose)

① α-D-glucose의 C_1의 glycoside성 OH기와 β-D-fructose의 C_2의 OH기가 축합한 화합물로서 비환원당이다.

② α, β형의 이성체가 존재하지 않는다.

③ 묽은 산, 알칼리 또는 효소(sucrase, saccharase, invertase)에 의하여 가수분해되면 D-glucose와 D-fructose의 등량혼합물인 전화당(invert sugar)이 된다.

④ 전화당은 D-fructose의 좌선성이 D-glucose의 우선성보다 강하므로 좌선성으로 된다.

2. 삼당류 및 사당류

(1) raffinose

① galactose, glucose 및 fructose로 이루어진 3당류로서 비환원당이다.

② 식물의 종자, 뿌리와 지하경 등에 광범위하게 분포되어 있으며 특히 두과식물의 종자 중에 많다.

(2) gentianose

glucose와 glucose 1,6 결합과 뒤 glucose의 C_1에 β-D-fructose가 α, β-1,2 결합으로 축합된 구조를 가지고 있는 삼당류이다.

(3) stachyose

① raffinose의 galactose의 C_6에 또 하나의 galactose가 α−1,6 결합을 한 사당류이다.

② 비환원당이며 면실과 대두에 많다.

3 다당류(polysaccharide)

다수의 단당류 또는 그 유도체들이 glycoside 결합에 의해 연결된 분자량이 큰 탄수화물을 말한다.

1. 다당류의 분류

(1) 단순다당류(homopolysaccharide, homoglucan) : 한 종류의 단당류로 구성된 다당류

▷ D−glucose polymer(glucan) : starch, glycogen, cellulose

▷ D−fructose polymer(fructan) : inulin

▷ D−galacturonic acid polymer : pectin

(2) 복합다당류(heteropolysaccharide, heteroglucan) : 두 종류 이상의 단당류로 구성된 다당류

▷ hemicellulose, pectin, glucomannan 등

2. 단순다당류

(1) 전분(녹말, starch)

① 전분의 분자구조

▷ 다수의 glucose 분자가 중합된 것으로 분자식은 $(C_6H_{10}O_5)n$으로 표시되나 실제로는 amylose와 amylopectin이라고 하는 2종류의 구조가 있다.

▷ 일반 전분 중의 amylose와 amylopectin의 비율은 일반적으로 20:80 정도이며 찰전분(찹쌀, 찰옥수수)은 amylose가 함유되어 있지 않고 거의 amylopectin만으로 되어 있다.

② amylose

▷ glucose가 α−1,4 결합에 의하여 중합된 고분자 화합물로서 그 평균 중합도는 일반적으로 200~3,000 정도이다.

▷ α−1,4−결합의 결합각도(109°28′) 때문에 glucose가 시계방향으로 6개씩 나선을 형성하면서 길게 연결된 나선상의 구조(α−helix)를 이루고 있다.

▷ I_2 정색반응은 청색을 나타낸다.

③ amylopectin

▷ glucose가 α−1,4 결합에 의해 연결된 amylose 사슬의 군데군데에 amylose 사슬이 α−1,6 결합에 의하여 가지를 친 형태의 분자구조를 형성하고 있다.

▷ glucose 중합도는 일반적으로 6,000~37,000 정도로 amylose보다는 훨씬 크다.

▷ I_2 정색반응은 적자색을 나타낸다.

(2) glycogen

① 간(6%), 근육(0.7%) 조직 등에 저장되는 동물성 다당류이다.

② amylopectin 분자와 구조가 유사하나 가지가 더 많고 사슬의 길이는 짧다.

③ I_2 정색반응은 적갈색을 나타낸다.

(3) cellulose(섬유소)

① β-glucose의 β-1,4 결합으로 결합자체가 꼬여 있으므로 α-helix를 만들지 않고 직선 구조를 이룬다.

② 식품으로서의 가치
▷ 달팽이(snail), 흰개미(termite) 또는 반추동물은 위에 존재하는 미생물이 cellulase를 분비한다.
▷ 인체의 장을 자극하여 연동작용을 촉진한다.

(4) inulin

① β-D-fructofuranose가 β-1,2 결합으로 이루어진 중합체로 대표적인 fructan이다.
② 돼지감자, 다알리아, 민들레, 우엉의 뿌리에 많다.
③ inulase에 의해 가수분해(체내에는 없음)된다.
④ I_2 정색반응은 청색을 나타내지 않는다.

(5) galactan

① 한천(agar)의 주성분이며 가수분해에 의하여 galactose를 생성한다. 한천은 직선상의 agarose(약 70%)와 가지구조의 agaropectin(약 30%)으로 이루어져 있다. agarose는 β-(1→3)결합의 D-galactose 잔기와 α-(1→4)결합의 3,6-anhydro-L-galactose 잔기가 교대로 결합한 직쇄구조이다.
② 해조류(특히 홍조류)의 세포성분이다.
③ 세균에 대한 저항성이 있기 때문에 미생물의 고형배지로 사용된다.
④ 젤(gel) 형성력이 아주 강하다.

3. 복합다당류

(1) pectin 물질(pectic substance) : 식물조직의 세포벽이나 세포와 세포 사이를 연결해주는 세포간질에 주로 존재하는 다당류이다. 채소·과실류 조직의 가공·저장 중 조직의 유지와 신선도 유지 등을 위해서 중요하다.

① pectin 물질의 종류 : pectin 물질은 galacturonic acid를 기본단위로 하며 protopectin, pectic acid, pectinic acid, pectin으로 구분된다.
protopectin(미숙과) → pectin(완숙과) → pectic acid(과숙과)

protopectin
▷ pectin의 전구체이다.
▷ 식물체의 유연조직, 특히 덜 익은 과일에 존재하며 익어감에 따라 protopectinase의 작용에 의하여 가용성 pectin으로 가수분해된다.

pectic acid
▷ 100~800개 정도의 α-D-galacturonic acid가 α-1,4 결합에 의하여 결합된 중합체이다.
▷ 분자 중의 carbonyl기에 methyl ester 형태가 전혀 존재하지 않는 polygalacturonic acid이다.

pectinic acid
▷ pectic acid의 유리 carbonyl기의 10~20% 정도가 methyl ester 형태로 존재하는 수용성의 polygalacturonic acid이다.

pectin
▷ pectin은 단일물질이 아니라 pectin 분자의 구성단위인 galacturonic acid의 carbonyl기가 methyl ester 형태($-COOCH_3$), 유리형태 또는 각종 염의 형태($-COOCa^{2+}$) 등으로 존재할 때의 이름이다.

② pectin의 구조

▷ α-D-galacturonic acid가 α-1,4 결합으로 polygalacturonic acid를 기본구조를 하고 있으며, amylose와 비슷한 α-나선형을 가진 직선상의 분자들로 되어 있다.

▷ 가수분해하면 주성분인 galacturonic acid가 가장 많이 생성되고 arabinose, galactose, rhamnose, xylose 등의 당류와 acetic acid 등이 생성된다.

(2) hemicellulose

① 식물의 세포벽에 cellulose와 함께 존재하는 다당류의 총칭이며, hexose, pentose, uronic acid 등이 결합한 복합다당류로 구성성분은 식물의 종류에 따라 다르다.

② 보통은 셀룰로스, 펙틴을 제외한 물에 불용성인 다당류만을 말한다.

③ 구조는 xylan계의 다당이 주체이며 식물 기원에 따라 다르지만 측쇄에 arabinose나 glucuronic acid가 붙어서 arabinoxylan이나 glucuronoxylan형으로 존재한다.

④ 가열, 산, 알칼리에 의해 쉽게 가수분해된다.

(3) alginic acid

① 미역, 다시마 등의 갈조류의 세포막 구성성분으로 존재하는 다당류이며 alginic acid의 Na, Ca, Mg염의 혼합물을 algin이라고 한다.

② alginic acid의 구조는 D-mannuronic acid가 β-1,4 결합으로 연결된 직선상의 분자이다.

③ gel 형성제보다는 아이스크림, 치즈, 농축오렌지주스, 맥주 등의 안정제로 사용된다.

08 탄수화물의 대사

1 당의 흡수

① 다당류는 단당류로 분해된 후 소장벽으로부터 흡수된다. 단당류 이외의 당은 소장에서 흡수되지 않는다.

② 당의 흡수속도는 당의 종류에 따라 다르며 glucose의 흡수를 100으로 보면 galactose(110) 〉 glucose(100) 〉 fructose(43) 〉 mannose(19) 〉 pentose(9~15) 순이다.

③ 이것은 장관벽에서 당과 ATP가 hexokinase의 작용으로 당인산 ester로 된 후 장벽을 통과한다.

④ 장벽으로부터 흡수된 단당류는 장벽 모세관으로부터 문맥을 경유하여 간에 들어가서 순환혈에 들어간다(장벽모세관 → 문맥 → 간 → 정맥).

2 간장에서 포도당의 대사경로

1. 포도당의 급원

(1) 외인성 포도당(exogenous glucose) : 음식물 중의 당류가 소화흡수되어 생긴 포도당이다.

(2) 내인성 포도당(endogenous glucose) : 생체 내에서 생긴 포도당이다.

① glycogenolysis : 간 glycogen의 분해에 의해서 생성된 포도당이다.

② glycolysis(해당) : 근육 glycogen의 분해로 생긴 젖산이 혈액을 통하여 간에 옮겨진 후에 포도당으로 변한다.

③ 당의 이성화 작용 : 생체 내에서 생성된 galactose, mannose, pentose 등이 소량의 포도당으로 변한다.

④ 당신생(gluconeogenesis) : 당류 이외의 물질로부터 glucose를 생성한다.

▷ 아미노산으로부터 : glycine, alanine, serine, threonine, valine, glutamic acid, aspartic acid, arginine, ornithine, histidine, isoleucine, cysteine, cystine, proline, hydroxyproline 등

▷ 당의 대사산물로부터 : succinic acid, fumaric acid, lactic acid, pyruvic acid 등

▷ 지질의 분해산물로부터 : glycerol

2. 포도당의 대사경로

외인성 및 내인성 포도당은 동일대사 pool에 투입되어 처리된다.

(1) 저장

① glycogen으로 합성되어 간(6%), 근육(0.7%)에 저장된다.

② 간 glycogen은 필요에 따라 포도당으로 분해된다(glycogenolysis).

(2) 지방으로 변환 가능

① 과잉의 포도당은 지방산으로 합성되어 지방으로 저장된다.

② glucose → pyruvate → acetyl CoA → fatty acid+glycerol → lipid(피하에 축적)

(3) 산화

glucose → EMP → TCA cycle을 거치는 동안 CO_2와 H_2O로 완전산화되어 에너지 급원이 된다.

(4) 다른 당으로 이행 가능 : 소량은 직접 또는 간접적으로 생체활동에 중요한 당으로 변화한다.

① ribose나 deoxyribose로 이행되어 핵산 합성에 이용된다.

② mannose, glucosamine, galactosamine으로 이행되어 mucopolysaccharide, glycoprotein 합성에 이용된다.

③ glucuronic acid로 이행되어 mucopolysaccharide 합성과 해독작용에 이용된다.

④ galactose로 이행되어 glycolipid 및 유당의 합성에 이용된다.

(5) 필요한 아미노산으로의 변화

아미노산의 탄소 골격이 포도당으로부터 될 때가 있다.

3 혈당(blood sugar)

① 혈액 중의 당은 α-D-glucose 및 소량의 glucose phosphate이나, 미량의 다른 hexose도 존재한다.

② D-glucose의 양에 따라 혈당이 고혈당 또는 저혈당이 되며, 정상적인 혈당의 양은 70~100mg/dl로 되어 있다.

③ 식후 혈당량이 130mg/dl로 급격한 상승을 가져오는데, 1~2시간 후 정상적으로 되돌아오게 된다.

④ 혈당량은 혈액 중에 들어오는 당량과 나가는 당량이 일정해야 한다. 혈당이 정상 이상일 때 고혈당, 정상 이하일 때 저혈당이라 한다.

4 당의 분해

- 조직에 있어서 당이 CO_2와 H_2O로 산화분해되는 과정은 혐기적 반응과 호기적 반응으로 나뉜다.
- 혐기적 조건(anaerobic condition)에서는 pyruvic acid를 거쳐 젖산으로 된다(해당, glycolysis, EMP). 이 과정을 해당기(glycolytic phase)라고 한다.
  $C_6H_{12}O_6 \rightarrow 2C_3H_6O_3$
- 호기적 조건(aerobic condition)에서는 CO_2와 H_2O로 산화된다(TCA cycle, 구연산 회로). 이 과정을 산화기(oxidative phase)라고 한다.
  $2C_3H_6O_3 \rightarrow 6CO_2+H_2O$

1. 당의 혐기적 대사(해당, EMP 경로)

(1) glucose의 혐기적 반응은 다음 5단계로 진행된다.

① 초기의 인산화

② glycogen의 합성

③ 3탄당으로 변화

④ 산화단계

⑤ pyruvic acid, 젖산의 생성

(2) EMP 경로(Embden–Meyerhof Pathway)

[EMP 경로] 그림 참조

(3) 알코올 발효(alcoholic fermentation)

① 효모(yeast)와 같은 생물체는 알코올 발효 경로를 통해서 glucose를 대사한다.

② 이 경로를 통해서 glucose가 2분자의 ethanol과 2분자의 CO_2가스로 분해되며 동시에 2개의 ATP가 생성된다.

③ 이 생물들은 pyruvic acid를 대사하는 pyruvate decarboxylase와 alcohol dehydrogenase라는 2개의 효소를 가지고 있다.

④ pyruvate decarboxylase는 pyruvic acid를 탈탄산, 즉 CO_2를 제거하여 acetaldehyde의 형성을 촉매하며, alcohol dehydrogenase는 acetaldehyde를 ethanol로 환원하는 반응을 촉매한다.

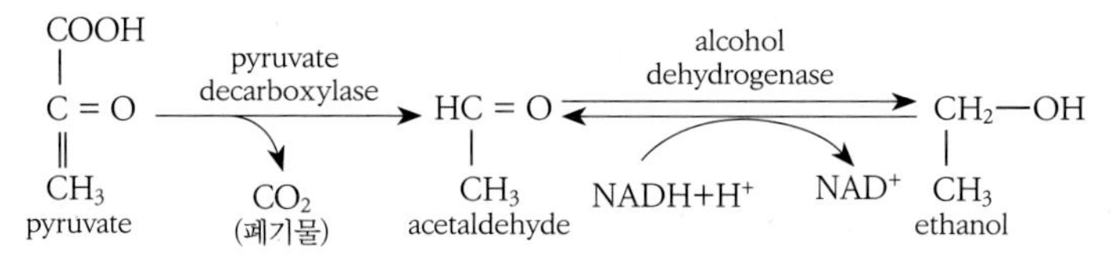

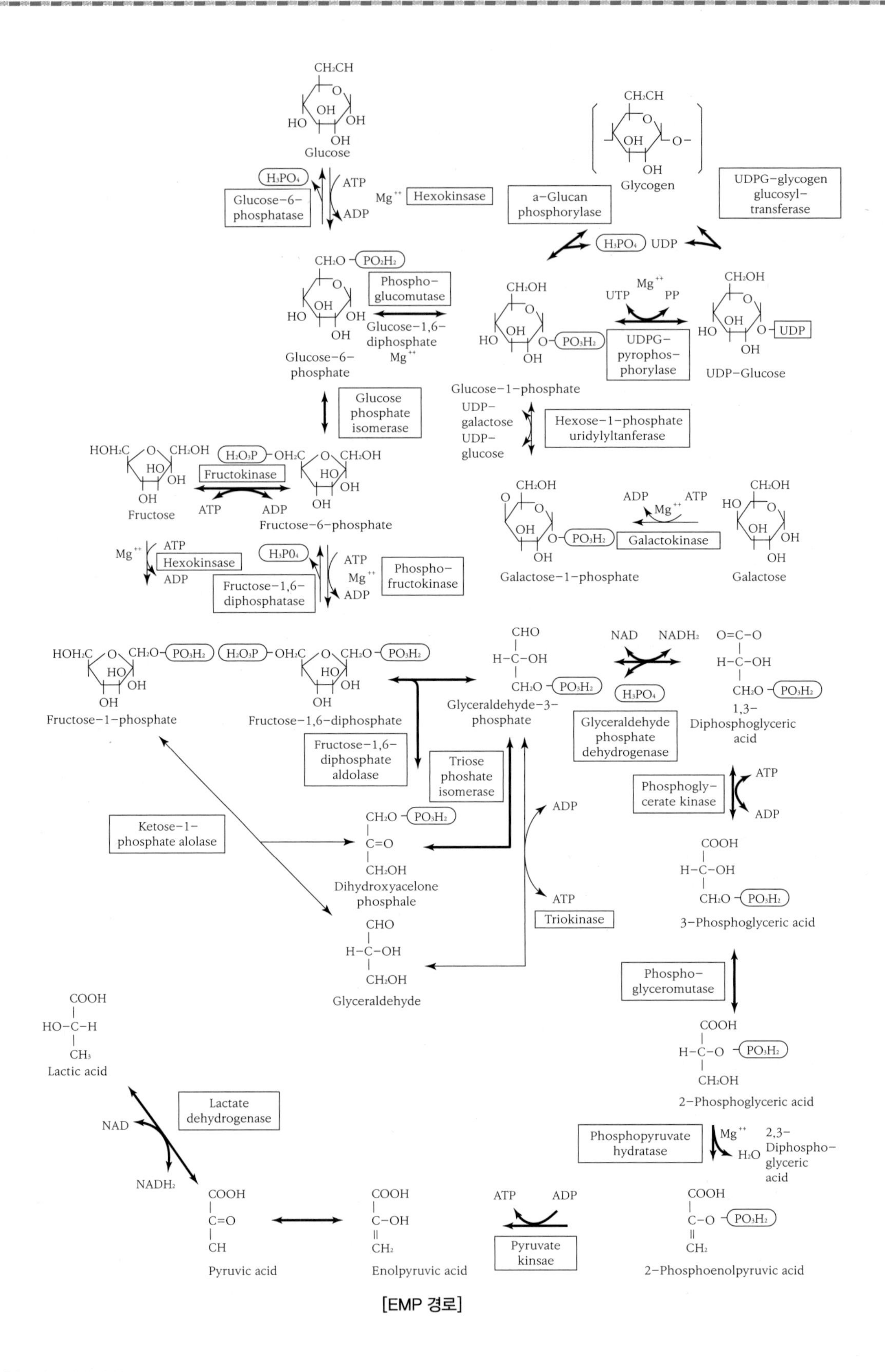

Glucose
Glucose-6-phosphatase
Hexokinsase
ATP
ADP
Glycogen
a-Glucan phosphorylase
UDPG-glycogen glucosyl-transferase
UDP
Phospho-glucomutase
Glucose-1,6-diphosphate
Glucose-6-phosphate
Glucose-1-phosphate
UDPG-pyrophos-phorylase
UTP
PP
UDP-Glucose
Glucose phosphate isomerase
UDP-galactose
UDP-glucose
Hexose-1-phosphate uridylyltanferase
Fructose
Fructokinase
Fructose-6-phosphate
Galactokinase
Galactose-1-phosphate
Galactose
Hexokinsase
Fructose-1,6-diphosphatase
Phospho-fructokinase
Fructose-1-phosphate
Fructose-1,6-diphosphate
Glyceraldehyde-3-phosphate
NAD
NADH₂
Glyceraldehyde phosphate dehydrogenase
1,3-Diphosphoglyceric acid
Fructose-1,6-diphosphate aldolase
Triose phoshate isomerase
Phosphogly-cerate kinase
Ketose-1-phosphate alolase
Dihydroxyacelone phosphate
Triokinase
3-Phosphoglyceric acid
Glyceraldehyde
Phospho-glyceromutase
Lactic acid
2-Phosphoglyceric acid
Lactate dehydrogenase
Phosphopyruvate hydratase
2,3-Diphospho-glyceric acid
Pyruvic acid
Enolpyruvic acid
Pyruvate kinsae
2-Phosphoenolpyruvic acid

[EMP 경로]

2. 당의 호기적 대사(당의 산화)

호기적 대사에서는 해당으로 생성된 pyruvic acid가 H_2O와 CO_2로 산화된다.

(1) 초기의 pyruvic acid의 산화

① pyruvic acid는 산화적 탈탄산효소로 활성초산(acetyl CoA)으로 된다.

② acetyl CoA 생성의 기작은 lipoic acid, thiaminepyrophosphate(TPP), Mg^{++}, CoA, NAD 등에 의해 행해진다.

(2) 3탄소산 회로[tricarboxylic acid(TCA cycle), 구연산 회로]

① acetyl CoA의 acetyl 부분의 완전산화는 다음 cycle [TCA cycle, 구연산 회로]로 행해진다.

② 이 cycle을 TCA cycle, Kerbs cycle이라 부른다.

③ 먼저 acetyl CoA는 citrate synthetase에 의하여 oxaloacetic acid와 결합되어 citric acid를 생성하고 CoA를 생성한다.

④ 다음 citric acid는 α-ketoglutaric acid 등을 거쳐 회로가 형성된다.

⑤ 이렇게 되어 최후에 H_2O와 CO_2로 완전산화된다.

⑥ 이때 비타민 B_1, B_2, niacin, biotin, pantothenic acid 등이 관여한다.

5 ATP 수지

1. 혐기적 대사(EMP 경로)에서 7ATP가 생성된다.

① $C_6H_{12}O_6 + 2O \longrightarrow 2CH_3COCOOH + 2H_2O + 7ATP$

② 해당과정 중 ATP를 생산하는 단계

▷ glyceraldehyde-3-phosphate → 1,3-diphosphoglyceric acid : $NADH_2$(ATP 2.5분자) 생성

▷ 1,3-diphosphoglyceric acid → 3-phosphoglyceric acid : ATP 1분자 생성

▷ 2-Phosphoenol pyruvic acid → enolpyruvic acid : ATP 1분자 생성

2. 호기적 대사(TCA 회로)에서 25ATP가 생성된다.

① $2CH_3COCOOH \longrightarrow 5CO_2 + 2H_2O + 25ATP$

② TCA 회로에서 ATP를 생산하는 단계

▷ pyruvate → citrate(×2) : $NADH_2$(ATP 2.5분자) 생성

▷ isocitrae → oxalosuccinate(×2) : $NADH_2$(ATP 2.5분자) 생성

▷ α-ketoglutarate → succinyl CoA(×2) : $NADH_2$(ATP 2.5분자) 생성

▷ succinyl CoA → succinate(×2) : GTP(ATP 1분자) 생성

▷ succinate → fumarate(×2) : $FADH_2$(ATP 1.5분자) 생성

▷ malate → oxaloacetate(×2) : $NADH_2$(ATP 2.5분자) 생성

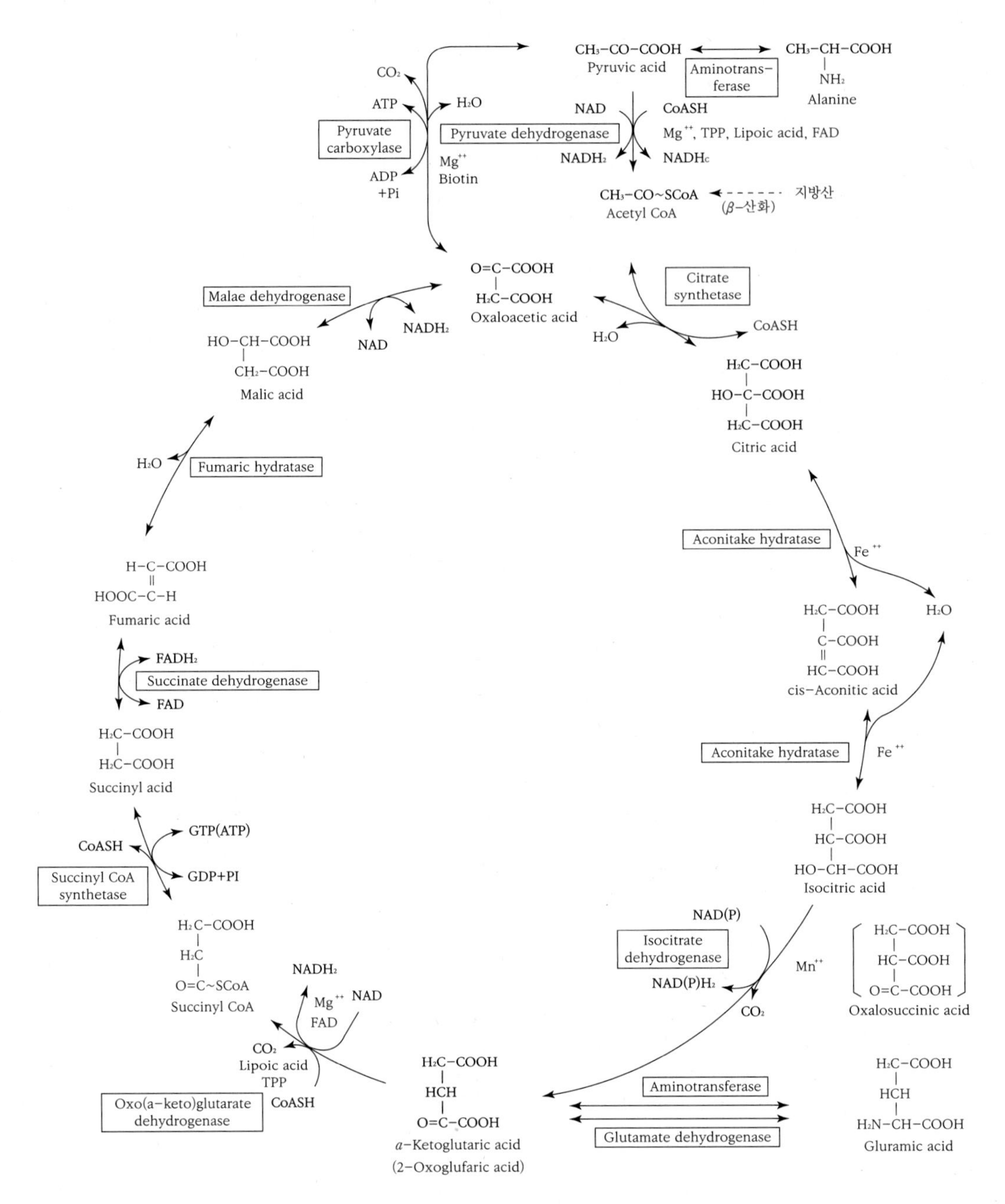

[TCA cycle, 구연산 회로]

제3장 지질

01 지질의 정의

① 물에 녹지 않는다.
② ether, chloroform, benzene, 이황화탄소(CS_2), 사염화탄소(CCl_4) 등의 유기용매에는 잘 녹는다.
③ 지방산의 ester, 또는 ester 결합을 형성할 수 있는 물질이다.
④ 생물에 이용이 가능한 유기화합물이다.
⑤ 저장 영양소이다(1g당 9cal의 열량 공급).
⑥ 세포막의 구성성분(특히 필수지방산)이다.
⑦ 열에 대한 절연체 구실을 한다.
⑧ 충격에 대한 방어작용을 한다.

02 지질의 분류

1 단순지질(simple lipid)

지방산과 글리세롤, 고급알코올이 에스테르 결합을 한 물질을 말한다.
① 중성지방(triglyceride, glyceride, neutral fat) : 고급지방산과 글리세롤의 에스테르결합이다.
▷ 실온에서 고체상태 脂(fat) : 동물성 지방(animal fat)
▷ 실온에서 액체상태 油(oil) : 식물성 지방(vegetable oil)
② 진성 납(true wax, wax) : 고급지방산과 고급지방족 1가 알코올과의 에스테르결합이다.

2 복합지질(compound lipid)

단순지질에 다른 원자단(인, 당, 황, 단백질)이 결합된 화합물이다.
① 인지질(phospholipid) : 글리세롤과 지방산의 ester에 인산과 질소화합물을 함유한다.
② 당지질(glycolipid) : 지방산, 당류(주로 galactose)는 질소화합물을 함유하나 인산이나 글리세롤은 함유하지 않는다.
③ 황지질(sulfolipid) : sphingosine, galactose, 지방산, 황산을 함유한다.
④ 단백지질(proteolipid) : 지방산과 단백질의 복합체로 결합한 지방질이다.

3 유도지질(derived lipid)

단순지질과 복합지질의 가수분해로 생성되는 물질을 말한다.
① 지방산(fatty acid) : 천연에 존재하는 지방산은 거의 우수(짝수)이다.
② 고급 알코올 : 밀납의 가수분해로 생기는 1가 알코올과 sterol 등이다.
③ 지용성 비타민 : Vit. A, D, E, K, F

03 단순지질

1 중성지방

1. triglyceride

① 지방산과 glycerol의 ester인 glyceride이다.

$$\begin{array}{l} CH_2-OH \\ | \\ CH-OH \\ | \\ CH_2-OH \\ \text{glycerol} \end{array} + \begin{array}{l} HOOC-R_1 \\ \\ HOOC-R_2 \\ \\ HOOC-R_3 \\ \text{fatty acid} \end{array} \xrightarrow{-3H_2O} \begin{array}{l} CH_2-O\cdot OC-R_1 \\ | \\ CH-O\cdot OC-R_2 \\ | \\ CH_2-O\cdot OC-R_3 \\ \text{triglyceride(지방)} \end{array}$$

② glyceride는 mono-, di- 및 triglyceride의 3종이 있으며 천연은 triglyceride가 많고 다른 glyceride는 적다.

2. 글리세롤(glycerol)

① 무색 점조성의 액체로 단맛이 있으며 물, 알코올에는 잘 녹지만 ether에는 녹기 어렵다.

② $KHSO_4$와 같이 가열하면 물을 잃고 자극성의 acrolein이 생긴다.

3. 지방산(fatty acid)

천연의 지방을 구성하는 지방산은 약 50여 종이고 거의 짝수(우수) 탄소원자이다. 포화 또는 불포화의 직쇄 일염기성산이고, oxy산은 극히 적다.

(1) 포화지방산(saturated fatty acid)

① 분자 내에 이중결합이 없는 지방산을 말한다.

② 일반적으로 저급지방산(탄소수 C_{10} 이하)은 휘발성이고, 고급지방산(탄소수 C_{12} 이상)은 비휘발성이다.

③ 천연유지에 가장 많이 존재하는 것은 palmitic acid(C_{16}), stearic acid(C_{18})이다.

(2) 불포화지방산(unsaturated fatty acid)

① 분자 내에 이중결합이 있는 지방산을 말한다.

② 천연유지 중에 존재하는 불포화지방산은 대부분 안정한 trans형이 아니고 불안정한 cis형이다.

③ 불포화지방산 중 linoleic acid($C_{18:2}$), linolenic acid($C_{18:3}$) arachidonic acid($C_{20:4}$)는 필수지방산이다.

(3) 필수지방산(Essential fatty acid) : 세포막의 구성성분

① linoleic acid($\omega-6$계 지방산)

② linolenic acid($\omega-6$계 지방산)

③ arachidonic acid($\omega-6$계 지방산) : linoleic acid로 합성 가능

$$\underset{(C_{18:2})}{\text{linoleic acid}(\omega-6\text{계})} \longrightarrow \underset{(C_{18:2})}{\text{arachidonic acid}(\omega-6\text{계})} \longrightarrow \text{PG(prostaglandin)}$$

2 왁스류(waxes)

① 고급 1가 알코올과 고급지방산이 ester 결합한 것이다.
② 식물의 줄기, 잎, 종자, 동물의 체표부, 뇌, 지방부, 골 등에 분포하며 동식물체의 보호물질로서 표피에 존재하는 경우가 많다.

04 복합지질

1 인지질(phospholipid)

글리세롤의 2개의 OH기가 지방산과 ester 결합되어 있고, 세 번째의 OH기에 인산이 결합된 phosphatidic acid를 기본구조로 하고 있다.

1. lecithin

① phosphatidic acid의 인산기에 choline이 결합한 phosphatidylcholine의 구조로 되어 있다.
② 생체의 세포막, 뇌, 신경조직, 난황, 대두에 많이 함유되어 있다.

2. cephalin

① phosphatidic acid의 인산기에 serine이 결합한 phosphatidylserine과 ethanolamine이 결합한 phosphatidylethanolamine의 두 종류가 있다.
② 성질과 분포는 lecithin과 유사하다.

3. sphingomyelin

① sphingosine, 지방산과 phosphatidylcholine으로 구성되어 있다.
② 식물계에는 거의 존재하지 않고, 동물의 뇌, 신장 등에 당지질과 공존하는 백색의 판상물질이다.

2 당지질(glycolipids)

지방산과 sphingosine 및 당질로 구성되어 있는 복합지질로 glyceroglycolipids와 sphingoglycolipids가 있다.

1. cerebroside

① 지방산, sphingosine, 당(단당류)으로 구성되어 있고, 구성당은 주로 galactose이며, glucose가 결합한 경우도 있다.
② 뇌, 비장 등의 지방조직에서 발견되고 있다.

2. ganglioside

① 지방산, sphingosine, 당(다당류)으로 이루어지며, 적어도 한 분자의 N-acetylneuraminic acid를 함유하고 있다.
② 신경절 세포에 주로 존재한다.

05 스테로이드

1 steroid

cyclopentanoperhydrophenanthrene(steroid 핵) 골격구조를 가진 화합물을 steroid라 총칭한다. 생리작용은 광범위하여 sterol 형성, 담즙산(bile acid) 형성, 성호르몬, 부신호르몬, 비타민 D, 심장독 등이 포함된다. 불검화물이다.

2 sterol

고체(stero) alcohol의 의미로 steroid핵을 가진 1가 alcohol이고 이 −OH기는 C_3에서 ester화 되어 얻어진다. 자연계에 유리 또는 ester 상태로 존재한다.

1. sterol의 분류

① 동물성 sterol(zoosterol) : cholesterol, 7−dehydrocholesterol
② 식물성 sterol(phytosterol) : stigmasterol, sitosterol
③ 균성 sterol(mycosterol) : ergosterol

2. 주요 sterol

(1) cholesterol(cholesterin)

① 판상 결정인 일종의 alcohol이다.
② 생리적 중요성은 세포막의 성분, 스테로이드 호르몬, 담즙산, 비타민 D의 전구체, 혈청 지단백질의 성분이다.
③ 체내 과잉 시 성인병을 유발한다.

(2) 7−dehydrocholesterol(provitamin D_3)

① 자외선에 의해 Vit. D_3가 된다.
② 포유동물의 장기, 특히 피부에 많이 존재한다.

(3) sitosterol과 stigmasterol

① 식물유, 특히 콩기름에 많다.
② 밀, 옥수수 같은 곡류의 배아, 배아유에 함량이 높다.
③ 식물 sterol은 장내에서 흡수되지 않으므로 영양가치는 없다.

(4) ergosterol(provitamin D_2)

① 자외선에 의해 Vit. D_2가 된다.
② 처음 맥각(ergot)에서 분리되었고 그 후 버섯류, 곰팡이, 효모 등의 하등식물에서 분리되었다.
③ 균성 sterol이라 한다.

3 담즙산(bile acid)

1. cholesterol의 최종대사산물

① cholesterol이 적으면 담즙산 분비가 저조하여 지방소화에 어려움이 생긴다.

② cholesterol이 많으면 성인병을 유발한다.

2. 주성분

① cholic acid이다.

② 담즙산은 담즙 중에서 glycine, taurine과 같이 peptide 결합으로 존재한다.

cholic acid + glycine → glycocholic acid

cholic acid + taurine → taurocholic acid

3. 담즙산의 성질

① 용해성 : 물에 난용이나 알칼리염에서는 잘 녹는다.

② choleinic acid의 생성

③ 표면장력 강하작용 : 물의 표면작용을 강하시키면서 지방을 유화시킴으로서 lipase와의 지방접촉을 촉진하여 지방의 소화나 지용성 비타민의 흡수에 큰 역할을 한다.

06 지방의 성질

1 용해성

① 물에 불용이고, 유기용매인 ether, alcohol, benzene 등에는 가용이다.

② 탄소수가 많고 불포화도가 적을수록 용해도는 감소한다.

2 비중

① 식용유의 비중은 0.92~0.94이다.

② 탄소수가 많아질수록, 불포화도가 낮아질수록 그 비중은 낮아진다.

3 융점(melting point)

① 포화지방산은 불포화지방산보다 융점이 높으며, 포화지방산의 융점은 일반적으로 탄소수의 증가와 더불어 높아진다.

② 불포화지방산은 이중결합수의 증가에 따라 융점이 낮아진다.

③ 융점이 낮을수록 소화흡수가 잘 된다.

4 비열(specific heat)

① 식용유의 비열은 0.44~0.50으로 물의 절반 정도 밖에 되지 않는다.

② 동일한 열량을 가했을 때 물보다 2배 빨리 가열된다.

5 굴절률

① 유지의 굴절률은 20℃에서 1.45~1.47 정도이다.

② 유지의 분자량 및 불포화도가 클수록 굴절률이 커진다.

07 지방의 분석

1 물리적 측정법

① 비중
② 융점과 응고성
③ 굴절률
④ 건조성

2 화학적 측정법

1. 산가(acid value)

① 유지 1g 중에 존재하는 유리지방산을 중화하는 데 필요한 KOH의 mg수를 말한다.
② 유리지방산은 신선한 지방에는 함량이 적으며 산패지방일수록 함량이 높다.

2. 요오드가(iodine value)

① 유지 100g 중의 불포화결합에 부가되는 I_2의 g수를 말한다.
② 지방의 불포화도(이중결합의 수)를 나타내는 것이다.
③ 불포화지방산이 많은 지방일수록 요오드가는 높아진다.
▷ 건성유 130 이상 : 아마민유, 동유(桐油) – 도료
▷ 반건성유 100~130 : 대두유, 면실유, 채종유 – 식용, 비누재료
▷ 불건성유 100 이하 : 올리브유, 낙화생유, 피마자유 – 식용, 비누, 화장품 원료

3. 검화가(sponification value)

① 유지 1g에 함유된 유리지방을 중화하고 ester를 검화하는 데 필요한 KOH의 mg수이다.
② 일반적으로 지방산의 분자량이 크면 검화가는 작다.

4. ester value

① 유지 1g 중의 ester를 검화하는 데 필요한 KOH의 mg수이다.
② 평균 분자량을 추정할 수 있고 분자량이 클수록 이 값은 작다.

5. acetyl value

① 1g의 시료에 함유된 유리수산기를 acetyl화하는 데 필요한 초산을 중화하는 데 요하는 KOH의 mg수이다.
② 유지 중 유리수산기(–OH)의 함량을 표시하는 척도이다.
③ 신선한 유지는 10 이하지만 피마자 기름은 146~150으로 높다.

6. 과산화물가

시료에 KI를 가한 경우 유리되는 I_2를 시료 1kg에 대한 mg당량으로 나타낸 것이다.

08 지질의 대사

1 지질의 소화와 흡수

1. 완전가수분해설(lipolytic hypothesis)

지방(lipid)은 Ca^{++}과 담즙의 작용을 받아 유화되고 lipase의 작용을 받아 지방산과 glycerol로 완전히 분해된다.

2. 부분가수분해설(partition hypothesis)

① lipase로 완전가수분해가 되지 않고, mono−, diglyceride와 약간의 fatty acid와 glycerol을 생성하여 그대로 흡수된다.
② 저위 glyceride와 지방은 담즙산염의 존재로 현저한 유화능력을 가져 다량의 미가수분해 지방을 0.5μ 이하의 미립자로 하여 흡수된다.
③ 대부분의 triglyceride은 약간의 cholesterol ester, phosphatide 등으로 재합성되어 유미관을 거쳐 혈관 내로 들어간다.
④ 그러나 glycerol의 일부분이나 C_{10} 이하의 단쇄지방산은 그대로 모세혈관으로부터 문맥을 거쳐 직접 간에 운반된다.

2 fatty acid의 β−oxidation(β−산화) cycle

mitochondria의 기질(matrix)에서 독점적으로 행해진다.

1. 지방의 산화조건

① 포화지방산이 산화되기 위해서는 먼저 acyl CoA synthetase의 촉매작용으로 acyl CoA로 활성화 되어야 한다.
② 이 지방산의 활성화에는 acyl CoA synthetase 외에도 ATP, Mg^{++} 등이 필요하다.

2. 지방산 β−산화과정

① 4가지 연속적인 반응 : ①FAD에 의한 산화 ②수화 ③NAD^+에 의한 산화 ④CoA에 의한 티올(thiol) 분해 등이다.
② fatty acid β−oxidation cycle을 1회전 할 때마다 1분자의 acetyl CoA와 탄소수 2개가 더 적은 acyl CoA를 생성한다.
③ 맨 마지막 회전에서는 acetyl CoA가 한번에 2분자를 생성한다.

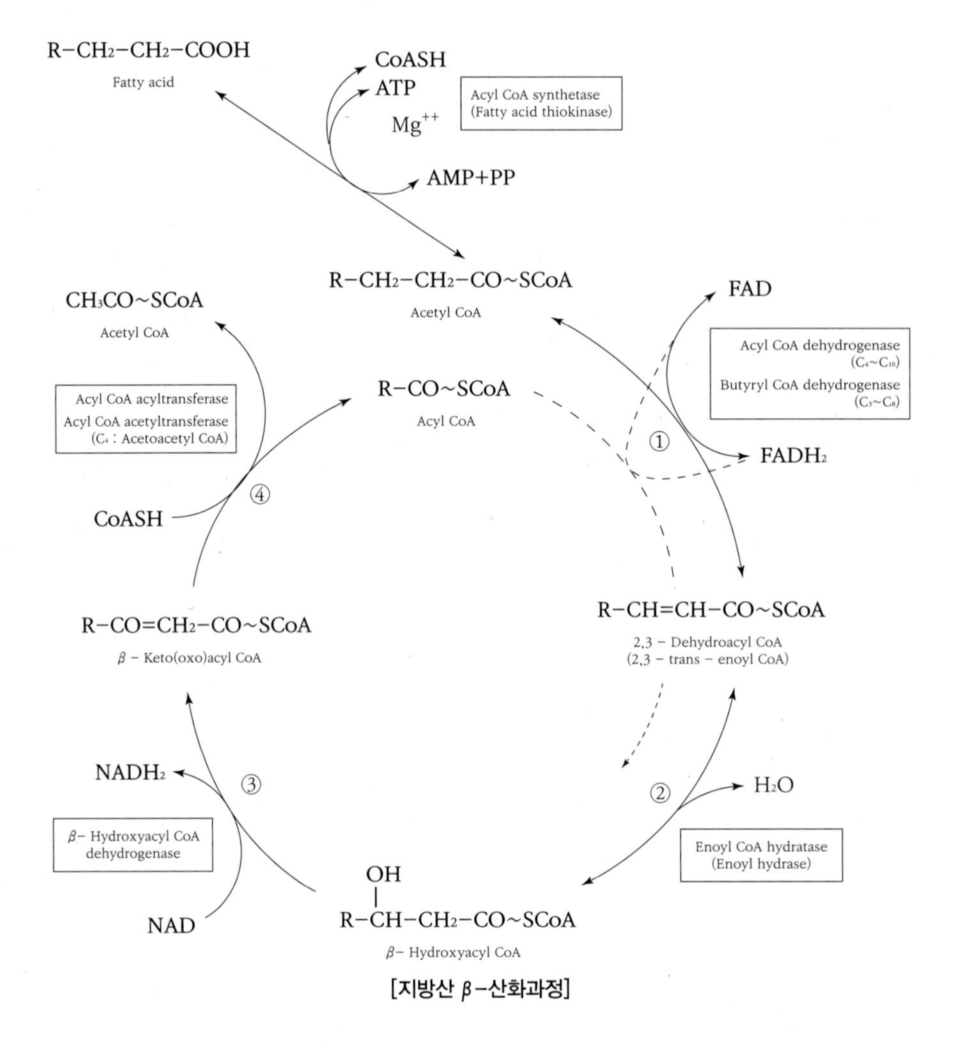

[지방산 β−산화과정]

3. palmitoyl CoA 1분자의 완전산화 시 생성되는 ATP 분자수

① palmitic acid의 완전산화 시 β−산화를 7회 수행하므로 생성물은 $7FADH_2$, 7NADH, 8acetyl CoA이다.

② $1FADH_2$, 1NADH, 1acetyl CoA는 각각 1.5, 2.5, 10ATP를 생성한다.

③ palmitic acid의 완전산화 시 총 ATP 분자수는 $(7\times1.5)+(7\times2.5)+(8\times10) = 108$이다.

④ palmitic acid의 완전산화 시 2ATP가 소모되므로 실제는 $108-2 = 106$이다.

3 케톤체(ketone body)

1. ketone체 생성(ketogenesis)

① ketone body가 생성되는 곳은 간장이며 간 이외의 신장, 근육에서도 생성된다.

② 단식 또는 당뇨병에서 뇌의 주요에너지원인 glucose가 소비되어 oxaloacetate는 glucose의 합성(gluconeogenesis)에 사용되므로 acetyl CoA와 축합할 수 없다. acetyl CoA는 TCA회로에 들어갈 수 없어 혈액, 뇨(urine)에 축적되며 이러한 조건에서 acetyl CoA는

acetoacetic acid, β-hydroxybutyric acid, acetone 등의 케톤체를 생성하여 이들이 연료와 에너지 공급원의 역할을 한다.

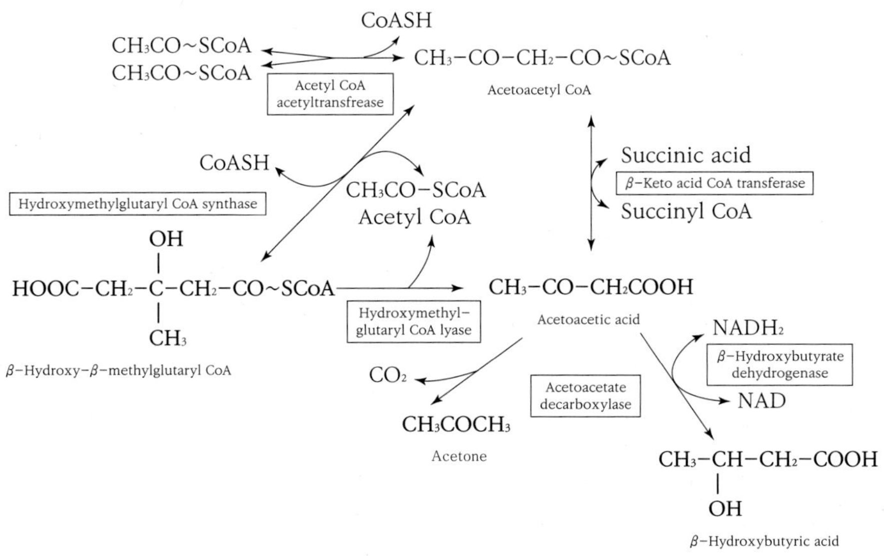

[ketone체 생성과정]

2. 케토시스(ketosis)

① 진성 당뇨병 같은 병적인 상태에서 간의 케톤체 생산이 크게 증가하여 혈액 내 케톤체 양이 증가하는 현상이다.

② ketosis는 acetate, β-hydroxybutyrate와 같은 음이온 양이 증가하므로 혈액 내 HCO_3^- 농도를 낮추고 acidosis를 유발한다.

4 콜레스테롤(cholesterol)

1. cholesterol의 작용

① 인지질과 더불어 세포의 구성성분이다.

② 불포화지방산의 운반체 역할을 한다.

③ 담즙산(bile acid)의 전구체이다.

④ steroid hormone의 전구체이다.

2. 담즙산의 생성

① 외인성 cholesterol의 10~20%는 유리 cholesterol 혹은 ester로서 담즙 중이나 대변 중에 존재한다.

② 나머지 80~90%는 간에서 담즙산으로 합성한다.

3. cholesterol의 생합성(대략적인 생합성 경로)

acetyl CoA → acetoacetyl CoA → 3-hydroxy-3-methylglutaryl CoA(HMG-CoA) → mevalonic acid → 5-phosphomevalonic acid → squalene → lanosterol → zymosterol → desmosterol → cholesterol

제4장 단백질

01 단백질의 정의

살아있는 세포에 의하여 생산되는 질소를 함유한 고분자 화합물로 생명현상에 중요한 역할을 한다. 세포의 구성성분일 뿐만 아니라 다양한 생리적 기능을 가져 효소 혹은 호르몬으로서 생화학 반응을 지배하여 생명현상 발현에 중요한 역할을 한다.

02 아미노산

1 아미노산의 구조

① 천연의 단백질을 구성하는 아미노산(amino acid)은 약 20여 종이 있으며, 이들 아미노산은 모두 L형의 구조를 갖고 있고, α 위치의 탄소에 아미노기($-NH_2$)를 갖는 카르복시산($-COOH$)이다.

$$\begin{array}{c} NH_2-CH-COOH \\ \quad\;\;| \\ \quad\;\; R \end{array}$$

② glycine을 제외하고 아미노산은 모두 α 위치의 탄소가 부제탄소원자로 되어 있으므로 광학이성체가 존재하며 부제탄소원자 수가 n개이면 2^n의 이성질체가 존재한다.

③ 이성질체가 있으므로 광학이성체인 D형과 L형이 존재한다.

2 아미노산의 종류

1. 지방족 아미노산

(1) 중성 아미노산

① $-COOH$, $-NH_2$를 각각 1개씩 갖는 것

② glycine, alanine, valine, leucine, isoleucine, serine, threonine

(2) 산성 아미노산

① $-COOH$를 2개 갖는 것

② aspartic acid, glutamic acid, asparagine, glutamine

(3) 염기성 아미노산

① $-NH_2$를 2개 갖는 것

② lysine, arginine

(4) 함황 아미노산

① S를 갖는 것

② cysteine, cystine, methionine

2. 방향족 아미노산

① 벤젠핵을 갖는 것

② phenylalanine, tyrosine

3. 복소환(hetero cyclic) 아미노산

① 벤젠핵 이외의 환상구조를 갖는 것

② tryptophan, histidine, proline, hydroxyproline

4. α-amino acid 이외의 아미노산

β-alanine, β-aminobutyric acid(GABA)

3 필수아미노산(essential amino acid)

① 체내에서 합성할 수 없어 반드시 외부 또는 음식물로부터 섭취해야 하는 아미노산이다.

② isoleucine, leucine, lysine, methionine, phenylalanine, threonine, tryptophan, valine 등이 있다.

*histidine : 유아에게 요구된다. 최근에는 성인에게도 요구되는 것이 확인되고 있다.

*arginine : 성장기 어린이에게 요구된다.

4 아미노산의 성질

1. 용해성

① 대개의 amino acid는 물에 쉽게 녹는다.

② alcohol, ether에는 녹지 않지만 묽은 산 또는 alkali에는 잘 녹는다.

▷ tyrosine, cystine은 물에 난용이다.

▷ proline, hydroxyproline은 alcohol에 가용이다.

2. 융해성

① 유기물이지만 융점이 대단히 높다.

② 보통 200℃ 이상이고 이 근처에서 다소 파괴된다.

3. 아미노산의 맛

① 단맛 : glycine, alanine, valine, proline, hydroxyproline, serine, tryptophan, histidine

② 쓴맛 : isoleucine, arginine

③ 감칠맛 : glutamic acid의 Na염

④ 무미 : leucine

4. 양성전해질

① 아미노산은 동일 분자 내에 $-COOH$기와 $-NH_2$기를 함유하여 분자 내에서 대부분은 쌍자이온(dipolar ion)으로 되어 있다.

② 아미노산은 산성으로 하면 양이온, 알칼리성으로 하면 음이온의 성질을 띠는 양성전해질이다. 양하전과 음하전이 같을 때는 양극, 음극, 어느 쪽으로도 이동하지 않은 상태가 되며, 이때의 pH를 등전점이라 한다.

03 peptide

1 peptide의 구조

① 두 개 이상의 아미노산의 −COOH기와 다른 아미노산의 아미노기와 탈수하여 −CO−NH−로 결합하여 축합된 것을 peptide 결합이라 한다.

$$\begin{array}{l} \quad\quad R_1 \quad\quad\quad\quad\quad R_2 \quad\quad\quad\quad\quad R_3 \quad\quad\quad\quad\quad\quad\quad R_n \\ NH_2-\underset{}{CH}-CO-NH-CH-CO-NH-CH-CO-\cdots\cdots-NH-CH-COOH \end{array}$$

(N−말단 아미노산−두 번째 잔기−세 번째 잔기−····−C−말단 아미노산)

② peptide는 구성 amino acid의 결합수에 따라 di−, tri−, tetra−, polypeptide로 분류한다.

2 저급 peptide

① glutathione : glutamic acid, systeine, glycine으로 된 tripeptide로, cysteine의 −SH에 기인하여 환원성을 갖는다.

② carnosine과 anserine : histidine(carnosine) 또는 methyl histidine(anserine)과 β−alanine과의 dipeptide로, 근육 내에 존재한다.

3 polypeptide

① insulin : 랑게르한스섬의 β세포에 생성되어 hexose의 인산화를 촉진시켜 당의 세포막 투과성을 증대한다. A, B의 두 개의 peptide chain으로 되어 있다.(51개의 아미노산)

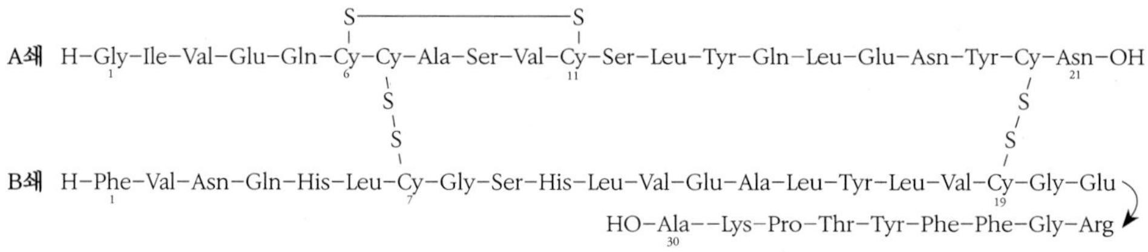

A쇄 H−Gly−Ile−Val−Glu−Gln−Cy−Cy−Ala−Ser−Val−Cy−Ser−Leu−Tyr−Gln−Leu−Glu−Asn−Tyr−Cy−Asn−OH (1, 6, 11, 21; Cy6−S−S−Cy11)

S−S (A쇄 Cy7 − B쇄 Cy7), S−S (A쇄 Cy20 − B쇄 Cy19)

B쇄 H−Phe−Val−Asn−Gln−His−Leu−Cy−Gly−Ser−His−Leu−Val−Glu−Ala−Leu−Tyr−Leu−Val−Cy−Gly−Glu (1, 7, 19)

HO−Ala−−Lys−Pro−Thr−Tyr−Phe−Phe−Gly−Arg (30)

04 단백질의 분류

1 용해도에 따른 분류

1. **단순단백질(simple protein)** : 가수분해에 의해 α−amino acid나 그 유도체만 생성하는 단백질로 간혹 당을 함유하고 있다.

(1) albumin : ovalbumin(계란), lactalbumin(젖)

(2) globulin : ovoglobulin(계란), lactoglobulin(젖)

(3) globin : arginine보다 histidine, lysine이 많다.

(4) glutelin : oryzenin(쌀), glutenin(밀)

(5) prolamine : zein(옥수수), hordein(보리), gliadin(밀)

(6) histone : 동물성에만 존재, 핵의 DNA와 공존

(7) protamine : salmine(연어의 정자), clupeine(청어의 정자)

(8) albuminoid : keratin(머리털, 뿔), collagen(뼈, 가죽), elastin(건, 동맥관)

2. 복합단백질(conjugated(compound) protein) : 단순단백질에 특수배합족이 결합되어 있다.

(1) 핵단백질(nucleoprotein) : 핵산(nucleic acid)과 단순단백질과의 결합으로 되어 있고 단순단백질은 histone과 protamine이다.

(2) 당단백질(glycoprotein, mucoprotein) : 당질을 배합족으로 한 단백질이다.

(3) 인단백질(phosphoprotein) : 당질을 배합족으로 한 단백질로 우유의 casein, 난황의 vitellin, 어란의 ichthulin이 여기에 속한다.

(4) 색소단백질(chromoprotein) : 색소를 배합족으로 한 단백질이다.

① porphyrin-Fe 착염(heme 화합물) : hemoglobin, myoglobin, cytochrome, catalase, peroxidase 등

② porphyrin-Mg 착염 : chlorophyll

③ flavin 단백질 : 황색 효소와 flavin계 효소

(5) 금속단백질(metalloprotein) : 금속을 함유한 단백질로 금속은 Fe, Cu, Zn, Co 등이다.

① 철단백질 : Fe을 함유하는 단백질로 hemoglobin, myoglobin, cytochrome, catalase, peroxidase 등

② 구리단백질 : hemocyanin, tyrosinase, polyphenol oxidase 등

③ 코발트단백질 : cyanocobalamine(Vit. B_{12})

④ 아연단백질 : insulin

3. 유도단백질(derived protein)

(1) 1차 유도단백질 : 천연의 단백질이 분자 내 전위나 다른 간단한 가수분해를 받은 변성물을 말한다.

① 응고단백질 : 열, 알코올, 자외선 등에 의해서 응고 변성한 것이다.

예 요리한 달걀의 albumin

② protean : 원래 용해성인 단백질이 물, 효소나 묽은 산으로 인해서 불용성으로 된 것이다.

예 Edestin, edestan(myosin의 변성물), myosan 등

③ metaprotein : 이상의 것이 다시 산, 알칼리에 처리된 것이다.

예 acid albumin, alkali albumin 등

(2) 2차 유도단백질 : 제1차 유도단백질이 다시 분해되어 amino acid가 되기 전까지의 중간 물질이다.

① proteose : 단백질이 산이나 효소에 의해 분해된 것이다.

② peptone : proteose가 더 가수분해된 것이다.

③ peptide : 2~3개의 아미노산들이 peptide 결합한 것이다.

2 분자 형태에 의한 분류

1. 구상 단백질

① 분자 형태가 구상 혹은 타원체 모양으로, 일반적으로 가용성이므로 가용성 단백질(soluble globular protein)이라 부른다.

② gelatin, myosin, fibrinogen, zein 등이 있다.

2. 섬유상 단백질

① 분자 형태가 섬유상으로, 대부분이 불용성 단백질(insoluble fibrous protein)이다.

② collagen, 머리털 등이 있다.

3 출처에 따른 분류

1. 식물성 단백질 : 대두 단백질, 곡류 단백질 등

2. 동물성 단백질 : 육류, 난류, 어류, 우유 단백질 등

05 단백질의 구조

1 1차 구조(primary structure)

① 아미노산이 peptide 결합에 의하여 사슬모양으로 결합된 polypeptide chain이다. 아미노산 순열(sequence)이 선형적 배열을 하고 있다.

② 단백질 종류에 따라 아미노산의 배열순서와 필수아미노산의 함량 등이 달라진다.

2 2차 구조(secondary structure)

한 줄의 polypeptide chain의 기하학적 배위를 논하는 경우의 배열이다. 2차 구조를 형성하는 결합의 형태에는 α-나선구조, β-구조, random coil 구조가 있다.

1. α-나선구조(α-helix structure)

① α-helix 구조는 나선에 따라 규칙적으로 결합되는 peptide의 =CO기와 NH-기 사이에서 이루어지는 수소결합에 의해 안정하게 유지된다.

② α-helix 구조가 변성되면 pleated sheet상 구조가 된다.

2. β-구조(pleated sheet structure)

polypeptide 사슬이 helix의 회전이 커져서 주름을 형성하며, 병풍을 펼친 모양을 구성하므로 병풍구조라고 한다.

3. 불규칙구조

① 랜덤구조(random coil)라고도 한다.

② α-helix와 β-구조와 같은 규칙성이 인정되지 않은 구조이다.

3 3차 구조(tertiary structure)

① 2차 구조의 나선구조, β-구조, 불규칙 구조에서 polypeptide 사슬이 더 구부러진 구조이다.
② 3차 구조를 안정하게 유지하기 위해서 이온결합, disulfide결합, 수소결합, 소수결합이 있다.

4 4차 구조(quatenary structure)

① 3차 구조의 단백질 polypeptide 사슬이 여러 개 회합하여 전체로서 하나의 생리기능을 발휘하는 subunit의 고차구조를 말한다.
② 4차 구조에는 dimer, tetramer도 있으나 크게는 subunit가 1,000 이상의 것도 있다.

06 단백질의 말단 결정법

1 N-말단 결정법(amino 말단 결정법)

1. Sanger법(화학적 정량법)

① FDNB(fluoro-2,4-dinitro benzene[=DNFB(2,4-dinitrofluorobenzene)]은 단백질 중에 존재하는 유리아미노기와 반응하여 황색의 DNP(2,4-dinitrophenyl) 유도체를 형성시킨다.
② DNP 유도체를 HCL로 가수분해 한 후 chromatography법으로 분리, 정량이 가능하다.

2. Edman법(화학적 정량법)

① Edman 반응은 펩타이드의 아미노말단으로부터 한 번에 하나씩 순차적으로 제거된다.
② PTC(phenylisothiocyanate)는 펩타이드의 유리아미노기와 작용하여 phenylthiocarbamoyl peptide를 형성한다.
③ 이것을 무수산으로 처리하면 N-말단 아미노산이 phenylthiocarbamoyl 아미노산으로 유리되고 나머지 peptide 결합에는 아무런 변화가 없다.
④ phenylthiocarbamoyl 아미노산은 고리형으로 되어 phenylthiohydantion(PTH) 유도체가 되며 이것을 분리하여 동정한다.

3. Dansyl chloride법(염화단실법)

① 펩타이드 사슬의 유리아미노 말단과 염화단실이 반응하여 단실아미노산 유도체를 생성하면 이것을 산가수분해시킨다.
② 단실기는 강한 형광성을 가지고 있기 때문에 소량의 수 나노그램의 아미노말단 잔기들을 확인할 수 있다.

2 C-말단 결정법(carboxyl 말단 결정법)

1. Hydrazine 분해법(Hydrazinolysis)

단백질이나 그 부분 분해산물을 무수 hydrazine과 반응시키면 각 펩타이드 결합은 amino acylhydrazide를 생성하여 절단되므로 amino acylhydrazide와 C-말단 아미노산으로 유리되기 때문에 쉽게 C-말단 아미노산을 검출할 수 있다.

2. 환원법

단백질에 $LiAlH_4$, $LiBH_4$, AlH_3 등을 작용시켜 −COOH기가 carbinol로 환원되면 carbinol을 분해시켜 동정한다.

3. carboxypeptidase에 의한 방법

이 효소는 C−말단과 두 번째 아미노산 잔기 사이의 펩타이드 결합을 가수분해하여 카르복실 말단의 아미노산 잔기를 유리아미노산으로 만든다. 이 효소들은 기질 특이성이 있다.

① carboxypeptidase A(bovine pancrease) : Lys, Arg 및 Pro 잔기가 C−말단에 있을 때 분해하지 못한다.

② carboxypeptidase B(porcine pancrease) : C−말단이 Lys 또는 Arg일 때 분해할 수 있다.

③ carboxypeptidase Y(yeast) : 모든 C−말단 아미노산을 분해할 수 있다.

07 단백질의 성질

1 맛, 냄새, 색깔

① 순수한 것은 무미, 무취이고 어떤 것은 착색되어 있는 것도 있다.

② 태울 때 특이한 냄새를 낸다.

2 용해성

① 물에 가용 : albumin, histone, protamine만 녹는다.

② 묽은 염류용액 : albumin, globulin, histone, protamine이 녹는다.

③ 묽은 산용액 : albuminoid를 제외한 단순단백질은 모두 녹는다.

④ 묽은 알칼리용액 : albuminoid, histone, protamine 이외의 것이 녹는다.

3 고분자 화합물(거대분자)

① 용액상태에서 친수성 colloid로서의 성질을 띠어 동식물막과 같은 반투막을 통과하지 못한다.

② 이 성질은 단백질용액 중에 공존하는 저분자 물질(무기질, 염류 등)을 제거하는데 이용된다. 이 방법을 투석(dialysis)이라 한다.

4 자외선 흡수 spectrum

① 단백질은 280nm에서 흡수 극대, 240nm에서 흡수 극소를 가진 자외선 흡수를 한다.

② 이 흡수는 주로 tryptophan, tyrosine, phenylalanine 등의 방향족 아미노산 잔기에 유래된 것이다.

5 단백질의 변성(denaturation)

단백질이 어떤 원인에 의해서 고차구조가 변하는 것이다. 즉, 천연상태의 단백질이 물리적, 화학적, 효소학적, 생물학적 변화로 그 성질이 변하는 것을 말한다.

[변성단백질의 특징]

물리·화학적 성질	• 변성단백질은 용해도의 감소, 응고 또는 gel화 및 선광도의 변화, 분자량 및 분자형의 변화, 등전점의 이동 현상이 일어난다.
생물학적 성질	• 항원성이 소실, 효소활성을 잃게 된다.
구조적인 면	• 변성은 천연단백질 분자의 규칙적인 배열이 불규칙적인 산만한 상태(구조파괴)로 변한다. • 변성을 받으면 수소결합, 이온결합, disulfide 결합(-s-s-결합) 등이 크게 영향을 받는다.

08 단백질 및 아미노산의 대사

1 단백질 대사(metabolism of protein)

① 단백질의 합성은 간에서 행해진다.
② 아미노산은 주로 질소 부분과 비질소 부분으로 분해되어 각각의 대사경로에 따라 처리된다.
③ 질소 부분은 주로 NH_3 혹은 요소로서 배설되고 purine류의 합성에 이용되어 요산(uric acid)으로 배설된다.
④ 탄소골격 부분은 α-keto산으로 되어 당류 혹은 지방 대사경로나 TCA cycle에 들어가 CO_2로 산화된다.

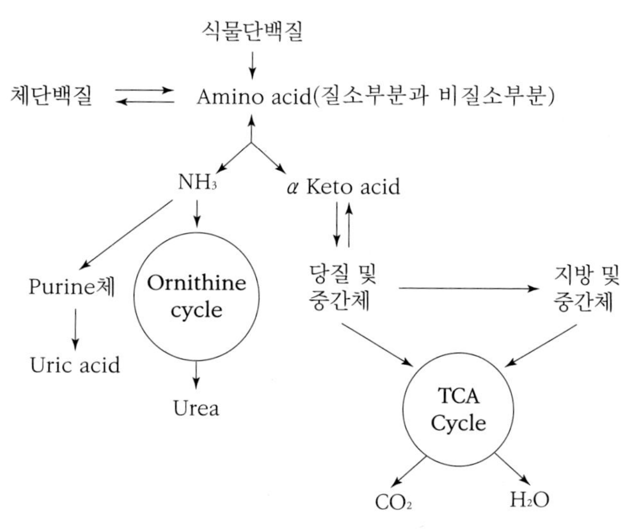

[단백질과 아미노산의 대사경로]

2 아미노산 대사(metabolism of amino acid)

1. 탈아미노 반응(deamination)

(1) 산화적 탈아미노화

$$\underset{\text{L-amino acid}}{R-\underset{NH_2}{CH}-COOH} \underset{NAD \;\; NADH_2}{\overset{\text{L-amino acid dehydrogenase}}{\longleftrightarrow}} \underset{\text{imino acid}}{R-\underset{\|NH}{C}-COOH} \underset{H_2O \;\; NH_3}{\xrightarrow{\text{비효소적}}} \underset{\alpha\text{-keto acid}}{R-\underset{\|O}{C}-COOH}$$

(2) 분자 내 탈아미노화

$$\text{histidine} \xrightarrow{\text{histamine-L-deaminase}} \text{urocanic acid}$$

histidine: CH—N=CH—NH—C (imidazole ring), $CH_2-CH(NH_2)-COOH$

urocanic acid: CH—N=CH—NH—C (imidazole ring), $CH=CH-COOH$

(3) 환원적 탈아미노화

$$\underset{\text{pyruvic acid}}{CH_3-\underset{\|O}{C}-COOH}+NAD \xrightarrow{+H_2O} \underset{\text{acetic acid}}{CH_3-COOH}+CO_2+NADH_2$$

2. 아미노기 전이 반응(transamination)

(1) aspartate aminotransferase(glutamate oxaloacetate transferase, GOT)

$$\underset{\text{aspartic acid}}{COOH-CH_2-CH(NH_2)-COOH} + \underset{\alpha\text{ ketoglutaric acid}}{COOH-CH_2-CH_2-C(=O)-COOH} \underset{PALP}{\longleftrightarrow} \underset{\text{oxaloacetic acid}}{COOH-CH_2-C(=O)-COOH} + \underset{\text{glutamic acid}}{COOH-CH_2-CH_2-CH(NH_2)-COOH}$$

(2) alanine aminotransferase(glutamate pyruvate transferase, GPT)

$$\underset{\text{alanine}}{CH_3-CH(NH_2)-COOH} + \underset{\alpha\text{-ketoglutaric acid}}{COOH-CH_2-CH_2-C(=O)-COOH} \underset{PALP}{\longleftrightarrow} \underset{\text{pyruvic acid}}{CH_3-C(=O)-COOH} + \underset{\text{glutamic acid}}{COOH-CH_2-CH_2-CH(NH_2)-COOH}$$

3 탈탄산 반응(decarboxylation)

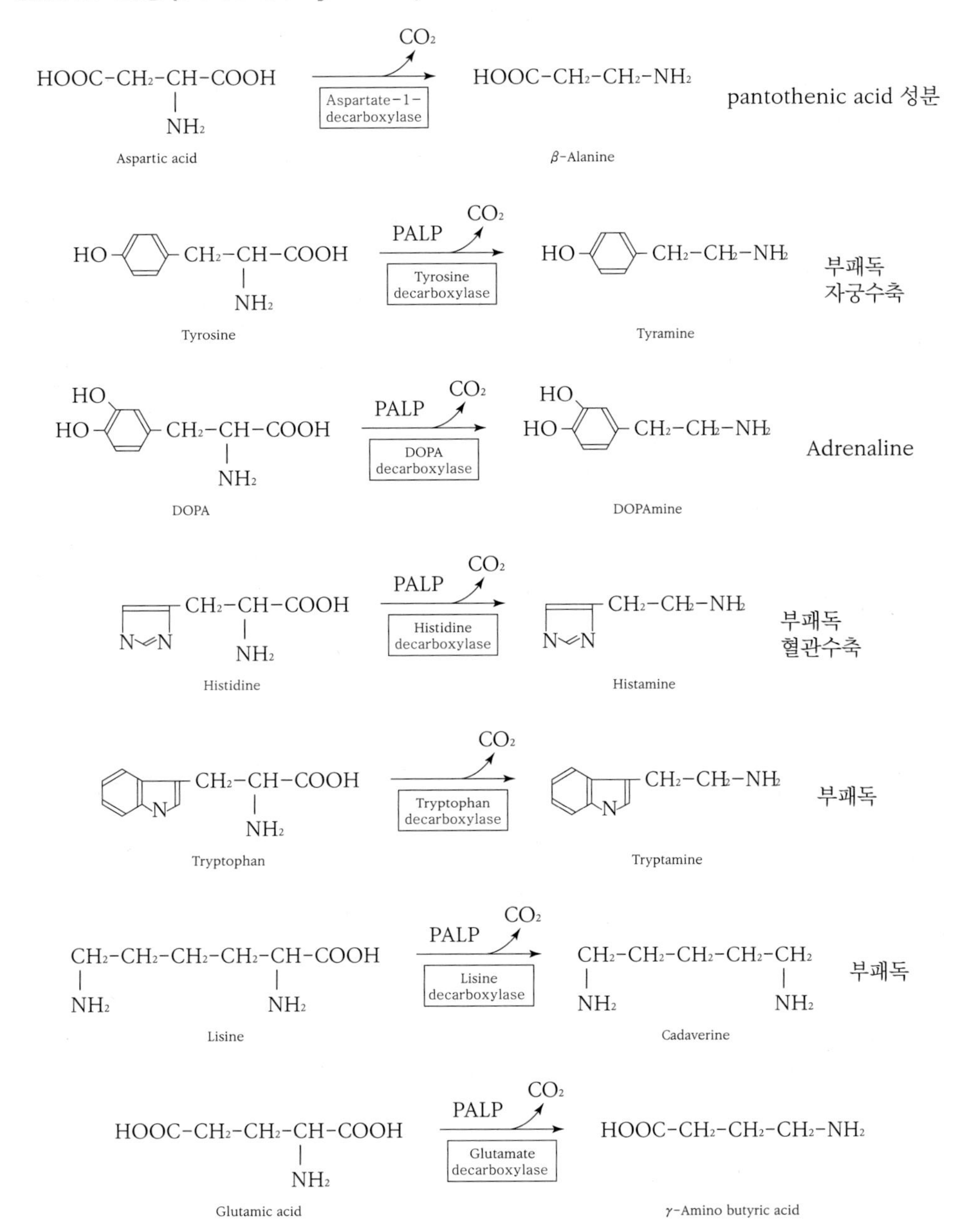

4 질소의 행로

1. 아미노산 생성(amination)

탈 amino기 전이의 역반응으로 당질 대사산물인 α −keto acid와 결합하여 아미노산이 된다.

$$\underset{\alpha\text{-ketoglutaric acid}}{HOOC-CH_2-CH_2-C(=O)-COOH} \;\overset{NAD(P)H_2 \quad NAD(P)}{\underset{NH_3 \quad H_2O \;\; \text{glutamate dehydrogenase}}{\rightleftarrows}}\; \underset{\text{glutamic acid}}{HOOC-CH_2-CH_2-CH(NH_2)-COOH}$$

2. 산 amide 형성(amidation)

NH_3는 유독성이므로 세포에 축적되면 독성작용을 나타낸다. NH_3의 해독작용의 하나로 glutamine을 합성한다.

$$\underset{\text{glutamic acid}}{HOOC-CH(NH_2)-CH_2-CH_2-COOH} \;\overset{NH_3 \quad H_2O}{\underset{\text{glutaminase}}{\rightleftarrows}}\; \underset{\text{glutamine}}{HOOC-CH(NH_2)-CH_2-CONH_2}$$

$$\underset{\text{aspartic acid}}{HOOC-CH(NH_2)--CH_2-COOH} \;\overset{NH_3 \quad H_2O}{\underset{\text{asparaginase}}{\rightleftarrows}}\; \underset{\text{asparagine}}{HOOC-CH(NH_2)-CH_2-CONH_2}$$

3. NH_3의 직접배설

신장에서 이탈된 amino기로 인하여 생성된 NH_3가 생리적으로 필요가 없을 때 그냥 배설된다. 소변 속 NH_3의 약 40%를 차지한다.

4. 요소의 합성(urea cycle, ornithine cycle)

(1) 요소 합성

① 간에서 deamination에 의해 생성된 NH_3는 요소(urea)로 합성된다. 요소의 합성은 간에서 행해진다.

② 간 이외의 조직에서 생성된 NH_3는 glutamine으로 되어 간으로 운반되고, 다시 NH_3를 유리하여 요소의 합성에 사용된다.

(2) urea(ornithine) cycle

① CO_2와 NH_3가 먼저 ATP의 존재로 carbamyl phosphate를 형성하고 이것이 다시 ornithine과 작용하여citrulline을 형성한다.

② citrulline는 enol형의 isourea로 변해서 ATP와 Mg^{++} 존재 하에 argininosuccinate synthetase 작용에 의해 aspartic acid와 축합하여 argininosuccinic acid를 형성한다.

③ argininosuccinase에 의해 분해되어 fumaric acid와 arginine이 생성된다.

④ arginine은 간에 존재하는 arginase와 Mn^{++}에 의하여 가수분해되어 요소와 ornithine으로 된다. 고로 arginase가 없는 동물에서는 NH_3를 요소 이외의 형태로 배설한다. 즉 조류에서는 요산으로, 어류에서는 NH_3로 배설한다.

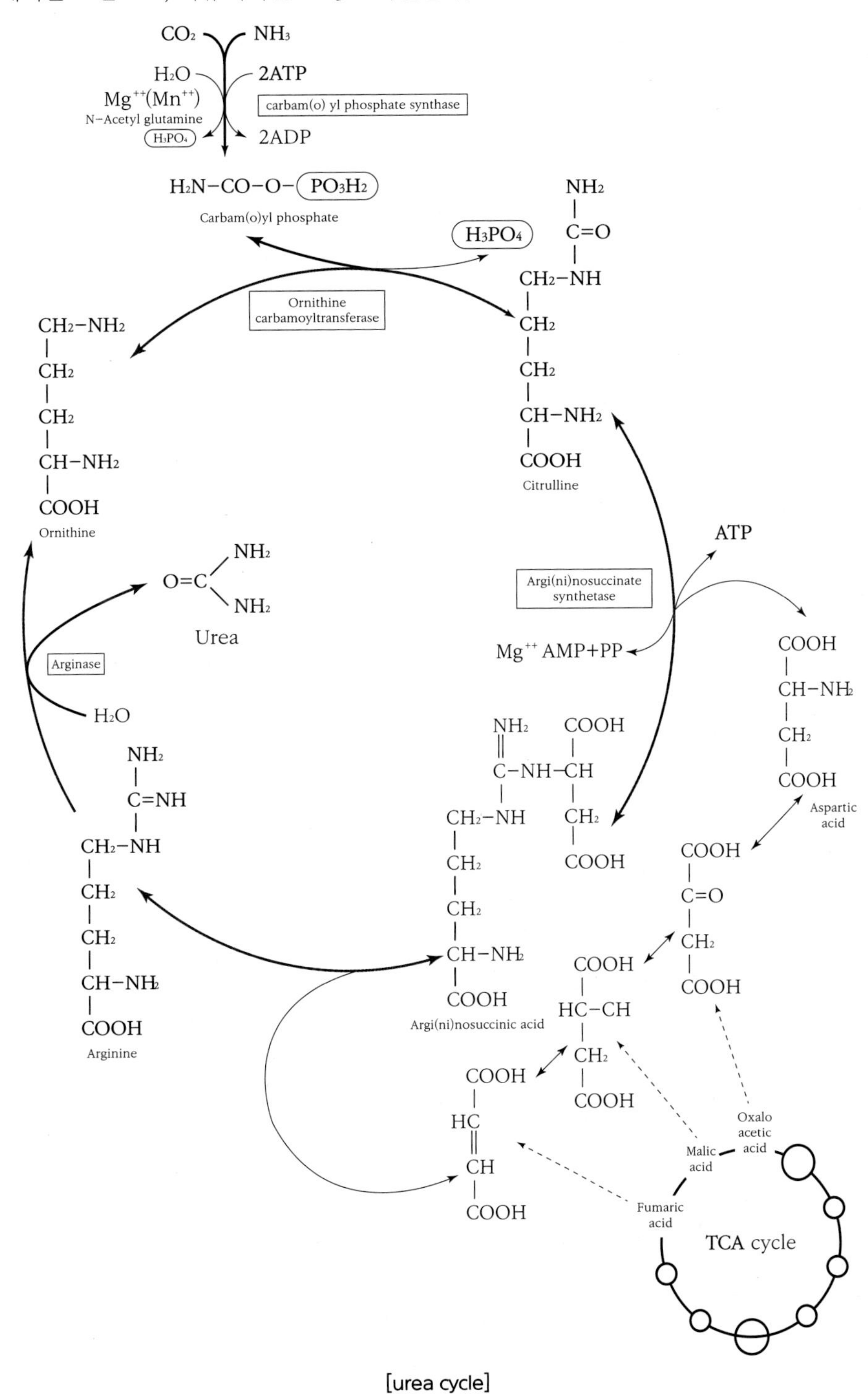

[urea cycle]

5. creatine의 생성

(1) creatine phosphate

① 근육, 뇌에 다량 함유되는 고에너지 인산결합의 저장체로서 중요하다.

② 탈인산으로 creatinine이 된다.

(2) creatine

① 간장에서 합성되어 혈액에 의해 근육 또는 뇌 등에 운반되며, 거기서 인산화되어 creatine phosphate로서 저장된다.

② 조직, 혈액, 특히 근육에 존재한다.

(3) creatinine

① creatine의 무수물로서 creatine phosphate의 탈인산으로 생긴다.

② 아미노산 질소의 배설형으로 중요하다. 소변으로 하루 약 1~1.5g 정도 배설한다. 신장환자는 10배 이상 배설한다.

5 무질소 부분의 변화(α-keto acid의 변화)

1. 아미노산의 재합성

① 아미노기 전이(transamination)

② 아미노화(amination)

2. 저급 화합물로 분해

(1) TCA cycle : 각종 아미노산은 중간 경로를 거쳐 TCA cycle로 들어간다.

(2) 당신생(gluconeogenesis)

① glycogenic amino acid(glucose 생성 amino acid)
alanine → pyruvic acid

② ketogenic amino acid(직접적으로 ketone body 생성)
leucine → acetyl CoA

(3) 지질로 합성

① glycogenic amino acid는 glucose를 거쳐 지방산으로 합성한다.

② ketogenic amino acid는 acetoacetyl CoA를 거쳐 지방산으로 합성한다.

6 질소의 출납(nitrogen balance)

1. 체내의 질소(비단백성 질소화합물)

(1) 요소(urea) : 단백질 대사의 최종산물로서 간에서 합성되어 신장으로부터 배설한다.

(2) 요산(uric acid) : purine체의 대사 최종산물로 오줌으로 배설한다.

① 요산 생성량 : 정상인 하루 1g

② 통풍(gout) : 요산 하루 15~20g 이상 배설 시 걸리는 질병이다.

(3) creatinine : creatine 대사의 최종산물로 오줌으로 배설한다.

2. nitrogen balance

배설질소는 오줌, 젖, 땀, 타액, 콧물, 표피 이탈물, 월경, 손톱, 머리털 등에 존재하는 질소이다. 실제로는 오줌, 대변의 질소만을 고려한다.

(1) 질소 평형(nitrogen equilibrium)

① 섭취질소와 배설질소가 같은 경우이다.

② 정상 성인이 정상적인 식사를 했을 때의 상태를 말한다.

(2) 정질소 출납(positive nitrogen balance)

① 섭취질소가 배설질소보다 많은 경우이다.

② 새로운 조직이 합성될 경우에 필수적이며, 성장기 어린이, 임신부, 회복기의 환자 등에서 볼 수 있다.

(3) 부질소 출납(negative nitrogen balance)

① 섭취질소가 배설질소보다 적은 경우이다.

② 단백질의 섭취부족(기아, 영양부족, 위장질환 등), 조직 단백질의 분해 촉진, 체 단백질의 배출 촉진 등의 경우이다. 실제로 essential amino acid의 결핍으로 일어난다.

제5장 핵산

01 핵산

1 핵산의 구성성분과 분류

1. 구성성분

핵산은 인산(H_3PO_4), 당(pentose), 염기(purine 또는 pyrimidine)로 되어 있다.

2. 분류

핵산의 종류는 당인 pentose의 차이에 따라 2종으로 분류된다.

① D-Ribose를 함유하는 ribonucleic acid(RNA)

② D-2-deoxyribose를 함유하는 deoxyribonucleic acid(DNA)

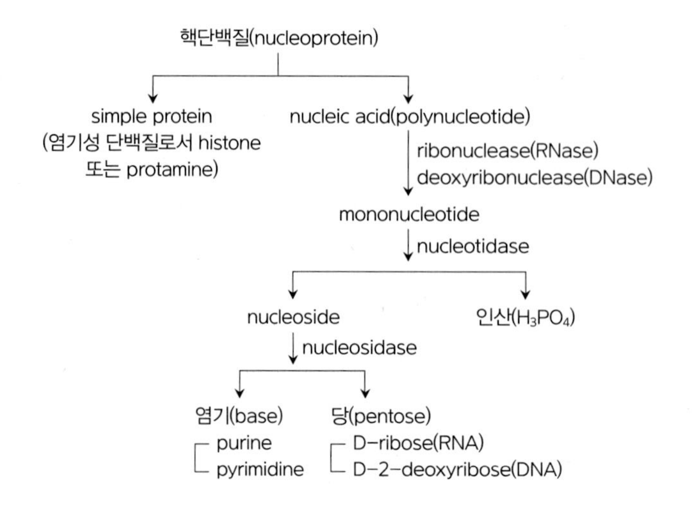

3. DNA와 RNA의 비교

	DNA(deoxyribonucleic acid)	RNA(ribonucleic acid)
구성 성분	• 인산(H_3PO_4) • 당(pentose) : 2-D-deoxyribose • 염기(base) purine : adenine, guanine pyrimidine : cytosine, thymine	• 인산(H_3PO_4) • 당(pentose) : D-ribose • 염기(base) purine : adenine, guanine pyrimidine : cytosine, uracil
성질	백색의 견사상	분말상
구조	2본의 deoxyribonucleotide 사슬이 A=T, G≡C의 소수결합으로 중합되어 이중나선구조를 형성한다.	1본의 ribonucleotide 사슬이 A-U, G-C의 수소결합으로 중합되어 국부적인 이중나선구조 형성한다.
기능	• 세포 분열 시 염색체를 형성하여 유전형질을 전달한다. • 단백질을 합성할 때 아미노산의 배열순서(sequence)의 지령을 m-RNA에 전달한다. ⇒ 유전자의 본체	• t-RNA(transfer RNA, 전이 RNA) : 활성 amino acid를 ribosome의 주형(template) 쪽으로 운반한다. • m-RNA(messenger RNA, 전달 RNA) : DNA에서 주형을 복사하여 단백질의 amino acid sequence(배열순서)를 전달 규정한다. • r-RNA(ribosome RNA) : m-RNA에 의하여 전달된 정보에 따라 t-RNA에 옮겨진 amino acid를 결합시켜 단백질을 합성하는 장소를 형성한다.

2 DNA 조성에 대한 일반적인 성질(E. Chargaff)

① 한 생물의 여러 조직 및 기관에 있는 DNA는 모두 같다.
② DNA 염기조성은 종에 따라 다르다.
③ 주어진 종의 염기조성은 나이, 영양상태, 환경의 변화에 의해 변화되지 않는다.
④ 종에 관계없이 모든 DNA에서 adenine(A)의 양은 thymine(T)과 같으며(A=T) guanine(G)은 cytosine(C)의 양과 동일하다(G≡C).

02 천연에 존재하는 nucleotide와 그 기능

1 핵산 구성의 기본단위

RNA나 DNA는 다같이 mononucleotide가 중합된 고분자 화합물(polynucleotide)이다.

2 생체 내에서 고에너지의 저축, 운반체로서 작용

① 근육의 수축과 같은 기계적인 일
② 단백질 합성과 같은 화학적인 일
③ 능동수송과 같은 침투적인 일
④ 신경자극 전달과 같은 전기적인 일

3 보효소로서의 유리 nucleotide와 그 작용

염기	활성형	작용
adenine	ADP, ATP	에너지 공급원, 인산 전이화
hypoxanthine	IDP/ITP	CO_2의 동화(oxaloacetic carboxylase), α-ketoglutarate 산화의 에너지 공급
guanine	GDP/GTP	α-ketoglutarate 산화와 단백질 합성의 에너지 공급
uracil	UDP-glucose	waldenose, lactose의 합성
	UDP-galactosamine	galactosamine 합성
cytosine	CDP-choline	phospholipid 합성
	CDP-ethanolamine	ethanolamine 합성
niacine +adenine	NAD, $NADH_2$	산화 환원
	NADP, $NADPH_2$	산화 환원
flavin +adenine	FMN, $FMNH_2$	화합 환원
	FAD, $FADH_2$	산화 환원
pantotheine +adenine	acyl CoA	acyl기 전이

03 단백질의 생합성

1 단백질 생합성

① 핵에서 DNA 유전정보를 복사해서 가지고 나온 m-RNA가 ribosome에 붙으면 유전암호에 해당하는 아미노산을 정확하게 운반해서(t-RNA에 의해) ribosome으로 가져와야 한다.
② 단백질 생합성에서 RNA는 m-RNA → r-RNA → t-RNA 순으로 관여한다.

생화학 및 발효공학

2 대장균에서 단백질 생합성 과정

① 아미노산의 활성화 : 아미노산은 아미노아실 tRNA 합성효소에 의해 tRNA로 아실화 된다.

$$\text{amino acid + ATP + tRNA} \overset{Mg^{2+}}{\rightleftarrows} \text{aminoacyl-tRNA + AMP + PPi}$$

② polypeptide의 합성 개시 : 개시인자 IF-3가 리보솜을 30S와 50S로 분리한다. Met tRNAF가 transformylase에 의해 Met부분을 formyl화한다. IF-2와 GTP에 의해서 fMet-tRNAF를 활성화하여 fMet-tRNAF-IF-2GTP로 만든다. 이것과 mRNA, 30S 리보솜의 복합체 형성된 뒤 50S 리보솜 회합, 개시복합체를 형성한다.

③ polypeptide 사슬의 신장 : 아미노아실 tRNA가 신장인자 EF-Tu 및 Ts, GTP에 의해서 활성화 된 뒤, transpeptidase에 의해서 아미노산 사이의 peptide결합이 형성, EF-G와 GTP의 관여로 A부위로부터 P부위로 전위한다.

④ 종결 : 종말 codon에 도달하면, 유리인자와 GTP의 관여로 formyl-Met-peptide, tRNA, 리보솜, mRNA로 각각 해리한다. fMet를 함유한 signal peptide가 제거되어 N말단이 출현된다.

⑤ polypeptide 사슬의 접합 : 인산화, carboxy화, R기의 메틸화, 당 사슬의 부가, -S-S-가교의 형성 등을 통해 입체구조가 형성된다.

제6장 비타민

01 비타민의 정의

미량으로 동물의 영양을 지배하여 정상적인 생체대사와 생리기능을 촉매하는 유기화합물로서 체내에서는 합성이 되지 않거나 충분한 양이 합성되지 않기 때문에 식품으로 섭취하지 않으면 안 되는 필수성분이다. 주로 보효소(coenzyme)로서 작용한다.

02 비타민의 분류

1 용해도에 따른 분류

① 수용성 : 비타민 B_1, B_2, B_6, B_{12}, C, niacin, folic acid, pantothenic acid 등

② 지용성 : 비타민 A, D, E, K, F

2 물리화학적 성질에 따른 분류

① 불포화 alcohol : 비타민 A, D

② phenol 핵 : 비타민 E

③ naphthoquinone : 비타민 K_1, K_2

④ 당류 : 비타민 C

⑤ 함질소화합물 : 비타민 B_1, B_2, B_6, B_{12}, biotin, niacin 등
⑥ 함황화합물 : 비타민 B_1, Biotin
⑦ 인과 코발트(Co) 화합물 : 비타민 B_{12}

03 지용성 비타민

생체 내에서는 지방을 함유하는 조직 중에 존재하고, 과량 섭취할 경우 장에서 흡수되어 간에 저장한다. 비타민 A, D, E, F, K 등이 있다.

1 비타민 A(axerophtol; 건조안염 예방인자)

1. 이화학적 성질

① β-ionone 핵과 isoprenoid로 구성되어 있으며 동물성 식품에서 얻어지는 retinoid와 식물성 식품에서 공급되는 carotenoid로 구분된다.
② 열에 대하여 비교적 안정하나 빛이나 공기 중의 산소에 의하여 산화되기 쉽다. 알칼리성에 대해서는 비교적 안정하나 산성에서는 쉽게 파괴된다.

2. provitamin A

① 카로테노이드계 색소 중에서 provitamin A가 되는 것은 β-ionone 핵을 갖는 caroten류의 α, β, γ-carotene과 xanthophyll류의 cryptoxanthin이다.
② 비타민 A로서 효력은 β-carotene이 가장 크다.

3. 생리작용

① 시각에 필요한 rhodopsin 합성에 관여한다.
② 피부 및 점막 상피세포의 기능을 보전한다.
③ 정상적인 성장과 골질의 생장에 필요하다.

4. 결핍증

야맹증(night blindness, nyctalopia), 안구건조증, 각막 연화증, 피부염, 성장지연 등이다.

5. 식품 중의 분포

① 식물성 : 황색채소, 과실, 녹색엽채소 등에 많다.
② 동물성 : 버터, 간, 신장 등에 많다.

2 비타민 D(calciferol; 항구루병인자)

1. 이화학적 성질

① 동물체내의 인산과 칼슘을 결합시켜서 인산칼슘[$Ca_3(PO_4)_2$]을 만들어 뼈에 침착시킨다.
② 열에 안정하나 알칼리성에서는 불안정하여 쉽게 분해되며 산성에서도 서서히 분해된다.

2. provitamin D

① ergosterol(provitamin D_2) $\xrightarrow{\text{UV(자외선)}}$ 비타민 D_2

② 7-dehydrocholesterol(provitamin D_3) $\xrightarrow{\text{UV(자외선)}}$ 비타민 D_3

3. 생리작용 [Ca과 P의 대사 조절]

① 비타민 D는 Ca, P의 흡수 및 체내 축적을 돕고 균형을 적절히 유지한다.

② 조직 중의 인산을 동원하여 Ca과 결합시켜 뼈에 침착시킨다.

③ 상피소체 hormone과 같이 Ca, P 대사의 정상대사를 협력한다.

4. 결핍증

rickets(구루증, 특히 어린이), 어른의 경우 골연화증, 임산부·수유부의 골격이나 치아의 탈피 등이다.

5. 식품 중의 분포

① ergosterol : 버섯, 맥각, 효모 등의 식물류에 많고, 동물체의 피하지방, 장기에도 약간 있다.

② 7-dehydrocholesterol : 동물체의 피부, 장기 등에 많다.

3 비타민 E(tocopherol; 항불임인자)

1. 이화학적 성질

① tocol의 유도체로서 chroman핵에 결합하는 methyl기의 수와 위치에 따라 α, β, γ, δ-tocopherol로 구분하고 그 효력은 100 : 33 : 1 : 1이다.

② 산소, 열 및 광선에 비교적 안정하지만 불포화지방산과 공존할 때는 생체 내에서 쉽게 산화한다.

2. 생리작용

① 주된 기능은 세포막의 불포화지방산들 사이에 존재하면서 불포화지방산의 과산화 작용이 진전되는 것을 막는 항산화 물질로 작용하는 것이다.

② 체조직 성분 합성(정상 성장유지), 생식기능, 간세포의 정상유지 등에 관여한다.

3. 결핍증

① 생식기능 장해, 근육기능 장해 등이 있다.

② 토끼, 실험용 쥐, 개, 닭 등에서는 불임증, 사람에서는 알려져 있지 않다.

4. 식품 중의 분포

① 특히 식물유와 곡물의 배유(소맥, 쌀의 배아)에 많이 들어 있다.

② 동물성 지방에는 적게 들어 있다.

4 비타민 K(phylloquinone; 혈액응고인자)

1. 이화학적 성질

① 혈액응고와 관계가 있다. K_1~K_7까지 존재한다. K_1, K_2만이 자연계에 존재하고 나머지는 합성품이다.

② 식물성 식품에는 phylloquinone(K_1)이 함유되어 있고, 어육류에는 menaquinone(K_2)이 함유되어 있다. menaquinone은 사람의 장내세균에 의해서도 합성될 수 있다.
③ 열에 비교적 안정하지만 강산 또는 산화에는 불안정하고, 광선에 의해 쉽게 분해된다.

2. 생리작용

① 혈액응고에 관여한다.
② 이뇨작용이 있다.
③ 장내 세균에 의하여 합성이 가능하다.

3. 결핍증

① 혈액응고시간이 지연된다.
② 포유동물에서는 장내세균에 의하여 비타민 K가 합성되므로 결핍증은 거의 드물다.

4. 식품 중의 분포

마른 김, 시금치, 파슬리, 당근잎, 양배추, 토마토, 돼지의 간 등에 많이 함유되어 있다.

04 수용성 비타민

체내에 저장되지 않아 항상 음식으로 섭취해야 하고 혈중농도가 높아지면 소변으로 쉽게 배설한다. 대부분 생체에서 일어나는 대사작용에 관여하는 효소의 보조효소로 작용한다. B군과 C군으로 대별된다.

1 비타민 B_1(thiamine, aneurin; 항신경염인자)

1. 이화학적 성질

① 산성에서는 ammonium염으로, 알칼리성에서는 thiol형으로 되는 경향이 있다.
② 마늘의 매운맛 성분인 allicin과 결합하여 allithiamine이 생성된다.
③ 장에서 흡수되어 thiamine pyrophosphate(TPP)로 활성화되어 당질대사에 관여한다.
④ 빛에 대해 대단히 안정하나 형광물질(비타민 B_2, lumichrome, lumiflavin)이 공존하면 쉽게 광분해 된다. 이러한 광분해는 산성에서는 일어나지 않고 중성이나 알칼리성에서 급속히 일어난다.

2. 생리작용

① 탄수화물로부터 칼로리를 섭취하면 비타민 B_1의 요구량이 증가한다.
② 마늘 속의 alliine $\xrightarrow{\text{alliinase}}$ allicin+thiamine ⟶ allithiamine
*thiaminase : thiamine을 분해하며, 조개, 민물고기, 고사리, 버섯에 많다.
③ 이외에 성장촉진 작용, 감염병 방지, 위액분비 촉진, acetylcholine의 작용 증강 등이다.

3. 결핍증

각기병(beri–beri), 신경염 유발, 식욕감퇴, 권태감, 위장 장해, 심장기능 장애 등이다.

4. 식품 중의 분포

① 식물성 식품에는 곡물의 배아, 두류, 녹엽류에 비교적 많고, 효모, 파, 채소, 버섯 등에 많이 함유되어 있다. 쌀의 비타민 B_1은 도정과 수세됨에 따라 소실된다.
② 동물성 식품에는 돼지고기, 붉은 살코기, 어패류 등에 많다.

2 비타민 B_2(riboflavin, lactoflavin; 성장촉진인자)

1. 이화학적 성질

① 생체 내에서 인산과 결합되어 조효소인 flavinmononucleotide(FMN)와 flavin adenindinucleotide(FAD)가 되어 세포 내의 산화환원작용에 관여한다.
② isoalloxazine핵에 당 alcohol인 ribitol이 결합한 구조를 가지고 있다.
③ 열에 비교적 안정적이나 알칼리와 광선에는 매우 불안정하다. 광선에 노출되면 중성 또는 산성에서는 lumichrone이 되고, 알칼리성에서는 lumiflavin으로 변한다.

2. 생리작용

① 여러 효소의 보효소로서 당 대사, 단백질 대사, 지방 대사에 중요한 역할을 한다.
② 망막에서 황색효소로서 광화학 작용을 한다.
③ 동물의 성장을 촉진시킨다.

3. 결핍증

피로, 구각염, 구강염, 설염, 성장지연, 안면 피부염 등이다.

4. 식품 중의 분포

동식물계에 널리 분포하고 있으며 간, 어류에 특히 많고 효모, 우유, 달걀, 채소 등에 많으나 해조류에는 적다.

3 비타민 B_6(pyridoxine, adermin; 항펠라그라인자)

1. 이화학적 성질

① pyridoxine, pyridoxal, pyridoxamine의 3가지 종류로서 모두 pyridine 유도체이다.
② pyridoxal phosphate의 전구체로 아미노기 전이와 탈탄산 반응의 조효소이고, 아미노산 대사에 중요한 역할을 한다.
② 산성에서는 가열에 대하여 안정하나 중성 또는 알칼리성에서는 광선에 의하여 분해되며 산화제에 약하다.

2. 생리작용

① pellagra성 피부염의 치료에 유효하다.
② 장내세균에 의해 합성이 가능하다.

3. 결핍증

① 흰쥐에는 피부염(펠라그라)과 같은 증상이 가장 심하다.
② 사람에게는 구각염, 설염 등 vitamin B_2의 결핍과 유사하다.

4. 식품 중의 분포

미강, 간, 난황, 효모에 많다.

4 nicotinic acid(niacin; 항펠라그라인자)

1. 이화학적 성질

① pyridine−3−carboxylic acid이고, niacin amide는 pyridine−3−carboxylic amide로서 비타민 구조 중 가장 간단하다.

② 탈수소효소의 조효소인 NAD(nicotinamide adenine dinucleotide) 또는 NADP(nicotinamide adenine dinucleotide phosphate)의 형태로 산화환원반응에 중요한 역할을 한다.

③ 산미를 갖는 백색 결정으로 물이나 알코올에 잘 녹는다. 열, 산, 알칼리, 광선, 산화제 등에 안정하다.

2. 생리작용

pellagra의 치료와 예방에 유효하다.

*옥수수를 주식으로 하는 지방에 pellagra병이 많다. 이것은 옥수수 단백질 zein 속에 tryptophan이 없기 때문이다.

*60mg의 tryptophan은 1mg의 nicotinic acid가 된다.

3. 결핍증

① 사람은 펠라그라, 소화장애, 설염 등이 발생한다.

② 개에서는 흑설병(black tongue)이 발생한다.

4. 식품 중의 분포

효모, 곡류, 종피, 땅콩, 우유, 육류의 간, 계란 등에 많이 함유되어 있다.

5 pantothenic acid(비타민 B_5; 항피부염인자)

1. 이화학적 성질

① 생체 내에서 coenzyme A(CoA, CoASH)를 형성한다. 이 CoA는 생체 내의 중요한 조효소이며 acetyl CoA로 되어 지질, 탄수화물 대사에 관여한다.

② 산이나 알칼리에서는 β−alanine와 pantoic acid로 쉽게 가수분해되어 효력을 상실한다.

③ 흡수성이 있는 미황색의 유상물질로서 물, 초산, 에테르에 녹으며 보통의 조리, 건조, 산화에는 안정하다.

2. 생리작용

① pantothenic acid로부터 coenzyme A가 합성된다.

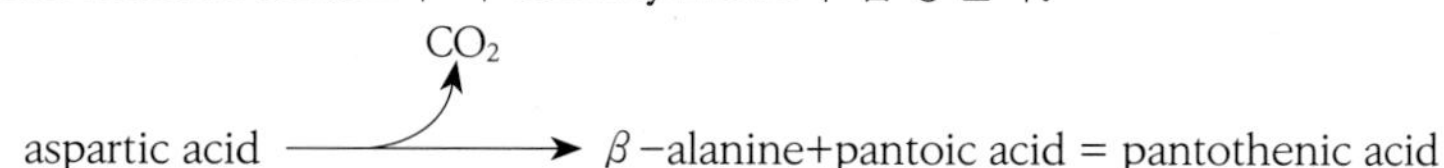

② 고급지방산의 대사, steroid, porphyrin 호르몬 등의 합성분해에 관여한다.

3. 결핍증

① 사람에게는 결핍증이 발견되지 않고 있다.

② 닭은 피부염, 쥐는 성장 정지, 신경계 장해 등이 발생한다.

4. 식품 중의 분포

① 효모, 간, 난황, 두류 등에 함유되어 있다.

② 특히 royal jelly에 많다.

6 biotin(비타민 H; 항피부염인자)

1. 이화학적 성질

① urea, thiophene, valeric acid가 결합된 화합물로 S를 함유한 것이 특징이다.

② 열이나 광선에 안정하지만 강산과 강알칼리와 함께 장시간 가열하면 분해된다.

2. 생리작용

① biotin은 난백의 당단백질인 avidin과 쉽게 결합하여 불활성화되어 흡수, 이용하지 못하지만 난백을 가열하면 avidin이 변성되어 biotin이 분리되므로 흡수, 이용할 수 있다.

② 여러 carboxylase의 보효소이다.

3. 결핍증

사람, 닭, 쥐에서 피부염, 신경염, 탈모, 식욕감퇴 등이 발생한다.

4. 식품 중의 분포

난황, 간, 신장, 토마토, 과실, 효모 등에 많다.

7 엽산(비타민 M, folic acid; 항빈혈인자)

1. 이화학적 성질

① pteridine과 ρ-aminobenzoic acid 및 glutamic acid가 결합된 pteroylglutamic acid의 구조를 가지고 있다.

② 비타민 B_{12}와 더불어 핵산과 아미노산 대사에 중요한 역할을 하고 성장 및 조혈작용에 필요하다.

③ 약알칼리성에서는 열에 안정하나 빛에 의해 분해된다.

2. 생리작용

① 성장, 발육, 조혈(악성빈혈에 유효)에 중요하다.

② 핵산 대사 : thymine이나 purine의 합성에 관여한다.

$$\text{pyrimidine base 전구체} \xrightarrow{\text{Vit. } B_{12}} \text{uracil(RNA)} \xrightarrow{\text{folic acid}} \text{thymine(DNA)}$$

③ 단백질과 지방 대사에 관여한다.

3. 결핍증

악성빈혈, 백혈구 감소, 구강변화, 설사 등이다.

4. 식품 중의 분포

소, 돼지의 간, 낙화생, 콩 등에 많으며 채소류에도 약간 존재한다.

8 inositol(항지간인자)

1. 이화학적 성질

① 무색의 결정으로 물에는 잘 녹고 alcohol이나 ether에는 잘 녹지 않는다.
② alcohol성 −OH를 가져 ester를 형성하며 특히 phytic acid로서 자연계에 널리 분포한다.

2. 생리작용

① phytin(inositol의 Ca, Mg염)은 소장에서 일부 가수분해되어 흡수된다.
② 사람의 소장에서는 미생물의 작용으로 inositol이 많이 합성된다.

3. 결핍증

① 생쥐의 성장지연, 탈모, 최유의 부족 등이다.
② 닭의 뇌연하증 등이다.

4. 식품 중의 분포

과실, 야채, 효모, 곡물 등이다.

9 para-aminobenzoic acid(PABA; 항백발성인자)

1. 이화학적 성질

물에 약간 녹으며 알코올, 산, 알칼리 용액에 녹는다.

2. 생리작용

① 쥐나 생쥐의 색소 생성, 닭의 성장, 미생물의 발육에 필요하다.
② sulfanilamide제를 투여하면 PABA와 길항하기 때문에 장내세균 번식이 억제되어 동물자신의 발육이 나빠진다.
③ folic acid의 구성성분으로 중요하다.
④ 장내미생물에 의해 합성된다.

3. 결핍증

사람의 경우에는 결핍증이 거의 나타나지 않는다.

4. 식품 중의 분포

동물의 간, 신장 등에 많다.

10 비타민 B_{12}(cyanocobalamine; 항악성빈혈인자)

1. 이화학적 성질

① 항악성빈혈인자로서 분자 중에 Co를 함유하고 있어 cobalamine이라 부른다.
② Co에 CN기가 결합된 것을 cyanocobalamine이라 하며, 이것이 가장 활성이 크다.
③ 물에 약간 녹는 암적색으로 열에 안정하나 광선, 산, 알칼리용액에서는 서서히 파괴된다.

2. 생리작용

① 핵산 합성, 아미노산·당·지방 대사 등에 관여한다.
② 성장 촉진, 조혈작용에 효과가 있다.

3. 결핍증

성장 정지, 악성빈혈, 간질환, 신경질환 등이다.

4. 식품 중의 분포

① 동물의 간, 신장에 많고, 근육, 젖, 치즈, 계란, 해조류 등에도 있다.
② 식물계에는 거의 없다.

11 비타민 C(ascorbic acid; 항괴혈병인자)

1. 이화학적 성질

① vitamin C가 물에 잘 녹고 강한 환원력을 갖는 이유는 lactone 고리 중에 카르보닐기와 공역된 endiol의 구조에 기인한다.
② 비타민 C의 수용액이 강한 산성을 띠는 것은 분자 중에 카르보닐기를 가지고 있지 않으나 C_3에 결합된 $-OH$기가 쉽게 이온화되어 H^+가 해리되기 때문이다.
③ 무색의 결정이고, 물과 알코올에 녹아서 산성을 나타낸다.
④ 중성에서 가장 불안정하고, 열에 비교적 안정하나 수용액은 가열에 의해 분해가 촉진되며, 가열 조리 시 보통 50% 정도 파괴된다.

2. 생리작용

① 콜라겐 합성작용과 생체 내에서 산화환원반응에 관여하여 수소운반체로서 작용한다.
② ascorbic acid oxidase에 의하여 산화·분해된다. 양파, 호박, 오이, 당근 등에 분포한다.
③ 비타민 C는 thyroxine과 길항적으로 작용한다.

3. 결핍증

① 괴혈병, 상처회복 지연, 면역기능 감소, 빈혈 등이다.
② 모세혈관, 피하의 출혈, 연골, 결합조직의 위약화 등이다.

4. 식품 중의 분포

① 신선한 채소와 과일에 많으며, 특히 감귤류와 딸기에 많이 들어 있다.
② 개, 쥐, 토끼, 비둘기 등에서는 합성이 가능하다.

제7장 발효공학

01 주류

1 정의

주류라 함은 곡류 등의 전분질원료나 과실 등의 당질원료를 주된 원료로 하여 발효, 증류 등의 방법으로 제조·가공한 발효주류, 증류주류, 기타주류, 주정 등 주세법에서 규정한 주류를 말한다. 주세법 제3조에 의하면, 주류라 함은 주정과 알코올 1° 이상의 음료를 말한다.

2 술의 종류

제조방법에 따라 분류하면 다음과 같다.

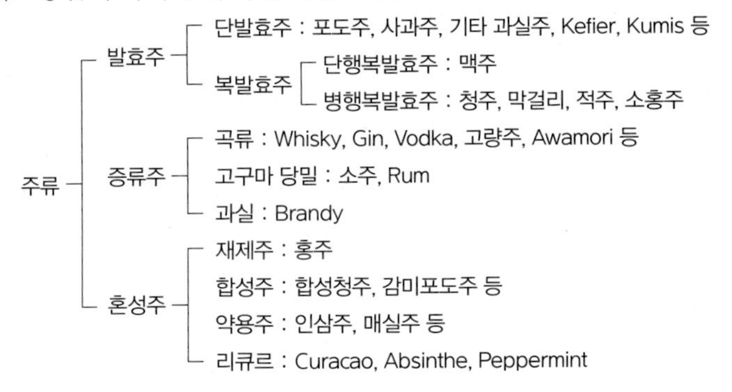

1. 발효주

발효가 끝난 술덧을 그냥 또는 여과하여 만든 주류를 말한다.

(1) 단발효주

① 원료에 함유된 당류를 그대로 효모에 의하여 알코올 발효시켜 만든 술이다.

② 포도주나 사과주 같은 과일주가 여기에 속한다.

(2) 복발효주 : 전분질을 당화효소(amylase)로 당화시킨 뒤 알코올 발효를 거쳐 만든 술이다.

① 단행복발효주 : 맥주와 같이 맥아의 아밀라아제(amylase)로 원료의 전분을 미리 당화시킨 당액을 알코올 발효시켜 만든 술이다.

② 병행복발효주 : 청주와 같이 아밀라아제(amylase)로 전분질을 당화시키면서 동시에 발효를 진행시켜 만든 술이다.

2. 증류주

① 알코올 발효액을 증류하여 주정함량을 높인 술이다.

② 위스키나 소주같은 주류이다.

3. 혼성주

① 알코올이나 발효주에 착색료, 향료, 감미료, 의약 성분 또는 조미료 등 기타 성분을 혼합시켜 만든 술이다.

② 합성주, 재제주, 약용주 등을 말한다.

3 맥주

보리(맥아, malt)를 주원료로 하여 맥아즙(wort)을 만들고 hop를 넣어 맥주효모로 발효시킨 단행복발효주이다.

1. 맥주의 종류

(1) 발효시키는 효모의 종류에 따른 분류

① 상면발효맥주

▷ 상면발효효모(*Saccharomyces cerevisiae*)로 발효한다.

▷ 주로 영국에서 생산되고, 독일, 캐나다 등에서도 생산한다.

② 하면발효맥주

▷ 하면발효효모(*Saccharomyces carsbergensis*)로 발효한다.

▷ 미국을 비롯하여 우리나라, 일본에서 생산되고 있다.

(2) 맥아즙 농도에 따른 분류

① 2~5% Einfachbier, 7~8% Schankbier, 11~14% Vollbier, 16% 이상 Starkbier로 분류한다.

② 보통 맥주의 맥아즙 농도는 10.0~10.7%이다.

(3) 맥주의 색도에 따른 분류

① 농색 맥주 : Munchener Bier, Porter, Stout

② 담색 맥주 : Pilsener Bier, Dortnund Bier, Korea Bier, Mild Ale

③ 중간색 맥주 : Wiener Bier

2. 맥주의 원료

(1) 맥주용 보리

① 맥주용 보리의 조건

▷ 입자의 형태가 고르고, 전분질이 많으며, 단백질이 적은 것이 좋다.

▷ 수분은 13% 이하인 것이 좋다.

▷ 곡피가 엷고, 발아력이 균일하고, 왕성한 것이 좋다.

▷ 곰팡이가 없고 협잡물이 적은 것이 좋다.

② 맥주용 보리의 종류

▷ 두 줄 보리 : 입자가 크고, 곡피가 엷어 맥주양조에 적합하며, 독일, 우리나라, 일본 등에서 사용되고 있고 우리나라에서는 Golden melon을 주로 사용한다.

▷ 여섯 줄 보리 : 주로 미국에서 많이 사용한다.

③ 맥주용 보리의 품종

▷ 유럽 : Kenia, Union, Amsel, Procter, Balder, Wisa

▷ 일본 : Golden melon, Swanhals, Hakada 2호

(2) 호프(hop)

① 호프의 효과

▷ 맥주에 특유한 고미와 상쾌한 향미를 부여한다.
▷ 저장성을 높인다.
▷ 거품의 지속성, 항균성 등의 효과가 있다.
▷ hop의 tannin은 불안정한 단백질을 침전·제거하고 청징에 도움을 준다.

② 유효성분

▷ 호프의 향기성분 : 유지성 humulene
▷ 쓴맛의 주성분 : humulon과 lupulon

(3) 양조용수

① 담색 맥주는 염류가 대단히 적고, 경도가 낮은 물이 적합하다.
② 농색 맥주는 경도가 높고, 산도가 낮은 물이 적당하다.

(4) 맥아의 제조(malting)

① 목적

▷ 당화효소, 단백질효소 등 맥아 제조에 필요한 효소들을 활성화 또는 생합성시키는 데 있다.
▷ 맥아의 배조에 의해서 특유의 향미와 색소를 생성시키고 동시에 저장성을 부여하는 데 있다.

② 방법

▷ 정선된 보리를 침맥조 내에서 12℃ 전후의 물에 70~90시간 침지하여 발아에 필요한 수분이 42~45%가 되게 흡수시킨다.
▷ 수침한 보리를 12~17℃에서 담색 맥아는 7~8일간, 농색 맥아는 8~11일간 발아시킨다.
▷ 발아가 끝나고 건조시키지 않은 맥아를 녹맥아(green malt)라 한다.
▷ 뿌리눈의 신장이 담색 맥주용 맥아일 때는 보리길이의 1~1.5배 정도, 농색 맥주용 맥아는 약 2~2.5배 정도가 가장 양호하다.

(5) 배조(kilning)

① 발아가 끝난 녹맥아를 수분 함량 8~10%로 하는 건조와 이것을 다시 1.5~3.5%로 하는 배초(焙焦, curing)의 공정을 배조라 말한다.

② 배조의 목적

▷ 녹맥아의 과잉생장과 효소작용을 정지시켜 저장성을 부여한다.
▷ 녹맥아의 풋냄새를 없애고 갈색 색소와 특유한 향미를 형성시킨다.
▷ 맥아 뿌리의 제거를 용이하게 한다.

3. 맥주의 제조공정

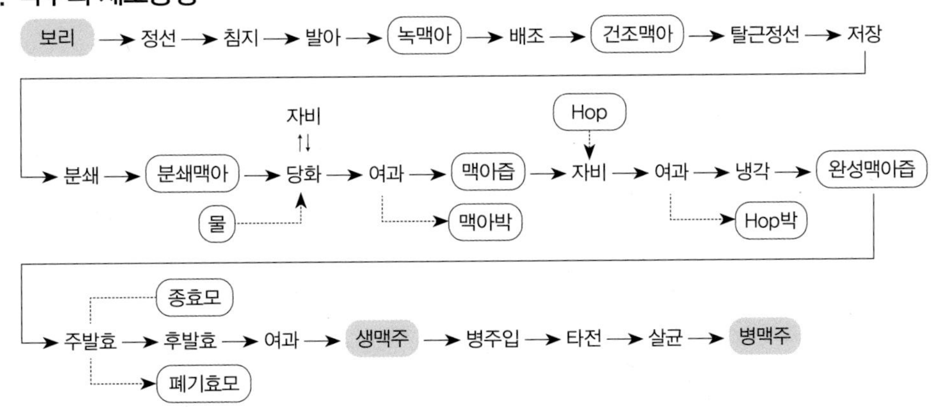

생화학 및 발효공학

(1) 맥아즙 제조

① 맥아 분쇄

▷ 맥아를 분쇄하여 내용물과 물의 접촉을 용이하게 하고 가용성 물질의 용출과 효소에 의한 분해가 충분히 진행될 수 있도록 한다.

▷ 곡피부에는 맥주의 품질에 나쁜 영향을 미치는 anthocyanogen이나 고미물질을 함유하고 있으므로 여과를 용이하게 하기 위해서 곡피부는 지나치게 분쇄되지 않도록 하면서 배젖부분만 곱게 분쇄하도록 하여야 한다.

② 담금

▷ 분쇄한 맥아와 부원료를 적당한 온도와 pH의 담금용수에 혼합한다.

▷ 가용성 물질의 용출과 동시에 효소작용으로 전분과 단백질 등을 분해하여 맥주발효에 적합한 조성의 맥아즙을 얻는 데 있다.

▷ 60~68℃에서 60~90분간 당화시킨다.

③ 맥아즙 여과

▷ 당화 및 단백분해가 끝난 담금액(mash)은 맥아찌꺼기(spent)로부터 맥아즙(wort)을 분리하기 위하여 여과조(lauter tun) 또는 여과기(mash filter)를 사용하여 여과한다.

④ 맥아즙 자비

▷ 여과된 맥아즙은 맥아솥에서 hop를 첨가하고 90~120분간 끓인다.

▷ 호프의 사용량은 담색 맥주는 맥아즙 1L에 0.3~0.55kg, 농색 맥주는 0.2~0.3kg 정도이다.

자비의 목적

- 맥아즙을 농축하여 일정 농도(보통 엑기스분 10~10.7%)로 한다.
- hop의 고미성분이나 향기를 추출시킨다.
- 가열에 의해 응고하는 단백질이나 탄닌 결합물을 석출시킨다.
- 효소의 파괴 및 살균을 한다.

⑤ 맥아즙 냉각

▷ 열응고물과 hop의 박을 소용돌이 탱크를 이용해 분리제거한다.

▷ 열응고물을 제거한 맥아즙은 평판열교환기로 냉각한다. 냉각 최종온도는 상면발효의 경우 10~15℃, 하면발효의 경우 5℃이다.

▷ 끓인 후 호프(hop)를 제거하여 냉각시킨다.

▷ 하면발효맥주용 맥아즙은 5~10℃까지, 상면발효맥주용 맥아즙은 10~20℃까지 냉각시킨다.

(2) 발효 : 맥주의 발효공정은 주발효와 후발효로 구별된다. 주발효는 일반적으로 개방식 탱크에서, 후발효는 밀폐식 탱크에서 행한다.

① 주발효

▷ 청징된 맥아즙을 발효탱크에 넣는다.

▷ 상면발효맥주는 상면발효효모인 *Saccharomyces cerevisiae*를 접종시켜 15~20℃에서 4~5일 정도로 발효를 하고, 하면발효맥주는 하면발효효모인 *Saccharomyces carsbergensis*를 접종시켜 6~8℃에서 10~12일간 발효시킨다.

▷ 발효에 의해서 맥아즙 중의 발효성 당류로부터 알코올과 탄산가스 등으로 분해되고 이외에 고급알코올과 유기산(초산, 호박산, 젖산)의 ester가 생성되어 맥주의 맛에 영향을 미친다.

② 후발효

▷ 후발효가 끝난 맥주는 맛과 향기가 거칠기 때문에 저온(0~2℃)에서 서서히 엑기스분을 발효시켜 숙성하는 동시에 CO_2 가스를 함유시킨다.

▷ 숙성을 위한 후발효 기간은 일반적으로 병맥주는 60~90일, 생맥주는 30~60일 정도이다.
▷ 후발효 시에 맥주의 특유한 향미를 완숙시키며 0.4%의 CO_2 가스를 맥주 중에 포화시킨다.

(3) 여과 및 살균

① 숙성된 맥주는 여과하여 투명한 맥주로 만든다.

② 여과 후 살균하지 않고 그대로 통에 채운 것이 생맥주이며, 병에 주입하기 전에 68℃에서 20~40초간 순간살균하여 압력 하에서 병조림한 것이 병맥주이다.

4 포도주

포도과즙을 효모에 의해서 알코올 발효시켜 제조한 단발효주이다.

1. 포도주의 종류

① 적포도주(red wine) : 적색 또는 흑색 포도의 과즙을 함께 발효시켜 포도주 중에 안토시아닌 색소가 용출된 것이다.

② 백포도주(white wine) : 적색의 포도 과피를 제거하거나 녹색 포도를 원료로 하여 발효시킨 것이다.

③ 생포도주(dry wine) : 과즙의 당분을 거의 완전히 발효시켜 당분을 1% 이하로 낮게 한 포도주이다.

④ 감미 포도주(sweet wine) : 비교적 당도가 높은 과즙을 사용하여 당분을 완전히 발효시키지 않았거나 알코올 농도가 높은 브랜디를 첨가하여 발효를 중지시켜 감미도를 높게 한 포도주이다.

⑤ 발포성 포도주(sparkling wine) : 포도주 중에 CO_2를 용해시킨 것으로 마개를 따면 거품이 발생한다.

⑥ 비발포성 포도주(still wine) : 거품이 발생하지 않는 일반적인 포도주이다.

⑦ 식탁용 포도주(table wine) : 14% 이하의 알코올을 함유한 생포도주로 식사 중에 음용한다.

⑧ 식후 포도주(dessert wine) : 14~20% 정도의 알코올과 상당량의 설탕을 함유한 포도주로서 식사 후에 디저트와 함께 마시는 포도주이다.

2. 적포도주

(1) 포도의 품종

① Cabernet sauvignon, Gamay, Pinot noir 종이 대표적이다.

② 포도를 완숙시켜 발효성 당분을 최대한 함유시키고, 과즙의 당 농도는 21~22%가 양호하다.

(2) 포도주 효모

Saccharomyces cerevisiae var. ellipsoideus

(3) 적포도주의 제조공정

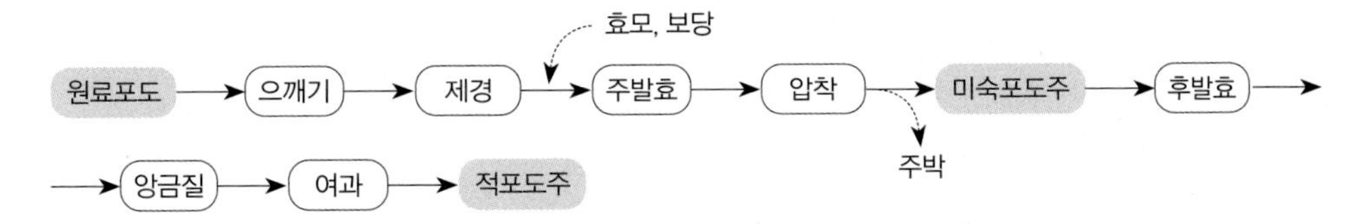

생화학 및 발효공학

① 포도의 으깨기 및 제경

▷ 수확한 포도는 가급적 빨리 씨가 부서지지 않게 으깨기를 하여 줄기를 분리한다.

▷ 과피와 과육을 분리한다.

▷ 포도 으깨기를 행한 포도즙액을 안전하게 발효시키기 위해 메타중아황산칼륨($K_2S_2O_5$)을 SO_2로서 100~200ppm 첨가한다.

아황산 첨가의 효과

장점	단점
• 유해균의 사멸 또는 증식 억제 • 술덧의 pH를 내려 산도를 높임 • 과피나 종자의 성분을 용출시킴 • 안토시안(anthocyan)계 적색 색소의 안정화 • 주석의 용해도를 높여 석출 촉진 • 백포도주에서의 산화효소에 의한 갈변 방지	• 과잉 사용 시 포도주의 향미 저하, 후숙 방해 • 기구에서 Cu와 같은 금속이온의 용출이 많아져 포도주 변질, 혼탁의 원인이 된다.

② 과즙의 개량

▷ 과즙의 당도를 24~25% 정도로 보당한다.

③ 술밑

▷ 효모는 국즙(맥아) 한천사면배지에 순수배양 보존하고 이것을 증식배양하여 사용한다.

▷ 2L의 삼각플라스크에 1L 정도의 포도과즙을 넣고 100℃ 이하에서 30분 정도 증기살균 냉각한 후 순수배양한 효모 100mL를 접종하여 20~30℃에서 2~3일간 배양한다.

▷ 술밑 첨가량은 1~3%이다.

④ 주발효

▷ 발효온도는 25℃ 내외가 적당하다. 즉 20~25℃에서 7~10일, 15℃에서 3~4주일, 최고품온이 30℃가 넘으면 수일간으로 끝난다.

▷ 적포도주는 과피 중의 적색 색소와 탄닌을 용출시켜 적색을 띠게 하고 떫은맛을 내게 하는 것이 중요한 발효관리이다.

⑤ 박의 분리와 후발효

▷ 주발효가 끝나면 과피, 종자 등의 박(粕)을 분리한다.

▷ 후발효는 1~2%의 남아있는 잔당을 0.2% 이하가 될 때까지 10℃ 이하에서 서서히 행한다.

⑥ 앙금질(racking)과 저장

▷ 후발효하는 동안 효모, 주석, 주석산, 칼슘, 단백질, 펙틴질, 탄닌 등이 침전하여 앙금이 생긴다.

▷ 앙금질을 행하여 혼탁되어 있는 술을 통속에 넣어 10~15℃, 저온에서 1~5년 동안 저장하면 청징과 함께 향미가 형성된다.

3. 백포도주

(1) 포도의 품종

Delaware, Niagara, Neomuscat, Golden queen 등

(2) 백포도주의 제조공정

① 과즙의 개량

▷ 발효 후의 잔당이 약 2% 정도 되는 것이 보통이므로 적도포주 경우보다 2% 정도 많이 가당한다.

② 발효
- ▷ 적포도주와 다른 점은 과피와 과경을 발효 전에 분리하여 과즙만을 발효시키므로 발효 중 캡(cap)이 형성되지 않기 때문에 캡 조작이 필요 없다.
- ▷ 품질 좋은 백포도주를 생산하기 위해서는 적포도주보다 저온에서 발효시켜야 한다.
- ▷ 15℃에서 술밑을 첨가하고 최고 온도는 20℃ 이하로 관리하는 것이 좋다.

5 사과주

사과(apple wine, cider) 중의 당분을 효모로 발효시켜 만든 단발효주이다.

1. 원료사과

① 사과주 원료로서는 당 함량이 높고 산도가 상당히 높은 품종이 좋다.

② 홍옥(Jonathan)이 가장 적당하며, 국광(Ralls janet) 등은 당분이 풍부하지만 산 함량이 적으므로 홍옥과 적당히 혼합하여 쓰는 것이 좋다.

2. 성분

① 사과의 성분은 탄닌, 산류, 펙틴, 회분 및 당분 등이며 당의 함량은 7~15% 정도이다.

② 사과 중에 존재하는 당은 fructose(과당)가 가장 많고, sucrose(자당), glucose(포도당) 순이다.

③ 총산은 0.18~0.85% 정도이며 사과산(malic acid)이 대부분이고 소량의 구연산(citric acid)이 들어있다.

3. 사과주 효모

Saccharomyces cerevisiae var. ellipsoideus와 *Kloeckera apiculata* 등을 사용한다.

4. 제조공정

(1) 과즙 조제

압착한 과즙을 여과하고 설탕을 가하여 당도가 24~25% 정도로 되게 한다.

(2) 발효

① 조제한 과즙을 발효통에 옮긴 다음 순수배양한 효모를 넣고 15~20℃에서 10~14일 발효시킨다.

② 이때 알코올 함량은 2.0~2.5% 정도이다.

(3) 앙금질과 후발효

① 주발효가 끝나면 앙금과 액면의 부유물을 분리하기 위해 앙금질을 행한다.

② 앙금질을 한 액은 8~10℃에서 후발효를 행하고, 2~3개월 경과한 후 2차 앙금질을 행한다.

(4) 저장

후발효가 끝난 사과주는 병에 담거나 통째로 밀봉하여 8℃의 저장고에서 2~3개월간 저장과 숙성을 하여 제품으로 한다.

6 청주

백미, 국과 물을 원료로 하여 국균, 효모에 의하여 발효한 술로 당화와 알코올 발효가 술덧 중에서 동시에 일어나는 병행복발효주다.

1. 원료

(1) 양조용수

① 청주의 80% 이상을 차지하므로 주질에 가장 큰 영향을 미친다.

② Fe이 적은 경수가 좋고, 국균과 효모의 생육에 필요한 P, Ca 등이 부족할 때 이들 염류를 첨가해야 한다.

(2) 백미(주조미)

70~75%까지 정백된 쌀로 단백질과 지방분이 적은 것이 좋다.

(3) 종국

① 황국균인 *Aspergillus oryzae*를 사용한다.

② 찐 주미에 3~5%의 목회를 혼합시켜 10~20%의 순수배양한 황국균을 살포한 후, 27~28℃에서 5일간 충분히 포자를 착생시켜 만든다.

청주용 국균으로서 구비해야 할 조건

- 균사가 너무 길지 않고, 번식이 빠르며, 증미의 내외에 잘 번식해야 한다.
- amylase 생산력은 강하고, protease 생산력은 약해야 한다.
- 진한 색소를 생성하지 않으며, 좋은 향기와 풍미를 생성해야 한다.

목회 사용 목적

- pH를 높여서 주미에 잡균 번식을 방지한다.
- 국균이 생산하는 산성물질을 중화한다.
- 국균에 무기물질을 공급한다.
- 포자형성이 잘 되게 한다.

(4) 국(koji)

① 국은 증자한 쌀에 황국균(*Aspergillus oryzae*)을 증식시켜 당화효소(amylase)를 다량 생성 축적시켜 당화작용을 유도하기 위한 목적으로 제조한다.

② 제법

▷ 주조미를 씻은 후에 15시간 수침시켜 백미 중량의 약 27~30% 수분이 흡수되면 물을 뺀 후 찐다.

▷ 찐 백미를 국실에서 40℃까지 냉각시켜 황국균을 0.1% 정도 접종시킨 후, 30~32℃로 품온을 유지하며 퇴적과 뒤집기를 반복하여 38~40℃ 이하에서 36~45시간 배양시켜 균이 쌀 전체에 번식되면 방냉하여 정지시킨다.

(5) 주모(술밑)

① 술덧을 안전하게 발효시키기 위해 청주효모 균체를 순수하게 대량 배양한 것을 주모 또는 술밑이라고 하며 일본에서는 모도(moto)라고도 한다.

② 주모는 적당량의 젖산이 필요하다. 다량의 젖산은 잡균의 오염을 방지할 수 있다.

③ 청주효모는 *Saccharomyces cerevisiae*이고, 이 효모는 Ca과 pantothenic acid를 생육에 필요로 한다.

2. 청주의 제조공정

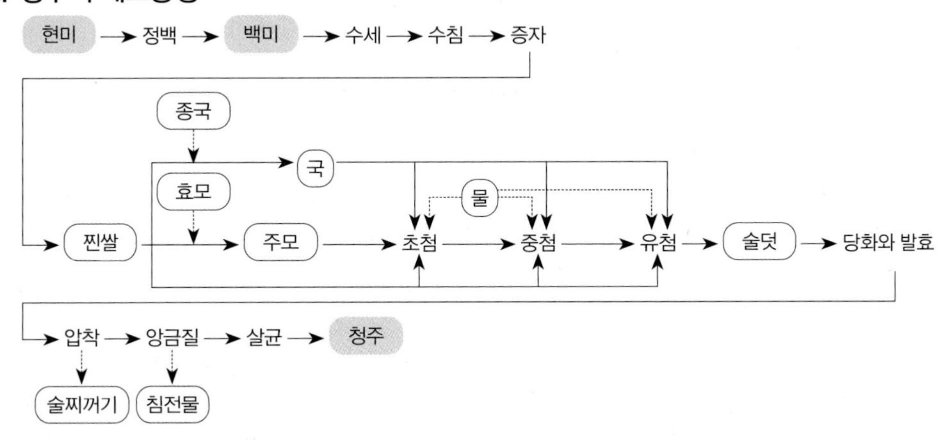

(1) 청주 발효(술덧 발효)

① 청주의 술덧은 술밑에 증미, 국(koji), 물의 혼합물을 초첨, 중첨, 유첨 순으로 3번에 나누어 첨가하여 만든다.

② 담금온도는 초첨 11~12℃, 중첨 9~10℃, 유첨 7~8℃로, 술덧의 산과 알코올이 희석됨에 따라 세균 침입의 우려가 있으므로 온도를 점차 낮게 한다.

③ 유첨 후 10~12일째에는 15~16℃에서 5~6일간 지속한 다음 서서히 온도를 내린다. 술덧의 발효는 유첨 후 20~22일째에 끝난다.

④ 전분질은 당화효소에 의해 당화되고 당은 주모에 의해 알코올 발효가 되어 알코올 농도 20~22% 전후가 된다.

(2) 제성 및 앙금질

① 발효가 끝난 술덧을 자루에 넣고 압착하여 청주와 술찌꺼기를 분리한다.

② 압착한 청주는 혼탁된 상태이므로 찬 곳에서 10일간 정치하여 부유물을 침전시켜 청징된 청주를 떠내어 옮김으로서 앙금질을 행한다.

③ 앙금질이 끝나고 살균할 때까지 약 40일간 효소에 의해 숙성시킨다.

④ 맑아진 청주를 55~60℃로 5~15분간 저온살균한다.

> **살균의 목적**
> - 생주 속에 남아있는 미생물을 살균한다.
> - 잔존 효소를 파괴한다.
> - 향미를 순화시킨다.
> - 불안정한 단백질을 응고·침전시킨다.

(3) 저장과 제품화

① 살균이 끝난 청주는 스테인리스강제 용기에 넣어 품온 15~20℃로 저장한다.

② 제성한 청주의 알코올은 대개 20% 정도이나 출하할 때에는 물을 첨가하여 15~16%로 한다.

7 탁주 및 약주

탁주는 우리나라의 술 중에서 가장 오래된 역사를 가지고 있으며 이 탁주에 용수를 넣어서 거른 청주가 만들어졌고 이것은 다시 약주로 변화하였다.

1. 탁주

전분질원료를 당화과정과 발효과정을 동시에 행하는 병행복발효주의 일종이다. 제법은 청주와 비슷하나 청주보다 고온에서 단시간에 발효하기 때문에 미완성 술덧이 된다.

(1) 원료

① 양조용수 : 이화학적, 미생물학적 성질을 조사하여 양질의 물을 선택해야 하고, 수온이 일정한(15℃ 정도) 물을 사용해야 한다.

② 곡류와 서류 원료 : 곡류에는 쌀 이외에 옥수수, 보리 등이 사용되고, 서류에는 감자, 고구마 전분 등이 사용된다.

③ 발효제 : 효소제는 amylase와 protease를 비롯한 각종 효소의 생성을 위해 만들게 되는데 이들 효소에 의해 원료나 발효제 중의 전분 등을 분해함으로써 술밑과 술덧 중의 효모 증식에 이용된다.

▷ 곡자(누룩) : 밀을 조분쇄하여 밀가루를 분리하지 않는 상태에서 물을 가해 반죽하여 일정한 형태로 성형한 후, 국실에 넣고 곰팡이를 착생시켜 자연배양하여 국을 만든다. 주된 균주는 *Aspergillus*, *Mucor*, *Rhizopus*속이다.

▷ 입국 : 청주와 거의 같은 방법으로 증미 등의 곡류에 곰팡이 배양물(종국)을 접종하여 단시간(2~3일) 배양시켜 만든 국(koji)을 사용한다. 입국 제조에는 *Aspergillus kawachii*(백국균)를 사용한다.

▷ 분국 : 밀기울을 주로 하여 *Aspergillus shirousamii*와 *Rhizopus*속 균을 배양시켜 분상상태의 국을 사용한 것이다.

④ 술밑(주모)

▷ 멥쌀을 청주에서와 같이 수침하여 물을 뺀 후 증자하여 냉각하여 둔다.

▷ 미리 누룩 입국을 적당히 물에 섞어서 수국으로 만든 후 증자한 멥쌀을 넣어서 순수배양한 탁주 효모인 *Saccharomyces coreanus*를 혼합한다.

▷ 약 10~15℃에서 시작하여 27~28℃까지 품온이 상승되도록 10~15일간 숙성시킨다.

(2) 발효(술덧)

① 술밑(2~5%), 발효제(곡자, 입국, 분국, 기타) 및 덧밥을 혼합한 것을 말하며 발효제의 효소작용에 의한 당화와 동시에 효모에 의한 당의 알코올 발효가 동시에 진행된다.

② 술덧의 담금은 효모의 증식을 주목적으로 하는 1단 담금과 알코올 발효를 주목적으로 하는 2단 담금으로 구분한다.

③ 1단 담금은 술밑에 입국, 덧밥 및 물을 혼합하여 발효한다. 효모증식이 주목적이므로 1일 2~3회 교반해준다. 1단 담금 품온은 24℃ 전후로 24~48시간 배양으로 발효가 왕성해지면 2단 담금을 행한다.

④ 2단 담금은 1단 술덧에 일정량의 용수를 가한 다음 곡자, 분국, 기타 발효제를 혼합하여 담근다. 2단 담금 품온은 1단 담금 때보다 1~2℃ 낮은 22℃가 적당하다. 십여 시간이 경과하면 담금한 원료들이 부풀어 오르고 용해와 당화가 진행됨에 따라 가라앉게 된다. 발효작용이 왕성하게 되어 품온이 급격히 상승하기 시작하므로 2~4일간 매일 1~2회 교반하여 최고 품온이 30℃ 이상이 되지 않도록 해야 한다.

⑤ 보통 2단 담금 후 약 3일이 경과하면 알코올 농도는 10~12%가 되며(탁주용), 약 5일이 경과하면 15~17%로 된다(약주용).

(3) 제성

① 탁주는 완전히 숙성되기 전의 술덧에 후수를 가하여 주박을 체 또는 주박분리기로 분리하여 제성한다.

② 탁주는 제성 후에도 상당기간 후발효가 지속되며, 이때 발생하는 탄산가스 용존으로 상쾌하고 시원한 맛을 띠게 된다. 알코올 함량은 5.3~6.2% 정도이다.

2. 약주

① 탁주 제법과 비슷하지만, 제조상 다른 점은 탁주보다 저온인 15~20℃에서 발효시키기 때문에 발효시간이 더 길어 10~14일 걸린다.

② 약주는 숙성한 술덧을 막거르지 않고 술자루에 넣어 청주와 같이 압착·여과한다. 탁주와 달리 많은 양의 물을 첨가하지 않고 제성한다.

③ 약주는 독특한 향기를 가지고 있고 감미와 산미가 강하고 알코올 함량은 10~13% 정도이다.

8 증류주(spirit)

전분 혹은 당질을 원료로 하여 발효시킨 발효원액을 증류한 주류를 말한다. 발효형식에 따라 3종류로 분류한다.

1. 병행복발효주를 증류한 것

(1) 증류식 소주

① 우리나라 재래식 소주로써 발효액을 단식증류기에 의해 증류한 소주를 말한다.

② 소주용 곰팡이는 흑국균인 *Aspergillus awamorii* 혹은 *Aspergillus usamii*를 사용한다.

③ 원료는 옥수수, 감자 등을 사용하여 30℃ 정도의 발효온도로 발효시켜 증류한다.

(2) 희석식 소주

① 고구마, 감자 등 전분질 원료와 폐당밀을 발효시켜 연속증류기에 의해 증류한 94%의 알코올을 함유한 주정을 물에 첨가하여 희석시킨 술이다.

② 알코올 이외의 불순물이 적으며 향기 역시 적다.

(3) 고량주

① 중국 만주지방에서 수수를 주원료로 하여 만든 증류주이다.

② 찐 수수와 보리, 팥으로 만든 누룩가루를 섞어 약간의 습기를 주어 반고체 상태로 만든다.

③ 이것을 땅속에 묻은 발효조에 넣고, 진흙을 발라 밀봉하여 혐기적 발효를 9~10일간 시킨다.

④ 발효온도는 대략 34~45℃를 유지한다.

⑤ 알코올 함량은 45%로써 무색 투명하며, 미산성이며, 고량주 특유한 향기를 풍긴다.

⑥ 누룩(곡자)에는 *Aspergillus*, *Rhizopus*, *Mucor*속 등의 곰팡이, *Scharomyces*, *Pichia*속 등의 효모, 젖산균, 낙산균 등의 세균 등이 존재하여 이들 균이 술덧에서 당화와 발효를 담당한다.

2. 단행복발효주를 증류한 것

(1) 위스키(whisky)

① 원료에 의한 분류

▷ 맥아 위스키(malt whisky) : 곡류를 발아시킨 맥아만을 발효시켜 증류하여 후숙시킨 술

▷ 곡류 위스키(grain whisky) : 맥아 이외에 감자, 옥수수 등을 당화, 발효시켜 증류하여 후숙시킨 술

② 증류 방법에 의한 분류

▷ 단식 증류위스키 : 발효액을 단식증류기로 증류하여 후숙시킨 술

▷ 연속식 증류위스키 : 발효액을 연속식증류기로 증류하여 후숙시킨 술

③ 산지에 의한 분류

▷ 아이리쉬 위스키(Irish Whisky) : 아일랜드에서 제조

▷ 스카치 위스키(Scotch Whisky) : 스코틀랜드에서 제조

▷ 아메리칸 위스키(American Whisky) : 미국에서 제조

▷ 캐나디안 위스키(Canadian Whisky) : 캐나다에서 제조

맥아 위스키(malt whisky)

- 대표적인 위스키이고, 제조공정은 맥주와 거의 비슷하나 몇 가지 다른 점이 있다.
- 맥아 제조 시 : 맥아의 유근의 신장도가 보리의 3/4(0.7~0.8배) 정도로 한다.
- 배조공정 시 : 녹맥아에 이탄(peat)의 연기를 통과시켜 건조시킴으로서 smoked flavor의 특유한 향기를 부여한다.
  - 제법 : 맥아로부터 맥아즙을 만들고 여과하여 냉각한 후 발효력이 강한 *Saccharomyces*속의 효모를 넣어 30℃ 전후로 3~4일 발효시킨다. 발효액을 단식증류기로 증류하여 얻은 증류액은 알코올 농도가 18~22% 정도가 된다. 몇 번 증류하여 60~70%로 조절한다. 이것을 삼나무로 만든 통에 넣어 3년 동안 숙성시키고, 숙성된 위스키를 알코올 40~43%로 조절하여 시판한다.

(2) 보드카(vodka)

① 소련의 유명한 증류주로 원료는 라이맥과 보리의 맥아를 이용하여 양조한 곡류 위스키(grain whisky)에 속한다.

② 알코올은 40% 정도이고 무색이며 거의 향기가 없는 것이 특징이다.

(3) 진(gin)

① 영국, 캐나다 등지가 주산지이고, 원료는 주로 옥수수를 보리맥아로 당화시켜 발효한 후 증류하거나 잣을 넣고 재증류하여 잣의 향기성분을 부여시킨 술이다.

② 알코올 함량은 37~50%인 것은 드라이진(dry gin)이고, 드라이진에 2~3% 설탕과 1~2.5% 글리세린(glycerin)을 첨가하여 스위트진(sweet gin)을 만든다.

3. 단발효주를 증류한 것

(1) 브랜디(brandy)

① 포도, 사과, 버찌 등의 과실주를 증류한 것을 총칭한다.

② 단식증류기로 증류하여 5~10년간 나무통에 넣어 숙성시킨다.

③ 알코올 함량은 60% 전후가 일반적이다.

(2) 럼(rum)

① 고구마 즙액이나 폐당밀을 발효시켜서 증류한 술이다.
② 증류액은 5년 이상 나무통에 넣어 숙성시킨다.
③ 알코올 함량은 45~53%가 일반적이다.

02 대사생성물의 생성

1 유기산 발효

1. 젖산(lactic acid) 발효

당으로부터 해당작용에 의하여 젖산을 생성하는 발효를 젖산 발효라 한다.

(1) 젖산균

① 간균은 *Lactobacillus*속이 있으며, 구균은 *Streptococcus*, *Pediococcus*, *Leuconostoc*속의 세균이 있다.
② 젖산은 L, D, DL형이 있는데 L형이 인체에 이용된다.

(2) 젖산 생성

① 정상젖산발효(homo lactic acid fermentation) : 당으로부터 젖산만 생성하는 발효형식이다. homo 젖산세균은 *Lactobacillus delbruckii*, *L. bulgaricus*, *L. casei*, *Streptococcus lactis* 등이 있다.

$$C_6H_{12}O_6 \longrightarrow 2CH_3CHOHCOOH$$

② 이상젖산발효(hetero lactic acid fermentation) : 당으로부터 젖산과 그 외의 부산물을 생성하는 발효형식이다. hetero 젖산세균은 *L. fermentum*, *L. heterohiochii*, *Leuconostoc mesenteroides* 등이 있다.

$$C_6H_{12}O \longrightarrow CH_3CHOHCOOH+C_2H_5OH+CO_2$$

$$2C_6H_{12}O_6 \longrightarrow 2CH_3CHOHCOOH+CH_3COOH+C_2H_5OH+2CO_2+2H_2$$

(3) 젖산 생성조건

당 농도 10~15%, pH 5.5~6.0, 발효온도 45~50℃에서 소비당의 80~90%의 젖산을 얻게 된다.

2. 초산(acetic acid) 발효

알코올을 산화하여 초산을 생성하는 발효이다.

(1) 초산균

① 알코올을 산화하여 초산을 생성하는 호기성 세균을 총칭해서 초산균이라고 한다.
② 초산균은 생육 및 산의 생성속도가 빠르며, 수율이 높고 내산성이어야 한다.
③ 초산 이외의 여러 방향성 물질을 생성하고, 초산을 산화하지 않아야 한다.
④ 일반적으로 식초공업에 사용하는 유용균은 *Acetobacter aceti*, *Acet. acetosum*, *Acet. oxydans*, *Acet. rancens*가 있으며, 속초균은 *Acet. schuetzenbachii*가 있다.

(2) 초산 발효기작

① 호기적 조건에서는 ethanol을 알코올 탈수소효소에 의하여 산화반응을 일으켜 acetaldehyde가 생산되고, 다시 acetaldehyde는 탈수소효소에 의하여 초산이 생성된다.

$$CH_3CH_2OH \xrightarrow{NAD \to NADH_2} CH_3CHO \xrightarrow[H_2O]{NAD \to NADH_2} CH_3COOH$$

② 혐기적 조건에서는 2분자의 acetaldehyde가 aldehydemutase에 의하여 촉매되어 초산과 에탄올을 생산하게 된다.

$$2CH_3CH_2OH \xrightarrow{2NAD \to 2NADH_2} 2CH_3CHO \xrightarrow{+H_2O} CH_3COOH + CH_3CH_2OH$$

즉, $2CH_3CH_2OH \xrightarrow{+H_2O} CH_3COOH + CH_3CH_2OH + 2H_3$

③ 초산이 더욱 산화되면 H_2O와 CO_2 가스로 완전분해된다.

$$CH_3COOH \xrightarrow{2O_2} 2H_2O + 2CO_2$$

(3) 생산방법

정치법(orleans process), 속양법(generator process), 심부배양법(submerged aeration process) 등이 있다.

3. 글루콘산(gluconic acid) 발효

글루콘산은 포도당을 직접 1/2mol의 산소로 산화하여 얻을 수 있다. 글루콘산은 구연산과 젖산의 대용으로 산미료로 사용되고 있다. 5-keto gluconic acid는 비타민 C의 합성원으로써 이용된다.

(1) 생산균

사용균주는 *Aspergillus niger*, *Asp. oryzae*, *Penicillium chrysogenum*, *Pen. perpurogenum* 등의 곰팡이와 *Acetobacter gluconicum*, *Acet. oxydans*, *Gluconobacter*속과 *Pseudomonas*속 등의 세균도 있다.

(2) 글루코산 발효기작

$$\text{D-glucose} \xrightarrow[\text{glucose oxidase}]{1/2O_2} \text{D-glucono-}\delta\text{-lactone} \longrightarrow \text{D-gluconic acid}$$

4. 구연산(citric acid) 발효

구연산은 식품과 의약품에 널리 이용되고 산미료, 특히 탄산음료에 사용되기도 한다.

(1) 생산균

Aspergillus niger, *Asp. saitoi* 그리고 *Asp. awamori* 등이 있으나 공업적으로 *Asp. niger*가 사용된다.

(2) 구연산 발효기작

① 구연산은 당으로부터 해당 작용에 의하여 pyruvic acid가 생성되고, 또 oxaloacetic acid와 acetyl CoA가 생성된다.

② 이 양자를 citrate sythetase의 촉매로 축합하여 citric acid를 생성하게 된다.

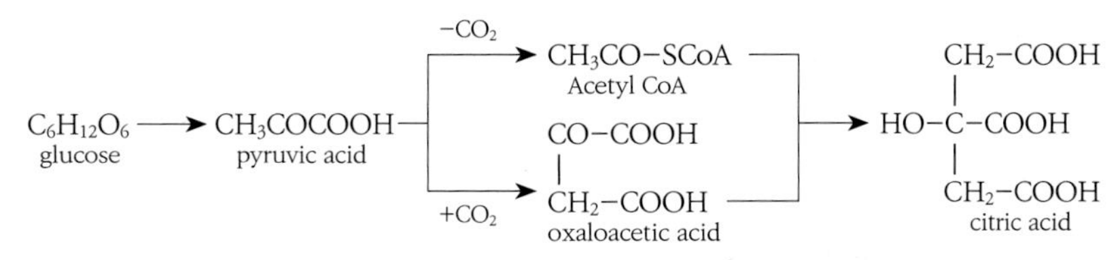

(3) 구연산 생산조건

① 배양조건으로는 강한 호기적 조건과 강한 교반을 해야 한다.

② 배양기 조성으로는 산성조건에서 질소화합물을 다량 첨가하면 구연산의 축적이 감소하므로 질소화합물의 첨가량에 주의해야 한다.

③ 최적온도는 26~35℃이고, pH는 3.4~3.5이다.

④ 수율은 포도당 원료에서 106.7% 구연산을 얻는다.

5. 호박산(succinic acid) 발효

호박산은 청주, 간장 조개류의 정미성분이며 조미료로 이용되고 있다.

(1) 생산균

곰팡이인 *Mucor rouxii*, 세균인 *Escherichia coli*, *Aerobactor aerogenes*, *Brevibacterium flavum*, 효모인 *Candida brumptii* 등이 이용된다.

(2) 호박산 발효기작

succinic acid는 당으로부터 pyruvic acid가 생성되고, TCA cycle의 역방향인 oxaloacetic acid, malic acid, fumaric acid를 거쳐 탈수소 효소에 의하여 환원되어 succinic acid가 합성된다.

(3) 생산

호박산은 *Brevibacterium flavum*을 이용하여 포도당으로부터 30% 이상 생산할 수 있다.

6. 푸마르산(fumaric acid) 발효

푸마르산은 합성수지의 원료이며, 아미노산인 aspartic acid의 제조 원료로 사용되고 있다.

(1) 생산균

*Rhizopus nigricans*와 *Asp. fumaricus*가 사용된다.

(2) 푸마르산 발효기작

포도당으로부터 생성된 pyruvic acid가 TCA cycle의 역방향인 oxaloacetic acid를 거치면서 사과산을 fumarate hydratase에 의하여 탈수되어 fumaric acid를 합성한다.

(3) 생산

푸마르산의 생산은 대당수율이 약 60%에 달한다.

7. 프로피온산(propionic acid) 발효

프로피온산은 향료와 곰팡이의 생육억제제 등으로 사용되고, 특히 치즈숙성에 관여하기도 한다.

(1) 생산균

① *Propionibacterium freudenreichii*와 *Propionibacterium Shermanii* 등이 사용된다.

② 이들 균은 혐기성이며, pantothenic acid와 biotin을 생육인자로 요구한다. 특히 비타민 B_{12} 생성능력이 강하여 주목받기도 한다.

(2) 프로피온산 발효기작

① 당 혹은 젖산으로부터 생성된 pyruvic acid는 oxaloacetic acid, malic acid, fumaric acid를 거쳐 succinic acid가 생성된다.

② succinic acid를 succinate decarboxylase의 촉매로 탈탄산되어 propionic acid를 혐기적으로 생합성한다.

(3) 생산

30℃에서 3일간 액내 배양으로 60%(대당)의 수율을 얻는다.

8. 사과산(malic acid) 발효

사과산은 청량음료나 빙과의 산미료 또는 마요네즈 등의 유화안정제로써 사용되고 있다.

(1) 생산균

Asp. flavus, *Asp. parasitiaus*, *Asp. oryzae* 등은 당으로부터, *Lac. brevis*은 fumaric acid로부터 malic acid를 생산하는 방법이 있다.

(2) 사과산 발효기작

fumaric acid에서 100%, 탄화수소에서는 70%가 생성된다.

$$\text{fumaric acid} \xrightarrow[\text{fumarase}]{+H_2O} \text{malic acid}$$

2 아미노산(amino acid) 발효

아미노산 발효란 미생물을 이용하여 아미노산을 생산하는 제조공정을 총칭한다. 아미노산 발효의 특징은 천연단백질을 구성하는 아미노산과 동일하게 L-amino acid를 생산한다는 것이다.

1. 아미노산의 발효형식

(1) 직접법

① 야생균주에 의한 발효법 : 일반 토양에서 분리·선택하여 얻은 야생주로서 특정의 배양조건에서 아미노산 발효를 하는 것이다.

예 L-glutamic acid, L-valine, L-alanine, L-glutamine 등

② 영양요구변이주에 의한 발효법 : UV나 Co^{60} 조사에 의하여 인위적으로 대사를 시킨 변이주를 유도하여 이를 사용해 특정의 배양조건에서 아미노산 발효를 하는 것이다.

예 L-lysine, L-valine, DL-alanine, L-homoserine 등

③ analog 내성 변이주에 의한 발효법 : 조절변이주, 특히 analog 내성 변이주를 이용하는 방법이다.

예 L-lysine, L-valine, L-homoserine, L-tryptophan 등

(2) 전구체 첨가에 의한 발효법

전구체를 첨가하여 대사의 방향을 조장하여 목적하는 아미노산을 발효시키는 것이다.

예 L-isoleucine, L-threonine, L-tryptophan, L-aspartic acid 등

(3) 효소법에 의한 아미노산의 생산

특정 기질에 효소를 작용시켜 아미노산을 제조하는 방법이다.

예 L-aspartic acid, L-tyrosine, L-phenylalanine 등

2. 주요 아미노산 발효에서의 생합성 경로

① pyruvic acid 계열 : alanine, valine, leucine 등

② glutamic acid 계열 : glutamic acid, proline, ornithine, citrulline, hydroxyproline, arginine 등

③ aspartic acid 계열 : aspartic acid, homoserine, lysine, threonine, methionine, isoleucine

④ 방향족 아미노산 계열 : phenylalanine, tyrosine, tryptophan 등

3. glutamic acid 발효

글루타민산은 소다염(mono sodium glutamate)으로 하여 화학조미료로 대량 사용되고 있다.

(1) 생산균

Corynebacterium glutamicum, *Brev. flavum*, *Brev. lactofermentum*, *Microb. ammoniaphilum* 등이 사용된다.

(2) glutamic acid 발효기작

① 당을 분해하여 pyruvic acid를 거쳐 호기적 조건에서 TCA cycle로 분해되고 분해된 당은 α-keto glutaric acid가 생성된다.

② glutamate dehydrogenase의 강력한 촉매에 의하여 α-keto glutaric acid는 환원적으로 아미노화가 진행되어 glutamic acid가 생성된다.

(3) 배양조건

① glutamine acid의 축적은 배양과정에 통기량, 배양액의 pH, NH_3의 양, acetic acid의 양에 영향을 받으며, 특히 biotin의 양에 큰 영향을 받는다.

② glutamic acid 생산균의 생육최적 biotin량은 약 10~25r/L가 요구되나 glutamic acid 축적의 최적 biotin량은 1.0~2.5r/L를 요구한다.

4. lysine 발효

lysine은 필수아미노산으로 절대적으로 체외로부터 공급받지 않으면 안 되는 아미노산이다.

(1) 생산균

① *Cory. glutamicum*으로부터 Co^{60}과 자외선 조사에 의하여 homoserine 영양요구변이주를 만들어 사용한다.

② 이 균은 고농도의 biotin과 소량의 threonine, homoserine을 함유한 배양액에서 배양하여 염산염으로서 13g/L의 lysine을 직접 생산한다.

(2) 발효

공업적으로 lysine 발효는 one stage 방법과 two stage 방법이 있다.

① one stage process

▷ *Cory. glutamicum*의 homoserine 영양요구변이주로서 직접발효시켜 lysine을 생산하는 방법이다.

▷ 탄소원으로는 폐당밀, 질소원으로는 NH_4를 첨가하면서 28℃에 96시간 정도 배양하면 다량의 lysine을 생산할 수 있다.

▷ 이때 미량성분으로 homoserine과 biotin을 첨가해야 한다.

② two stage process

▷ *E. coli*의 lysine 영양요구변이주로 다량의 diamino pimelic acid를 생산시키는 제1단계가 있다.

▷ 탄소원으로는 글리세롤(glycerol), 질소원으로는 ammonium phosphate를 첨가하여 중성에서 배양한다.

▷ 다음 단계로 *Aerobacter aerogenes*의 diaminopimelate decarboxylase에 의하여 생산한 diamino pimelate를 28℃에서 24시간 탈탄산시켜 lysine을 생산하는 제2단계가 존재한다.

5. valine 발효

valine은 필수아미노산으로서 pyruvate계열의 amino acid이다.

(1) 생산균

Aerobacter cloace, *Aerobacter aerogenes* 등은 약 15g/L의 valine을 생산한다.

(2) valine 발효기작

① 당류로부터 생성된 pyruvate로부터 acetolactate synthetase에 의해 acetolactate가 합성된다.

② acetolactate는 keto isovalerate를 거쳐 transaminase에 의하여 glutamic acid의 amino기가 transamination되어 valine이 생성된다.

(3) 발효

15%의 포도당을 함유한 배양액에 valine 생산균을 배양함으로써 약 15g/L의 valine이 축적된다.

3 핵산 발효

1. nucleotide의 화학구조와 정미성

(1) 핵산 관련 물질이 화학구조에 있어서 지미성을 갖기 위해 갖추어야 할 조건

① 고분자 nucleotide, nucleoside 및 염기 중에서 mononucleotide만 정미성분을 가진다.

② purine계 염기만이 정미성이 있고 pyrimidine계의 것에는 정미성이 없다.

③ 당은 ribose나 deoxyribose에 관계없이 정미성을 가진다.

④ 인산은 당의 5′의 위치에 있어야 한다.

⑤ purine염기의 6의 위치에 −OH가 있어야 한다.

(2) 정미성이 있는 핵산 관련물질

① 핵산 관련물질 중에서 5′−GMP, 5′−IMP 및 5′−XMP 등이 정미성이 있으며 XMP 〈 IMP 〈 GMP의 순으로 정미성이 증가한다.

② 조미료로서 이용가치가 있는 것은 GMP와 IMP이고, 이들은 단독으로 사용되기보다 MSG(mono sodium glutamate)에 소량 첨가함으로써 감칠맛이 더욱 상승된다.

2. 정미성 핵산물질의 생산방법

(1) RNA를 미생물 효소로 분해하는 법(RNA 분해법)

효모 균체에서 미생물 효소로 RNA를 분해하여 5′-nucleotide을 얻는 방법이다.

① 제조공정

▷ 원료 RNA는 아황산펄프폐액 혹은 폐당밀에 *Candida*속 효모를 배양시키면 효모균체의 12% 정도의 RNA를 함유하게 된다.

▷ 효모 RNA를 추출하고 5′-phosphodiesterase 혹은 nuclease로 RNA를 분해하면 AMP, GMP, UMP, CMP가 생성된다.

▷ 이들을 분리·정제하여 GMP는 직접 조미료를 사용하고, AMP는 adenilate deaminase로 deamination시켜 IMP를 얻어 조미료로 사용된다.

② RNA 분해 효소 생산균 : *Penicillium citrinum*(푸른곰팡이), *Streptomyces aureus*(방선균)

(2) 발효와 합성을 결합하는 법

① 제조공정 : purine nucleotide를 생합성하는 계는 2가지가 있다.

▷ de novo 생합성계 : glucose로부터 ribose-5′-phosphate를 거치고, 5-amino-imidazol carboxydiamide riboside(AICAR)를 거쳐, 최초의 nucleotide인 IMP가 생성되고 다시 AMP와 GMP가 생합성되는 합성계가 존재한다.

glucose ⟶ ribose-5′-phosphate ⟶ AICAR ⟶ IMP ⟶ AMP / GMP

▷ Salvage 생합성계 : purine 염기를 riboxyl화하여 nucleotide를 합성하고 다시 가인산(phosphorylation)하여 nucleotide를 만들거나, purine 염기를 직접 5′-phosphoribоxyl-1-pyrophosphate(PRPP)와 작용시켜 nucleotide를 생합성할 수 있는 합성계가 존재한다.

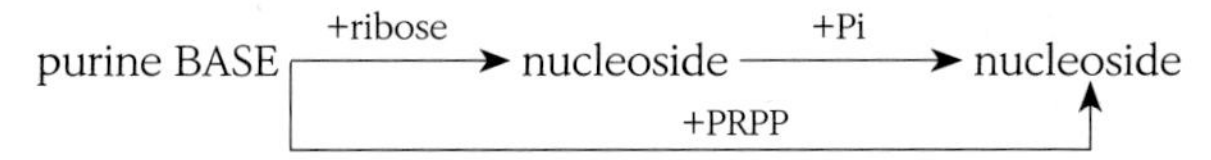

② 사용균주 : *Bacillus subtilis*

(3) 직접발효법

① 미생물을 직접 배양액에 발효시켜 nucleotide를 축적시키기 위해서는 다음 조건이 요구된다.

▷ feedback 저해현상을 제거할 것

▷ 생성된 nucleotide를 다시 분해하여 nucleoside로 만드는 phophatase 혹은 nucleotidase의 활성이 대단히 미약할 것

▷ 균체 내에서 생합성된 nucleotide를 균체 외로 분비·촉진시킬 것

② 사용균주 : *Corynebacterium glutamicum*, *Bervibacterium ammoniagenes*

4 효소 생산

공업적인 규모로 효소의 생산에 이용되는 미생물은 일반적으로 세균, 방선균, 곰팡이, 효모 등이다. 세균과 효모는 발육과 효소의 생산속도가 비교적 빠르고, 곰팡이, 효모, 클로렐라 등은 균체가 크기 때문에 균체분리가 용이하다는 장점이 있다.

[미생물의 효소제제]

효소	균주	용도
α-amylase	*Bacillus subtilis* *Aspergillus oryzae* 등	제빵, 시럽, 물엿, 술덧의 액화, glucose 제조
glucoamylase	*Rhizopus delmer* 등	glucose 제조
invertase	*Saccharomyces cerevisiae*	전화당의 제조
glucose oxidase	*Penicillium chrysogenum* *Aspergillus niger*	밀폐포장식품의 산소 제거, glucose 제조
glucose isomerase	*Bacillus megaterium* *Streptomyces bobilia*	glucose로부터 fructose 시럽 제조
pectinase	*Bacillus subtilis* *Streptomyces griseus* *Aspergillus oryzae* 등	합성청주향미액, 청주 청징, 제빵, 육류연화, 조미액
pectinase	*Sclerotinia libertiana* *Aspergillus niger* *Aspergillus oryzae*	과즙, 과실주 청징, 식물섬유의 정련
lipase	*Candida cylindracea* *Can. paralipolytica* 등	소화제, 식품가공, 지방의 분해, butter flavor

1. 효소의 생산방식

(1) 액체배양법

① 배지성분을 물에 풀어 녹이고, 멸균 후 종균을 접종하여 배양하는 방식이다.

② 호기성 발효의 경우 표면배양(surface culture)과 심부배양(submerged culture)이 있다.

▷ 표면배양 : 호기적 정치배양이며 용기 내의 배양액 표면적을 크게 하여 표면으로부터 액 내부로의 산소 이동을 촉진함으로써 산소를 미생물에 공급하는 배양법이다. 전형적인 예는 초산발효이다.

▷ 심부배양 : 공기를 강제적으로 발효조의 아래로부터 스파징시키고 동시에 교반하여 공기를 미립화하여 산소용해를 촉진시키는 배양법이다. 이 방법은 배양액에 존재하는 미생물을 균일하게 분산시키며, 열 이동을 촉진하고, pH 조절이 용이하다.

(2) 고체배양법

① 밀기울 등 고형물에 물과 부족한 영양분을 보충적으로 첨가하여 가열·살균한 후 종균을 접종하여 배양하는 방식이다.

② 공업적으로 양조식품 공업이나 여러 가지 가수분해효소의 생산에 이용된다.

③ 국개식(tray method)과 회전 드럼식(rotary drum method)이 있다.

2. 효소의 추출·정제

(1) 균체 외에서 효소 추출

① 균체를 제거한 배양액을 그대로 정제하면 된다. 밀기울 등의 고체배양일 경우에는 묽은 염용액, 초산, 젖산 등으로 추출한다.

② 얻어진 효소액으로부터의 회수조작에 앞서, 될 수 있는 한 착색물질, 저분자물질, 염류, 지질, 핵산 등의 협잡물은 제거한다.

(2) 균체 내에서 효소 추출 : 균체 내 효소는 세포의 마쇄, 세포벽 용해효소처리, 자기소화, 건조, 용제처리, 동결융해, 초음파처리, 삼투압변화 등의 방법으로 처리시켜야 한다.

① 자가소화법 : 균체에 ethyl acetate나 toluene 등을 첨가한다. 20~30℃에서 자가소화시키면 균체 밖으로 효소가 용출된다.

② 동결융해법 : dry ice로 동결건조한 후 용해시켜 원심분리하여 세포의 조각을 제거한다.

③ 초음파 처리법 : 초음파 발생장치에 의해 10~60KHz의 초음파를 발생시켜 균체를 파괴하는 방법이다.

④ 기계적 파괴법 : 균체를 유발이나 homogenizer로 파괴하여 추출하는 방법이다.

⑤ 건조균체의 조제 : acetone을 가하여 씻어 버리고 acetone을 건조·제거하거나 동결균체를 그대로 동결건조하여 조제한다.

(3) 효소의 정제 : 효소의 정제법은 다음의 방법을 여러 개 조합하여 행한다.

① 황산암모늄 등에 의한 염석법, acetone, ethanol 등에 의한 침전법, aluminum silicate나 calcium phosphate gel 등에 약산성에서 흡착시켜 중성 또는 알칼리성에서 용출시키는 흡착법, cellophane이나 collodion막을 이용한 투석법 및 한외여과막을 이용한 한외여과법, 양이온교환수지, 음이온교환수지 등을 이용한 이온교환법, 단백분자 크기의 차를 이용하는 가교 dextran, polyacrylamide 등을 이용하는 gel 여과법 등이 있다.

② 이 중 acetone이나 ethanol에 의한 침전과 황산암모늄에 의한 염석법이 공업적으로 널리 이용된다.

3. 고정화효소(효소의 고체 촉매화)

(1) 고정화효소의 정의

효소는 일반적으로 열, 강산, 강알칼리, 유기용매 등에서 불안정하고 물에 용해한 상태에서도 불안정하여 비교적 빨리 실활하게 된다. 그러므로 효소의 활성을 유지시키면서 물에 녹지 않는 담체(carrier)에 효소를 물리적·화학적 방법으로 부착시켜 고체 촉매화한 효소를 고정화효소(또는 불용성효소)라 한다.

(2) 효소를 고정화시키는 방법(편의상 세 가지 방법)

① 담체결합법 : 불용성의 담체에 효소 또는 미생물을 결합시키는 방법이며 그 결합양식에 따라 공유결합법, 이온결합법, 물리적 흡착법으로 나눈다.

공유결합법

▷ 물에 불용성인 담체와 효소를 공유 결합에 의해 고체 촉매화하는 방법이다.

▷ diazo법 : 방향족 아미노기를 가지는 불용성 담체를 묽은 염산과 아질산나트륨으로 diazonium 화합물로 만들어 효소단백을 diazo 결합시키는 방법이다.

▷ peptide법 : 카르복시기를 갖는 여러 가지 담체(예 CM-cellulose, collagen)를 산 azido 유도체로 만들어 효소단백의 -amino기와 peptide 결합시킨다.

▷ alkyl화법 : 할로겐과 같은 반응성이 있는 관능기를 갖는 담체(예 bromoacetyl cellulose, cvanurcellulose 등)를 이용하여 효소단백질의 amino기, phenol성 수산기, -SH기와 반응시킨다.

이온결합법

▷ 이온교환기를 가진 불용성 담체에 효소와 이온결합시켜 효소활성을 유지시킨 그대로 고체 촉매화시키는 방법이다.

생화학 및 발효공학

▷ 이온교환성 담체는 DEAE−cellulose, CM−cellulose, TEAE−cellulose, Sephadex, Dowex−50 등이 있다.

물리적 흡착법

▷ 활성탄, 산성백토, 표백토, Kaolinite 등의 다공질 무기담체에 효소단백을 물리적으로 흡착시켜 고체 촉매화시키는 방법이다.

▷ 효소단백의 구조변화가 적고 가격면에서 유리하나 결합력이 약해서 이탈하기 쉬운 결점이 있다.

② 가교법(cross linking method) : 담체를 가하지 않고 2개의 관능기를 가진 시약으로 효소 단백질 자체를 가교화시켜 고체 촉매화하는 방법이다. 공유결합법과 같이 안정하나 과격한 조건하에서 반응시키게 되므로 높은 역가의 것을 얻기 어렵다.

③ 포괄법(entrapping method) : 효소 자체에는 결합반응을 일으키지 않고, gel의 미세한 격자 속에 효소를 고착시키는 격자형과 반투석막성의 중합체(polymer) 피막으로 효소를 피복시키는 microcapsule형으로 나눈다.

03 균체 생산

1 식용 및 사료용 미생물균체

1. 미생물균체의 성분

① 미생물균체에는 70~85%의 수분이 함유되어 있으며 건조물 중의 주요성분은 탄수화물, 단백질, 핵산, 지질, 회분이다.

② 그 함량은 미생물의 종류에 따라 다르고 배지조성, 배양조건, 생육시기 등에 따라서 변화한다.

[미생물세포의 화학조성]

미생물의 종류	탄수화물	단백질	핵산	지질	회분
효모	25~40	35~60	5~10	2~50	3~9
곰팡이	30~60	15~50	1~3	2~50	3~7
세균	15~30	40~80	15~20	5~30	5~10
조류(chlorella)	10~25	40~60	1~5	10~30	−

2. 유지자원으로서의 미생물균체

(1) 유지 생산 미생물

미생물균체의 유지 함량은 2~3% 정도이지만 효모, 곰팡이, 단세포조류 중에는 배양조건에 따라서 건조세포의 60%에 달하는 유지를 축적하는 것도 있다.

[유지 생산 미생물]

	균명	원료	유지함량 (건물량%)	유지생성률 (Fat Coeff.)
세균	*Nocardia*	n-paraffin(C_{16}~C_{18})	78	57
효모	*Trichosporon pullulans*	당밀, 아황산펄프폐액	31~45	10~12
	Candida reukaufii	포도당, 목재당, 당밀	8~25	1~15
	Lipomyces lipofera	포도당, 당밀	18	15
	Lipomyces starkeyi	포도당	50~63	12~13
	Rhodotorula gracilis	포도당	61~74	15~21
	Cryptococcus terricolus	포도당	71	23
	Candida sp.	n-paraffin	20~28	24.8
사상균	*Geotricum candidum*	whey	25~42	12~19
	Fusarium lini	아황산펄프폐액	50	12~15
	Fusarium bulbigenum	포도당	25~50	8~15
	Penicillium spinulosum	자당, 당밀	63.8	16.1
	Asperillus nidulans	포도당, 자당	51	17.2
	Mucor circinelloides	포도당	46~65	10~14
녹조균	*Chlorella pyrenoidosa*	CO_2	85	-

(2) 유지 생산조건

① 질소원의 농도와 C/N비가 중요하고 일반적으로 배양기 중에 탄소원 농도가 높고 질소원이 결핍되면 유지가 축적된다.

② 유지의 축적에는 충분한 산소공급이 필요하다.

③ 유지 생성적온은 그 미생물의 생육최적 온도와 일치하며 25℃ 전후가 많다.

④ 최적 pH는 미생물 종류에 따라 다르다. 효모류는 3.5~6.0, 사상균은 중성 내지 미알칼리성이다.

⑤ 염류의 영향은 균주에 따라 다르다. *Asp. nidulans*는 Na, K, Mg, SO_4, PO_4 등의 이온량의 비를 조절하면 유지 함량 25~26%이던 것을 51%까지 증대시킬 수 있다.

⑥ ethanol, acetic acid 등이 유지 함량을 증대시키고, 비타민 B group을 요구하는 것도 있다.

3. 단백자원으로서의 미생물균체

① 미생물균체의 조단백질 함량은 일반적으로 세균 60~80%, 효모 50~70%, 곰팡이는 조금 낮은 편이나 높은 것도 있다. 조류나 담자균도 50~60%의 단백질이 함유되어 있다.

② 아황산펄프폐액이나 탄화수소를 탄소원으로 하여 배양한 균체단백질은 식물단백질보다 lysine과 threonine의 함량이 많고 아미노산 조성이 동물단백과 유사하다.

③ 일반적으로 효모균체에는 비타민 B_1, B_2, B_6, nicotinic acid, pantothenic acid, biotin, folic acid, inositol, provitamin D 등이 풍부하게 들어 있다.

④ 탄화수소를 이용한 미생물균체에 대해서 특히 확인하여야 할 점은 안전성이다.

2 식용 및 사료용 효모

1. 원료

탄소원으로 아황산펄프폐액, 폐당밀, 목제 당화액 등을 이용했으나, 최근에는 석유미생물 개발로 n-paraffin을 탄소원으로 사용되고 있다.

2. 사용균주

① 식용효모 혹은 사료용 효모의 제조는 *Endomyces*, *Hansenula*, *Saccharomyces*, *Candida*, *Torulopsis*, *Oidium*속 등이 이용된다.

② 실제적으로는 *Candida utilis*, *Torulopsis utilis*, *Torula utilis* 등이 사용된다.

3. 균의 배양

① 처리폐액에 질소원으로서 암모니아수, 요소 등과 과인산석회, KCl, $MgSO_4$ 등의 무기염을 첨가한다.

② 일반적으로 균체 증식에 필요한 산소는 배양액 중에 용존되어 있는 산소만 이용하므로 균체의 산소 요구량은 대단히 크다. 그러므로 통기교반배양에는 소포효과가 큰 waldhof 형의 연속배양조가 사용된다.

③ 발효조 중에 적당한 inoculum size의 효모를 첨가하고 30℃로 유지한다. 효모증식에 따라 발열량이 많아지므로 발효조 내에 냉각관 등을 설치하여 일정한 온도로 유지하여야 한다.

4. 분리 및 건조

① 배출된 효모는 거품과 함께 소포기에 들어가서 거품을 물리적으로 파괴하여 없앤다.

② 배양액을 원심분리하여 균체와 액을 분리하고 균체는 압착, 탈수하여 건조시킨다.

3 빵효모의 생산

1. 원료

① 폐당밀(주원료) : 폐당밀에는 사탕수수당밀과 사탕무당밀이 있다. 사탕수수당밀은 약 50%의 당분을 함유하며 소량의 환원당 외의 대부분은 자당(sucrose)이다. 사탕수수폐당밀이 사탕무 폐당밀보다 당 함량이 높다.

② 보리 : 종효모 배양에 일부 사용되며 폐당밀과 보리의 비는 9:1 정도이다.

③ 맥아근 : 맥아근에는 aspargine이 많이 함유되어 있어 술덧의 여과를 도와주는 중요한 원료이다.

④ 무기질 : 당밀은 0.2~0.4%의 질소를 함유하고 있으나 대부분 자화되기 어려운 형태로 존재하므로 황산암모늄, 암모니아수, 요소 등의 질소원을 별도 첨가한다.

2. 균주

빵효모로 *Sacch. cerevisiae* 계통의 유포자효모가 사용된다.

3. 배양

① 충분한 공기를 공급할 수 있는 통기탱크배양을 한다.

② 배양온도는 25~26℃가 가장 양호하나, 30℃ 이상이 되면 오히려 균의 증식이 저해받게 된다.

③ 잡균오염 방지를 위해 pH 3.5~4.5로 항상 일정하게 유지해야 한다.
④ 배양액 중의 당농도가 높으면 효모는 알코올 발효를 하게 되고 균체수득량이 감소하게 된다.

4. 효모의 분리

① 증식이 끝난 배양액의 효모농도는 5~8% 정도이고 분리된 농축효모크림은 5~6배 양의 냉수를 가하여 세척하고 다시 원심분리를 3~4회 반복한다.
② 원심분리기로부터 균체를 모아 5℃ 이하로 냉각하여 압력여과기(filter press)에 의하여 압착한다.
③ 압착효모의 수분 함량은 65~70%이며, 포장 후 0~4℃ 냉장고에 저장해야 한다.

빈출 문제

문제 {효소}

1 당분해(glycolysis)에 관여하는 효소 중에는 보조인자(cofactor)로써 화학성분(금속이온 등)을 필요로 하는 효소도 있다. 이와 같은 효소의 단백질 부분을 무엇이라 하는가?

① 아포효소(apoenzyme)
② 보조효소(coenzyme)
③ 완전효소(holoenzyme)
④ 보결분자단(prosthetic group)

2 holoenzyme에 대한 설명으로 옳은 것은?

① 조효소를 말한다.
② 가수분해작용을 하는 효소를 말한다.
③ 활성이 없는 효소단백질과 조효소가 결합된 활성이 완전한 효소를 말한다.
④ 금속이온 또는 유기분자로 이루어진 factor를 말한다.

3 효소반응에 대한 설명으로 옳은 것은?

① 금속이온은 보조효소가 될 수 없다.
② 효소의 활성부위에 저해제는 결합할 수 없다.
③ 반응생성물이 많아질수록 반응속도가 빨라진다.
④ K_m(Michaelis 상수) 값이 낮을수록 기질 친화력이 강하다.

4 다음 중 한 효소반응의 동력학적 항수(K_m과 V_m)를 구하기 위해서 처음 어떠한 실험을 하여야 하는가?

① 기질농도의 변화에 따른 효소의 초기속도를 구한다.
② 저해물질농도에 따른 효소의 초기속도를 구한다.
③ 기질농도의 변화에 따른 효소의 최대속도를 구한다.
④ 시간에 따른 반응속도의 변화를 구한다.

5 아래의 대사경로에서 최종생산물 P가 배지에 다량 축적되었을 때 P가 A→B로 되는 반응에 관여하는 효소 E_A의 작용을 저해시키는 것을 무엇이라고 하는가?

$$A \xrightarrow{E_A} B \longrightarrow C \longrightarrow D \longrightarrow P$$

① feed back repression
② feed back inhibition
③ competitive inhibition
④ noncompetitive inhibition

6 효소반응과 관련하여 경쟁적 저해에 대한 설명으로 옳은 것은?

① K_m 값은 변화가 없다.
② V_{max} 값은 감소한다.
③ Lineweaver–Burk plot의 기울기에는 변화가 없다.
④ 경쟁적 저해제의 구조는 기질의 구조와 유사하다.

해설 {효소}

1 효소단백질

- 단순단백질 또는 복합단백질 형태로 존재하지만 복합단백질에 분류된 효소의 경우, 단백질 이외의 저분자화합물과 결합하여 비로소 활성을 나타낸 것이 많다. 이 저분자화합물을 보조효소(coenzyme)라 한다.
- 단백질 부분은 apoenzyme이라 하며, apoenzyme과 보조가 결합하여 활성을 나타내는 상태를 holoenzyme이라고 한다.
- 보조효소가 apoenzyme과 강하게 결합(주로 공유결합)되어 용액 중에서 apoenzyme으로부터 해리되지 않는 경우 이 보조효소를 보결분자족(prosthetic group)이라고 한다.
  - 보결분자족은 catalase, peroxidase의 Fe-porphyrin 같은 단백질과 강하게 결합된 경우와 hexokinase의 Mg^{++}, amylase의 Ca^{++}, carboxypeptidase의 Zn^{++} 같이 단백질과 해리되기 쉬운 유기화합물인 경우도 있다.
  - 보효소로는 NAD, NADP, FAD, ATP, CoA, biotin 등이 있다.

2 완전효소(holoenzyme)

- 활성이 없는 효소단백질(apoenzyme)과 조효소(coenzyme)가 결합하여 활성을 나타내는 완전한 효소를 말한다.
- holoenzyme = apoenzyme + coenzyme

3 Michaelis 상수 K_m

- 반응속도 최대값의 1/2일 때의 기질농도와 같다.
- K_m은 효소-기질복합체의 해리상수이기 때문에 K_m값이 작을 때에는 기질과 효소의 친화성이 크며, 역으로 클 때에는 작다.

4 효소반응 속도식

- 기질농도를 변화시켜 초기속도를 결정한 다음 K_m과 V_m 값을 결정하게 된다.

5 feedback inhibition(최종산물저해)

- 최종생산물이 그 반응계열의 최초반응에 관여하는 효소 E_A의 활성을 저해하여 그 결과 최종산물의 생성, 집적이 억제되는 현상을 말한다.

※feedback repression(피드백 억제)은 최종생산물에 의해서 효소 E_A의 합성이 억제되는 것을 말한다.

6 경쟁적 저해(competitive inhibition)

- 기질과 저해제의 화학적 구조가 비슷하여 효소의 활성부위에 저해제가 기질과 경쟁적으로 비공유결합하여 효소작용을 저해하는 것이다.
- 경쟁적 저해제가 존재하면 효소의 반응 최대속도(V_{max})는 변화하지 않고 미카엘리스 상수(K_m)는 증가한다.
- 경쟁적 저해제가 존재하면 Lineweaver-Burk plot에서 기울기는 변하지만, y절편은 변하지 않는다.

정답	1 ①	2 ③	3 ④	4 ①
	5 ②	6 ④		

7 대사산물 제어조절계(feedback control)에 관한 설명으로 틀린 것은?

① 합동피드백제어(concerted feedback control)는 과잉으로 생산된 1개 이상의 최종산물이 대사계의 첫 단계 반응의 효소를 제어하는 경우를 말한다.
② 협동피드백제어(co-operative feed back control)는 과잉으로 생산된 다수의 최종산물이 합동제어에서와 마찬가지로 협동적으로 첫 단계 반응의 효소를 제어함과 동시에 각각의 최종산물 사이에도 약한 제어반응이 존재하는 경우를 말한다.
③ 순차적피드백제어(sequential feed back control)는 그 계에 존재하는 모든 대사기구의 갈림반응이 그 계의 뒤쪽의 생산물에 의해 제어되는 경우를 말한다.
④ 동위효소제어(isoenzyme control)는 각각의 최종산물이 서로 관계없이 독립적으로 그 생합성계의 첫 번째 반응의 어떤 백분율로 제어하는 경우이다.

8 다음 (　　)에 들어갈 적당한 것은?

효소반응에서 반응속도가 최대속도(V_{max})의 1/2에 해당되는 기질의 농도[S]는 (　　)와(과) 같다.

① $1/K_m$　　② $-1/K_m$
③ K_m　　④ $-K_m$

9 [S]=K_m이며 효소 반응속도값이 20umol/min일 때, V_{max}는? (단, [S]는 기질농도, K_m은 미카엘리스 상수)

① 10umol/min　　② 20umol/min
③ 30umol/min　　④ 40umol/min

10 미카엘리스 상수(Michaelis constant) K_m의 값이 낮은 경우는 무엇을 의미하는가?

① 효소와 기질의 친화력이 크다.
② 효소와 기질의 친화력이 작다.
③ 기질과 저해제가 경쟁한다.
④ 기질과 저해제가 결합한다.

11 효소의 미카엘리스-멘텐 반응속도에 기질농도[S]=K_m일 때 효소 반응속도값이 15mM/min이다. V_{max}는?

① 5mM/min　　② 7.5mM/min
③ 15mM/min　　④ 30mM/min

12 아래는 어느 한 효소의 초기(반응)속도와 기질농도와의 관계를 표시한 것이다. 이 효소의 반응속도 항수인 K_m과 V_{max} 값은?

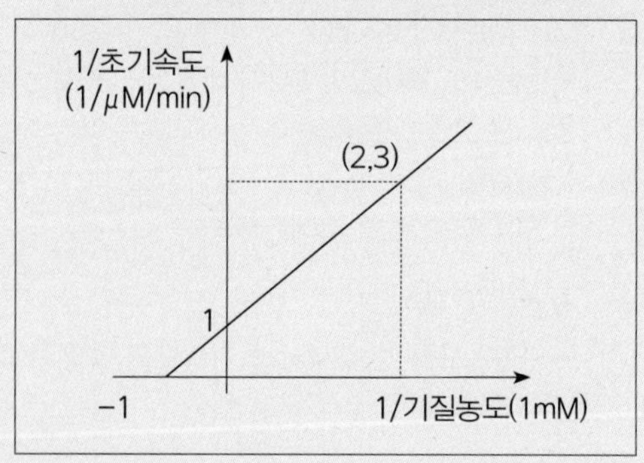

① K_m=1, V_{max}=1　　② K_m=2, V_{max}=2
③ K_m=1, V_{max}=2　　④ K_m=2, V_{max}=1

7 동위효소(isoenzyme)에 대한 조절작용

- feedback 조절을 받는 경로의 최초의 반응이 여러 개의 같은 작용을 하는 효소(isoenzyme)에 의해서 촉매되는 경우 이들 각 효소가 각각 다른 최종산물에 의해서 조절된다.
- 대표적인 예는 대장균에 의한 aspartic acid계열 아미노산 생성의 경우이다.
- 3종류의 aspartokinase가 최종산물인 lysine, threonie 및 methionine에 의해서 각각 조절작용을 받게 된다.

8 3번 해설 참조

9 Michaelis–Menten식

- $[S] = K_m$이라면, $V = 1/2V_{max}$이 된다.
  $20umol/min = 1/2V_{max}$

$\therefore V_{max} = 40umol/min$

10 Michaelis 상수 K_m

- 반응속도 최대값의 1/2일 때의 기질농도와 같다.
- K_m은 효소–기질복합체의 해리상수이기 때문에 K_m값이 작을 때에는 기질과 효소의 친화성이 크며, 역으로 클 때는 작다.
- K_m값은 효소의 고유값으로서 그 특성을 아는데 중요한 상수이다.

11 Michaelis–Menten식

- $[S] = K_m$이라면 $V = 1/2V_{max}$이 된다.
  $15mM/min = 1/2V_{max}$

$\therefore V_{max} = 30mM/min$

12 효소의 반응속도 항수

- Michaelis–Menten식에 역수를 취하여 1차 방정식($y = ax+b$)으로 나타낸 것이 Lineweaver–Burk식이다.

  $\frac{1}{v} = \frac{K_m}{V_{max}}\left(\frac{1}{[S]}\right)+\frac{1}{V_{max}}$

  $y = ax+b$ 식에서 $x = 2$, $y = 3$, b(y절편) = 1을 대입하면, a(기울기) = 1이 된다.
- L–B식에서

  기울기 $= \frac{K_m}{V_{max}}$, y 절편 $= \frac{1}{V_{max}}$이므로,
- 기울기 = 1, y절편 = 1을 대입하여 풀면
  $V_{max} = 1$, $K_m = 1$이 된다.

정답				
	7 ④	8 ③	9 ④	10 ①
	11 ④	12 ①		

13 효소의 반응속도 및 활성에 영향을 미치는 요소와 가장 거리가 먼 것은?

① 온도 ② 수소이온농도
③ 기질의 농도 ④ 반응액의 용량

14 광학적 기질 특이성에 의한 효소의 반응에 대한 설명으로 옳은 것은?

① urease는 요소만을 분해한다.
② lipase는 지방을 우선 가수분해하고 저급의 ester도 서서히 분해한다.
③ phosphatase는 상이한 여러 기질과 반응하나 각 기질은 인산기를 가져야 한다.
④ L-amino acid acylase는 L-amino acid에는 작용하나 D-amino acid에는 작용하지 않는다.

15 효소와 기질이 반응할 때 기질의 구조가 조금만 달라도 그 기질에 대해서 효소가 활성을 갖지 못하는 것을 무엇이라 하는가?

① 활성부위
② 기질 특이성(active site)
③ 촉매효율(catalytic efficiency)
④ 조절(regulation)

16 효소에 있어서 그 활성을 나타내기 위해서는 특별한 이온을 필요로 하는 경우가 있다. 다음 중 효소의 활성화 물질로서 작용하지 않는 것은?

① Cu^{2+} ② Mg^{2+}
③ Pd^{2+} ④ Mn^{2+}

17 기질과 화학적 구조가 유사하여 효소의 활성부위에 직접 결합하는 저해제의 종류는?

① 기질적 저해제
② 경쟁적 저해제
③ 비경쟁적 저해제
④ 무경쟁적 저해제

18 효소의 비활성도(specific activity)를 구하는 방법은?

① total activity/total protein
② mass protein/volume extract
③ activity/total volume
④ total activity/total activity in crude extract

19 allosteric effector와 관계를 가지는 다음 설명 중 옳은 것은?

① allosteric effector는 일반적으로 기질의 유사물이다.
② allosteric effector는 고분자인 효소 분자의 변성반응을 촉매한다.
③ 효소의 allosteric 부위는 활성부위에서 멀리 떨어져 있다.
④ allosteric 단백질은 고분자인 것과 아닌 것이 있다.

13 효소의 반응속도에 영향을 미치는 요소

- 온도, pH(수소이온농도), 기질농도, 효소의 농도, 저해제 및 부활제 등이다.

14 효소반응의 특이성

① 절대적 특이성
- 유사한 일군의 기질 중 특이적으로 한 종류의 기질에만 촉매하는 경우
- urease는 요소를 분해, pepsin은 단백질을 가수분해, dipeptidase는 dipeptide 결합만을 가수분해한다.

② 상대적 특이성
- 효소가 어떤 군의 화합물에는 우선적으로 작용하며 다른 군의 화합물에는 약간만 반응할 경우
- acetyl CoA synthetase는 초산에 대하여는 활성이 강하나 propionic acid에는 그 활성이 약하다.

③ 광학적 특이성
- 효소가 기질의 광학적 구조 상위에 따라 특이성을 나타내는 경우
- maltase는 maltose와 α-glycoside를 가수분해하나 β-glycoside에는 작용하지 못한다. L-amino acid oxidase는 D-amino acid에는 작용하지 못하나 L-amino acid에만 작용한다.

15 14번 해설 참조

16 효소의 작용을 활성화시키는 부활체(activator)

- phenolase, ascorbic acid oxidase에서 Cu^{++}
- phosphatase에서의 Mn^{++}, Mg^{++}
- arginase에서의 Cu^{++}, Mn^{++}
- cocarboxylase에서의 Mg^{++}, Co^{++}

17 가역적 저해

- 경쟁적 저해(길항적 저해) : 기질과 저해제의 화학적 구조가 비슷하여 효소의 활성부위에 저해제가 기질과 경쟁적으로 비공유 결합하여 효소작용을 저해하는 것이다.
- 비경쟁적 저해(비길항적 저해) : 저해제가 효소 또는 효소-기질 복합체에 다같이 결합하여 저해하는 경우를 말하며, 이때 기질의 농도를 높여도 저해는 없어지지 않는다. 또한 저해제는 기질과 구조상 유사하지도 않다.
- 무경쟁적 저해(무길항적 저해) : 저해제가 효소에는 결합하지 않고 효소-기질복합체에만 결합하는 경우이며, 비경쟁적 저해와 마찬가지로 기질의 농도를 높여도 저해는 없어지지 않는다.

18 효소의 비활성(specific activity)

- 여러 가지 단백질 중에서 효소를 분리하기 위해서 효소의 비활성으로 측정하며 효소제품의 순도를 나타낸다.

$$\text{specific activity(SA)} = \frac{\text{효소의 total unit}}{\text{total protein}}$$

- 효소의 정제가 진행됨에 따라 비활성이 증가하고 최후에는 일정하게 된다.
- 효소활성(activity)의 측정은 양이나 물보다는 효소반응률에 따라 단위로 표현되는 것이 일반적이다.
- 효소 1mg당의 국제단위(IU)로 나타내며 신국제단위에서는 효소 1kg당의 katal(kat)수로 나타낸다.

19 알로스테릭 효과(allosteric effect)

- 효소의 기질결합 부위와는 입체적으로 다른 부위(allosteric site)에 저분자화합물(ligand)이 비공유결합적으로 결합하여 효소활성을 변화시키는 현상을 말한다.

정답				
정답	13 ④	14 ④	15 ②	16 ③
	17 ②	18 ①	19 ③	

20 **다른자리입체성 조절효소(allosteric enzyme)에 관한 설명으로 틀린 것은?**

① 활성자리와 조절자리가 구별된다.
② 반응속도가 Michaelis-Menten 식을 따른다.
③ 촉진적 효과인자(positive effector)에 의해 활성화된다.
④ 반응속도의 S자형 곡선은 소단위(subunit)의 협동에 의한 것이다.

21 **효소의 분류에 따른 기능이 잘못 연결된 것은?**

① transferases – 관능기의 전이를 촉매
② lyases – 비가수분해로 화학기의 이탈 반응을 촉매
③ isomerases – 산화환원반응을 촉매
④ ligases – ATP를 분해시켜 화학결합을 형성하는 반응을 촉매

22 **다음 중 균체 외 효소가 아닌 것은?**

① amylase
② protease
③ glucose oxidase
④ pectinase

23 **zymogen에 대한 설명이 틀린 것은?**

① 효소의 전구체다.
② pro-enzyme이라고도 한다.
③ 효소분비를 촉진하는 호르몬이다.
④ 생체 내에서 불활성의 상태로 존재 또는 분비된다.

24 **다음 효소 중 가수분해효소가 아닌 것은?**

① carboxy peptidase
② raffinase
③ invertase
④ fumarate hydratase

25 **α-amylase의 성질이 아닌 것은?**

① 전분의 α-1,4 및 α-1,6 결합을 임의의 위치에서 분해한다.
② 전분의 점도를 급격히 저하시킨다.
③ 최종분해생성물은 dextrin, 맥아당, 소량의 포도당이다.
④ 액화형 amylase이다.

26 **다음 효소 중에서 전분의 α-1,6- glucoside 결합을 가수분해하는 것은?**

① α-amylase
② cellulase
③ β-amylase
④ glucoamylase

27 **전분(starch)의 비환원성 말단에서 포도당 단위로 끊어내는 당화형 효소는?**

① α-amylase
② β-amylase
③ glucoamylase
④ maltase

20 다른자리입체성 조절효소

- 활성물질들이 효소의 활성 부위가 아닌 다른 자리에 결합하여 이루어지는 반응능력 조절이다.
- 반응속도가 Michaelis-Menten식을 따르지 않는다. (기질농도와 반응속도의 관계가 S형 곡선이 된다)
- 기질결합에 대하여 협동성을 나타낸다. (기질결합→형태변화 초래→다른 결합자리에 영향)
- 효과인자(다른자리입체성 저해물, 다른자리입체성 활성물)에 의해 조절된다.
- 가장 대표적인 효소 : ATCase

21 효소의 분류

[이론 p.164 참조]

22 균체 내 효소와 균체 외 효소

① 균체 내 효소
- 합성되어 미생물의 세포 내에 그대로 머물러 있는 효소이다.
- 균체의 성분을 합성한다.
- glucose oxidase, uricase, glucose isomerase 등이다.

② 균체 외 효소
- 미생물이 생산하는 효소 중 세포 밖에 분비되는 효소이다.
- 기질을 세포 내에 쉽게 흡수할 수 있는 저분자량의 물질로 가수분해한다.
- amylase, protease, pectinase 등의 가수분해효소가 많다.

23 zymogen(효소원)

- proenzyme(효소의 전구체)이라고도 한다.
- 단백질 분해효소 가운데 비활성 전구물질을 zymogen이라 한다.
- 촉매활성은 나타나지 않지만 생물체 내에서 효소로 변형되는 단백질류이다.

24 가수분해효소(hydrolase)

- carboxy peptidase, raffinase, invertase, polysaccharase, protease, lipase, maltase, phosphatase 등

※fumarate hydratase는 lyase(이중결합을 만들거나 없애는 효소)이다.

25 α-amylase

- amylose와 amylopectin의 α-1,4-glucan 결합을 내부에서 불규칙하게 가수분해시키는 효소(endoenzyme)이다.
- 전분의 점도를 급격히 저하시키고, 덱스트린으로 되기 때문에 크게 환원력을 잃는다.
- 액화형 amylase라고도 한다.

26 glucoamylase

- amylose와 amylopectin의 α-1,4-glucan 결합을 비환원성 말단에서 glucose 단위로 차례로 절단하는 효소로 α-1,4 결합 외에도 분지점의 α-1,6-glucoside 결합도 서서히 분해한다.

27 전분 분해효소

- α-amylase : amylose와 amylopectin의 α-1,4-glucan 결합을 내부에서 불규칙하게 가수분해시키는 효소(endoenzyme)로서 액화형 amylase라고도 한다.
- β-amylase : amylose와 amylopectin의 α-1,4-glucan 결합을 비환원성 말단에서 maltose 단위로 규칙적으로 절단하여 덱스트린과 말토스를 생성시키는 효소(exoenzyme)로서 당화형 amylase라고도 한다.
- maltase : α-glucoside 결합한 maltose를 가수분해하여 2분자의 glucose를 생성하는 효소이다.

정답				
	20 ②	21 ③	22 ③	23 ③
	24 ④	25 ①	26 ④	27 ③

28 포도당을 과당으로 만들 때 쓰이는 미생물 효소는?

① xylose isomerase
② glucose isomerase
③ glucoamylase
④ zymase

29 포도당을 과당으로 전환시킬 때 주로 사용되는 미생물효소는?

① *Bacillus subtilis*의 α–amylase
② *Aspergillus oryzae*의 α–amylase
③ *Aspergillus niger*의 β–amylase
④ *Streptomyces murinus*의 glucose isomerase

30 포도당과 산소를 제거하고 산화에 의한 식품의 갈변 방지에 이용되는 효소는?

① taanase
② cellulase
③ glucose oxidase
④ glucose isomerase

31 glucose oxidase의 이용성과 관계없는 것은?

① 포도당의 제거
② 산소의 제거
③ 포도당의 정량
④ 식품의 고미질 제거

32 곰팡이에서 발견되며 식품의 갈변 방지, 통조림 산소 제거 등에 이용되는 효소는?

① lipase ② catalase
③ lysozyme ④ glucose oxidase

33 glucoamylase에 대한 설명으로 틀린 것은?

① 전분의 α–1,4 결합을 비환원성 말단으로부터 차례로 glucose 단위로 절단한다.
② 전분 분자의 α–1,6 결합도 절단할 수 있는 효소이다.
③ 전분으로부터 단당류인 glucose를 생성하는 효소이다.
④ 생산균에는 *Bacillus subtilis*와 *Rhizopus delemar*가 있다.

34 α–glucoamylase의 특징이 아닌 것은?

① 거의 모든 생물에 존재하며 특히 효모에 풍부하게 존재한다.
② 말토스, 아밀로스, 올리고당을 분해한다.
③ 이소말토스에 대해서 활성이 뛰어나다.
④ 말타아제라고도 한다.

35 invertase에 대한 설명으로 틀린 것은?

① 활성 측정은 sucrose에 결합되는 산화력을 정량한다.
② sucrase 또는 saccharase라고도 한다.
③ 가수분해와 fructose의 전달반응을 촉매한다.
④ sucrose를 다량 함유한 식품에 첨가하면 결정 석출물을 막을 수 있다.

28 이성화효소(glucose isomerase)

- aldose와 ketose 간의 이성화반응을 촉매하며 D-glucose에서 D-fructose를 변환하는 효소이다.
- 특히 D-glucose로부터 D-fructose를 생성하는 포도당 이성질화 효소는 감미도가 높은 D-fructose의 공업적인 제조에 이용된다.
- 정제포도당에 고정화된 이성화효소(glucose isomerase)를 처리하여 과당(fructose)으로 전환시켜 42%의 이성화당(high-fructose corn syrup, HFCS)을 얻는다.
- *Actinoplanes missouriensis*, *Bacillus coagulans*, *Bacillus megateruim*, *Microbacterium arborescens*, *Streptomyces olivaceus*, *Streptomyces albos*, *Streptomyces olivochromogenes*, *Streptomyces rubiginosus*, *Streptomyces murinus*에서 얻어진다.

29 28번 해설 참조

30 glucose oxidase

- gluconomutarotase 및 catalase의 존재 하에 glucose를 산화해서 gluconic acid를 생성하는 균체의 효소이다.
- *Aspergillus niger*, *Penicillium notatum*, *Pen. chrysogenum*, *Pen. amagasakiense* 등이 생산한다.
- 식품 중의 glucose 또는 산소를 제거하여 식품의 가공, 저장 중의 품질저하를 방지할 수 있다.
  - 난백 건조 시 갈변 방지
  - 밀폐포장식품 용기 내의 산소를 제거하여 갈변이나 풍미저하 방지
  - 통조림에서 철, 주석의 용출 방지
  - 주스류, 맥주, 청주나 유지 등 산화를 받기 쉬운 성분을 함유한 식품의 산화 방지
  - phenol 산화, tyrosinase 또는 peroxidase에 의한 산화 방지
  - 생맥주 중의 호기성 미생물의 번식 억제
  - 식품공업, 의료에 있어서 포도당 정량에 이용

31 30번 해설 참조

32 30번 해설 참조

33 glucoamylase의 특징

- 전분의 α-1,4 결합을 비환원성 말단으로부터 glucose를 절단하는 당화형 amylase이다.
- 전분의 α-1,6 결합도 절단할 수 있다.
- 전분을 거의 100% glucose로 분해하는 효소이다.
- 환원당의 생성은 빠르나 반응이 진행하여도 고분자의 덱스트린이 남아 있어 점도의 저하, 요오드 반응의 소실은 늦어진다.
- maltose도 두 분자의 글루코스로 분해하고 반응은 늦지만 이소말토스도 분해한다.
- glucoamylase의 생산균은 *Rhizopus delemar*이다.

34 33번 해설 참조

35 invertase(sucrase, saccharase)

- sucrose를 glucose와 fructose로 가수분해하는 효소이다.
- sucrose를 분해한 전화당은 sucrose보다 용해도가 높기 때문에 당의 결정 석출을 방지할 수 있고 또 흡수성이 있으므로 식품의 수분을 적절히 유지할 수가 있다.
- 인공벌꿀 제조에도 사용된다.
- invertase의 활성 측정은 기질인 sucrose로부터 유리되는 glucose 농도를 정량한다.

정답	28 ②	29 ④	30 ③	31 ④
	32 ④	33 ④	34 ③	35 ①

36 셀룰로스(cellulose)를 가수분해할 수 있는 효소는?

① α-glucosidase
② β-glucosidase
③ transglucosidase
④ α-amylase

37 전분당화를 위한 효소 중 endo α-1,4 linkage를 절단하는 효소는?

① α-amylase
② β-amylase
③ glucoamylase
④ isoamylase

38 polypeptide 분자 중간에 작용하여 peptide 결합을 분해하는 효소는?

① endopeptidase
② aminopeptidase
③ exopeptidase
④ carboxypeptidase

39 *Mucor pusillus*가 생산하는 응유효소에 대한 설명으로 틀린 것은?

① κ-casein을 특이하게 분해한다.
② ds, β-casein을 특이하게 가수분해한다.
③ 단백질 분해력보다 응유력이 강하다.
④ para-κ-casein은 Ca^{2+}로 응고된다.

40 김치를 저장할 때 나타나는 연부현상의 원인 효소는?

① polygalactouronase
② zymase
③ ascorbinase
④ glucose oxidase

41 아래에서 설명하는 효소는?

NADH를 이용하여 젖산을 탈수소하여 피루브산으로 만드는 세포질 효소이다.

① lactase
② succinate dehydrogenase
③ lactose operon
④ lactate dehydrogenase

42 고에너지결합(high energy bond)을 이용하여 두 분자를 결합시키는 효소는?

① reductase ② lyase
③ ligase ④ hydrolase

43 C-C, C-S, C-O 등과 같은 결합을 형성하는 효소는?

① oxidoreductase
② kinase
③ isomerase
④ ligase

36 셀룰로스(cellulose)

- β–D–glucose가 β–1,4 결합(cellobiose의 결합방식)을 한 것으로 직쇄상의 구조를 이루고 있다.
- β–glucosidase는 cellulose의 β–1,4 glucan을 가수분해하여 cellubiose와 glucose를 생성한다.

37 전분당화를 위한 효소

- α–amylase : amylose와 amylopectin의 α–1,4–glucan 결합을 내부에서 불규칙하게 가수분해시키는 효소(endoenzyme)로서 액화형 amylase라고도 한다.
- β–amylase : amylose와 amylopectin의 α–1,4–glucan 결합을 비환원성 말단에서 maltose 단위로 규칙적으로 절단하여 덱스트린과 말토스를 생성시키는 효소(exoenzyme)로서 당화형 amylase라고도 한다.
- glucoamylase : amylose와 amylopectin의 α–1,4–glucan 결합을 비환원성 말단에서 glucose 단위로 차례로 절단하는 효소로 α–1,4 결합 외에도 분지점의 α–1,6–glucoside 결합도 서서히 분해한다.
- isoamylase : 글리코겐, 아밀로펙틴의 α–1,6 결합을 가수분해하여 아밀로스 형태의 α–1,4–글루칸을 만드는 효소이다.

38 엔도펩티다아제(endopeptidase)

- polypeptide 분자 내부의 peptide 결합을 가수분해하는 단백질분해효소이다.
- 올리고펩티드를 생산한다.

39 *Mucor pusillus*가 생산하는 응유효소

- *Mucor pusillus* var. Lint protease(MP효소) : 흙에서 분리한 이 균은 강력한 응유효소를 생산한다.
- 이 효소는 chymosin과 유사한 특이성을 보이며, pH 6.4~6.8에서 활성이 우수하다.
- κ–casein에 작용하여 para–κ–casein과 glycomacropeptide이 되며, para–κ–casein은 Ca^{2+}의 존재하에 응고되어 dicalcium para–κ–casein(치즈커드)이 된다.

40 김치의 저장 중 효소 활성

- 산패시기의 amylase, protease 활성이 숙성에 따라 최고에 달하고, 산패되어 균막이 형성되면 amylase, protease 활성이 낮아지고 polygalactouronase의 활성이 높아진다.
- 김치의 연부현상은 polygalactouronase의 활성에 의한 것이며 이 활성은 호기성 산막 미생물에 의한 것으로 추정된다.

41 lactate dehydrogenase(LDH, 젖산탈수소효소)

- 간에서 젖산을 피루브산으로 전환시키는 효소이다.

$$\underset{\text{(피루브산)}}{\text{pyruvate}} \xrightarrow[\text{lactate dehydrogenase}]{NADH_2 \quad NAD} \underset{\text{(젖산)}}{\text{lactic acid}}$$

42 합성효소(ligase)

- ATP 등의 고에너지결합(high energy bond)을 이용하여 두 분자를 결합시키는 반응을 촉매하는 효소로 합성효소(synthetase)라고 한다.
  - 탄소–산소(C–O) : 아미노산–RNA 리가제
  - 탄소–황(C–S) : 아세틸 CoA 리가제
  - 탄소–질소(C–N) : GMP 리가제, 아스파르테이트암모니아 리가제
  - 탄소–탄소(C–C) : 피루베이트카복실라아제, 아세틸 CoA 카복실라아제
  - 인산에스터 결합 : DNA 리가제
- 이 효소군은 단백질의 합성 등에 있어서 아미노산의 활성화나 지방산의 활성화 등 생리학적으로 중요한 역할을 하고 있는 것이 많다.

43 42번 해설 참조

정답				
	36 ②	37 ①	38 ①	39 ②
	40 ①	41 ④	42 ③	43 ④

44 RNA를 가수분해하는 효소는?

① ribonuclease
② polymerase
③ deoxyribonuclease
④ ribonucleotidyl transferase

45 산화환원효소가 아닌 것은?

① alcohol dehydrogenase
② glucose oxidase
③ lipase
④ acyl-CoA dehydrogenase

46 산소에 전자가 전달되어 생성된 O^{2-} 이온의 detoxification에 관여하는 효소가 아닌 것은?

① superoxide dismutase
② reductase
③ catalase
④ peroxidase

47 HFCS(High Fructose Corn Syrup) 55의 생산에 이용되는 효소는?

① amylase
② glucoamylase
③ glucose isomerase
④ glucose dehydrogenase

48 효소의 작용에 의한 분류 중 lyase의 설명으로 옳은 것은?

① 이중결합을 형성하는 과정에서 작용기의 제거를 촉매
② 결합 사이에 물 분자의 첨가를 촉매
③ ATP 분해를 수반하는 화학결합의 생성 반응을 촉매
④ 관능기의 전이를 촉매

49 nicotinamide에 관한 설명으로 틀린 것은?

① NADH 또는 NADPH의 구성요소가 된다.
② 탈탄산 반응에서 중요한 역할을 한다.
③ alcohol dehydrogenase의 전자수용체의 구성요소가 된다.
④ 개의 흑설병(blacktongue)을 예방하는 물질이다.

50 조효소로 사용되면서 산화환원 반응에 관여하는 비타민으로 짝지어진 것은?

① 엽산, 비타민 B_{12}
② 니코틴산, 엽산
③ 리보플라빈, 니코틴산
④ 리보플라빈, 티아민

44 RNA 가수분해효소

- ribonuclease(RNase)는 RNA의 인산 ester 결합을 가수분해하는 효소이다.

45 산화환원효소(oxidoreductase)

- 산화환원 반응에 관여하는 효소이다.
- $AH_2 + B \rightarrow A + BH_2$
- 탈수소효소(dehydrogenase)와 산화효소(oxidase) 등
- alcohol dehydrogenase, glucose oxidase, acyl-CoA dehydrogenase, lactate dehydrogenase, malate dehydrogenase 등

※lipase는 지방분해효소로 triglyceride의 에스테르결합을 고급지방산과 글리세롤로 분해하는 가수분해효소이다.

46

superoxide dismutase, catalase, peroxidase 등은 산화효소이고, reductase는 환원효소이다.

47 HFCS(High Fructose Corn Syrup)

- 포도당을 과당으로 이성화시켜 과당 함량이 42%와 55%, 그리고 85%인 제품이 생산되고 있다.
- glucose isomerase는 D-glucose에서 D-fructose를 변환하는 효소이다.

48 기제거효소(lyase)

- 가수분해 이외의 방법으로 기질에서 카르복실기, 알데히드기, H_2O, NH_3 등을 분리하여 기질에 이중결합을 만들거나 반대로 이중결합에 원자단을 부가시키는 반응을 촉매한다.
- 아미노산에 카르복실기가 이탈하여 아민이 생성되는 반응을 들 수 있다.

49 nicotinamide

- NAD(nicotinamide adenine dinucleotide), NADP(nicotinamide adenine dinucleotide phosphate)의 구성요소가 된다.
- 주로 탈수소효소의 보효소로서 작용한다.

50 보조효소의 종류와 그 기능

보조효소	관련 비타민	기능
NAD, NADP	niacin	산화환원 반응
FAD, FMN	Vit. B_2	산화환원 반응
lipoic acid	lipoic acid	수소, acetyl기의 전이
TPP	Vit. B_1	탈탄산 반응(CO_2 제거)
CoA	pantothenic acid	acyl기, acetyl기의 전이
PALP	Vit. B_6	아미노기의 전이반응
biotin	biotin	carboxylation (CO_2 전이)
cobamide	Vit. B_{12}	methyl기 전이
tHFA	folic acid	탄소 1개의 화합물 전이

정답				
	44 ①	45 ③	46 ②	47 ③
	48 ①	49 ②	50 ③	

{ 탄수화물 }

1 포도당의 수용액이 입체이성을 나타내는 현상을 무엇이라 하는가?

① polarization
② amphoterism
③ optical isomerism
④ mutarotation

2 glucose의 부제탄소원자수와 존재할 수 있는 이성체의 수의 연결이 옳은 것은?

① 1, 2　② 2, 4
③ 3, 8　④ 4, 16

3 glucose와 mannose는 epimer 관계이다. 이것은 무엇을 의미하는가?

① 이들은 서로 광학이성체 관계이다.
② 하나는 aldose이고 다른 하나는 ketose이다.
③ 한 부제탄소원자의 결합상태만이 다르다.
④ 이들은 서로 비슷한 환원성을 가진다.

4 다음 단당류 중 ketose이면서 hexose(6탄당)인 것은?

① glucose　② ribulose
③ fructose　④ arabinose

5 이당류가 분해되어 fructose가 나오는 것은?

① lactose　② maltose
③ sucrose　④ trehalose

6 다음의 반응과정과 관계있는 물질은?

$$RCHO + 2Cu^{2+} + 2OH^- \text{(청색)} \rightarrow RCOOH + Cu_2O + H_2O \text{(적색)}$$

① 필수지방산　② 환원당
③ 필수아미노산　④ 비환원당

7 다음 중 셀로바이오스(cellobiose)를 구성단위로 하는 것은?

① 전분　② 글리코겐
③ 이눌린　④ 섬유소

8 과당(fructose)을 구성단위로 하는 다당류는?

① 전분　② 글리코겐
③ 이눌린　④ 셀룰로스

9 광합성 반응에 대하여 옳지 않은 것은?

① 엽록소(chlorophyll)와 더불어 카로티노이드(carotenoids), 피코빌린(Phycobilins) 색소가 필요하다.
② 암반응(dark reaction)과 광반응(light reaction)으로 나눌 수 있다.
③ 단파장(400nm) 이하인 자외선이 가장 효과적으로 광합성을 일으킨다.
④ 광합성에서도 화학삼투작용(chemi osmotic reaction)에 의해 ATP를 생산한다.

해설

{ 탄수화물 }

1 변선광(mutarotation)

- 단당류 및 그 유도체의 수용액은 시간이 경과함에 따라 변화하여 α형과 β형이 평행에 도달하면 일정치의 선광도를 나타내는데 이러한 현상을 변선광이라 한다.
- 이러한 현상은 모든 단당류와 환원성이 있는 이당류, 소당류에서 나타난다.

2 부제탄소원자

- 탄소의 결합수 4개가 각각 다른 원자 또는 기에 연결되는 탄소이다.
- glucose는 4개의 부제탄소원자가 존재한다.
- 당의 광학적 이성체 수는 2^n으로 표시하며 이의 반수는 D형, 반수는 L형이다.
- glucose는 4개의 부제탄소 원자가 있으므로 2^4=16의 광학적 이성체가 가능하다.

3 에피머(epimer)

- 두 물질 사이에 1개의 부제탄소상의 배위(configuration)가 다른 두 물질을 서로 epimer라 한다.
- D-glucose와 D-mannose 및 D-glucose와 galactose는 각각 epimer 관계에 있으나 D-mannose와 D-galactose는 epimer가 아니다.

4 과당(fructose fruit sugar : Fru)

- ketone기(-C=O-)를 가지는 ketose이다.
- 천연산의 것은 D형이며 좌선성이다.
- 벌꿀에 많이 존재하며 과일 등에도 들어있다.
- 천연당류 중 단맛이 가장 강하고 용해도가 가장 크며 흡습성을 가진다.

5 이당류

- lactose : β-D-galactose + α-D-glucose
- maltose : α-glucose + β-glucose
- sucrose : α-D-glucose + β-D-fructose
- trehalose : α-glucose + α-glucose

6 당류의 환원성

- 유리상태의 hemiacetal OH기를 갖는 모든 당류는 알칼리용액 중에서 Ag^+, Hg^{2+}, Cu^{2+} 이온들을 환원시킨다.
- 설탕을 제외한 단당류, 이당류는 환원당이며 환원성을 이용하여 당류의 정성 또는 정량에 이용한다.

7 셀로바이오스(cellobiose)

- 섬유소는 β-D-glucose가 β-1,4 결합(cellobiose의 결합방식)을 한 것으로 직쇄상의 구조를 이루고 있다.
- β-glucosidase와 cellulase는 cellulose의 β-1,4 glucan을 가수분해하여 cellubiose와 glucose를 생성한다.

8 이눌린(inulin)

- 20~30개의 D-fructose가 1,2 결합으로 이루어진 다당류이다.
- 돼지감자의 주탄수화물이다.

9 광합성 과정

- 제1단계 : 명반응
  그라나에서 빛에 의해 물이 광분해되어 O_2가 발생되고, ATP와 $NADPH_2$가 생성되는 광화학 반응이다.
- 제2단계 : 암반응(calvin cycle)
  스트로마에서 효소에 의해 진행되는 반응이며 명반응에서 생성된 ATP와 $NADPH_2$를 이용하여 CO_2를 환원시켜 포도당을 생성하는 반응이다.

※광합성에 소요되는 에너지는 햇빛(가시광선 영역)이다. 엽록체 안에 존재하는 엽록소에서는 특정한 파장의 빛[청색파장(450nm 부근)과 적색파장 영역(650nm 부근)]을 흡수하면 엽록소 분자 내 전자가 들떠서 전자전달계에 있는 다른 분자에 전달된다.

정답				
	1 ④	2 ④	3 ③	4 ③
	5 ③	6 ②	7 ④	8 ③
	9 ③			

10 광합성의 명반응과 암반응에 대한 설명으로 옳지 않은 것은?

① 명반응은 온도의 영향을 받지 않으며, 빛의 세기에 영향을 받는다.
② 암반응은 온도차에 민감하다.
③ 명반응은 빛에너지를 ATP 등의 화학에너지로 전환한다.
④ 암반응은 질소고정을 이용하여 질소화합물로 동화시키는 효소반응이다.

11 광합성 과정의 전자전달계에 관여하는 조효소(co-enzyme)는?

① DPN^+(또는 NAD^+)
② FMN
③ TPN^+(또는 $NADP^+$)
④ FAD

12 광합성 과정은 명반응과 암반응 두 가지로 구분된다. 명반응에서 일어나는 반응은?

① 포도당의 합성　② $NADP^+$의 환원
③ CO_2의 환원　④ NADPH의 산화

13 광합성의 명반응(light reaction)에서 생성되어 암반응(dark reaction)에 이용되는 물질은?

① ATP　② NADH
③ O_2　④ pyruvate

14 광합성 과정은 명반응과 암반응으로 구분된다. 암반응 과정에서 주로 일어나는 현상은?

① 포도당 합성
② NADP의 환원
③ ATP의 합성
④ 전자전달계의 활성화

15 광합성의 암반응으로부터 포도당이 합성될 때 관련된 중간산물이 아닌 것은?

① 3-phosphoglycerate
② xylose-5-phsphate
③ ribulose-1,5-diphosphate
④ glyceraldehyde-3-phosphate

16 광합성(photosynthesis) 중 암반응에서 CO_2를 탄수화물로 환원시키는 데 필요한 것은?

① NADP, ATP　② NADP, ADP
③ NADPH, ATP　④ NADP, NADPH

17 광합성에서의 ATP 생성은 광인산화(photophosphorylation)에 의해 생성된다. 광인산화에 관한 설명 중 옳은 것은?

① 미토콘드리아 내막에서 일어난다.
② 광인산화는 전자전달과 짝지어져 일어난다.
③ 미토콘드리아의 산화적 인산화 반응과 다른 분자 메커니즘으로 일어난다.
④ ATP는 비순환적 인산화(noncyclic photophosphorylation)에 의해서만 생성된다.

18 광합성에서 CO_2가 탄수화물로 환원되는 반응은?

① 탄소동화반응(carbon-assimilation reaction)
② 명반응(light reaction)
③ NADPH와 ATP를 생산하는 반응
④ 산소에 의존하는 반응

10 9번 해설 참조

11 9번 해설 참조

12 9번 해설 참조

13 암반응(칼빈회로, calvin cycle)

- 1단계 : CO_2의 고정
  $6\ CO_2 + 6\ RuDP + 6\ H_2O \rightarrow 12\ PGA$
- 2단계 : PGA의 환원단계
  $12\ PGA \xrightarrow{12ATP\ \ 12ADP} 12\ DPGA \xrightarrow{12NADPH_2\ \ 12NADP} 12\ PGAL + 12\ H_2O$
- 3단계 : 포도당의 생성과 RuDP의 재생성단계
  $2\ PGAL \rightarrow$ 과당2인산 $\rightarrow$ 포도당($C_6H_{12}O_6$)
  $10\ PGAL \xrightarrow{6ATP\ \ 6ADP} 6RuDP$

※3-phosphoglycerate(PGA), ribulose-1,5-diphosphate(RuDP), diphosphoglycerate(DPGA), glyceraldehyde-3-phosphate(PGAL)은 광합성의 암반응(calvin cycle)의 중간생성물이다.

14 9번, 13번 해설 참조

15 13번 해설 참조

16 13번 해설 참조

17 광합성 과정

- 명반응 : 그라나에서 빛에 의해 물이 광분해되어 O_2가 발생되고, ATP와 $NADPH_2$가 생성되는 광화학 반응이다. 빛의 세기에 영향을 받는다.
  - 물의 광분해 : O_2 와 $NADPH_2$가 생성
    $2\ H_2O + 2\ NADP \xrightarrow{빛} 2\ NADPH_2 + O_2$
  - 광인산화 : $ADP + Pi \xrightarrow{빛} ATP$ 생성
    순환적 광인산화 반응(제1광계) …. 6ATP 생성
    비순환적 광인산화 반응(제1, 2광계) ….
    12ATP 와 $12NADPH_2$ 생성
- 암반응(칼빈회로, calvin cycle) : 스트로마에서 효소에 의해 진행되는 반응이며 명반응에서 생성된 ATP와 $NADPH_2$를 이용하여 CO_2를 환원시켜 포도당을 생성하는 반응이다. 온도와 CO_2 농도의 영향을 받는다.
  $6\ CO_2 + 12\ NADPH_2 \xrightarrow{18ATP\ \ 18ADP} 12\ NADP + 6\ H_2O + C_6H_{12}O_6$

18 탄소동화반응

- 녹색식물이나 어떤 세균류가 이산화탄소와 물로 탄수화물을 만드는 작용이다. 녹색식물의 광합성, 세균의 광환원, 세균류의 화학합성 등으로 구분되는데, 특히 중요한 것은 녹색식물의 광합성으로 유기탄소화합물의 거의 대부분이 생성된다.
- 광합성 과정은 2단계로 나누어진다. 제1단계인 명반응은 그라나에서 빛에 의해 물이 광분해되어 O_2가 발생되고, ATP와 $NADPH_2$가 생성되는 광화학 반응이다. 제2단계인 암반응(calvin cycle)은 스트로마에서 효소에 의해 진행되는 반응이며 명반응에서 생성된 ATP와 $NADPH_2$를 이용하여 CO_2를 환원시켜 포도당을 생성하는 반응이다.

정답				
	10 ④	11 ③	12 ②	13 ①
	14 ①	15 ②	16 ③	17 ②
	18 ①			

문제

19 다음 중 식물세포에서 광합성을 담당하는 소기관인 엽록체(chroroplast)의 설명으로 틀린 것은?

① Thylakoids라 불리는 일련의 서로 연결된 disks로 구성된 복잡한 축구공 모양의 구조이다.
② 엽록체 중 chlorophyll 색소는 porphyrin 핵에 Fe가 결합된 구조이다.
③ 엽록체에는 핵 중의 DNA와는 별개의 DNA가 존재한다.
④ 엽록체 중에도 세포질에 존재하는 ribosome과는 다른 70S ribosome이 존재한다.

20 녹색식물의 광합성에 관한 설명으로 틀린 것은?

① 그라나에서는 빛을 포획하고 산소를 생산한다.
② 스트로마에서는 탄소를 고정하는 암반응이 일어난다.
③ calvin 회로는 CO_2로부터 포도당이 생성되는 경로이다.
④ 열대식물은 C_3 경로를 통하여 이산화탄소를 고정한다.

21 광합성에서 1mole의 O_2를 발생시키는 데 필요한 광자(photon)의 수는?

① 1~2개　　② 3~5개
③ 4~6개　　④ 8~10개

22 동위원소를 표지한 산소(^{18}O)를 green algae의 광합성에 사용할 때에 대한 설명으로 틀린 것은?

① 물분자에 ^{18}O를 표지한 $H_2{}^{18}O$는 산소분자(^{18}O)에 나타난다.
② 탄산가스에 ^{18}O를 표지한 $C^{18}O_2$는 물분자에 나타난다.
③ 탄산가스에 ^{18}O를 표지한 $C^{18}O_2$는 탄수화물에 나타난다.
④ 물분자에 ^{18}O를 표지한 $H_2{}^{18}O$는 탄수화물에 나타난다.

23 광합성 생물에서 빛을 흡수하는 것이 아닌 것은?

① carotenoid　　② chlorophyll a
③ plastocyanin　　④ phycocyanin

24 당질의 주요대사 설명으로 틀린 것은?

① 각 조직에서 산화분해되어 에너지를 생성한다.
② 근육이나 간에서 glycogen으로 합성된다.
③ 근육에서 아미노산으로 전환된다.
④ 지방조직에서 지방으로 변한다.

25 다음 중 당이 혐기적 조건에서 효소에 의해 분해되는 대사작용으로 세포질에서 일어나는 것은?

① 해당작용　　② 유전정보 저장
③ 세포의 운동　　④ TCA회로

19 클로로필(chlorophyll)

- a, b, c, d의 4종이 있는데 식물에는 a, b만이 존재하며 c, d는 해조류에 존재한다.
- a는 청록색, b는 황록색을 나타낸다.
- a와 b의 구조는 4개의 pyrrole핵이 메틴 탄소(−CH=)에 의하여 결합된 porphyrin환의 중심에 Mg^{2+}을 가지고 있다.

20 C_4 식물

- 사탕수수, 옥수수, 사탕옥수수 등 열대산의 중요한 작물은 빛 합성률이 높고, 빛호흡을 하지 않는 것이 특징이다.
- 열대산 식물은 C_4 경로를 통하여 이산화탄소를 고정한다.
- C_4−카르복실산 경로는 빛의 쪼이는 양이 많고 온도가 높아서 물이 적은 환경에 적응하여 진화해온 경로이다.

21 양자 요구수

- 단세포 녹조인 클로렐라를 이용하여 1분자의 CO_2를 고정하는 데 요구되는 양자수는 8~10이다. 이것을 양자 요구수라 한다.
- 양자 요구수의 역수를 취하면 광자 한 개당 몇 분자의 CO_2를 고정하였는가를 알 수 있다.
- 광합성 반응의 양자 수율을 산소 발생의 관점에서 구하면, 아래와 같이 표시된다.

$$\text{광합성 산소 발생} = \frac{\text{생성된 산소 분자수}}{\text{흡수된 전체 양자수}}$$

- 산소 발생에 대한 양자수율의 최대값은 약 0.1로서, 산소 한 분자를 방출하기 위하여 10개의 양자가 흡수됨을 의미한다.
- 그러므로 O_2 방출을 위한 최소 양자 요구수는 10이다.

22 루벤(Ruben S.)의 실험

$$CO_2 + H_2{}^{18}O \xrightarrow{hv} C(H_2O) + H_2O^{18}O_2$$

- 이 식에 의하여 녹색식물 광합성에서 생기는 O_2는 H_2O에서 온 것이 된다.
- CO_2와 H_2O를 방사성 원소(^{18}O)와 결합한 것과 보통 산소(^{16}O)와 결합한 것을 광합성을 일으켰을 때 H_2O에 ^{18}O이 있으면 발생되는 산소에도 ^{18}O이 있고, CO_2에 ^{18}O이 있으면 발생된 산소에는 ^{18}O이 없다.

23 광합성에서 빛을 흡수하는 것(광합성 색소)

- chlorophyll a, chlorophyll b, carotene, 크산토필(xanthophyll), phycocyanin 등이 있다.
- 엽록소(chlorophyll)
  - chlorophyll a(청록색) : 광합성을 하는 모든 식물
  - chlorophyll b(황록색) : 녹조류, 육상식물
  - chlorophyll c : 갈조류
  - chlorophyll d : 홍조류
- 카로티노이드계 색소
  - 황색계통의 색소로 carotene, xanthophyll
  - 빛에너지를 흡수하여 엽록소로 넘겨주는 보조색소
- 피코빌린계 색소
  - phycocyanin : 남조류에서만 발견되는 청색색소

24 당질의 아미노산으로의 전환은 간에서 이루어진다.

25 해당과정(EMP 경로)

- 6탄당의 glucose 분자를 혐기적인 조건에서 효소에 의해 분해하는 과정이다.
- 이때 2개의 ATP가 생성된다. 이 과정은 혐기적인 조건에서 진행된다.
- 혐기적인 해당(glucose → 2젖산)은 세포의 세포질에서 일어나고 이때 표준조건 하에서 47.0kcal/mol의 자유에너지를 방출할 수 있다.

정답				
	19 ②	20 ④	21 ④	22 ④
	23 ③	24 ③	25 ①	

문제

26 혐기적 대사(anaerobic metabolism)의 설명으로 틀린 것은?

① 산소를 최종전자수용체로 사용하지 않는다.
② 호기적 대사보다 ATP를 생성하는 능률이 높다.
③ 유기중간체를 환원하여 산물을 만들고 CO_2로의 완전산화는 하지 않는다.
④ 대표적인 것은 해당 및 각종 발효과정이다.

27 당대사 과정 중 일어나는 혐기적 초기단계의 ATP 생성 기구는?

① oxidative phosphorylation
② substrate level phosphorylation
③ TCA cycle
④ photophosphorylation

28 생체조직은 포도당(glucose)으로부터 젖산(lactic acid)을 얻는데, 이 과정을 무엇이라 하는가?

① oxidative phosphorylation
② aerobic glycolysis
③ reductive phosphorylation
④ anaerobic glycolysis

29 ATP + glucose → ADP + glucose-6-phosphate에서 촉매적으로 작용하는 효소는?

① aldolase ② phosphorylase
③ fructokinase ④ hexokinase

30 해당과정 중 전자전달(electron transport) 과정으로 들어가 ATP를 형성해낼 수 있는 $NADH+H^+$를 생성하는 단계(step)는?

① glucose-6-phosphate
→ fructose-6-phosphate
② fructose-6-phosphate
→ fructose-1,6-diphosphate
③ fructose-1,6-diphosphate
→ glyceraldehyde-3-phosphate
④ glyceraldehyde-3-phosphate
→ 1,3-diphosphoglyceric acid

31 pyruvate가 탈탄산되어 acetyl-CoA로 산화되는 반응에서 pyruvate dehydrogenase의 조효소로 작용하는 물질이 아닌 것은?

① thiamine pyrophosphate
② FAD
③ NAD
④ pyridoxal phosphate

32 피루브산(pyruvic acid)을 탈탄산하여 아세트알데히드(acetaldehyde)로 만드는 효소는?

① alcohol carboxylase
② pyruvate carboxylase
③ pyruvate decarboxylase
④ alcohol decarboxylase

26 glucose를 완전히 산화하는 데 32 ATP가 생성된다.

- 혐기적 대사(EMP 경로)에서 7 ATP가 생성되고
  $C_6H_{12}O_6 + 2O \longrightarrow 2CH_3COCOOH + 2H_2O + 7\ ATP$
- 호기적 대사(TCA 회로)에서 25 ATP가 생성된다.
  $2CH_3COCOOH \longrightarrow 5CO_2 + 2H_2O + 25\ ATP$

27 당의 혐기적 대사

- 첫 번째 ATP 생성은 phosphoglycerate kinase가 1,3-diphosphoglycerate의 1번 탄소의 인산기를 ADP에 전이시켜 ATP를 생성한다.
- 1,3-di phosphoglycerate는 고에너지 인산기 공여체($\triangle G° = -11.8$cal/mol)로 ADP에 인산을 주어 ATP를 만드는 데 필요한 충분한 자유에너지를 방출한다.
- 이 과정에서는 고에너지 화합물질이 ADP를 ATP로 형성시키기 때문에 기질수준인산화(substrate level phosphorylation)라 부른다.

28 혐기적 해당(anaerobic glycolysis)

- 심한 수축운동을 하는 근육이 혐기적으로 기능을 수행하지 않으면 안 되는 경우에는 해당에 의해서 glucose로부터 생성된 pyruvic acid는 산소의 부족으로 더 이상 산화되지 못하고 젖산(lactic acid)으로 환원되는 현상을 말한다.

29 포도당(glucose)의 인산화

- ATP의 존재로 hexokinase와 Mg^{++}에 의해서 glucose-6-phosphate을 생성한다.
- 이 hexokinase의 작용은 성장호르몬이나 glucocoticoid에 의하여 저해된다.
- insulin은 이 저해를 제거한다.

30 해당과정 중 ATP를 생산하는 단계

- glyceraldehyde-3-phosphate
  → 1,3-diphosphoglyceric acid : $NADH_2$ (ATP 2.5분자) 생성
- 1,3-diphosphoglyceric acid
  → 3-phosphoglyceric acid : ATP 1분자 생성
- 2-Phosphoenol pyruvic acid
  → Enolpyruvic acid : ATP 1분자 생성

31 pyruvate dehydrogenase의 조효소로 작용하는 물질

- pyruvate는 pyruvate dehydrogenase에 의해 활성초산(acetyl-CoA)으로 된다.
- acetyl-CoA 생성의 반응기작은 thiamine pyrophosphate(TPP)와 lipoic acid, Mg^{++}, CoA, NAD, FAD 등에 의해서 행해진다.

32 pyruvate decarboxylase

- EMP 경로에서 생산된 피루브산(pyruvic acid)에서 이산화탄소(CO_2)를 제거하여 아세트알데하이드(acetaldehyde)를 만든다.
- 이 반응을 촉매하는 인자로는 TPP와 Mg^{2+}이 필요하다.

정답				
	26 ②	27 ②	28 ④	29 ④
	30 ④	31 ④	32 ③	

문제

33 해당작용 및 TCA cycle에서 형성된 NADH가 respiratory chain에 전자를 전달해주는 첫 번째 수용체는?

① ubiquinone
② cytochrome c
③ cytochrome a
④ FMN(flavin mononucleotide)

34 에너지 이용률이 가장 낮은 반응은?

① 당의 호기적 대사
② 당의 혐기적 대사
③ 알코올 발효
④ 지방 대사

35 포도당 1mole이 혐기상태에서 해당작용될 때 몇 mole의 ATP가 생성되는가?

① 2mole ② 8mole
③ 16mole ④ 38mole

36 미토콘드리아(mitochondria)에 대한 설명으로 옳지 않은 것은?

① 독자적인 DNA를 함유하고 있기 때문에 미토콘드리아 단백질을 합성
② 매트릭스(matrix)에는 TCA cycle이나 지방산 산화 등에 관련된 효소군이 존재
③ 산소의 존재 하에 세포에 필요한 에너지인 ATP를 공급
④ 거대분자를 저분자까지 분해하는 각종 가수분해효소를 함유

37 미토콘드리아 내에서의 citrate 회로에 관여하는 효소는 주로 어디에 존재하는가?

① 내막
② 외막
③ cristae
④ matrix

38 진핵세포에서 생체에너지 형성 대사과정이 일어나는 기관은?

① 메소좀
② 골지체
③ 미토콘드리아
④ 핵

39 TCA 회로에 대한 설명으로 틀린 것은?

① pyrubic acid는 acetyl-CoA와 CO_2로 산화된다.
② 피루브산 카르복실레이스의 보결단인 바이오틴은 아세틸기를 운반한다.
③ 글리옥실산 회로는 아세트산으로부터 4-탄소(C_4)화합물을 생성한다.
④ 보충대사반응은 시트르산 회로의 중간체를 보충한다.

33 세포 내 호흡계 미토콘드리아에서 진행되는 전자전달계

① 먼저 탈수소효소에 의해 기질 H_2의 2H 원자가 NAD에 옮겨져 $NADH_2$로 된다.

② 다시 2H 원자는 FAD(flavo protein)로 이행되어 환원형의 $FADH_2$(flavo protein)로 된다.

③ $FADH_2$로 이행되어 온 2H 원자는 ubiquinone (UQ)을 환원하여 hydroquinone(UQH_2)으로 된다.

④ 여기에서 cristae에 존재하는 cytochrome b(heme 단백질)에 의해 산화되어 $2H^+$를 떼어 내 산화환원을 전자전달로 변화시킨다.

⑤ 전자가 cytochrome c_1, a, a_3와 순차 산화환원 된다.

⑥ heme 단백질 최후의 cytochrome a_3의 전자가 산소 분자 O_2로 옮겨진다.

⑦ 이때 $1/2O_2$가 $2H^+$와 반응하여 H_2O를 생성한다.

※호흡계에서 전자를 전달해주는 flavo protein에는 FAD와 FMN이 있다.

34 에너지 이용률

- 당의 호기적 대사 : 25 ATP 생성
- 당의 혐기적 대사 : 7 ATP 생성
- 알코올 발효 : 2 ATP 생성
- 지방 대사 : 지방산화 1회전에 총 13 ATP 생성

35 혐기적 해당과정 중 생성되는 ATP 분자 (glucose→2pyruvate)

반응	중간생성물	ATP분자수
1. hexokinase	-	-1
2. phosphofructokinase	-	-1
3. glyceraldehyde 3-phosphate dehydrogenase	2NADH	5
4. phosphoglycerate kinase	-	2
5. pyruvate kinase	-	2
total		7

※생성된 ATP 수는 4분자이고, 소비된 ATP 수는 2분자이므로 최종 생성된 ATP 수는 2분자이다.

36 미토콘드리아(mitochondria)

- 외막과 내막의 2중막으로 싸여 있으며 내막은 크리스테(cristae)라고 하는 주름을 형성하고 있다.
- 주름이 싸인 내공부를 매트릭스(matrix)라고 부른다. TCA 회로와 호흡쇄에 관여하는 효소계를 함유하며, 대사기질을 CO_2와 H_2O로 완전분해한다.
- 이 대사과정에서 기질의 화학에너지를 ATP로 전환한다.
- TCA 회로의 효소계는 matrix에 편재되어 있다. ATP 합성효소는 내막의 과립에 존재하고 있으며 ATP는 matrix에서 만들어진다.
- 미토콘드리아의 특징은 자신의 DNA와 RNA 그리고 리보솜을 기질에 포함하고 있어서 다른 핵의 도움 없이 스스로 증식하고 단백질을 합성할 수 있다.

37 pyruvic acid가 미토콘드리아에 운반된 다음 내부막에 들어있는 특수한 pyruvic acid 전당조직에 의해 pyruvic acid가 세포질에서 미토콘드리아의 matrix 부분으로 운반된다.

38 36번 해설 참조

39 pyruvate carboxylase

- 이 효소가 활성화되기 위해서는 보효소인 biotin을 필요로 한다.
- 이 효소는 HCO_3^-에서 생성된 CO_2를 피루브산의 methyl기에 부착해주는 탄산화 반응(carboxylation)을 촉매한다.

$$\underset{\text{pyruvate}}{COO^- - C{=}O - CH_3} + HCO_3^- \xrightarrow[\text{ATP} \rightarrow \text{ADP+Pi}]{\text{pyruvate carboxylase}} \underset{\text{oxaloacetate}}{COO^- - C{=}O - CH_2 - COO}$$

정답				
	33 ④	34 ③	35 ①	36 ④
	37 ④	38 ③	39 ②	

생화학 및 발효공학

문제

40 구연산(citrate)이 TCA 회로를 거쳐 옥살로아세트산(oxaloacetate)으로 되는 과정에서 일어나는 중요한 화학반응으로 묶인 것은?

① 흡열반응과 축합반응
② 가수분해와 산화환원반응
③ 치환반응과 탈아미노반응
④ 탈탄산반응과 탈수소반응

41 TCA 회로의 조절효소(pacemaker enzyme)와 가장 거리가 먼 것은?

① citrate synthase
② isocitrate dehydrogenase
③ α-ketoglutarate dehydrogenase
④ phosphoglucomutase

42 TCA cycle 중 전자전달(electron transport) 과정으로 들어가는 $FADH_2$를 생성하는 반응은?

① isocitrate → α-ketoglutarate
② α-ketoglutarate → syccinyl CoA
③ succinate → fumarate
④ malate → oxaloacetate

43 한 분자의 피루브산이 TCA 회로를 거쳐 완전분해하면 얻을 수 있는 ATP의 수는?(단, NADH, $FADH_2$의 경우도 ATP를 얻은 것으로 한다)

① 12.5　② 30
③ 36　④ 38

44 아래의 반응식에서 HCO_3^-의 수송체는?

pyruvate + HCO_3^- + ATP → oxalocacetate + ADP + Pi

① NAD^+　② biotin
③ H^+　④ rutin

45 단식으로 인해 저탄수화물 섭취를 할 경우 나타나는 현상이 아닌 것은?

① 저장 글리코겐 양이 감소한다.
② 뇌와 말초조직은 대체 에너지원으로 포도당을 이용한다.
③ 혈액의 pH가 낮아진다.
④ 간은 과량의 acetyl-CoA를 ketone체로 만든다.

46 다음 중 ATP를 합성하는 기관은?

① 리보솜(ribosome)
② 리소좀(lysosome)
③ 미토콘드리아(mitochondria)
④ 마이크로솜(microsome)

47 생체 내에서 산화환원 반응이 일어나는 곳은?

① 미토콘드리아(mitochondria)
② 골지체(golgi apparatus)
③ 세포벽(cell wall)
④ 핵(nucleus)

40 TCA 회로에서 일어나는 중요한 화학반응

- 피루브산 1분자에서 시작되어 acetyl-CoA를 거쳐 옥살로아세트산이 되기까지 TCA 회로가 1회 순환하면서
  - 탈탄산반응으로 2분자의 CO_2와 1분자의 ATP를 생성한다.
  - 탈수소반응에 의해 생성된 $FADH_2$와 $NADH_2$는 전자전달계에서 FAD와 NAD^+로 되면서 유리된 수소이온이 산소와 결합하여 물이 되고 그 과정에서 ATP를 생성한다.

41 TCA 회로의 조절효소

- citrate synthase, isocitrate dehydrogenase, α-ketoglutarate dehydrogenase, succinyl CoA synthetase, succinate dehydrogenase, fumarate, malate dehydrogenase 등이 있다.

※phosphoglucomutase는 glucose-6-phosphate를 glucose-1-phosphate로 가역적으로 변환시키는 효소이다.

42 TCA cycle 중 $FADH_2$를 생성하는 반응

- 산화효소인 succinate dehydrogenase는 succinic acid를 fumaric acid로 산화한다.
- 이때 2개의 수소와 2개의 전자가 succinate로부터 떨어져 나와 전자 수용체인 FAD에 전달되어 $FADH_2$를 생성한다.

43 한 분자의 피루브산이 TCA 회로를 거쳐 완전분해 시 생성된 ATP

반응	중간생성물	ATP 분자수
Pyruvate dehydrogenase	1NADH	2.5
Isocitrate dehydrogenase	1NADH	2.5
a-Ketoglutarate dehydro-genase	1NADH	2.5
Succinyl-CoA synthetase	1GTP	1
Succinate dehydrogenase	$1FADH_2$	1.5
Malate dehydrogenase	1NADH	2.5
Total		12.5

44 TCA 사이클의 중간대사물 충전반응

- pyruvate carboxylase에 의해 진행된다.
- 이 반응은 HCO_3^-와 ATP를 사용하여 피루브산이 탄산화되어 oxalocacetate를 생성한다.
- pyruvate carboxylase는 HCO_3^-의 수송체로 biotin이 필요하다.

45 저탄수화물 섭취를 할 경우 나타나는 현상

- 저장 글리코겐 양이 감소한다.
- 기아 상태, 당뇨병, 저탄수화물 식이를 하게 되면 저장지질이 분해되어 acetyl-CoA를 생성하게 되고 과잉 생성된 acetyl-CoA는 간에서 acetyl-CoA 2분자가 축합하여 케톤체를 생성하게 된다.
- 이들 케톤체는 당질을 아주 적게 섭취하는 기간 동안에 말초조직과 뇌에서 대체 에너지로 이용한다.
- 혈중에 케톤체 농도가 너무 높게 되면 keto acidosis가 되어 혈중 pH가 낮게 된다.

46 ATP의 생성

- 주로 세포의 미토콘드리아 내에서 전자전달계를 수반한 산화적 인산화 반응에 의한다.
- 그러나 그 전 단계에서 영양소의 소화, 흡수물이 혐기적인 해당계에 들어가 보다 더 저분자화되는 때의 인산화 반응에 의해서도 약 5%를 넘지 않은 양이 생성된다.

47 산화적 인산화(호흡쇄, 전자전달계) 반응

- 진핵세포 내 미토콘드리아의 matrix와 cristae에서 일어나는 산화환원 반응이다.
- 이 반응에 있어서 산화는 전자를 잃은 반응이며 환원은 전자를 받는 반응이다.
- 이 반응을 촉매하는 효소계를 전자전달계라고 한다.

정답				
	40 ④	41 ④	42 ③	43 ①
	44 ②	45 ②	46 ③	47 ①

48 **진핵세포 내에서 전자전달 연쇄반응에 의한 생물학적 산화과정이 일어나는 곳은?**

① 리보솜 ② 미토콘드리아
③ 세포막 ④ 세포질

49 **산화적 인산화에 의하여 생산되는 고에너지 화합물은?**

① ADP ② ATP
① NADH ④ NADPH

50 **산화적 인산화(oxidative phosphorylation) 과정 중 전자가 전달되면서 생체에너지 ATP가 생성되는 데 필요하지 않은 것은?**

① pH gradient
② proton motive force
③ ATP synthase
④ nucleus membrane

51 **해당과정(glycolysis)과 시트르산 회로(citric acid cycle)를 통하여 기질이 환원된 에너지는 산화적 인산화 반응(oxidative phosphorylation)을 통하여 O_2와 반응하여 ATP를 형성한다. 환원된 기질의 에너지를 잠정적으로 보관하고 있는 물질은?**

① 크레아틴산 인산(creatine phosphate)
② ADP + phosphate
③ NADH + H^+
④ NAHPH + H^+

52 **ATP(adenosine triphosphate)가 고에너지 화합물(high energy compound)인 이유는?**

① ATP는 화학구조상 음전하가 몰려있고 여러 가지 공명체가 존재하므로 에너지를 많이 저장할 수 있기 때문이다.
② 탄수화물 대사에서 해당작용과 시트르산 회로(citric acid cycle)를 통해 많이 생성되기 때문이다.
③ 열량을 많이 생산하는 지방(lipid)의 산화에 의해 많이 생산되기 때문이다.
④ 물과 작용하여 가수분해가 잘 되기 때문이다.

53 **가수분해에너지가 가장 큰 인산화합물은?**

① phosphoenolpyruvate
② 1,3-diphosphoglycerol phosphate
③ phosphocreatine
④ ATP

54 **생체 내 고에너지 화합물과 거리가 먼 것은?**

① porphyrin ② pyrophosphate
③ acyl phosphate ④ thiol ester

55 **ATP는 세포의 여러 가지 일을 하기 위하여 에너지원으로 쓰인다. 다음 중 ATP를 사용하지 않는 생체현상은?**

① 단백질의 합성과정
② 근육의 수축작용
③ 세포 내의 K^+ 축적
④ 미토콘드리아의 전자전달 현상

48 47번 해설 참조

49 산화적 인산화

- 인산화는 ADP에 인산이 한 분자 결합하여 ATP를 만드는 반응을 말한다.
- 산화적 인산화에 필요한 것 : NADH, O_2, ADP, Pi, pH gradient(pH 기울기), proton motive force, ATP synthase(ATP 합성효소)인데, 그 중에서도 ADP가 가장 중요하다.

50 49번 해설 참조

51 산화적 인산화

- 해당과정, 지방산 산화, TCA 회로 등에서 생성된 NADH, $FADH_2$가 미토콘드리아의 내막에 있는 전자전달계 내의 서로 다른 전자전달 전위를 가진 전자운반체(Fe-S, cytochrome, ubiquinone)의 환원 전위의 차례에 의하여 NADH, $FADH_2$의 전자가 최종수용체인 산소분자(O_2)로 전달될 때 각 사슬 간에 환원 전위 차이로 생기는 에너지에 의해 ATP가 ADP, Pi로부터 생성하는 과정이다.
- 전자전달계에서 NADH, $FADH_2$의 산화는 각각 2.5, 1.5 ATP를 생산한다.

52 ATP(고에너지 인산화합물)

- 세포의 에너지 생성계와 요구계 사이에서 중요한 화학적 연결을 하는 운반체로 전구체로부터 생체분자합성, 근 수축, 막 운동 등에 사용된다.
- ATP 가수분해 시 표준자유에너지 감소 값을 갖는 이유
  - pH 7에서 ATP의 세 개의 인산기는 네 개의 음전하를 갖기 때문에 정전기적 반발력이 발생한다.
  - ATP 말단 부분의 형태는 정전기적으로 불리하기 때문에 두 인 원자는 산소 원자의 전자쌍과 경쟁한다.
  - ATP 가수분해의 역반응은 ADP와 Pi 사이의 음전하 반발로 정반응보다 일어나기 어렵다.
  - ATP의 β, γ의 인 원자는 강한 electron-withdrawing 경향때문에 phosphoric anhydride 결합이 잘 분해된다.

53 고에너지 인산화합물

- ATP, phosphoenolpyruvate, 1,3-diphosphoglycerate, phosphocreatine의 가수분해의 $\triangle G°$(표준자유에너지 변화)값은 각각 −7.3kcal/mol, −14.8kcal/mol, −11.8kcal/mol, −10.3kcal/mol이다.

54 생체 내 고에너지 화합물

결합양식	대표적 화합물
β-Keto acid	acetoacetic acid
thiol ester	acetyl CoA
pyrophosphate	ATP
guanidine phosphate	creatine phosphate
enol phosphate	phosphoenol pyruvic acid
acyl phosphate	diphosphoglyceric acid 의 1위 인산

55 ATP의 이용

- 체온 유지
- 신경의 자극전달(전기적인 일)
- 여러 가지 생합성(화학적인 일) : 탄수화물, 지방, 단백질 등의 생합성
- 능동수송, 흡수(침투적인 일) : 세포의 원형질막을 통해서 Na^+, K^+ 이온 운반
- 근육의 수축운동(기계적인 일) : 골격근의 수축과 이완은 세포질의 Ca^{2+}농도에 의해 조절

정답				
	48 ②	49 ②	50 ④	51 ③
	52 ①	53 ①	54 ①	55 ④

56 **2분자의 피루빈산(pyruvate)에서 한 분자의 글루코스(glucose)가 만들어질 때 소모되는 고에너지 인산결합(high energy phosphate bond)의 수는?**

① 2 ② 4
③ 5 ④ 7

57 **탈수소효소의 활성도를 측정할 때 일반적으로 사용되는 물질은?**

① FAD ② FMN
③ NAD ④ $NADPH_2$

58 **산화환원 효소계의 보조인자(조효소)가 아닌 것은?**

① NADH + H
② NADPH + H^+
③ 판토텐산(panthothenate)
④ $FADH_2$

59 **다음 중 전자전달체(electron carrier)로 작용하고 있는 NAD^+, $NADP^+$의 조효소로 작용하는 비타민은?**

① thiamine
② nicotinic acid
③ riboflavin
④ cobalamin

60 **산화환원계의 보효소에 대한 설명으로 틀린 것은?**

① nicotinamide nucleotide : 혐기성 탈수소효소의 보효소로서 NAD와 NANP의 2종류가 있음
② flavin nucleotide : FMN과 FAD의 2종류가 있으며 $FADH_2$ 한 분자마다 1.5 분자의 ATP가 생성
③ cytochrome : 산화적 탈탄산 반응에 관여하여 효소의 보효소로 –S–S–결합에 의해 산화환원 작용
④ ubiquinone : coenzyme Q라 하며 FeS flavoprotein으로부터 전자를 수용하여 cytochrome에 전달하는 보조인자

61 **전자전달계에 대한 설명으로 틀린 것은?**

① NADH dehydrogenase에 의해 NADH로부터 2개의 전자를 수용하여 FMN에 전자를 전달함으로써 개시된다.
② flavoprotein(FeS)은 전자를 수용하여 Fe^{3+}를 Fe^{2+}로 환원시킨다.
③ 전자전달의 결과 ADP와 Pi로부터 총 5개의 ATP가 합성된다.
④ 최종전자수용체인 산소는 물로 환원된다.

62 **다음 중 전자전달계(electron transport system)에서 전자수용체로 작용하지 않는 것은?**

① FMN ② NAD
③ CoQ ④ CoA

56 혐기적 해당과정 중 생성되는 ATP 분자(glucose→2pyruvate)

반응	중간 생성물	ATP 분자수
1. hexokinase	–	−1
2. phosphofructokinase	–	−1
3. glyceraldehyde 3-phosphate dehydrogenase	2NADH	5
4. phosphoglycerate kinase	–	2
5. pyruvate kinase	–	2
total		7

57 탈수소효소

- pyridine계 효소와 flavine계 효소가 있다.
- pyridine계 효소는 단백질 부분에서 쉽게 유리되는 조효소로서 pyridine nucleotide인 nicotinamide adenine dinucleotide(NAD)나 nicotinamide adenine dinucleotide phosphate(NADP)를 가지고 있다.

58 산화환원 효소계의 보조인자(조효소)

- NAD^+, $NADP^+$, FMN, FAD, ubiquinone(UQ. coenzyme Q), cytochrome, L-lipoic acid 등이 있다.

59 나이아신(nicotinic acid, nicotinamide)

- 생체반응에서 주로 탈수소효소의 보효소로서 작용한다.
- NAD^+, $NADP^+$로 되어 탈수소 반응에서 기질로부터 수소 원자를 받아 NADH로 되면서 산화를 한다.

60 시토크롬(cytochrome)

- 혐기적 탈수소 반응의 전자전달체로서 작용하는 복합단백질로 heme과 유사하여 Fe 함유 색소를 작용족으로 한다.
- 이 효소는 cytochrome a, b, c 3종이 알려져 있으며 c가 가장 많이 존재한다.
- cytochrome c는 0.34~0.43%의 Fe을 함유하고, heme 철의 $Fe^{2+} \rightleftarrows Fe^{3+}$의 가역적 변환에 의하여 세포 내의 산화환원 반응의 중간전자전달체로서 작용한다.
- cytochrome c의 산화환원 반응에서 특이한 점은 수소를 이동하지 않고 전자만 이동하는 것이다.

61 전자전달계

- 전자전달의 결과 ADP와 Pi로부터 ATP가 합성되는 곳은 3군데이고 각각 1분자씩의 ATP를 생성한다.
  - $NADH_2$와 FAD의 사이
  - cytochrome b와 cytochrome c_1의 사이
  - cytochrome $a(a_3)$와 O_2의 사이

62 전자전달계(electron transport system)

- 세포 내 전자전달계에서 보편적인 전자운반체는 NAD^+, $NADP^+$, FMN, FAD, ubiquinone(UQ. coenzyme Q), cytochrome, 수용성 플라빈, 뉴클레오티드 등이다.

정답				
	56 ④	57 ③	58 ③	59 ②
	60 ③	61 ③	62 ④	

문제

63 미토콘드리아에서 진행되는 전자전달계에서 ATP가 합성될 때 수소의 최종 공여체와 수용체를 바르게 연결한 것은?

① cytochrome c – H_2
② cytochrome a_3 – O_2
③ cytochrome b – H_2O
④ cytochrome c_1 – O_3

64 산화적 인산화 반응에서 ATP가 합성되는 과정과 가장 거리가 먼 것은?

① NADH dehydrogenase/flavoprotein 복합체
② cytochrome a/a_3 복합체
③ fatty-acid synthetase 복합체
④ cytochrome oxidase 복합체

65 다음 중 전자수송사슬(ETC)에서 전자를 획득하는 경향이 가장 큰 것은?

① 산소
② 보조효소 Q
③ 시토크롬 c
④ 니코틴아마이드 아데닌 다이뉴클레오타이드

66 박테리아 내의 CTP 합성효소에 의한 UTP의 아미노화 반응 생성물은?

① UTP ② CTP
③ UDP ④ CDP

67 에너지가 풍부한 피로인산 화합물의 우선적인 용도를 맞게 연결한 것은?

① UTP – 단백질 합성
② GTP – 다당류 합성
③ CTP – 지질 합성
④ dATP – RNA 합성

68 근육조직에 저장된 에너지 형태는?

① phosphoenolpyruvate
② creatine phosphate
③ 1,3-diphosphoglycerate
④ ATP

69 혐기적 조건에서 근육조직의 에너지 전달물질은?

① phosphocreatine
② oxaloacetate
③ cAMP
④ phosphoenolpyruvate

70 전자전달계(electron transport system)에서 시토크롬(cytochrome) c는 금속이온을 가지고 있는 단백질이다. 시토크롬 c가 가지고 있는 금속성분은?

① Fe ② Mn
③ Cu ④ Mo

63 33번 해설 참조

※전자전달계 중 산화적 인산화가 일어나는 장소

- $NADH_2$와 FAD의 사이
- cytochrome b와 cytochrome c_1 사이
- cytochrome $a(a_3)$와 O_2 사이

3군데이고 각각 1분자씩의 ATP를 생성한다.

64 61번 해설 참조

65 생체 내의 표준산화환원전위 반응

Reaction	E'_0(V)
$1/2O_2+2H^++2e^-\rightarrow H_2O$	0.816
cytochrome a(Fe^{3+})+e^-→cytochrome a(Fe^{2+})	0.290
cytochrome c_1(Fe^{3+})+e^-→cytochrome c_1(Fe^{2+})	0.220
ubiquinone+$2H^+$+$2e^-$→ubiquinol+H_2	0.045
$NAD^++H^++2e^-\rightarrow NADH$	−0.320

66
- UMP(uridine monophosphate)는 UDP, 다시 UTP로 전환된 후 최종적으로 CTP(cytidine triphosphate)가 생성된다.
- nucleoside monophosphate kinase는 UMP를 UDP로 인산화하고, 이것은 다시 nucleoside diphosphate kinase에 의해 UTP로 인산화된다.
- 이때 인산기 공여체는 ATP이다. UTP의 6번 위치가 아미노기로 치환되면 CTP가 생성된다.

67 ATP의 에너지를 통한 생합성 경로

		생합성 산물
ATP ⟶	UTP	⟶ 다당류
	CTP	⟶ 지질
	GTP	⟶ 단백질
	ATP UTP CTP GTP	⟶ RNA
	dATP dTTP dCTP dGTP	⟶ DNA

68 근육조직에 저장된 에너지 형태

- 척추동물 근육 중에 함유된 creatine phosphate은 고에너지 결합 ADP에서 ATP을 가역적 반응으로 생성한다.

creatine phosphate + ADP $\xrightarrow{\text{creatinekinase}}$ creatine + ATP

69 68번 해설 참조

70 60번 해설 참조

정답				
	63 ②	64 ③	65 ①	66 ②
	67 ③	68 ②	69 ①	70 ①

71 시토크롬(cytochrome)의 구조에서 가장 필수적인 원소는?

① 코발트(Co) ② 마그네슘(Mg)
③ 철(Fe) ④ 구리(Cu)

72 cytochrome의 작용은?

① 탈수소 역할
② 탈수 작용
③ 전자전달체 역할
④ 산소운반체 역할

73 다음 중 에너지 생성 반응이 아닌 것은?

① 광합성 반응
② 산화적 인산화 반응
③ 당신생 반응
④ 기질수준 인산화 반응

74 발열반응과 흡열반응에서의 엔탈피(H)를 바르게 설명한 것은?

① 발열반응과 흡열반응의 △H는 모두 음이다.
② 발열반응과 흡열반응의 △H는 모두 양이다.
③ 발열반응의 △H는 양의 값이고, 흡열반응의 △H는 음의 값이다.
④ 발열반응의 △H는 음의 값이고, 흡열반응의 △H는 양의 값이다.

75 다음 중 glycogenesis를 증가시키는 것은 무엇인가?

① epinephrine
② insulin
③ insulin과 epinephrin
④ thyroxin

76 글루코네오제네시스(gluconeogenesis)라 함은 무엇을 의미하는가?

① 포도당이 혐기적으로 분해하는 과정
② 포도당이 젖산이나 아미노산으로부터 합성되는 대사과정
③ 포도당이 산화되어 ATP를 합성하는 과정
④ 포도당이 아미노산으로 전환되는 과정

77 인간 체내에서 포도당신생 합성과정을 통해 포도당을 합성할 수 있는 비탄수화물 전구체가 아닌 것은?

① glycerol ② lactic acid
③ palmitic acid ④ serine

78 gluconeogenesis(당신생경로)에서 젖산으로부터 glucose를 재합성할 때 조직세포의 미토콘드리아로부터 세포질로 운반되는 중간물질은?

① pyruvate
② oxaloacetate
③ malate
④ phosphoenolpyruvate

79 비탄수화물(non carbohydrate)원에서부터 포도당 혹은 글리코겐(glycogen)이 생합성되는 과정을 무엇이라 하는가?

① glycolysis
② glycogenesis
③ glycogenolysis
④ gluconeogenesis

71 60번 해설 참조

72 60번 해설 참조

73 에너지 생성 반응

- 광합성 반응, 산화적 인산화 반응 그리고 해당 과정 등은 에너지를 얻는 반응이다.

※당신생(gluconeogenesis)은 피루브산, 글리세롤, 아미노산, 젖산 등으로부터 포도당을 만드는 에너지 소모 반응이다.

74 엔탈피(H)

- 자유에너지와 유용하지 않은 에너지의 합이다.
- H = G + TS
- △H는 일정한 온도 및 압력에서 반응계로부터 주위로 방출되거나 주위로부터 흡수되는 열량의 변화로, 값이 음이면 열 방출반응(발열반응), 양이면 열 흡수반응(흡열반응)이다.

75 glycogen의 생성반응

- 주로 간에서 일어나며 이 반응에는 insulin이 관여한다.
- epinephrine은 glycogen 분해에 관여하므로 간장에서 insulin과 함께 glycogen의 함량을 조절한다.

76 당신생(gluconeogenesis)

- 비탄수화물로부터 glucose, glycogen을 합성하는 과정이다.
- 당신생의 원료물질은 유산(lactatic acid), 피루브산(pyruvic acid), 알라닌(alanine), 글루타민산(glutamic acid), 아스파라긴산(aspartic acid)과 같은 아미노산 또는 글리세롤 등이다.
- 해당경로를 반대로 거슬러 올라가는 가역반응이 아니다.
- 당신생은 주로 간과 신장에서 일어나는데 예를 들면 격심한 근육운동을 하고 난 뒤 회복기 동안 간에서 젖산을 이용한 혈당 생성이 매우 활발히 일어난다.

77 76번 해설 참조

78 gluconeogenesis 과정(젖산으로부터 glucose를 재합성할 때)

- oxaloacetate는 malate dehydrogenase에 의해 malate로 환원되어 미토콘드리아에서 나와 세포질 속으로 운반된다.
- 세포질 내에서 malate는 TCA 사이클에서와 같이 oxaloacetate로 다시 산화된다.

79 76번 해설 참조

정답				
	71 ③	72 ③	73 ③	74 ④
	75 ②	76 ②	77 ③	78 ③
	79 ④			

문제

80 코리 회로(Cori cycle)에 대한 설명이 틀린 것은?

① 과다한 호흡으로 근육세포와 적혈구세포는 많은 양의 젖산을 생산한다.
② 젖산을 이용한 포도당신생 합성과정을 포함한다.
③ 젖산은 lactate dehydrogenase 효소 작용을 통해 pyruvate로 전환된다.
④ 근육세포에서 생성된 젖산이 혈액을 통해 신장으로 이송되는 과정을 포함한다.

81 코리 회로(Cori cycle)를 통해 혈액으로 이동되는 물질은 무엇인가?

① lactate ② pyruvate
③ citrate ④ acetate

82 Cori cycle에서 피루브산이 아미노기(NH_3) 전이를 받아 생성되는 아미노산은?

① 프롤린 ② 트립토판
③ 알라닌 ④ 리신

83 격렬한 운동을 하는 동안 혐기적인 조건에서 근육 속에 생성된 젖산이 Cori cycle에 의해 간으로 이동하여 무엇으로 전환되는가?

① 글리신(glycine)
② 알라닌(alanine)
③ 포도당(glucose)
④ 글루탐산(glutamic acid)

84 HMP 경로의 중요한 생리적 의미는?

① 알코올 대사를 촉진시킨다.
② 저혈당과 피로회복에 도움을 준다.
③ 조직 내로의 혈당 침투를 촉진시킨다.
④ 지방산과 스테로이드 합성에 이용되는 NADPH를 생성한다.

85 오탄당 인산경로(pentose phosphate pathway)의 생산물이 아닌 것은?

① NADPH ② CO_2
③ ribose ④ H_2O

86 생체 내 글리코겐 대사에 대한 설명으로 틀린 것은?

① 탈인산화된 glycogen synthetase는 비활성형이다.
② glycogen synthetse는 UDP-glucose로부터 α-1,4 결합으로 전이시킨다.
③ 글리코겐을 분해하는 기인산분해효소(phosphorylase)는 phosphorylase kinase에 의해 활성화된다.
④ 근육세포는 glucose-6-phosphatase를 함유하지 않아 glucose-6-phosphate를 유리 glucose로 바꿀 수 없다.

87 글리코겐(glycogen)의 합성에 이용되는 nucleotide는?

① NAD ② NADP
③ UTP ④ FAD

88 간에서 포도당이 글리코겐으로 변환되는 과정에 참여하는 물질은?

① uridine triphosphate
② cytidine triphosphate
③ guanosine
④ adenosine monophosphate

80 코리 회로(Cori cycle)

- 근육이 심한 운동을 할 때 많은 양의 젖산을 생산한다.
- 이 폐기물인 젖산은 근육세포로부터 확산되어 혈액으로 들어간다.
- 휴식하는 동안 과다한 젖산은 간세포에 의해 흡수되고 포도당신생 반응(gluconeogenesis) 과정을 거쳐 glucose로 합성된다.

81 80번 해설 참조

82 Cori cycle에서 pyruvic acid

- glutamic acid로부터 glutamate-pyruvate transaminase(GPT) 혹은 alanine aminotransferase(ALT)의 촉매 하에 아미노기(NH_3)를 전이 받아 L-alanine이 생성된다.

83 80번 해설 참조

84 pentose phosphate(HMP) 경로의 중요한 기능

- 여러 가지 생합성 반응에서 필요로 하는 세포질에서 환원력을 나타내는 NADPH를 생성한다. NADPH는 여러 가지 환원적 생합성 반응에서 수소 공여체로 작용하는 특수한 dehydrogenase들의 보효소가 된다. 예를 들면 지방산, 스테로이드 및 glutamate dehydrogenase에 의한 아미노산 등의 합성과 적혈구에서 glutathione의 환원 등에 필요하다.
- 6탄당을 5탄당으로 전환하며 3-, 4-, 6- 그리고 7탄당을 당대사 경로에 들어갈 수 있도록 해준다.
- 5탄당인 ribose 5-phosphate를 생합성하는데 이것은 RNA 합성에 사용된다. 또한 deoxyribose 형태로 전환되어 DNA 구성에도 이용된다.
- 어떤 조직에서는 glucose 산화의 대체 경로가 되는데, glucose 6-phosphate의 각 탄소 원자는 CO_2로 산화되며, 2개의 NADPH 분자를 만든다.

85 84번 해설 참조

86 생체 내 글리코겐 대사

- 글리코겐의 합성이 일어날 때에 glycogen synthetase 분자는 phosphorylase에 의해 먼저 탈인산화되어 분자를 활성화한다.

87 포도당이 글리코겐으로 변환되는 과정

- 글루코스는 hexokinase의 촉매작용으로 glucose-6-phosphate가 되고, phosphoglucomutase의 작용으로 glucose-1-phosphate가 된다.
- 여기에서 glucose-1-phosphate은 UDP-glucose pyrophosphorylase와 UTP(uridine triphosphate), Mg^{++}에 의해 UDP-glucose가 된다.
- UDP-glucose는 글리코겐 합성효소의 작용으로 primer에 α-1,4 결합한다.
- 그러나 그것만으로는 직쇄 성분만 되기 때문에 가지제조효소[amylo(1,4→1,6) trans glucosidase]의 촉매에 의해 가지구조를 가진 글리코겐이 생성된다.

88 87번 해설 참조

정답				
	80 ④	81 ①	82 ③	83 ③
	84 ④	85 ④	86 ①	87 ③
	88 ①			

문제

{지질}

1 지질을 구성하는 지방산에 대한 설명으로 틀린 것은?

① α 위치에는 친수성기(−COOH)가 ω 위치에는 소수성기($-CH_3$)가 결합된 양친매성 화합물이다.
② 불포화지방산은 이중결합을 함유하며 융점이 낮아 식물성유는 실온에서 액상형으로 존재한다.
③ 필수지방산은 체내 합성이 되지 않는 oleic acid, linoleic acid, linolenic acid로 구성된다.
④ 생리활성이 보고되는 ω−3 지방산에는 linolenic acid, DHA, EPA 등이 대표적이다.

2 다음 중 비타민 F에 해당하지 않는 지방산은?

① arachidic acid
② arachidonic acid
③ linoleic acid
④ linolenic acid

3 다음 다가불포화지방산(polyunsaturated fatty acid) 중 가장 많은 이중결합을 가진 지방산은?

① arachidonic acid
② linoleic acid
③ linolenic acid
④ DHA

4 프로스타글란딘(prostaglandin)의 생합성에 이용되는 지방산은?

① 스테아린산(stearic acid)
② 올레산(oleic acid)
③ 아라키돈산(arachidonic acid)
④ 팔미트산(palmitic acid)

5 cholesterol에 대한 설명으로 잘못된 것은?

① 노화된 엽록소에 많이 함유되어 있다.
② 인체는 하루에 1.5~2.0g 정도를 합성한다.
③ 담즙산염의 전구체로 작용한다.
④ 비타민 D, 성호르몬 등의 합성에 관여한다.

6 다음 중 담즙산이 하는 일이 아닌 것은 무엇인가?

① 당질의 소화
② 유화작용
③ 장의 운동을 촉진
④ 산의 중화작용

7 다음 중 담즙산과 가장 관계가 깊은 것은?

① glycocholic acid
② acetic acid
③ glycerophosphoric acid
④ pyruvic acid

해설

{지질}

1 필수지방산

- 체내 합성이 되지 않으며 세포막의 구성성분으로 중요하다.
- linoleic acid(ω-6계), linolenic acid(ω-3계), arachidonic acid(ω-6계)이다.

2 비타민 F

- 불포화지방산 중에서 리놀산(linoleic acid), 리놀레인산(linolenic acid) 및 아라키돈산(arachidonic acid) 등 사람을 포함한 동물체내에서 생합성되지 않는 필수지방산이다.

3 다가불포화지방산

- arachidonic acid : $C_{20:4}$
- linoleic acid : $C_{18:2}$
- linolenic acid : $C_{18:3}$
- DHA(docosahexaenoic acid) : $C_{22:6}$

4 프로스타글란딘의 생합성

- 20개의 탄소로 이루어진 지방산 유도체로서 20-C(eicosanoic) 다가불포화지방산(즉, arachidonic acid)의 탄소 사슬 중앙부가 고리를 형성하여 cyclopentane 고리를 형성함으로써 생체 내에서 합성된다.
- 동물에서 호르몬 같은 다양한 효과를 지닌 생리활성물질 호르몬이 뇌하수체, 부신, 갑상선과 같은 특정한 분비샘에서 분비되는 것과는 달리 프로스타글란딘은 신체 모든 곳의 세포막에서 합성된다.
- 심장혈관 질환과 바이러스 감염을 억제할 수 있는 강력한 효과로 인해 큰 관심을 끌고 있다.

5 콜레스테롤

- 체내에서 하루에 1.5~2.0g 정도를 합성하는데, 주로 간에서 만들어진다.
- 세포의 구성성분으로 불포화지방산의 운반체 역할을 하며, 담즙산의 전구체, steroid hormone의 전구체이다.
- 자외선 조사로 ergosterol은 소장으로부터 흡수되어 비타민 D의 작용을 한다.

6 담즙산의 기능

- 간에서 만들어져 담즙 중에 존재한다.
- 지질을 유화시키고 장의 운동을 왕성하게 한다.
- 위액의 HCl을 중화하고 배설물의 운반체로서 음식물 중의 혼합물이나 체내의 생성물(독물, 담즙색소, 약제, 구리 등)을 제거한다.

7 담즙산

- 유리상태로 배설되지 않고 glycine이나 taurine과 결합하여 glycocholic acid, taurocholic acid의 형태로 장관 내에서 분비된다.
- cholesterol의 최종 대사산물로서 간장에서 합성되어 담즙으로 담낭에 저장된다.

정답				
	1 ③	2 ①	3 ④	4 ③
	5 ①	6 ①	7 ①	

8 생체 내의 지질 대사과정에 대한 설명으로 옳은 것은?

① 인슐린은 지질 합성을 저해한다.
② 인체에서는 탄소수 10개 이하의 지방산만을 생성한다.
③ 지방산이 산화되기 위해서는 phyridoxal phosphate의 도움이 필요하다.
④ 팔미트산(palmitic acid, $C_{16:0}$)의 생합성을 위해서는 8분자의 아세틸 CoA가 필요하다.

9 지방 산화과정에서 일반적으로 일어나는 β-oxidation의 설명으로 틀린 것은?

① 세포의 세포질 속으로 운반된 지방산은 CoA와 ATP에 의해서 활성화된다.
② acyl-CoA는 carnitine과 결합하여 mitochondria 내부로 이동된다.
③ 짝수지방산은 산화 후 acetyl-CoA만을 생성하지만 홀수지방산은 acetyl-CoA와 propionic acid를 생성한다.
④ 포화지방산의 산화에는 isomerization과 epimerization의 보조적인 반응이 필요하다.

10 지방산의 β-oxidation에 관한 설명으로 틀린 것은?

① β-oxidation은 골지체에서 일어난다.
② β-oxidation의 최초 단계는 acyl CoA의 생성이다.
③ acetyl CoA는 TCA를 거쳐 CO_2, H_2O로 산화되어 에너지를 공급한다.
④ β-oxidation의 1회전 시 각각 1개의 $FADA_2$와 NADH가 생성된다.

11 지방산의 β-산화과정이란?

① 지방산의 -COOH 말단기로부터 두 개의 탄소 단위로 연속적으로 분해되어 아세틸-CoA를 생성
② 지방산의 비-COOH 말단기로부터 두 개의 탄소 단위로 연속적으로 분해되어 아세틸-CoA를 생성
③ 지방산의 -COOH 말단기로부터 한 개의 탄소 단위로 연속적으로 분해되어 CO_2를 생성
④ 지방산의 비-COOH 말단기로부터 한 개의 탄소 단위로 연속적으로 분해되어 CO_2를 생성

12 지방산의 β-산화과정에서 탄소가 몇 분자씩 산화분해되는가?

① 1 ② 2
③ 3 ④ 4

13 지방산 분해에 대한 설명으로 틀린 것은?

① 트리아실글리세롤은 호르몬으로 자극된 지방질 가수분해효소로 가수분해된다.
② 지방산은 산화되기 전에 coenzyme A에 연결된다.
③ 팔미트산의 완전산화로 100분자의 ATP를 생성한다.
④ 카르니틴은 활성화된 긴 사슬 지방산들을 미토콘드리아 기질 안으로 운반한다.

8 생체 내의 지질 대사과정

- 인슐린은 지질 합성을 촉진한다.
- 생체 내에서는 초기에 주로 탄소수 16개의 palmitate를 생성한다.
- 지방산이 산화되기 위해서는 먼저 acyl-CoA synthetase의 촉매작용으로 acyl-CoA로 활성화되어야 한다.

※phyridoxal phosphate(PLP)는 아미노산 대사에서 transaminase, glutamate decarboxylase 등의 보효소로 각각 아미노기 전이, 탈탄산반응에 관여한다.

9 지방산 산화반응의 3단계

① 활성화 : FFA가 ATP와 CoA 존재 하에 acyl-CoA synthetase(thiokinase)에 의해 acyl-CoA로 활성화된다.

② mitochondria 내막 통과 : mitochondria 외막을 통과해 들어온 long-chain acyl-CoA은 mitochondria 외막에 있는 carnitine palmitoyl-transferase I 에 의해 acylcarnitine이 되고 mitochondria 내막에 있는 carnitine-acylcarnitine translocase에 의해 안쪽으로 들어와 한 분자의 carnitine과 교환된다.

③ β-oxidation에 의한 분해 : carboxyl 말단에서 2번째 (α)탄소와 3번째 (β)탄소 사이 결합이 절단되어 acetyl-CoA가 한 분자씩 떨어져 나오는 cycle을 반복한다. 홀수 개의 탄소로 된 지방산은 최종적으로 acetyl-CoA와 함께 propionyl-CoA(C_2) 한 분자를 생산한다.

- 불포화지방산의 산화 : 이중결합($\triangle^3$-*cis*, $\triangle^4$-*cis*)이 나오기까지 β-oxidation이 진행되다가 이중결합의 위치에 따라 이성화 반응, 산화, 환원 등을 거쳐 최종적으로 $\triangle^2$-*trans*-enoyl-CoA로 전환되어 β-산화로 처리된다.
- 포화지방산의 β산화 : fatty acid + ATP + CoA ⟶ acyl-CoA + PPi + AMP
  포화지방산 산화는 이성화를 거치지 않고 β-산화가 일어난다.

10 β-oxidation이 일어나는 곳

- 지방산의 β-oxidation은 mitochondria의 matrix에서 일어난다.

11 지방산의 β-산화

- 1회전할 때마다 2분자의 탄소가 떨어져 나간다.
- 지방산의 -COOH 말단기로부터 두 개의 탄소 단위로 연속적으로 분해되어 acetyl-CoA를 생성한다.
- mitochondria에서 일어난다.

12 11번 해설 참조

13 palmitic acid의 완전산화

- 지방산화인 β-산화를 7회 수행하므로 생성물은 7 $FADH_2$, 7 NADH, 8 acetyl CoA이다.
- 1 $FADH_2$, NADH, 1 acetyl CoA는 각각 1.5, 2.5, 10 ATP를 생성한다.
- palmitic acid의 완전산화 시 생성되는 총 ATP 분자수는 (7×1.5)+(7×2.5)+(8×10)=108인데 palmitic acid 완전산화 시 2 ATP가 소모되므로 108-2 = 106 ATP이다.

정답				
	8 ④	9 ④	10 ①	11 ①
	12 ②	13 ③		

14 단식할 때와 당뇨병에 걸렸을 때에는 혈액에 케톤(ketone body ; 아세토아세트산, 3-히드록시부티르산, 아세톤 등)의 함량이 높아진다. 그 이유는?

① 지방산화에 필요한 비타민이 부족하기 때문
② 인슐린(insulin)이 부족하기 때문
③ 글루카곤(glucagon)이 부족하기 때문
④ 체내 옥살로아세트산(oxaloacetate)이 부족하기 때문

15 케톤체에 대한 설명으로 맞는 것은?

① 간은 케톤체 분해 기능이 강하다.
② 케톤체는 근육에서 생성되어 간에서 산화된다.
③ 과잉의 탄수화물은 케톤체로 전환되어 축적된다.
④ 케톤체는 간에서 생성되어 뇌와 심장, 뼈대근육, 콩팥 등의 말초조직에서 산화된다.

16 포유동물의 지방산 합성에 관한 설명으로 틀린 것은?

① 지방산 합성은 세포질에서 일어난다.
② 지방산 합성은 acetyl-CoA로부터 일어난다.
③ 다중효소복합체가 합성반응에 관여한다.
④ NADH가 사용된다.

17 acetyl-CoA로부터 만들 수 없는 것은?

① 담즙산 ② 엽산
③ 지방산 ④ 콜레스테롤

18 지질 합성과정에서 malonyl-CoA 합성에 관여하는 효소는?

① fatty acid synthase
② acetyl-CoA carboxylase
③ acyl-CoA synthase
④ acyl-CoA dehydrogenase

19 「acetyl-CoA → malonyl-CoA」에 관여하는 비타민은?

① vitamin B_1 ② vitamin C
③ vitamin D ④ biotin

20 지방산의 생합성 속도를 결정하는 효소는?

① 시트르산 분해효소(citrate lyase)
② 아세틸-CoA 카르복실화효소(acetyl-CoA carboxylase)
③ ACP-아세틸기 전이효소(ACP-acetyl transferase)
④ ACP-말로닐기 전이효소(ACP-malonul transferase)

14 케톤체(ketone body)

- 단식, 기아상태, 당뇨병 등 포도당이 고갈될 때 뇌를 위해서 에너지원을 만들어야 한다.
- 간에서 지방산을 분해하여 케톤체를 만들어 말초조직과 뇌에서 포도당 대체에너지로 이용한다.
- 지방산은 혈액뇌관문을 통과할 수 없지만 케톤체는 수용성으로 세포막과 혈액뇌간문을 쉽게 통과한다.
- 뇌의 주요 에너지원인 글루코스가 소비되어 옥살로아세트산(oxaloacetate)은 글루코스 합성에 사용되므로 아세틸 CoA와 축합할 수 없다.
- 포도당이 적은 상황에서 아세틸 CoA를 TCA 회로에서 처리할 때 필요한 옥살로아세트산을 쓸 수 없기 때문에 TCA 회로가 충분히 돌아가지 않는다.
- TCA 회로에서 처리할 수 없는 과잉 아세틸 CoA는 간에서 acetyl-CoA 2분자가 축합하여 케톤체를 생성하게 된다.
- 아세틸 CoA는 아세토아세트산(acetoacetate), β-히드록시부티르산(β-hydroxybutyrate), 아세톤(acetone) 등의 케톤(ketone body)을 생성한다.
- 혈중에 케톤체 농도가 너무 높게 되면 ketoacidosis가 되어 혈중 pH가 낮게 된다.
- 식욕부진, 두통, 구통 등의 증상이 나타난다.

15 14번 해설 참조

16 지질 합성

① 지방산의 합성

- 지방산의 합성은 간장, 신장, 지방조직, 뇌 등 각 조직의 세포질에서 acetyl-CoA로부터 합성된다.
- 지방산 합성은 거대한 효소복합체에 의해서 이루어진다. 효소복합체 중심에 ACP(acyl carrier protein)이 들어있다.
- acetyl-CoA가 ATP와 비오틴의 존재 하에서 acetyl-CoA carboxylase의 작용으로 CO_2와 결합하여 malonyl CoA로 된다.
- 이 malonyl CoA와 acetyl CoA가 결합하여 탄소수가 2개 많은 지방산 acyl CoA로 된다.
- 이 반응이 반복됨으로써 탄소수가 2개씩 많은 지방산이 합성된다.
- 지방산 합성에는 지방산 산화과정에서는 필요 없는 NADPH가 많이 필요하다.
- 생체 내에서 acetyl-CoA로 전환될 수 있는 당질, 아미노산, 알코올 등은 지방산 합성에 관여한다.

② 중성지방의 합성

- 중성지방은 지방대사산물인 글리세롤로부터 또는 해당과정에 있어서 글리세롤-3-인산으로부터 합성된다.
- acyl-CoA가 글리세롤-3-인산과 결합하여 1,2-디글리세라이드로 된다. 여기에 acyl-CoA가 결합하여 트리글리세라이드가 된다.

17 acetyl-CoA로부터 만들 수 있는 성분

- 지방산(fatty acid), 콜레스테롤(cholesterol), 담즙산(bile acid), ketone body, citric acid 등

※ 엽산(folic acid)은 수용성 비타민으로 acetyl-CoA로부터 만들어지지 않는다.

18 지방산 생합성

- 간과 지방조직의 세포질에서 일어난다.
- 말로닐-ACP(malonyl-ACP)를 통해 지방산 사슬이 2개씩 연장되는 과정이다.
- 지방산 생합성 중간체는 ACP(acyl carrier protein)에 결합되며 속도 조절단계는 acetyl-CoA carboxylase가 관여한다.
- acetyl-CoA는 ATP와 biotin의 존재 하에서 acetyl-CoA carboxylase의 작용으로 CO_2와 결합하여 malonyl CoA로 된다.

19 18번 해설 참조

20 18번 해설 참조

정답	14 ④	15 ④	16 ④	17 ②
	18 ②	19 ④	20 ②	

문제

21 **동물이 지방산으로부터 직접 포도당을 합성할 수 없는 이유는 어떤 대사회로가 없기 때문인가?**

① Cori cycle
② glyoxylate cycle
③ TCA cycle
④ glucose-alanine cycle

22 **인지질의 생합성에 관여하는 요소 중 불필요한 것은?**

① choline
② kinase, transferase, ATP 및 CTP
③ phospholipase A, B, ATP 및 CTP
④ 1, 2-diglyceride

23 **사람의 간(liver)에서 일어나지 않는 반응은?**

① 지방산에서 케톤체(ketone body) 생성
② 지방산에서 글루코스의 생성
③ 아미노산에서 글루코스의 합성
④ 암모니아로부터 요소(urea)의 생성

24 **cholesterol 합성에 관여하는 HGM-CoA(beta-hydroxy-beta-methyl glutaryl-CoA) redutase의 인산화(불활성화)와 탈인산화(활성화)에 관여하는 호르몬이 순서대로 바르게 짝지어진 것은?**

① glucagon - insulin
② insulin - glucagon
③ thyroxine - thyrotropin-releasing hormone(TRH)
④ thyrotropin-releasing hormone (TRH) - thyroxine

25 **콜레스테롤 생합성의 최초 출발물질은?**

① acetoacetyl CoA
② 3-hydroxy-3-methyl glutaryl (HMG) CoA
③ acetyl CoA
④ malonyl CoA

26 **사람 체내에서의 콜레스테롤 생합성 경로를 순서대로 표시한 것 중 옳은 것은?**

① acetyl CoA → L-mevalonic acid → squalene → lanosterol → cholesterol
② acetyl CoA → lanosterol → squalene → L-mevalonic acid → cholesterol
③ acetyl CoA → squalene → lanosterol → L-mevalonic acid → cholesterol
④ acetyl CoA → lanosterol → L-mevalonic acid → cholesterol

21 글리옥살산 회로(glyoxylate cycle)

- 고등식물과 미생물에서 볼 수 있는 대사회로의 하나로 지방산 및 초산을 에너지원으로 이용할 수 있는 회로이다.
- 동물조직에서는 지방으로부터 직접 탄수화물을 합성할 수 없지만 식물에서는 글리옥시좀(glyoxisome)이라고 하는 소기관에서 일어난다.

22 인지질의 생합성에 관여하는 요소

- 1,2-diglyceride, choline phosphate, CDP-choline, choline, choline kinase, choline phosphate cytidyltransferase, choline phosphate transferase, ATP 및 CTP 등이 관여한다.

23

- ketone body가 생성되는 곳은 간장과 신장이고, 간에서 아미노산으로부터 글루코스가 합성되고, 간에서 탈아미노 반응으로 생성된 NH_3는 요소로 합성된다. 요소는 간에서 합성된다.
- 식물과 박테리아는 지방산으로부터 포도당을 생성할 수 있지만 사람과 동물은 지방산을 탄수화물로 변환시킬 수 없다.

24 cholesterol의 합성

- 포유동물에서 cholesterol의 합성은 세포 내의 cholesterol 농도와 glucagon, insulin 등의 호르몬에 의해서 조절된다.
- cholesterol 합성의 개시단계는 3-히드록시-3-메틸글루타린 CoA 환원효소(HMG CoA reductase)가 촉매하는 반응이다.
- 이 효소의 작용은 세포의 콜레스테롤 농도가 크면 억제된다.
- 이 효소는 인슐린에 의해서 활성화되지만 글루카곤에 의해서 불활성화된다.

25 사람 체내에서 콜레스테롤(Cholesterol)의 생합성 경로

- acetyl CoA → HMG CoA → L-mevalonate → mevalonate pyrophosphate → isopentenyl pyrophosphate → dimethylallyl pyrophosphate → geranyl pyrophosphate → farnesyl pyrophosphate → squalene → lanosterol → cholesterol

26 25번 해설 참조

정답				
	21 ②	22 ③	23 ②	24 ①
	25 ③	26 ①		

문제

{ 단백질 }

1 다음 아미노산 중 광학활성이 없는 것은?

① lysine ② glycine
③ leucine ④ alanine

2 방향족 아미노산(aromatic amino acid) 계열이 아닌 것은?

① 히스티딘(histidine)
② 페닐알라닌(phenylalanine)
③ 티로신(tyrosine)
④ 트립토판(tryptophan)

3 아미노산에 대한 설명으로 틀린 것은?

① 산, 염기의 성질을 동시에 지니고 있다.
② 부제탄소원자(asymmetric carbon atom)는 가지고 있지 않다.
③ 곁사슬의 화학적 구조에 따라 성질이 다르다.
④ 중합할 수 있는 능력을 가지고 있다.

4 단백질을 구성하는 데 쓰이는 표준아미노산 분자들의 특성에 대한 설명으로 틀린 것은?

① 모든 표준아미노산은 산, 염기의 성질을 동시에 지니고 있다.
② 모든 표준아미노산은 부제탄소(chiral carbon)를 갖고 있다.
③ 표준아미노산이 갖고 있는 곁사슬의 화학적 구조에 따라 용해도가 다르다.
④ 모든 표준아미노산은 펩타이드 결합 능력을 가지고 있다.

5 아미노산의 등전점보다 낮은 pH에서는 전하가 어떻게 변하는가?

① ⊕로 대전된다.
② ⊖로 대전된다.
③ 절대전하(net charge)가 0이 된다.
④ 대전되지 않는다.

6 pK가 5인 $-COOH$기가 있는 물질 1 mole을 물 1L에 용해시킨 후 pH를 5로 조절했을 때 몇 mole이 $-COO^-$ 형태로 이온화되는가?

① 0.1 mole ② 0.2 mole
③ 0.5 mole ④ 1.0 mole

7 글리신(glycine) 수용액의 HCl과 NaOH 수용액으로 적정하게 얻은 적정곡선에서 $pK_1=2.4$, $pK_2=9.6$일 때 등전점은 얼마인가?

① pH 3.6 ② pH 6.0
③ pH 7.2 ④ pH 12.6

8 aspartic acid의 $pK_1(-COOH) = 1.88$, $pK_2(-NH_3^+) = 9.60$, pK_R(−R기) = 3.65일 때 등전점은?

① 2.77 ② 3.22
③ 7.36 ④ 9.74

9 다음 단백질의 기능이 잘못 연결된 것은?

① lysozyme – 당질 합성
② transferrins – 철분 운반
③ histone – 핵단백질
④ cytochrome – 전자전달

{ 단백질 }

1 글리신(glycine)

- 부제탄소원자(asymmetric carbon)를 가지고 있지 않기 때문에 D형, L형의 광학이성체가 존재하지 않는다.

2 방향족 아미노산

- phenylalanine, tyrosine, tryptophan 등이 있다.

※histidine은 염기성 아미노산이다.

3 아미노산의 부제탄소(asymmetric carbon) 원자

- 아미노산의 α위치에 탄소 원자와 결합하고 있는 4개의 원자나 원자단(NH^{3+}, COO^-, H, R)이 모두 다를 경우 이러한 탄소 원자를 부제탄소 원자라고 한다.
- R부분이 수소인 글리신(glycine)을 제외한 대부분의 아미노산은 부제탄소원자를 가지고 있다.
- 그러므로 각각 D-형과 L-형의 광학이성체가 존재한다.

4 1번 해설 참조

5 등전점(isoelectric point)

- 아미노산은 그 용액을 산성 혹은 알칼리성으로 하면 양이온, 음이온의 성질을 띤 양성 전해질로 된다. 이와 같이 양하전과 음하전을 이루고 있는 아미노산 용액의 pH를 등전점이라 한다.
- 아미노산의 등전점보다 pH가 낮아져서 산성이 되면, 보통 카르복시기가 감소하여 아미노기가 보다 많이 이온화하므로 분자는 양(+)전하를 얻어 양이온이 된다.
- 반대로 pH가 높아져서 알칼리성이 되면 카르복시기가 강하게 이온화하여 음이온이 된다.

6 pH = pKa+log[A]/log[HA]

pH와 pKa 모두 5이므로,
log[A]/log[HA] = 0
A와 HA의 농도는 같으므로,
A형태, HA형태 모두 0.5mole

7 등전점(isoelectric point)

- 단백질은 산성에서는 양하전으로 해리되어 음극으로 이동하고, 알칼리성에서는 음하전으로 해리되어 양극으로 이동한다. 그러나 양하전과 음하전이 같을 때는 양극, 음극, 어느 쪽으로도 이동하지 않은 상태가 되며, 이때의 pH를 등전점이라 한다.

※글리신의 $pK_1(-COOH) = 2.4$, $pK_2(-NH_3^+) = 9.6$일 때 등전점은 $(2.4+9.6)/2 = 6$이다.

8 aspartic acid의 $pK_1(\alpha-COOH) = 1.88$, $pK_2(-NH_3^+) = 9.60$, $pK_R(\beta-COOH) = 3.65$일 때 등전점은 $(1.88+3.65)/2 = 2.77$이다.

※pK_a 값이 세 개인 경우
- 산성기 2개, 염기성기 1개일 때 : 산성기 2개의 pK_a값의 평균이 등전점
- 산성기 1개, 염기성기 2개일 때 : 염기성기 2개의 pK_a의 평균이 등전점

9 단백질의 기능

- 단백질은 생체 내에서 촉매작용(효소), 구조단백질(collagen, keratin), 운반단백질(Hb), 전자전달(cytochrome), 방위단백질(항체), 운동단백질(actin), 정보단백질(peptide hormone), 제어단백질(repressor) 등의 역할을 한다.

※lysozyme의 기능은 항균작용이다.

정답				
	1 ②	2 ①	3 ②	4 ②
	5 ①	6 ③	7 ②	8 ①
	9 ①			

문제

10 생체 내에서 핵산과 결합되는 단백질은?

① 히스톤(histone)
② 알부민(albumin)
③ 글로불린(globulin)
④ 헤모글로빈(hemoglobin)

11 진핵세포의 DNA와 결합하고 있는 염기성 단백질은?

① albumin ② globulin
③ histone ④ histamine

12 강한 산이나 염기로 처리하거나 열, 이온성 세제, 유기용매 등을 가하여 단백질의 생물학적 활성이 파괴되는 현상은?

① 정제(purification)
② 용해(hydrolysis)
③ 결정화(crystalization)
④ 변성(denaturation)

13 단백질의 1차 구조에 대한 설명으로 옳은 것은?

① 단백질의 아미노산 서열에 의한 직쇄구조
② α-나선형(helix)의 구조
③ 단백질의 입체구조
④ 여러 개의 단백질 덩어리가 뭉쳐 있는 구조

14 기본적인 결합양식은 peptide bond(-CO-NH-)이며, 이들 사이의 공유결합에 의하여 안정된 결합구조를 갖는 단백질 기본구조는?

① 1차 구조 ② 2차 구조
③ 3차 구조 ④ 4차 구조

15 단백질의 3차 구조를 유지하는 데 크게 기여하는 것은?

① peptide 결합
② disulfide 결합
③ Van der Waals 결합
④ 수소결합

16 gel 여과(filtration)와 관계있는 것은?

① Dowex
② Sephadex
③ Amberlite
④ Silica gel

17 단백질을 순수분리하는 방법 중 부적당한 것은?

① 초원심분리법
② 크로마토그래피법
③ 전기영동법
④ 가열침전법

10 핵산과 결합되는 단백질

- 기본적으로 진핵생물의 DNA 분자들은 히스톤(histone)이라고 하는 염기성 단백질과 결합되어 있다.
- DNA와 히스톤의 복합체를 염색질(chromatin)이라고 부른다.
- histone 분자가 유전물질의 DNA 사슬 한 분절과 결합하고 있는 단위체를 뉴클레오솜이라고 한다.

11 10번 해설 참조

12 변성(denaturation)

- 천연단백질이 물리적 작용, 화학적 작용 또는 효소의 작용을 받으면 구조의 변형이 일어나는 현상을 말한다.
- 대부분 비가역적 반응이다.
- 단백질의 변성에 영향을 주는 요소
  - 물리적 작용 : 가열, 동결, 건조, 교반, 고압, 조사 및 초음파 등
  - 화학적 작용 : 묽은 산, 알칼리, 요소, 계면활성제, 알코올, 알칼로이드, 중금속, 염류 등

13 단백질의 구조

- 1차 구조 : 아미노산의 조성과 배열순서를 말한다.
- 2차 구조 : 주로 α-helix 구조와 β-병풍구조를 말한다.
- 3차 구조 : 2차 구조의 peptide 사슬이 변형되거나 중합되어 생성된 특이적인 3차원 구조를 말한다.
- 4차 구조 : polypeptide 사슬이 여러 개 모여서 하나의 생리기능을 가진 단백질을 구성하는 polypeptide 사슬의 공간적 위치관계를 말한다.

14 단백질의 1차 구조(primary structure)

- 아미노산이 peptide bond(-CO-NH-)에 의하여 사슬모양으로 결합된 polypeptide chain이며 단백질 구조의 주사슬로 화학구조(chemical structure)라 한다.

15 단백질의 3차 구조

- polypeptide chain이 복잡하게 겹쳐서 입체구조를 이루고 있는 구조이다.
- 이 구조는 수소결합, disulfide 결합, 해리 기간의 염결합(이온결합), 공유결합, 비극성간의 van der waals 결합에 의해 유지된다.
- 특히 disulfide 결합은 입체구조의 유지에 크게 기여하고 있다.

16 Sephadex

- 글루코스의 사슬모양 중합체인 덱스트란에 분자가교를 가한 젤여과용 지지체이다.
- 구슬모양으로 제조되고 주로 gel 여과용으로 사용된다.
- 분자가교의 정도에 따라 gel의 분획능력이 달라진다.

17 단백질을 순수분리하는 방법

- 분자의 크기와 무게의 차이를 이용한 gel여과법, 초원심분리법 등이 있다.
- 단백질의 양성 전해성과 친화성을 이용한 크로마토그래피법, 전기장을 이용하여 하전된 입자를 양극 또는 음극 쪽으로 이동시켜 측정하는 전기영동법, 무기염이나 유기용매에 의한 용해도 차를 이용한 황산암모늄 분획법(염석법), 아세톤 분획법 등이 있다.
- 단백질의 열에 대한 안정성의 차를 이용한 가열침전법도 있으나 변성을 일으키기 쉬우므로 잘 쓰이지 않는다.

정답				
	10 ①	11 ③	12 ④	13 ①
	14 ①	15 ②	16 ②	17 ④

18 EDTA(Ethylene Diamine Tetra Acetic Acid) 처리에 의하여 효소가 불활성화되는 이유는?

① peptide 결합이 분해를 하기 때문이다.
② 단백질의 2차 구조가 변하기 때문이다.
③ 단백질의 1차 구조가 변하기 때문이다.
④ 활성부위의 금속이온과 결합되기 때문이다.

19 α-amino acid의 산화적 탈아미노 반응(oxidate deamination)은 두 단계로 진행이 되는데 이 과정에서의 최종생성물은?

① α-keto acid와 암모니아
② oilgo peptide
③ CO_2와 amino acid
④ acetyl-CoA

20 아미노산으로부터 아미노기가 제거되는 반응과 조효소를 바르게 연결한 것은?

① 산화적 탈아미노 반응(PALP)과 요소 회로(MADP)
② 아미노기 전이 반응(FMN/FAD)과 탈탄산 반응(NADP)
③ 아미노기 전이 반응(PALP)과 산화적 탈아미노 반응(FMN/FAD, NAD)
④ 탈탄산 반응(PALP)과 요소 회로(NADPH)

21 아미노산의 탈아미노 반응으로 유리된 NH_3^+의 일반적인 경로가 아닌 것은?

① α-keto acid와 결합하여 아미노산을 생성
② 해독작용의 하나로서 glutamine을 합성
③ 간에서 요소 회로를 거쳐 요소로 합성
④ 간에서 당신생(gluconeogenesis) 과정을 거침

22 페닐케톤뇨증(phenylketonuria)은 유전적 질병으로 오줌에 페닐피루브산(phenylpyruvate)이 많아 검은 오줌을 누게 된다. 이 병의 주요한 원인이 되는 것은?

① 간에서 당의 대사가 원활치 못하여 오줌으로 페닐피루브산이 나오기 때문이다.
② 티로신(tyrosine) 대사 효소의 결핍 때문이다.
③ 페닐알라닌 하드록실화 효소(phenylalanine hydroxylase)가 없기 때문이다.
④ 간에서 암모니아를 제거하지 못하기 때문이다.

23 미생물에 의한 아미노산 생성 계열 중 aspartic acid 계열에 속하지 않는 것은?

① valine ② threonine
③ isoleucine ④ methionine

18 효소 저해반응

- 효소 반응액 중에 존재하는 물질들은 효소의 기질특이성, 활성부위의 성질, 효소 분자의 주요 기능부위에 영향을 미쳐 효소의 활성도를 감소시킨다. 이러한 저해제들의 반응은 가역적 혹은 비가역적으로 효소 저해반응을 일으킨다.
- 비가역적 저해반응은 납, 수은 등 중금속 이온인 저해제들이 효소활성부위의 아미노산 잔기들과 강력하게 공유결합된 결합물을 형성하여 제거하기 힘들지만 EDTA, 구연산과 같은 chelating agent들의 도움으로 가역화시킬 수 있다.
- 가역적 저해반응에서 저해제는 쉽게 효소에서 해리될 수 있다.

19 산화적 탈아미노 반응

- 일부 아미노산은 아미노기가 산화되어 이미노산(imino acid)이 된 다음에 가수분해되어 탈아미노 반응이 일어난다.

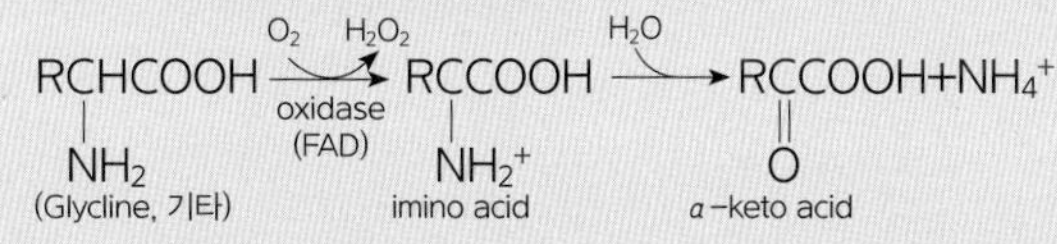

- glycine의 경우 glycine synthase에 의해 산화적으로 분해된다. serine과 threonine도 glycine으로 전환되면 이 과정을 거쳐 분해될 수 있다.

$H_2NCH_2COOH+THF+NAD^+ \rightleftharpoons$ 5,10-methylene-THF$+CO_2+NH_3+NADH+H^+$

20

- 산화적 탈아미노 반응 : FMN/FAD, NAD
- 요소 회로 : ATP
- 아미노기 전이 반응 : PALP
- 탈탄산 반응 : PALP

21 탈아미노 반응

- amino acid의 amino기($-NH_2$)가 제거되어 α-keto acid로 되는 반응을 말한다.
- 탈아미노 반응으로 유리된 NH_3^+의 일반적인 경로는 다음과 같다.
  - keto acid와 결합하여 아미노산을 생성
  - α-ketoglutarate와 결합하여 glutamate를 합성
  - glutamic acid와 결합하여 glutamine을 합성
  - carbamyl phosphate로서 세균에서는 carbamyl kinase에 의하여 합성
  - 간에서 요소 회로를 거쳐 요소로 합성

22 페닐케톤뇨증(phenylketonuria, PKU)

- 페닐알라닌을 티로신으로 전환시키는 효소인 페닐알라닌수산화효소(phenylalanine hydroxylase)의 활성이 선천적으로 저하되어 있기 때문에 혈액 및 조직 중에 페닐알라닌과 그 대사산물이 축적되고, 요중에 다량의 페닐피루브산을 배설하는 질환이다.
- 만일 치료되지 않으면 대부분은 지능 장애와 담갈색 모발, 흰 피부색 등의 멜라닌 색소결핍증이 나타난다.
- 페닐케톤뇨증이라는 명칭은 케톤체인 페닐피루브산이 요중에 많이 배설되어 유래된 것이다.

23 아미노산 생합성계

- glutamic acid 계열 : proline, hydroxy proline, ornithine, citrulline, arginine이 생합성
- aspartic acid 계열 : lysine, homoserine, threoine, isoleucine, methionine이 생합성
- pyruvic acid 계열 : alanine, valine, leucine이 생합성
- 방향족 amino acid 계열 : phenylalanine, tyrosine, tryptophane이 생합성

정답				
	18 ④	19 ③	20 ③	21 ④
	22 ③	23 ①		

문제

24 아스파트산 계열의 아미노산 발효 합성과정 중 L-threonine에 의해 피드백 저해를 받는 효소가 아닌 것은?

① aspartokinase
② aspartate semialdehyde dehydrogenase
③ homoserine dehydrogenase
④ homoserine kinase

25 다음 중 케토제닉 아미노산(ketogenic amino acid)은 어느 것인가?

① 알라닌(alanine)
② 프롤린(proline)
③ 루이신(leucine)
④ 글리신(glycine)

26 케톤체만 생성하는 아미노산은?

① 트레오닌(threonine)
② 루이신(leucine)
③ 페닐알라닌(phenylalanine)
④ 티로신(tyrosine)

27 aspartate kinase에 feed back inhibition을 나타내는 아미노산은?

① 트립토판(tryptophan)
② 페닐알라닌(phenylalanine)
③ 티로신(tyrosine)
④ 라이신(lysine)

28 아미노산의 대사과정 중 메틸기(CH_3-) 공여체로서 중요한 구실을 하는 아미노산은?

① 알라닌(alanine)
② 시스테인(cysteine)
③ 글리신(glycine)
④ 메티오닌(methionine)

29 다음 중 요소 회로에서 ATP를 소비하는 반응은?

① arginie → ornithine + urea
② carbamoyl phosphate + ornithine → citrulline
③ arginosuccinate → arginine + fumarate
④ citrulline + aspartate → arginosuccinate

30 요소 회로(urea cycle)를 형성하는 물질이 아닌 것은?

① ornithine ② citrulline
③ arginine ④ glutamic acid

31 단백질의 생합성에 대한 설명으로 틀린 것은?

① 리보솜에서 이루어진다.
② 아미노산의 배열은 DNA에 의해 결정된다.
③ 각각의 아미노산에 대해 특이한 t-RNA가 필요하다.
④ RNA 중합효소에 의해서 만들어진다.

24 aspartate semialdehyde dehydrogenase는 lysine 생합성 경로에서 lysine에 의해 억제(repression)를 하는 효소이다.

25 glucogenic와 ketogenic 아미노산

- glucose와 glycogen를 합성하는 아미노산을 glucogenic 아미노산이라 부르고, ketone체를 생성하는 아미노산을 ketogenic 아미노산이라 부르며 그 분류는 다음과 같다.

glycogenic amino acids	ketogenic amino acid	glycogenic and ketogenic amino acids
L-alanine L-arginine L-aspartate L-alanine L-cystine L-glutamate L-glycine L-histdine L-hydroxyprline L-methionine L-proline L-serine L-threonine L-valine	L-leucine	L-isoleucine L-lysine L-phenylalanine L-tyrosine L-tryptophan

26 25번 해설 참조

27 ***E. coli*의 lysine 생합성 경로에 있어서 대사제어**

- lysine에 의한 aspartokinase와 dihydrodipicolinate synthetase에의 inhibition 작용과 aspartokinase와 aspartate semialdehyde dehydrogenase에의 repression 작용에 의한다.

28 아미노산의 대사과정 중 아미노산으로부터 특정 생성물의 전환

- 알라닌(alanine) : β-alanine은 pantothenic acid의 구성성분
- 시스테인(cysteine) : coenzyme A 합성에 있어 분자말단의 thioethanolamine 성분의 전구물질로 작용하며, taurocholic acid를 형성하는 taurine의 전구물질
- 글리신(glycine) : heme, purine, glutathione의 합성, glycine과의 포합반응, creatine의 합성
- 메티오닌(methionine) : S-adenosyl methionine의 형태로서 이것은 체내에 있어서 메틸기(CH_3-)의 주공급원

29 요소 회로에서 ATP 소비 반응

- citrulline는 enol형의 isourea로 변해서 ATP와 Mg^{++} 존재 하에 arginosuccinate synthetase 작용에 의해 aspartate와 축합하여 arginosuccinate를 형성한다.

30 요소의 합성과정

- ornithine이 citrulline로 변성되고 citrulline은 arginine으로 합성되면서 urea가 떨어져 나오는 과정을 urea cycle이라 한다.
- 아미노산의 탈아미노화에 의해서 생성된 암모니아는 대부분 간에서 요소 회로를 통해서 요소를 합성한다.

31 단백질의 생합성

- 세포 내 ribosome에서 이루어진다.
- mRNA는 DNA에서 주형을 복사하여 단백질의 아미노산 배열순서를 전달 규정한다.
- t-RNA는 다른 RNA와 마찬가지로 RNA polymerase(RNA 중합효소)에 의해서 만들어진다.
- aminoacyl-tRNA synthetase에 의해 아미노산과 tRNA로부터 aminoacyl-tRNA로 활성화되어 합성이 개시된다.

정답				
	24 ②	25 ③	26 ②	27 ④
	28 ④	29 ④	30 ④	31 ④

32 단백질의 생합성이 이루어지는 장소는?

① 미토콘드리아(mitochondria)
② 리보솜(ribosome)
③ 핵(nucleus)
④ 세포막(membrane)

33 단백질의 생합성에 대한 설명 중 틀린 것은?

① DNA의 염기 배열순에 따라 단백질의 아미노산 배열 순위가 결정된다.
② 단백질 생합성에서 RNA는 m-RNA → r-RNA → t-RNA순으로 관여한다.
③ RNA에는 H_3PO_4, D-ribose가 있다.
④ RNA에는 adenine, guanine, cytosine, thymine이 있다.

34 다음의 과정에서 ⓐ, ⓑ에 해당하는 사항으로 옳은 것은?

DNA —ⓐ→ RNA —ⓑ→ protein

	ⓐ	ⓑ
①	복제(replication)	번역(translation)
②	전사(transcription)	복제(replication)
③	번역(translation)	전사(transcription)
④	전사(transcription)	번역(translation)

35 다음 유전암호의 특징 중에서 맞지 않는 것은 무엇인가?

① 아미노산의 암호문은 모든 생물종에서 동일하다.
② 원핵이든 진핵이든 개시암호단위는 AVG이다.
③ 하나의 주어진 아미노산이 단 하나의 특이적인 암호단위만 갖고 있다.
④ 하나의 암호단위와 다음의 암호단위 사이에는 구두점이 없다. 즉, 건너뛸 수 없다.

36 단백질 합성 시 anticodon site를 갖고 있어 mRNA에 해당하는 아미노산을 운반해 주는 것은?

① DNA ② rRNA
③ operon ④ tRNA

37 단백질 생합성에서 시작 코돈(initiation codon)은?

① AAU ② AUG
③ AGU ④ UGU

38 단백질의 아미노산 배열은 DNA상의 염기배열에 의하여 결정되는데 이러한 유전자(DNA)의 암호(code)는 몇 개의 염기배열에 의하여 구성되는가?

① 1개 ② 2개
③ 3개 ④ 4개

32 31번 해설 참조

33 단백질 합성에 관여하는 RNA

- m-RNA는 DNA에서 주형을 복사하여 단백질의 아미노산(amino acid) 배열순서를 전달 규정한다.
- t-RNA(sRNA)는 활성아미노산을 리보솜(ribosome)의 주형(template) 쪽에 운반한다.
- r-RNA는 m-RNA에 의하여 전달된 정보에 따라 t-RNA에 옮겨진 amino acid를 결합시켜 단백질 합성을 하는 장소를 형성한다.
- 단백질 생합성에서 RNA는 m-RNA → r-RNA → t-RNA 순으로 관여한다.

※RNA에는 adenine, guanine, cytosine, uracil이 있다.

34 유전정보가 단백질 구조로 전달되는 생화학적 경로

- 전사(transcription) : DNA에 존재하는 정보를 RNA로 전환하는 과정으로 DNA를 주형으로 하여 이와 상보적인 RNA를 생성하는 과정
- 번역(translation) : RNA를 주형으로 단백질을 생성하는 과정

35 유전암호의 특징

- triplet code, 유전암호는 3개의 염기 단위로 읽힌다.
- 아미노산은 20종류인데 비해 3개의 염기로 이루어진 코돈의 경우의 수는 4×4×4로 64가지이다.
- 아미노산을 지정하지 않는 종결 코돈인 UGA, UAG, UAA를 제외한 61가지 코돈이 모두 아미노산을 지정하므로 대부분의 경우 하나의 아미노산에 대해 여러 개의 triplet code가 존재한다.

36 단백질 합성

- 생체 내에서 DNA의 염기서열을 단백질의 아미노산 배열로 고쳐 쓰는 작업을 유전자의 번역이라 한다. 이 과정은 세포질 내의 단백질 리보솜에서 일어난다.
- 리보솜에서는 mRNA(messenger RNA)의 정보를 근거로 이에 상보적으로 결합할 수 있는 tRNA(transport RNA)가 날라 오는 아미노산들을 차례차례 연결시켜서 단백질을 합성한다.
- 아미노산을 운반하는 tRNA는 클로버 모양의 RNA로 안티코돈(anticodon) 을 갖고 있다.
- 합성의 시작은 메티오닌(methionine)이 일반적이며, 합성을 끝내는 부분에서는 아미노산이 결합되지 않는 특정한 정지 신호를 가진 tRNA가 들어오면서 아미노산 중합반응이 끝나게 된다.
- 합성된 단백질은 그 단백질이 갖는 특정한 신호에 의해 목적지로 이동하게 된다.

37 단백질 생합성을 개시하는 코돈

- AUG이고, ribosome과 결합한 mRNA의 개시코돈(AUG)에 anticodon을 가진 methionyl-tRNA가 결합해서 개시 복합체가 형성된다.

38 단백질의 아미노산 배열

- DNA를 전사하는 mRNA의 3염기 조합, 즉 mRNA의 유전암호의 단위를 코돈(codon, triplet)이라 하며 이것에 의하여 세포 내에서 합성되는 아미노산의 종류가 결정된다.
- 염색체를 구성하는 DNA는 다수의 뉴클레오티드로 이루어져 있다.
- 3개의 연속된 뉴클레오티드가 결과적으로 1개의 아미노산의 종류를 결정한다.
- 3개의 뉴클레오티드를 코돈(트리플렛 코드)이라 부르며 뉴클레오티드는 DNA에 함유되는 4종의 염기, 즉 아데닌(A)·티민(T)·구아닌(G)·시토신(C)에 의하여 특징이 나타난다.
- 3개의 염기 배열방식에 따라 특정 정보를 가진 코돈이 조립된다.
- 이 정보는 mRNA에 전사되고, 다시 tRNA에 해독되어 코돈에 의하여 규정된 1개의 아미노산이 만들어진다.

정답				
	32 ②	33 ④	34 ④	35 ③
	36 ④	37 ②	38 ③	

문제

39 DNA로부터 단백질 합성까지의 과정에서 t-RNA의 역할에 대한 설명으로 옳은 것은?

① m-RNA 주형에 따라 아미노산을 순서대로 결합시키기 위해 아미노산을 운반하는 역할을 한다.
② 핵 안에 존재하는 DNA정보를 읽어 세포질로 나오는 역할을 한다.
③ 아미노산을 연결하여 protein을 직접 합성하는 장소를 제공한다.
④ 합성된 protein을 수식하는 기능을 담당한다.

40 DNA 분자의 특징에 대한 설명으로 틀린 것은?

① DNA 분자는 두 개의 polynucleotide 사슬이 서로 마주보면서 나선구조로 꼬여있다.
② DNA 분자의 이중나선 구조에 존재하는 염기쌍의 종류는 A:T와 G:C로 나타난다.
③ DNA 분자의 생합성은 3′-말단 → 5′-말단 방향으로 진행된다.
④ DNA 분자 내 이중나선 구조가 1회전하는 거리를 1 피치(pitch)라고 한다.

41 t-RNA는 단백질의 합성에 중요한 역할을 하는데 주로 어느 물질의 운반역할을 하는가?

① 당질 ② 효소
③ 핵산 ④ 아미노산

42 단백질의 생합성에 있어서 중요한 첫 단계 반응은?

① 아미노산의 carboxyl group의 활성화
② peptidyl tRNA 가수분해 후 단백질과 tRNA 유리
③ peptidyl tRNA의 P site 이동
④ 아미노산의 환원

43 대장균에서 단백질 합성에 직접적으로 관여하는 인자가 아닌 것은?

① 리보솜(ribosome)
② tRNA
③ 신장인자(elongation factor)
④ DNA

44 리보솜에서 단백질이 합성될 때 아미노산이 ATP에 의하여 일단 활성화된 후에 한 종류의 핵산에 특이적으로 결합된다. 이 활성화된 아미노산이 결합되는 핵산 수용체는?

① m-RNA ② r-RNA
③ t-RNA ④ DNA

45 유전자 정보의 전달과정에서 관여하는 핵산물질이 아닌 것은?

① DNA ② t-RNA
③ m-RNA ④ NAD

39 36번 해설 참조

40 DNA 분자의 특징

- DNA 분자의 생합성은 5′-말단 → 3′-말단 방향으로 진행된다.

41 t-RNA

- t-RNA(sRNA)는 활성아미노산을 ribosome의 주형(template) 쪽에 운반한다.

42 33번 해설 참조

43 [이론 p.208 참조]

44 단백질 합성

- 생체 내 ribosome에서 이루어진다.
- 첫째 단계로 아미노산이 활성화되어야 한다.
- ATP에 의하여 활성화된 아미노산은 amino acyl-t-RNA synthetase에 의하여 특이적으로 대응하는 tRNA와 결합해서 aminoacyl-t-RNA복합체를 형성한다.
- 활성화된 아미노산을 결합한 t-RNA는 ribosome의 주형 쪽으로 운반되어, ribosome과 결합한 mRNA의 유전암호에 따라서 순차적으로 polypeptide 사슬을 만들어 간다.

45 유전자 정보의 전달에 관여하는 핵산물질

- DNA : 단백질 합성 시 아미노산의 배열순서의 지령을 m-RNA에 전달하는 유전자의 본체
- t-RNA : 활성 amino acid를 ribosome의 주형(template) 쪽으로 운반
- m-RNA : DNA에서 주형을 복사하여 단백질의 아미노산의 배열순서를 전달규정

※NAD : 산화환원 반응을 촉매하는 탈수소효소(dehydrogenase)의 보조효소

정답				
	39 ①	40 ③	41 ④	42 ①
	43 ④	44 ③	45 ④	

문제

{핵산}

1 핵산에 대한 설명으로 옳은 것은?

① DNA 이중나선에서 아데닌(adenine)과 티민(thymine)은 3개의 수소결합으로 연결되어 있다.

② B-DNA의 사슬은 왼손잡이 이중나선 구조를 갖고 있다.

③ RNA는 알칼리 용액에서 가열하면 빠르게 분해된다.

④ RNA의 이중나선은 각 가닥의 방향이 서로 반대이다.

2 DNA에 대한 설명으로 틀린 것은?

① RNA와 마찬가지로 변성될 수 있다.

② purine 염기와 pyrimidine 염기로 구성된다.

③ G와 C의 함량이 높을수록 변성온도는 낮아진다.

④ DNA 변성은 두 가닥 DNA구조가 한 가닥 DNA로 바뀌는 현상을 말한다.

3 핵산을 구성하는 성분이 아닌 것은?

① 아데닌(adenine)

② 티민(thymine)

③ 우라실(uracil)

④ 시토크롬(cytochrome)

4 다음 중 purine 염기는?

① adenine ② cytosine

③ thymine ④ uracil

5 DNA에는 함유되어 있으나 RNA에는 함유되어 있지 않은 성분은?

① 아데닌(adenine)

② 티민(thymine)

③ 구아닌(guanine)

④ 시토신(cytosine)

6 핵산을 구성하는 뉴클레오티드의 결합방식으로 옳은 것은?

① disulfide bond

② phosphodiester bond

③ hydrogen bond

④ glycoside bond

7 DNA와 RNA는 5탄당의 어떤 위치에 뉴클레오티드(nucleotide)가 연결되어 있는가?

① 2′와 3′ ② 2′와 4′

③ 3′와 4′ ④ 3′와 5′

8 핵 단백질의 가수분해 순서로 올바른 것은?

① 핵 단백질 → 핵산 → 뉴클레오티드 → 뉴클레어사이드 → 염기

② 핵 단백질 → 핵산 → 뉴클레어사이드 → 뉴클레오티드 → 염기

③ 핵산 → 핵 단백질 → 뉴클레오티드 → 뉴클레어사이드 → 염기

④ 핵산 → 뉴클레어사이드 → 핵 단백질 → 뉴클레오티드 → 염기

해설

{핵산}

1 • DNA 이중나선에서 아데닌(adenine)과 티민(thymine)은 2개의 수소결합, 구아닌(guanine)과 시토신(cytosine)은 3개의 수소결합으로 연결되어 있다.
• B-DNA의 사슬은 위에서 아래로 오른쪽으로 감은 이중나선구조를 갖고 있다.
• RNA의 구조는 하나의 ribonucleotide 사슬이 꼬여서 아데닌과 우라실(uracil), 구아닌과 시토신의 수소결합으로 조립되므로 국부적으로 2중 나선구조를 형성한다.

2 **DNA 변성(DNA denaturation)**
• 이중가닥 DNA를 가열하거나, pH나 이온강도 등을 변화시킬 때 수소결합이 끊어져 단일가닥 상태가 되는 현상을 말한다.
• AT염기쌍은 2개의 수소결합, GC염기쌍은 3개의 수소결합을 형성하므로 GC함량이 높을수록 변성되는 온도(T_m)가 높아진다.
※변성온도(melting temperature, T_m) : A260nm 흡광도 값이 최대치의 절반에 이르렀을 때의 온도, 즉 50%의 변성이 일어났을 때의 온도

3 **핵산을 구성하는 염기**
• pyrimidine의 유도체 : cytosine(C), uracil(U), thymine(T) 등
• purine의 유도체 : adenine(A), guanine(G) 등

4 **3번 해설 참조**

5 **DNA와 RNA의 구성성분 비교**

구성성분	DNA	RNA
인산	H_2PO_4	H_2PO_4
purine염기	adenine, guanine	adenine, guanine
pyrimidine 염기	cytosine, thymine	cytosine, uracil
pentose	D-2-deoxyribose	D-ribose

6 **nucleotide의 결합방식**
• 핵산(DNA, RNA)을 구성하는 nucleotide와 nucleotide 사이의 결합은 C_3'와 C_5' 간에 phosphodiester 결합이다.

7 **6번 해설 참조**

8 **핵 단백질의 가수분해 순서**
• 핵 단백질(nucleoprotein)은 핵산(nucleic acid)과 단순단백질(histone 또는 protamine)로 가수분해 된다.
• 핵산(polynucleotide)은 RNase나 DNase에 의해서 모노뉴클레오티드(mononucleotide)로 가수분해 된다.
• 뉴클레오티드(nucleotide)는 nucleotidase에 의하여 뉴클레어사이드(nucleoside)와 인산(H_3PO_4)으로 가수분해 된다.
• 뉴클레어사이드는 nucleosidase에 의하여 염기(purine이나 pyrmidine)와 당(D-ribose나 D-2-Deoxyribose)으로 가수분해 된다.

정답				
	1 ③	2 ③	3 ④	4 ①
	5 ②	6 ②	7 ④	8 ①

문제

9 핵산은 우리 몸에서 분해될 때 당, 인산 및 염기(base)로 되는데, 당과 인산은 따로 이용되고 염기 중 피리미딘(pyrimidine)은 β-알라닌 또는 β-아미노이소부티린산으로 이용된다. 퓨린(purine)은 요산(uric acid)으로 분해되어 오줌으로 배설된다. 조류에 있어서 퓨린 대사는 어떻게 되는가?

① 조류는 오줌을 누지 않기 때문에 배설하지 않고 다른 화합물로 이용한다.
② 조류는 오줌을 누지 않으나 퓨린은 요산으로 분해되어 대변과 함께 배설한다.
③ 조류는 오줌을 누지 아니하는 것 같지만, 아주 소량씩 오줌으로 배설한다.
④ 조류는 핵산 대사능력이 없어 그대로 대변으로 배설한다.

10 핵산의 소화에 관한 설명으로 틀린 것은?

① 췌액 중의 nuclease에 의해 분해되어 mononucleotide가 생성된다.
② 위액 중의 DNAase에 의해 인산과 nucleoside로 분해된다.
③ nucleosidase는 글리코시드 결합을 가수분해한다.
④ pentose는 다시 인산과 결합하여 pentose phosphate로 전환된다.

11 nucleotide로 구성된 보효소가 아닌 것은?

① ATP ② TPP
③ cAMP ④ NADP

12 보효소로서의 유리 nucleotide와 그 작용을 옳게 연결한 것은?

① ADP/ATP : 인산기 전달
② UDP-glucose : α-ketoglutarate 산화의 에너지 공급
③ GDP/TP : phospholipid 합성
④ IDP/ITP : 산화-환원 반응 시 산소의 공여체

13 핵산의 구성성분인 purine 고리 생합성에 관련이 없는 아미노산은?

① glycin
② tyrosine
③ aspartate
④ glutamine

14 퓨린(purine) 생합성 과정의 중간대사산물이 아닌 것은?

① PRPP (Phosphoribosyl pyrophosphate)
② IMP(inosine monophosphate)
③ XMP(xanthosine monophosphate)
④ OMP(orotidine monophosphate)

9 퓨린 대사

- 사람 등의 영장류, 개, 조류, 파충류 등의 purine 유도체 최종대사산물은 요산(uric acid)이다.
- 즉, purine 유도체인 adenine과 guanine은 요산이 되어 소변으로 배설된다.
- 조류는 오줌을 누지 않아 퓨린은 요산으로 분해되어 대변과 함께 배설된다.

10 핵산의 소화

- RNA, DNA는 췌액 중의 ribonuclease (RNAase) 및 deoxyribonuclease(DNAase)에 의해 mononucleotide까지 분해된다.

11 nucleotide로 구성된 보효소

- ATP : adenosine triphosphate
- cAMP : cyclic adenosine 5′–phosphate
- IMP : inosine 5′–phosphate
- NADP : nicotinamide adenine dineucleotide phosphate
- FAD : flavin adenine dineucleotide

※TPP : thiamine pyrophosphate

12 보효소로서의 유리 nucleotide와 그 작용

염기	활성형	작용
adenine	ADP, ATP	에너지 공급원, 인산 전이화
hypoxan–thine	IDP/ITP	CO_2의 동화 (oxaloacetic carboxylase), α–ketoglutarate 산화의 에너지 공급
guanine	GDP/GTP	α–ketoglutarate 산화와 단백질 합성의 에너지 공급
uracil	UDP–glucose UDP–galactose	glycogen 합성, lactose의 합성
	UDP–galacto samine	galactosamine 합성
cytosine	CDP–choline	phospholipid 합성
	CDP–ethanol–amine	ethanolamine 합성
niacine +adenine	NAD, $NADH_2$	산화환원
	NADP, $NADPH_2$	산화환원
flavin +adenine	FMN, $FMNH_2$	화합환원
	FAD, $FADH_2$	산화환원
panto–theine +adenine	acyl CoA	acyl기 전이

13 purine 고리 생합성에 관련이 있는 아미노산

- glycine, aspartate, glutamine, fumarate 등이다.

14 퓨린(purine) 생합성 과정

- ribose–5–phosphate
  → 5–phosphoribosyl–1–pyrophosphate (PRPP)
  → 5–phosphoribosylamine
  → glycineamide ribosyl–5–p
  → formylglycinamide ribosyl–5–p
  → 5–amino–4–imidazole ribosyl–5–p(AIR)
  → 5–amino–4–imidazole carboxylate ribosyl–5–p(AICR)
  → 5–amino–4–imidazole(N–succinyl carboxamide)–ribosyl–5–p(SAICAR)
  → 5–aminoimidazole carboxamide ribosyl–5–p(AICAR)
  → 5–formylamino imidazole carboxamide ribosyl–5–p(FAICAR)
  → inosinic acid(5′–IMP)
- 5′–IMP → 5′–SAMP → 5′–AMP
- 5′–IMP → 5′–XMP → 5′–GMP

※OMP(orotidine monophosphate)는 피리미딘(pyrimdine) 생합성 과정의 중간 대사산물이다.

정답				
	9 ②	10 ②	11 ②	12 ①
	13 ②	14 ④		

생화학 및 발효공학

15 **퓨린(purine)을 생합성할 때 purine의 골격을 구성하는 데 필요한 물질이 아닌 것은?**

① alanine ② aspartic acid
③ CO_2 ④ THF

16 **사람의 체내에서 진행되는 핵산의 분해대사과정에 대한 설명으로 틀린 것은?**

① 퓨린 계열 뉴클레오티드 분해는 오탄당(pentose)을 떼어내는 반응으로부터 시작된다.
② 퓨린과 피리미딘은 분해되어 각각 요산과 요소를 생산한다.
③ 생성된 요산의 배설이 원활하지 못하면, 체내에 축적되어 통풍의 원인이 된다.
④ 퓨린 및 피리미딘 염기는 회수경로를 통해 핵산 합성에 재이용된다.

17 **purine의 분해대사 중 uric acid의 생성에 대한 설명으로 틀린 것은?**

① guanine은 xanthine으로 분해된다.
② 사람은 uric acid를 오줌으로 배설한다.
③ xanthine은 xanthine oxidase에 의한 산화반응으로 adenine이 된다.
④ 혈액 내 uric acid 농도가 상승하면 관절병인 통풍이 생긴다.

18 **퓨린 분해대사의 최종생성물은?**

① uric acid ② orotic acid
③ allantoic acid ④ urea

19 **퓨린계 뉴클레오티드 대사이상으로 인하여 관절이나 신장 등의 조직에 침범하여 통풍(gout)을 일으키는 원인물질로 알려진 것은?**

① allopurinol ② colchicine
③ GMP ④ uric acid

20 **피리미딘(pyrimidine) 유도체로서 핵산 중에 존재하지 않는 것은?**

① 시토신(cytosine)
② 우라실(uracil)
③ 티민(thymine)
④ 아데닌(adenine)

21 **DNA 분자의 purine과 pyrimidine 염기쌍 사이를 연결하는 결합은?**

① 공유결합 ② 수소결합
③ 이온결합 ④ 인산결합

22 **핵산의 무질소 부분 대사에 대한 설명으로 옳은 것은?**

① 인산은 대사 최종산물로서 무기인산염 형태로 소변으로 배설된다.
② 간, 근육, 골수에서 요산이 생성된 후 소변으로 배설된다.
③ NH_3를 방출하면서 분해되고 요소로 합성되어 배설된다.
④ pentose는 최종적으로 분해되어 allantoin으로 전환되어 배설된다.

15 purine을 생합성할 때 purine의 골격 구성

- purine 고리의 탄소 원자들과 질소 원자들은 다른 물질에서 얻어진다.
- 즉, 제4, 5번의 탄소와 제7번의 질소는 glycine에서 온다.
- 제1번의 질소는 aspartic acid, 제3, 9번의 질소는 glutamine에서 온다.
- 제2번의 탄소는 N^{10}-forrnyl THF에서 온다.
- 제8번의 탄소는 N^5, N^{10}-methenyl THF에서 온다.
- 제6번의 탄소는 CO_2에서 온다.

16 purine의 분해

- 사람이나 영장류, 개, 조류, 파충류 등에 있어서 purine 유도체의 최종대사산물은 요산(uric acid)이다.
- purine nucleotide는 nucleotidase 및 phos phatase에 의하여 nucleoside로 된다.
- 이것은 purine nucleoside phosphorylase에 의해 염기와 ribose-1-phosphate로 가인산 분해되며 염기들은 xanthine을 거쳐 요산으로 전환된다.

17 purine의 분해대사

- 사람 등의 영장류, 개, 조류, 파충류 등의 퓨린(purine)은 요산(uric acid)으로 분해되어 오줌으로 배설된다.
- adenine과 guanine은 사람과 원숭이에서는 간, 근육, 골수에서 xanthine을 거쳐 요산으로 되고 혈액을 따라 신장을 거쳐 오줌으로 배설된다.
  - adenine은 xanthine oxidase에 의하여 xanthine이 형성된 다음 요산(uric acid)을 생성한다.
  - guanine은 guanine deaminase에 의하여 xanthine이 형성된 다음 요산(uric acid)을 생성한다.
- 요산 생성은 정상인의 경우 하루 약 1g 정도이다. 통풍에서는 이보다 15~25배를 생성한다.

18 17번 해설 참조

19 통풍(gout)

- 퓨린(purine) 대사이상으로 요산(uric acid)의 농도가 높아지면서 요산염 결정이 관절의 연골, 힘줄, 신장 등의 조직에 침착되어 발생되는 질병이다.
- 퓨린 대사이상에 의한 장해로 과요산혈증(hyperuricemia), 통풍(gout), 잔틴뇨증(xanthinuria) 등이 있다.

20 DNA을 구성하는 염기

- 피리미딘(pyrimidine)의 유도체 : cytosine(C), uracil(U), thymine(T) 등
- 퓨린(purine)의 유도체 : adenine(A), guanine(G) 등

※DNA 이중나선에서
- 아데닌(adenine)과 티민(thymine) : 2개의 수소결합
- 구아닌(guanine)과 시토신(cytosine) : 3개의 수소결합

21 20번 해설 참조

22 핵산의 무질소 부분 대사

- 인산은 음식물 또는 체내 급원으로부터 쉽게 얻어지고, 대사 최종산물로서 무기인산염으로 되어 소변으로 배설된다.
- ribose와 deoxyribose는 glucose와 다른 대사 중간물로부터 직접 얻어진다.
- pentose의 분해경로는 명확치 않으나 최종적으로 H_2O와 CO_2로 분해된다.

정답				
	15 ①	16 ①	17 ③	18 ①
	19 ④	20 ④	21 ②	22 ①

문제

23 우리 몸에서 핵산의 가수분해에 의해 생산되는 유리뉴클레오티드의 대사에 관련된 내용으로 옳은 것은?

① 분해되어 모두 소변으로 나간다.
② 일부 분해되어 소변으로 나가고 나머지는 회수반응(salvage pathway)에 의해 다시 핵산으로 재합성한다.
③ 회수반응에 의해 전부 다시 핵산으로 재합성된다.
④ 유리뉴클레오티드는 항상 일정 수준 양만 존재하므로 평형을 이루기 때문에 대사와 무관하다.

24 DNA에 대한 설명으로 틀린 것은?

① DNA는 두 줄의 polynucleotide가 서로 마주보면서 오른쪽으로 꼬여 있다.
② DNA 염기쌍은 A:C, T:G의 비율이 1:1이다.
③ DNA는 세포 내에서 유리형으로 존재하지 않는다.
④ 완전하게 DNA의 이중나선축이 1회전하는 거리는 34Å이다.

25 DNA에 대한 설명으로 틀린 것은?

① DNA는 이중나선 구조로 되어 있다.
② DNA 염기 간의 결합에서 A와 T는 수소 삼중결합, G와 C는 수소 이중결합으로 되어 있다.
③ DNA에는 유전정보가 저장되어 있다.
④ DNA 분자는 중성에서 음(−) 전하를 나타낸다.

26 DNA를 구성하고 있는 성분들과 결합이 맞게 연결된 것은?

① 질소 염기 – 디옥시리보스 – 인산에스테르 결합
② 질소 염기 – 리보스 – 인산에스테르 결합
③ 질소 염기 – 디옥시리보스 – 아미드 결합
④ 질소 염기 – 디옥시리보스 – 글리코시드 결합

27 DNA를 구성하는 염기와 거리가 먼 것은?

① 아데닌(adenine)
② 시토신(cytosine)
③ 우라실(uracil)
④ 티민(thymine)

28 다음 중 DNA와 RNA의 차이에 해당하는 성분은?

① cytosine ② deoxyribose
③ guanine ④ adenine

29 DNA 단편구조의 염기배열이 아래와 같다면 상보적인(complementary) 염기배열은?

5′–C–A–G–T–T–A–G–C–3′

① 5′–G–T–C–A–A–T–C–G–3′
② 5′–G–C–T–A–A–C–T–G–3′
③ 5′–C–G–A–T–T–G–A–C–3′
④ 5′–T–A–G–C–C–A–G–T–3′

23 유리뉴클레오티드의 대사

- 유리뉴클레오티드(free nucleotide)는 일부 분해되어 소변으로 나가고 나머지는 회수반응(salvage pathway)에 의해 다시 핵산으로 재합성된다.

24 DNA 이중나선에서 염기쌍

- 아데닌(adenine)과 티민(thymine)은 2개의 수소결합(A:T)이다.
- 구아닌(guanine)과 시토신(cytosine)은 3개의 수소결합(G:C)이다.
- DNA 염기쌍은 A:T, G:C의 비율이 1:1이다.

25 24번 해설 참조

26 DNA의 구성성분

구성성분	DNA
인산	H_2PO_4
purine 염기	adenine, guanine
pyrimidine 염기	cytosine, thymine
pentose	D-2-deoxyribose

27 26번 해설 참조

28 DNA와 RNA의 구성성분 비교

구성성분	DNA	RNA
인산	H_2PO_4	H_2PO_4
purine 염기	adenine, guanine	adenine, guanine
pyrimidine 염기	cytosine, thymine	cytosine, uracil
pentose	D-2-deoxy ribose	D-ribose

29 DNA의 상보적인 결합

- 염기에는 퓨린(purine)과 피리미딘(pyrimidine)의 두 가지 종류가 있다.
- 퓨린은 아데닌(adenine)과 구아닌(guanine)의 두 가지가 존재한다.
- 피리미딘은 시토신(cytosine)과 티민(thymine)이 존재한다.
- 아데닌(A)은 다른 가닥의 티민(T)과, 구아닌(G)은 다른 가닥의 사이토신(C)과 각각 수소결합을 한다.
- DNA의 뼈대에서 디옥시리보스에 인산기가 연결된 방향을 5′ 방향이라고 부르고 그 반대에 하이드록시기가 붙어있는 방향을 3′ 방향이라고 부른다.
- DNA 이중나선을 이루는 두 가닥의 DNA는 서로 반대 방향(anti-parallel)으로 구성되어 있다.
- 즉, 이중나선의 상보적 한 가닥이 위에서 아래로 5′→3′ 방향이라면, 나머지 한 가닥은 반대 방향인 아래에서 위로 5′→3′ 방향이다.

정답				
	23 ②	24 ②	25 ②	26 ①
	27 ③	28 ②	29 ②	

문제

30 **DNA의 함량은 260nm의 파장에서 자외선의 흡광정도로 측정할 수 있다. 이러한 흡광은 DNA의 구성성분 중 어느 물질의 성질에 기원한 것인가?**

① 염기(base)
② 인산결합
③ 리보스(ribose)
④ 데옥시리보스(deoxyribose)

31 **DNA 분자의 특성에 대한 설명으로 틀린 것은?**

① DNA의 이중나선구조가 풀려 단일 사슬로 분리되면 260nm에서의 UV 흡광도가 감소한다.
② 생체 내에서 DNA의 이중나선구조는 helicase 효소에 의해 분리될 수 있다.
③ 같은 수의 뉴클레오티드로 구성된 DNA 분자가 이중나선을 이룬 경우에 A형의 DNA의 길이가 가장 짧다.
④ DNA 분자의 이중사슬 내에서 제한효소에 반응하는 염기배열은 회문구조(palindrome)를 갖는다.

32 **DNA의 염기 조성에 관한 설명으로 틀린 것은?**

① 서로 다른 종의 생물은 DNA의 염기 조성이 다르다.
② 같은 생물의 경우, 조직이 달라도 DNA 염기 조성은 같다.
③ 같은 생물의 경우, 영양상태나 환경이 달라져도 염기 조성은 같다.
④ 같은 생물이라 하더라도 연령이 다르면 DNA 염기 조성이 달라진다.

33 **핵산을 구성하고 있는 염기들은 일정 파장에서 흡수스펙트럼을 갖기 때문에 핵단백질, 핵산 등의 정량에 이용된다. 이들의 분석에 적합한 파장은?**

① 260nm ② 280nm
③ 540nm ④ 660nm

34 **이중나선 DNA(double-stranded DNA)의 이차 구조가 아닌 것은?**

① B-DNA ② A-DNA
③ C-DNA ④ Z-DNA

35 **다음 중 자가복제(self-replication)가 가능한 것은?**

① DNA ② t-RNA
③ r-RNA ④ m-RNA

36 **어떤 효모 DNA가 15.1%의 thymine 염기를 함유하고 있다면 guanine 염기는 얼마를 함유하고 있는가?**

① 15.1% ② 69.8%
③ 34.9% ④ 30.2%

37 **어떤 DNA 단편의 염기 농도가 A = 991개, G = 456개일 때 G+C의 염기의 개수는?**

① 912 ② 1447
③ 1535 ④ 1982

30 DNA의 흡광도

- 모든 핵산은 염기(base)의 방향족 환에 의해 자외선을 흡수한다.
- DNA의 경우 260nm의 자외선을 잘 흡수하는데 수치가 클 경우 단일가닥 DNA로 간주한다.
- 이중가닥의 경우 염기가 당-인산 사슬에 의해 보호되어 자외선의 흡수가 감소하고, 단일가닥의 경우 염기가 그대로 노출되기 때문에 자외선의 흡수가 증가하게 된다.
- DNA의 정량분석에 이용된다.

31 30번 해설 참조

32 같은 생물의 경우, 연령이 달라져도 DNA 염기 조성은 같다.

33 핵산의 흡광도

- 핵산은 260nm(자외선 파장)에서 최대로 흡수되기 때문에 핵단백질, 핵산 등의 정량에 이용된다.
- 260nm의 자외선은 세균의 DNA에 최대로 흡수되어 DNA의 구조적 변화를 일으킴으로써 세균의 돌연변이율을 증가시킨다.

34 DNA의 여러 가지 이차 구조들

- B-DNA(B형 DNA) : 실제 세포질에서 가장 많이 관찰된다.
- A-DNA(A형 DNA) : 결정구조의 수분 함량이 75% 정도로 낮아지면 생기는 구조이다.
- Z-DNA(Z형 DNA) : G-C 염기쌍이 풍부한 DNA에서 관찰되며, 당-인산 골격이 지그재그 모양을 이룬다.

35 DNA의 자가복제(self-replication)

- 세포가 분열할 때 DNA는 자신과 동일한 DNA를 복제(replication)하는데 DNA의 2중 나선 구조가 풀려 한 가닥의 사슬로 되고 DNA polymerase가 작용한다.
- chromosomal DNA 이외에 작고 동그란 DNA인 plasmid가 있다.
- 이 DNA는 세포 내의 복제 장비를 이용해서 chromosomal DNA와는 상관없이 자가복제(self-replication) 할 수 있다.

36 DNA 조성에 대한 일반적인 성질 (E. Chargaff)

- 한 생물의 여러 조직 및 기관에 있는 DNA는 모두 같다.
- DNA 염기 조성은 종에 따라 다르다.
- 주어진 종의 염기 조성은 나이, 영양상태, 환경의 변화에 의해 변화되지 않는다.
- 종에 관계없이 모든 DNA에서 adenine(A)의 양은 thymine(T)과 같으며(A=T) guanine(G)은 cytosine(C)의 양과 동일하다(G=C).

※ 염기의 개수 계산 : T의 양이 15.1%이면 A의 양도 15.1%이고, AT의 양은 30.2%가 되며, 따라서 GC의 양은 69.8%이고 염기 G와 C는 각각 34.9%가 된다.

37 36번 해설 참조

※ 염기의 개수 계산 : A의 양이 991개이면 T의 양도 991개이고, AT의 양은 1982개가 되며, G의 양이 456개이면 C의 양도 456개이고 GC의 양은 912개가 된다.

정답				
	30 ①	31 ①	32 ④	33 ①
	34 ③	35 ①	36 ③	37 ①

38 토양으로부터 두 종류의 미생물 A와 미생물 B를 분리하여 DNA 중 GC 함량을 분석해 보니 각각 70%와 54%이었다. 미생물들의 각 염기 조성으로 맞는 것은?

① (미생물 A)
A: 30%, G: 70%, T: 30%, C: 70%
(미생물 B)
A: 46%, G: 54%, T: 46%, C: 54%

② (미생물 A)
A: 15%, G: 35%, T: 15%, C: 35%
(미생물 B)
A: 23%, G: 27%, T: 23%, C: 27%

③ (미생물 A)
A: 35%, G: 35%, T: 15%, C: 15%
(미생물 B)
A: 27%, G: 27%, T: 23%, C: 23%

④ (미생물 A)
A: 35%, G: 15%, T: 35%, C: 15%
(미생물 B)
A: 27%, G: 23%, T: 27%, C: 23%

39 아래의 유전암호(genetic code)에 대한 설명에서 (   ) 안에 알맞은 것은?

> 유전암호는 단백질의 아미노산 배열에 대한 정보를 (   )상의 3개 염기 단위의 연속된 염기배열로 표기한다.

① DNA　② mRNA
③ tRNA　④ rRNA

40 DNA 중합효소는 $15s^{-1}$의 turnover number를 갖는다. 이 효소가 1분간 반응하였을 때 중합되는 뉴클레오티드(nucleotide)의 개수는?

① 15　② 150
③ 900　④ 1500

41 DNA의 생합성에 대한 설명으로 옳지 않은 것은?

① DNA polymerase에 의한 DNA 생합성 시에는 Mg^{2+}(혹은 Mn^{2+})와 primer-DNA를 필요로 한다.
② nucleotide chain의 신장은 3→5의 방향이며 4종류의 deoxynucleotide-5-triphosphate 중 하나가 없어도 반응은 유지한다.
③ DNA ligase는 DNA의 2가닥 사슬구조 중에 nick이 생기는 경우 절단 부위를 다시 인산 diester결합으로 연결하는 것이다.
④ DNA 복제의 일반적 모델은 2본쇄가 풀림과 동시에 각각의 주형으로서 새로운 2본쇄 DNA가 만들어지는 것이다.

42 t-RNA에 대한 설명으로 틀린 것은?

① 활성화된 아미노산과 특이적으로 결합한다.
② anti-codon을 가지고 있다.
③ codon을 가지고 있어 r-RNA와 결합한다.
④ codon의 정보에 따라 m-RNA와 결합한다.

43 원핵세포에서 50S와 30S로 구성되는 70S의 복합단백질로 구성되어 있는 RNA는?

① mRNA　② rRNA
③ tRNA　④ sRNA

38 36번 해설 참조

※염기의 개수 계산 : 미생물 A의 GC양이 70%이면 염기 G와 C는 각각 35%이고, AT양은 30%가 되므로 염기 A와 T는 각각 15%가 된다. 미생물 B의 GC양이 54%이면 염기 G와 C는 각각 27%이고, AT양은 46%가 되므로 염기 A와 T는 각각 23%가 된다.

39 유전암호(genetic code)

- DNA의 유전정보를 상보적으로 전사하는 mRNA의 3개의 염기 조합을 코돈(codon, triplet)이라 하며 이것에 의하여 세포 내에서 합성되는 아미노산의 종류가 결정된다.
- 염색체를 구성하는 DNA는 다수의 뉴클레오티드로 이루어져 있다. 이 중 3개의 연속된 뉴클레오티드가 결과적으로 1개의 아미노산의 종류를 결정한다.
- 뉴클레오티드는 DNA에 함유되는 4종의 염기, 즉 아데닌(A)·티민(T)·구아닌(G)·시토신(C)에 의하여 특징이 나타난다.
- 이 중 3개의 염기 배열방식에 따라 특정 정보를 가진 코돈이 조립된다. 이 정보는 mRNA에 전사되고, 다시 tRNA에 해독되어 코돈에 의하여 규정된 1개의 아미노산이 만들어진다.

40 뉴클레오티드(nucleotide)의 개수

- $15s^{-1}$의 turnover number는 1초에 15개의 뉴클레오티드를 붙인다는 의미이다.
- 1분간(60초) 반응시키면, 15×60 = 900이 된다.

41 nucleotide의 복제

- 프라이머의 3′말단에 DNA 중합효소에 의해 새로운 뉴클레오티드가 연속적으로 붙어 복제가 진행된다.
- 새로운 DNA 가닥은 항상 5′→ 3′방향으로 만들어지며, 새로 합성되는 DNA는 주형 가닥과 상보적이다.

42 t-RNA

- sRNA(soluble RNA)라고도 한다.
- 일반적으로 클로버잎 모양을 하고 있고 핵산 중에서는 가장 분자량이 작다.
- 5′말단은 G, 3′말단은 A로 일정하며 아미노아실화 효소(아미노아실 tRNA 리가아제)의 작용으로 이 3′말단에 특정의 활성화된 아미노산을 아데노신의 리보스 부분과 에스테르결합을 형성하여 리보솜으로 운반된다.
- mRNA의 염기배열이 지령하는 아미노산을 신장중인 펩티드 사슬에 전달하는 작용을 한다.
- tRNA 분자의 거의 중앙 부분에는 mRNA의 코돈과 상보적으로 결합할 수 있는 역코돈(anti-codon)을 지니고 있다.

43 rRNA

- rRNA는 단백질이 합성되는 세포 내 소기관이다.
- 원핵세포에서는 30S와 50S로 구성되는 70S의 복합단백질로 구성되어 있다.
- 진핵세포에서는 40S와 60S로 구성되는 80S의 복합단백질로 구성되어 있다.

정답				
	38 ②	39 ②	40 ③	41 ②
	42 ③	43 ②		

문제

{ 비타민 }

1 다음 중 지용성 비타민이 아닌 것은?

① 비타민 A ② 비타민 C
③ 비타민 D ④ 비타민 E

2 비타민 D에 대한 설명으로 틀린 것은?

① isoprene 단위의 축합으로 합성된 isoprenoid 화합물이다.
② 비타민 A, E, K와 마찬가지로 수용성이다.
③ 피부에서 광화학 반응에 의해 7-dehydrocholesterol로부터 합성된다.
④ vitamin D_3는 1,25-dehydroxyvitamin D_3로 전환되어 Ca^{2+}대사를 조절한다.

3 ergosterol이 자외선에 의해 변하는 물질의 이름은?

① 비타민 D_2 ② 비타민 B_2
③ 비타민 E ④ 비타민 B_6

4 칼슘과 인의 흡수를 도와 뼈의 발육을 촉진시키며, 비타민 중 유일하게 자외선에 의하여 피부에서 합성되는 것은?

① 비타민 K ② 비타민 F
③ 비타민 D ④ 비타민 C

5 Ca 및 P의 흡수 및 체내 축적을 돕고, 조직 중에서 Ca 및 P를 결합시킴으로써 $Ca_3(PO_4)_2$의 형태로 뼈에 침착하게 만드는 작용을 촉진시키는 비타민은?

① 비타민 A ② 비타민 B
③ 비타민 C ④ 비타민 D

6 항산화 작용을 하여 산소로부터 세포막을 보호하는 비타민은?

① 비타민 A ② 비타민 B
③ 비타민 D ④ 비타민 E

7 산화에 의한 생체막의 손상을 억제하며, 대표적인 항산화제로 이용되는 비타민은?

① 비타민 A ② 비타민 B
③ 비타민 D ④ 비타민 E

8 간에서 프로트롬빈을 비롯한 여러 가지 혈액응고인자를 합성하고 정상수준을 유지하기 위해 필요한 비타민은?

① 비타민 A ② 비타민 D
③ 비타민 E ④ 비타민 K

9 리보플라빈(riboflavin)의 생산균이 아닌 것은?

① *Clostridium acetobutylicum*
② *Eremothecium ashbyii*
③ *Ashbya gossypii*
④ *Ashbya ashbyii*

해설

{ 비타민 }

1 비타민의 용해성에 따른 분류

- 지용성 비타민
  - 유지 또는 유기용매에 녹는다.
  - 생체 내에서는 지방을 함유하는 조직 중에 존재하고 체내에 저장될 수 있다.
  - 비타민 A, D, E, F, K 등이 있다.
- 수용성 비타민
  - 체내에 저장되지 않아 항상 음식으로 섭취해야 한다.
  - 혈중농도가 높아지면 소변으로 쉽게 배설된다.
  - 비타민 B군과 C군으로 대별된다.

2 1번 해설 참조

3 비타민 D는 자외선에 의해

- 식물에서는 에르고스테롤(ergosterol)에서 에르고칼시페롤(D_2)이 형성된다.
- 동물에서는 7-디하이드로콜레스테롤(7-dehydrocholesterol)에서 콜레칼시페롤(D_3)이 형성된다.

4 비타민의 작용과 특성

- 비타민 K(phylloquinone) : 혈액응고에 관계한다. 결핍증은 혈액응고를 저해하지만 성인의 경우 장내세균에 의하여 합성되므로 결핍증은 드물다.
- 비타민 F : 불포화지방산 중에서 리놀산, 리놀레인산 및 아라키돈산 등 사람을 포함한 동물체 내에서 생합성되지 않는 필수지방산이다.
- 비타민 D : Ca와 P의 흡수 및 체내 축적을 돕고 조직 중에서 Ca와 P를 결합시켜 $Ca_3(PO_4)_2$의 형태로 뼈에 침착시키는 작용을 촉진시키며 자외선에 의해 합성된다.
- 비타민 C(ascorbic acid) : 세포간질 콜라겐의 생성에 필요하고, 스테로이드 호르몬의 합성을 촉진하며, 항산화 작용(환원제 작용)을 한다. 결핍증은 괴혈병, 피부의 출혈, 연골 및 결합조직 위약화 등이다.
- 비타민 A : 공기 중의 산소에 의해 쉽게 산화되지만 열이나 건조에 안정하다. 결핍되면 야맹증, 안구건조증, 각막연화증이 생긴다.
- 비타민 B군 : 수용성 비타민이다. 생체 내 대사 효소들의 조효소 성분들로서 복합적으로 작용하는 비타민이다.

5 4번 해설 참조

6 비타민 E(토코페롤)

- 산화에 의한 생체막의 손상을 억제한다.
- 혈액 속에 포함되어 있는 혈소판의 기능을 원활히 해준다.
- 세포막을 보호하며 말초혈관의 혈액순환을 수월하게 해준다.
- 동맥혈관 벽의 세포막 손상을 예방한다.
- 세포성분의 산화를 막아 과산화지질의 형성을 막으므로 노화를 방지한다.

7 6번 해설 참조

8 비타민 K(phylloquinone)

- 혈액응고를 촉진하는 지용성 비타민이다.
- 트롬빈 합성에 필요한 물질의 간내 합성에 작용한다.
- 결핍증은 혈액응고를 저해하지만 성인의 경우 장내세균에 의하여 합성되므로 결핍증은 드물다.
- 시금치, 양배추, 난황 등에 존재한다.

9 리보플라빈(vitamin B_2)의 생산균주

- *Ashbya gossypii*, *Eremothecium ashbyii*, *Clostridium acetobutylicum*, *Candida*속 및 *Pichia*속 효모 등이다.

정답				
	1 ②	2 ②	3 ①	4 ③
	5 ④	6 ④	7 ④	8 ④
	9 ④			

생화학 및 발효공학

10 **아미노산 대사반응을 포함한 여러 곳에서 비타민 일종인 피리독살인산(pyridoxal phosphate)이 필요하다. 피리독살인산이 필요하지 않는 생체 내 화학반응은?**

① 글리코겐(glycogen)의 인산화 반응(phosphorylation)
② 간의 우레아 회로(urea cycle) 반응
③ 아미노산의 아미노기 전이 반응(transaminase)
④ 아미노산의 탈카르복실화 반응(decarboxylase)

11 **단백질 대사과정에서 보조효소인 pyridoxal phosphate(PLP)가 관여하는 반응이 아닌 것은?**

① transamination
② decarboxylation
③ racemization
④ dehydrogenation

12 **vitamin B_6군에 관한 설명으로 틀린 것은?**

① 아미노기 전이 반응(transamination)에 관여하는 효소의 보결인자로 작용한다.
② pyridoxine, pyridoxal 및 pyridoxamine 등이 서로 상호전환되는 구조를 갖고 있다.
③ pyridoxal phosphate는 활성형으로 amino group 공여체이다.
④ 새로운 아미노산 생성 및 분해과정에 관여한다.

13 **아미노산 대사에 필수적인 비타민으로 알려진 비타민 B_6의 종류가 아닌 것은?**

① 피리독신(pyridoxine)
② 피리독사민(pyridoxamine)
③ 피리딘(pyridine)
④ 피리독살(pyridoxal)

14 **분자식이 $C_6H_5NO_2$이며, tryptophan으로부터 생성되는 비타민은?**

① riboflavin
② vitamin B_6
③ thiamine
④ niacin

15 **해당과정(glycolysis, EMP)에 관여하는 효소의 보효소로 작용하는 비타민은?**

① riboflavin
② pantothenic acid
③ niacin
④ biotin

16 **엽산(folic acid)과 관계없는 물질은 무엇인가?**

① glutamic acid
② C_1 단위 전이
③ THF
④ thiamine

10 피리독살인산(pyridoxal phosphate, PLP)

- 비타민 B_6의 인산화물이다.
- 아미노산의 아미노기 전이 반응을 촉매하는 transaminase, 아미노산의 탈탄산 반응을 촉매하는 decarboxylase, 아미노산의 racemi화를 촉매하는 rasemase 등의 보조효소로 작용하며 아미노산 대사에 있어서 중요한 역할을 한다.
- 또한 PLP는 근육에 글리코겐 형태로 저장되어 있는 포도당을 방출시키는 것을 촉매하는 glycogen phosphorylase의 보조효소로 작용한다.

11 10번 해설 참조

12 10번 해설 참조

13 비타민 B_6(pyridoxine)

- 천연에 존재하는 비타민 B_6는 pyridoxine, pyridoxal, pyridoxamine의 3가지 종류로서 모두 pyridine 유도체이다.
- PLP(pyridoxal phosphate)로 변환되어 주로 아미노기 전이 반응에 있어서 보효소로서 역할을 한다.

14 나이아신(niacin, 비타민 B_3)

- 수용성 비타민으로 펠라그라의 치료와 예방에 유효한 인자이다.
- nicotinamide는 생체반응에서 주로 탈수소의 보효소로서 작용하는데 NAD(nicotinamide adenine dinucleotide), NADP(nicotinamide adenine dinucleotide phosphate)로 되어 탈수소 반응에서 기질로부터 수소 원자를 받아 NADH로 되면서 산화된다.
- NAD, NADP는 TCA 사이클, 5탄당 인산회로, 지방산의 β 산화 등의 대사에 관여하는 많은 탈수소효소, 환원효소의 보효소로서 작용한다.
- 생체 내에서 아미노산인 tryptophan으로부터 합성되지만, 장내세균에 의해서도 합성된다.

15 14번 해설 참조

16 엽산(folic acid)

- 젖산균의 증식인자를 시금치에서 분리하여 라틴어의 folium(잎)에서 유래된 말이다.
- 화학구조는 pteridine핵, p-aminobenzoic acid(PABA), glutamic acid로 이루어져 있다.
- 생리적 작용은 엽산과 아미노산의 대사, neucleotide 대사, 단백질의 합성개시, 조혈인자 등이다.
- RNA의 생합성에 중요한 작용을 나타내며 생체 내에서는 5,6,7,8-tetrahydrofolic acid(THF) 및 그 유도체의 보효소형으로 작용한다.
- choline 대사계에 있어서 탄소 원자의 전이 반응 및 이용하는 반응에 관여하는 효소의 보효소로서 대사에 관여한다(C_1 단위 전이).

정답				
	10 ②	11 ④	12 ③	13 ③
	14 ④	15 ③	16 ④	

17 비타민(vitamin) B_{12}에 관한 설명 중 잘못된 것은?

① vitamin B_{12}는 주로 발효법에 의해 공업적으로 생산된다.
② 미생물 중에는 vitamin B_{12}가 필요한데도 전혀 생합성할 수 없는 것이 있다.
③ vitamin B_{12}는 배지에 미량의 $COCl_2 \cdot 6H_2O$를 첨가하면 생산량이 증가된다.
④ vitamin B_{12}의 생합성이 뛰어난 미생물은 곰팡이와 효모이다.

18 비타민 B_{12}에 대한 설명으로 틀린 것은?

① Co^{2+} 이온을 함유하고 있는 적색의 비타민이다.
② 부족하면 거대적아구성 빈혈을 일으킨다.
③ 자연계에서는 동물만 합성할 수 있다.
④ 구조가 복잡하고 이성체가 있다.

19 비오틴의 결핍증이 잘 나타나지 않는 이유는?

① 지용성 비타민으로 인체 내에 저장되므로
② 일상생활 중 자외선에 의해 합성되므로
③ 아비딘 등의 당단백질의 분해산물이므로
④ 장내세균에 의해서 합성되므로

20 인간의 장내미생물에 의해 합성이 진행되어 일반적으로 결핍증세를 나타내지는 않지만, 달걀흰자를 날것으로 함께 섭취 시 결핍증이 우려되는 비타민은?

① biotin
② panthothenic acid
③ folic acid
④ niacin

21 여러 가지 비타민은 조효소(coenzyme)의 구성성분이 된다. 다음 항목에서 CoA의 성분이 되는 비타민은?

① 티아민(thiamine)
② 리보플라빈(riboflavin)
③ 니코틴산(nicotinic acid)
④ 판토텐산(panthothenic acid)

22 provitamin과 vitamin과의 연결이 틀린 것은?

① β-carotene – 비타민 A
② tryptophan – niacin
③ glucose – biotin
④ ergosterol – 비타민 D_2

23 비타민과 보효소의 관계가 틀린 것은?

① 비타민 B_1 – TPP
② 비타민 B_2 – FAD
③ 비타민 B_6 – THF
④ 나이아신(niacin) – NAD

17 비타민 B_{12}(cobalamin)

- 코발트를 함유하는 빨간색 비타민이다.
- 식물 및 동물은 이 비타민을 합성할 수 없다.
- 미생물이 자연계에서 유일한 공급원이며 미생물 중에서도 세균이나 방선균이 주로 생성한다.
- 효모나 곰팡이는 거의 생성하지 않는다.
- 주로 동물성 식품에 많이 존재하며, 일부 해조류를 제외한 식물성 식품에는 거의 없다.
- 장내세균에 의해 합성되므로 대변으로 많이 배설된다.
- 비타민 B_{12} 생산균 : *Propionibacterium freudenreichii*, *Propionibacterium shermanii*, *Streptomyces olivaceus*, *Micromonospora chalcea*, *Pseudomonas denitrificans* 등

18 17번 해설 참조

19 비오틴(biotin, 비타민 H)

- 지용성 비타민으로 황을 함유한 비타민이다.
- 산이나 가열에는 안정하나 산화되기 쉽다.
- 자연계에 널리 분포되어 있으며 동물성 식품으로 난황, 간, 신장 등에 많고 식물성 식품으로는 토마토, 효모 등에 많다.
- 장내세균에 의해 합성되므로 결핍되는 일은 드물다.
- 생난백 중에 존재하는 염기성 단백질인 avidin과 높은 친화력을 가지면서 결합되어 효력이 없어지기 때문에 항난백인자라고 한다.
- 결핍되면 피부염, 신경염, 탈모, 식욕감퇴 등이 일어난다.

20 19번 해설 참조

21 panthothenic acid

- CoA의 성분으로 지방, 탄수화물 대사에 관여한다.

22 비오틴(biotin)

- 비오시틴(biocytin)이라는 단백질에 결합된 조효소 형태로 존재한다.
- biocytin은 혈액과 간에서 효소에 의해 가수분해되어 biotin으로 유리된다.

23 비타민과 보효소의 관계

- 비타민 B_1(thiamine) : ester를 형성하여 TPP(thiamine pyrophosphate)로 되어 보효소로서 작용
- 비타민 B_2(riboflavin) : FMN(flavin mono nucleotide)와 FAD(flavin adenine dinucleotide)의 보효소 형태로 변환되어 작용
- 비타민 B_6(pyridoxine) : PLP(pyridoxal phosphate 혹은 pyridoxamine)로 변환되어 주로 아미노기 전이반응에 있어서 보효소로서 역할
- niacin : NAD(nicotinamide adenine dinucleotide), NADP(nicotinamide adenine dinucleotide phosphate)의 구성성분으로 되어 주로 탈수소효소의 보효소로서 작용

정답				
	17 ④	18 ③	19 ④	20 ①
	21 ④	22 ③	23 ③	

문제

24 비타민의 이름과 관련된 보효소의 이름이 잘못 짝지어진 것은?

① 비타민 B_2 – FAD (flavin adenine dinucleotide)
② 나이아신 – NAD (nicotinamide adenine dinucleotide)
③ 판토텐산 – CoA(coenzyme A)
④ 엽산 – TPP

25 사람과 원숭이가 비타민 C를 합성하지 못하는 이유는?

① 장내세균에 의해 방해받기 때문이다.
② L–gulono–oxidase 효소가 없기 때문이다.
③ avidin 단백질이 비오틴과 결합하여 합성을 방해하기 때문이다.
④ 세포에 합성을 방해하는 항생물질이 있기 때문이다.

26 괴혈병 치료 등의 생리적인 특성을 갖고 있으며 생물체내에서 환원제(reducing agent)로 작용하는 비타민은?

① vitamin D
② vitamin K
③ cobalamin
④ ascorbic acid

27 인체 내 비타민 결핍으로 나타나는 증상과의 연결이 틀린 것은?

① 비타민 B_{12} – 악성빈혈, 신경질환
② 비타민 K – 구루병
③ 비타민 B_1 – 다발성 신경염, 각기병
④ 비타민 C – 괴혈병

28 인슐린(insulin)의 생리작용이 아닌 것은?

① glucose 산화 촉진
② 단백질에서 당신생을 촉진
③ ketone body의 과잉 생성을 저해
④ glucose가 지방으로 변하는 것을 촉진

29 항체호르몬인 progesterone의 11 α–위치의 수산화(hydroxylation)로 hydroxyprogesterone으로 전환하는 데 이용되는 미생물은?

① *Rhizopus nigricans*
② *Arthrobacter simplex*
③ *Pseudomonas fluorescens*
④ *Streptomyces roseochromogenes*

30 호르몬인 predonisolone의 생성에 관여하지 않는 미생물은?

① *Arthrobacter simplex*
② *Bacillus pulvifaciens*
③ *Corynebacterium* spp.
④ *Gibberella fujikuroi*

24 23번 해설 참조

※판토텐산(pantothenic acid) : CoA(coenzyme A)의 구성성분으로 되어 acyl기의 전이반응을 촉매

25 비타민 C의 합성

- 포도당이 간세포에서 몇 단계를 거쳐서 L-굴로노-γ-락톤(L-gulono-γ-lactone)이라는 물질이 되고, 그 물질이 L-굴로노-γ-락톤 산화효소(L-gulono-γ-lactone oxidase)에 의해 최종적으로 비타민 C(L-ascorbic acid)로 바뀌게 된다.
- 대부분의 동물은 비타민 C를 간세포(hepatocytes)에서 합성 가능하지만 사람과 영장류, 기니피그, 과일나무 박쥐, 일부 조류, 일부 어류(송어, 잉어, 은연어) 등은 합성하지 못한다.
- 이들이 비타민 C를 합성하지 못하는 이유는 간 효소인 L-gulono-γ-lactone oxidase가 결손되었기 때문이다.

26 비타민의 생리적인 특성

- 비타민 D(calciferol) : Ca 흡수, 뼈의 형성에 관여한다. 결핍증은 구루병, 골연화증, 치아의 성장장애 등이다.
- 비타민 K(phylloquinone) : 혈액응고에 관계한다. 결핍증은 혈액응고를 저해하지만 성인의 경우 장내세균에 의하여 합성되므로 결핍증은 드물다.
- 비타민 B_{12}(cobalamin) : 동물의 혈구 생성, 상피세포의 성숙에 작용한다. 결핍증은 악성빈혈, 신경질환 등이다.
- 비타민 C(ascorbic acid) : 세포간질 콜라겐의 생성에 필요하고, 스테로이드 호르몬의 합성을 촉진하며, 항산화 작용(환원제 작용)을 한다. 결핍증은 괴혈병, 피부의 출혈, 연골 및 결합조직 위약화 등이다.

27 26번 해설 참조

28 인슐린(insulin)의 생리작용

- 조직에 있어서 glucose 산화 촉진
- 간, 근육에서 글리코겐 합성 촉진
- ketone body의 과잉생성 저해
- glucose가 지방으로 변하는 것을 촉진
- 아미노산으로부터 당신생을 저지

29 steroid hormone 제조 시

- steroid류의 미생물 변환은 *Rhizopus*, *Aspergillus* 등의 균체를 이용하는 경우가 많다.
- 항체호르몬인 프로게스테론(progesterone)의 11α-hydroxyprogesterone으로 전환에는 *Rhizopus nigricans*와 *Aspergillus ochraceus* 균체를 이용한다.

30 predonisolone의 생성

- coritisone이나 hydrocortisone으로부터 수백 효력이 강한 predonisone이나 predonisolone을 얻으려면 *Arthrobacter simplex*, *Bacillus pulvifaciens*, *Corynebacterium*, *Mycobacterium*, *Fusarium*, *Didymella*, *Ophiobolus* 등을 이용하여 C_1의 탈수소 반응을 진행시킨다.

※곰팡이 *Gibberella fujikuroi*은 식물호르몬의 일종인 gibberellin 생성에 관여한다.

정답				
	24 ④	25 ②	26 ④	27 ②
	28 ②	29 ①	30 ④	

문제

{기타}

1 세포막의 기능을 설명한 것 중 가장 거리가 먼 것은?

① 세포 내용물을 보호한다.
② 단백질 합성의 기능을 가지고 있다.
③ 물질을 선택적으로 투과하는 기능이 있다.
④ 면역 활성을 나타낸다.

2 세포막의 특성에 대한 설명으로 틀린 것은?

① 물질을 선택적으로 투과시킨다.
② 호르몬의 수용체(receptor)가 있다.
③ 표면에 항원이 되는 물질이 있다.
④ 단백질을 합성한다.

3 에너지를 공급함으로써 화학적 농도 차이나 전위차를 역행하여 분자를 일방적으로 이동시키는 기작은?

① 확산
② 능동수송
③ 내포(endocytosis)
④ 신경자극 전달

4 영양분이 세포 내로 전달될 때 특별한 막단백질이 필요하지 않은 수송방법은?

① group translocation
② active transport
③ facilitated diffusion
④ passive diffusion

5 유전물질이 발견되지 않은 세포 내 소기관은?

① chloroplasts ② lysosomes
③ mitochondria ④ nuclei

6 한 개 유전자-한 개 폴리펩타이드(one gene-one polypeptide) 이론에 대하여 옳게 설명한 것은?

① 어떤 한 개의 유전자는 어떤 특별한 폴리펩타이드만을 생합성하는 유전정보를 주는 것이다.
② 각 효소의 합성은 특별한 유전자에 의하여 촉매된다.
③ 각 폴리펩타이드는 특별한 반응을 촉매한다.
④ 각 유전자는 이 유전자에 해당하는 특별한 효소에 의해서 생합성된다.

7 DNA가 반보존적으로 유전된다는 Meselson 실험에서 2세대 후 ^{14}N과 ^{15}N의 비율은?

① 1 : 1 ② 1 : 2
③ 1 : 3 ④ 2 : 1

{ 기타 }

1 세포막의 기능

- 각각의 세포 개체를 유지시켜주고 세포 내용물을 보호하는 중요한 역할을 한다.
- 필요한 영양소나 염류를 세포내로 운반하거나 또는 노폐물을 세포 외로 배출하는 등 물질의 출입에 관여하며 세포 전체의 대사를 제어한다.
- 인슐린 등의 호르몬을 식별하여 결합하며, 그 수용체는 막을 통과시켜 세포 내의 효소계 기능을 조절한다.
- 그 외에 세포막에는 특이항원부위가 있으며, 세포 상호를 식별할 수 있는 기능이 있다.
- 세포막이 물질을 수송하는 주된 수단으로서 수동수송과 능동수송이 있다.

2 1번 해설 참조

3 능동수송

- 세포막의 수송 단백질이 물질대사에서 얻은 ATP를 소비하면서 농도 경사를 거슬러서 물질을 흡수하거나 배출하는 현상이다.
- 적혈구나 신경세포의 Na^+–K^+ 펌프, 소장에서의 양분 흡수, 신장의 세뇨관에서의 재흡수 등이 능동수송에 해당된다.

4 수동확산(passive diffusion)

- 두 용액 사이의 농도 경사가 발생하면 고농도에서 저농도로 용질의 이동이 일어나 두 용액 간의 농도경사가 없어지게 된다.
- 두 용액의 steady state(정상상태)를 유지하기 위해서 용질의 counter flow(역류)가 계속된다.

5 세포 내 소기관

- 엽록체(chloroplasts) : 식물체에서 광합성을 하는 장소로 ATP를 생성한다. 자체 DNA를 함유한다.
- 리소좀(lysosome) : 많은 가수분해효소를 함유하고 있으며 세포 내 소화작용을 한다. 유전물질은 존재하지 않는다.
- 미토콘드리아(mitochondria) : 세포 호흡작용에 의해 ATP을 합성하며 에너지대사의 중심이다. DNA를 함유한다.
- 핵(nucleus) : 유전자의 본체인 DNA를 함유한 염색사가 들어 있어 생장, 생식, 유전 등 생명활동을 주도한다.

6 한 개 유전자–한 개 폴리펩타이드(One gene –one polypeptide) 이론

- 유전자에 대한 초기 학설은 "하나의 유전자는 하나의 단백질을 생산한다(one gene one protein theory)", 그 후에는 "하나의 유전자는 하나의 폴리펩타이드 사슬을 형성하는 데 관여한다(one gene one polypeptide theory)"고 하였다.
- 최근의 학설은 하나의 유전자가 여러 개의 폴리펩타이드 생산에 기여한다고 변하고 있다.

7 Meselson 실험

- M. Meselson과 F. Stahl에 의해 DNA복제가 반보존적으로 이루어진다는 것이 최초로 증명(1958)되었다.
- ^{15}N을 포함하는 배지에서 대장균을 배양한 후 ^{14}N을 포함하는 통상의 배지로 옮겨 여러 시간 후에 균체에서 DNA를 추출하여 염화세슘 평형밀도구배 원심분리법을 시행하여 부유밀도에 따라 DNA을 분리한다.
- 그 결과 그림과 같이 ^{15}N만을 포함하는 중(重) DNA가 ^{14}N을 포함하는 배지로 옮겨 1세대 후에는 ^{15}N와 ^{14}N을 등량 포함하는 잡종분자로 변화하고, 2세대 후에는 잡종분자와 ^{14}N만으로 구성되는 경(輕) DNA를 등량으로 얻을 수 있다(중 DNA 2 : 경 DNA 6 비율).

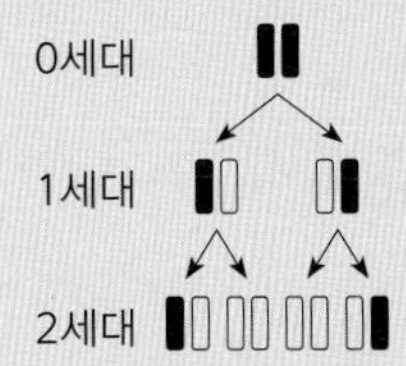

검은색 : ^{15}N으로 표지된 DNA
흰색 : ^{14}N으로 표지된 DNA

정답				
	1 ②	2 ④	3 ②	4 ④
	5 ②	6 ①	7 ③	

문제

8 **다음 중 DNA 염기에 변화를 일으키는 물질이 아닌 것은?**

① nitrosoamine
② nitrogen mustard
③ ammonium phosphate
④ dimethylnitrosamine

9 **재조합 DNA 기술에 이용되는 akaline phosphatase의 기능은?**

① 염기서열에서 DNA를 절단한다.
② 5′ 또는 3′ 말단에서 말단의 인산을 제거한다.
③ polynucleotide의 5′-OH 말단에 인산을 연결한다.
④ 두 개의 DNA를 이어준다.

10 **재조합 DNA에 사용되는 제한효소인 endonuclease가 아닌 것은?**

① EcoR Ⅰ ② Hind Ⅱ
③ Hind Ⅲ ④ SalP Ⅳ

11 **제한효소(restriction enzyme)를 올바르게 설명한 것은?**

① DNA 조각들을 연결시키는 효소
② 특정 염기서열을 가진 소량의 DNA 단편을 대량 합성하는 데 사용되는 효소
③ 최종산물의 존재에 의해 활성이 억제·제한되는 효소
④ DNA의 두 가닥 사슬의 특정 염기배열을 식별하여 절단하는 효소

12 **유전자 재조합 기술에 사용되는 제한효소(restriction endonuclease)들이 주로 인식하는 DNA쌍의 특수염기서열로, DNA 가닥에서 haripin 또는 criciform 구조를 형성하게 하는 염기배열은?**

① 거울상 반복 구조(mirror repeat)
② 회문 구조(palindrome)
③ 나선형 구조(helicase)
④ 베타 굽힘 구조(β-bending)

8 DNA 염기에 변화를 일으키는 물질

- nitroso 화합물은 alkyl화제로서 DNA에 작용하여 DNA를 손상해(돌연변이) 발암을 일으키게 된다.
- nitrosoamine, nitrogen mustard, dimethylnitrosamine 등은 alkyl화제로 DNA를 손상하여 발암을 일으킨다.
- 가장 강력한 발암물질은 nitrosoamine(N-nitrosodiethylamine)으로 그 TD_{50}(50%의 동물에게 종양을 일으키는 용량 : mol/kg 체중)은 0.000063이다.

9 akaline phosphatase의 기능

- akaline phosphatase는 대장균으로부터 분리한 것으로 3′ 또는 5′말단이 인산 monoester를 하고 있는 경우 인산기를 제거하는 효소이다.

10 재조합 DNA에 사용되는 대표적인 제한효소(endonuclease)

- 핵산 분해효소로서 분리된 세균의 이름을 따서 명명한다.
- Eco R Ⅰ, Hae Ⅱ, Pst Ⅰ, Hind Ⅲ, Bam HI, Hae Ⅲ, Alu Ⅰ, Sma Ⅰ, Bal Ⅰ, Hpa Ⅰ 등이 있다.

11 제한효소(restriction enzyme)

- 세균 속에서 만들어져 DNA의 특정 인식부위(restriction site)를 선택적으로 분해하는 효소를 말한다.
- 세균의 세포 속에서 제한효소는 외부에서 들어온 DNA를 선택적으로 분해함으로써 병원체를 없앤다.
- 제한효소는 세균의 세포로부터 분리하여 실험실에서 유전자를 포함하고 있는 DNA 조각을 조작하는 데 사용할 수 있다. 이 때문에 제한효소는 DNA 재조합 기술에서 필수적인 도구로 사용된다.

12 회문 구조(palindrome)

- DNA 분자에서 제한효소에 의해 인식되는 부위의 특징은 그 염기배열이 두겹 대칭이다.
- 이중사 DNA에 있는 이런 형의 연속적 염기배열을 회문 구조(palindrome) 또는 역반복배열이라 한다.
- 이중사를 반대 방향에서 읽을 때 같은 염기배열을 갖는 특징을 가진다. 예를 들면 5′-GAATTC-3′, 3′-CTTAAG-5′와 같은 염기배열을 말한다.

정답	8 ③	9 ②	10 ④	11 ④
	12 ②			

문제

{발효공학}

1 발효공업에서 유용물질을 생산하는 수단으로 주로 미생물이 사용되는 이유가 아닌 것은?

① 미생물은 유일한 탄소원으로 저렴한 기질인 포도당을 이용한다.
② 미생물은 다른 생물체 세포에 비해 빠른 성장속도를 보인다.
③ 미생물은 다양한 물질의 합성 및 분해능을 가지고 있다.
④ 화학반응과 다르게 상온, 상압 등 온화한 조건에서 물질 생산이 가능하다.

2 발효공업의 수단으로서의 미생물의 특징이 아닌 것은?

① 증식이 빠르다.
② 기질의 이용성이 다양하지 않다.
③ 화학활성과 반응의 특이성이 크다.
④ 대부분이 상온과 상압하에서 이루어진다.

3 미생물의 발효배양을 위하여 필요로 하는 배지의 일반적인 성분이 아닌 것은?

① 질소원 ② 무기염
③ 탄소원 ④ 수소이온

4 다음 중 조작형태에 따른 발효형식의 분류에 해당되지 않는 것은?

① 회분배양 ② 액체배양
③ 유가배양 ④ 연속배양

5 메탄올이나 초산 등 미생물의 증식을 저해하는 물질을 기질로 사용하는 경우 적합한 발효방법은?

① 회분배양(batch culture)
② 심부배양(submerged culture)
③ 연속배양(continuous culture)
④ 유가배양(fed-batch culture)

6 유가배양(fed-batch culture)법을 이용하는 공업적 배양공정에 의해 생성되는 산물이 아닌 것은?

① 빵효모 ② 식초
③ 항생물질 ④ 구연산

7 연속배양의 장점이 아닌 것은?

① 장치 용량을 축소할 수 있다.
② 작업 시간을 단축할 수 있다.
③ 생산성이 증가한다.
④ 배양액 중 생산물의 농도가 훨씬 높다.

8 표면배양법에 의해 생산되는 발효산물은?

① 구연산 ② 젖산
③ 초산 ④ 에탄올

해설

{발효공학}

1 발효공업의 수단으로서 미생물이 사용되는 이유

- 기질의 이용성이 다양하다.
- 다른 생물체 세포에 비해 증식이 빠르다.
- 화학활성과 반응의 특이성이 크다.
- 다양한 물질의 합성 및 분해능을 가지고 있다.
- 화학반응과 다르게 상온, 상압 등 온화한 조건에서 물질 생산이 가능하다.

2 1번 해설 참조

3 발효배양을 위한 배지의 일반적인 성분

- 미생물을 증식하기 위한 배지는 미생물에 따라 그 조성이 다르다.
- 공통적으로 탄소원, 질소원, 무기염류, 증식인자 및 물 등이 필요하다.

4 발효형식(배양형식)의 분류

① 배지상태에 따라 액체배양, 고체배양
- 액체배양 : 표면배양, 심부배양
- 고체배양 : 밀기울 등의 고체배지 사용
  - 정치배양 : 공기의 자연환기 또는 표면에 강제통풍
  - 내부통기배양(강제통풍배양, 퇴적배양) : 금속망 또는 다공판을 통해 통풍

② 조작형태에 따라 회분배양, 유가배양, 연속배양
- 회분배양(batch culture) : 제한된 기질로 1회 배양
- 유가배양(fed-batch culture) : 기질을 수시로 공급하면서 배양
- 연속배양(continuous culture) : 기질의 공급 및 배양액 회수가 연속적 진행

5 4번 해설 참조

6 유가배양(fed-batch culture)

- 반응 중 어떤 특정 제한기질을 bioreactor(생물반응기)에 간헐 또는 연속적으로 공급하지만 배양액은 수확 시까지 빼내지 않는 방법이다.
- 유가배양은 회분식 배양에서 대사산물의 생성을 유도하거나 조절하기가 어려운 결점을 개선한 방법으로서 회분배양과 연속배양의 중간에 해당한다.
- 제빵효모, glycerol, butanol, acetone, 유기산, 아미노산, 효소, 항생물질 생산 등 대부분의 발효공업에 광범위하게 이용된다.

7 연속배양의 장단점

	장점	단점
장치	장치 용량을 축소할 수 있다.	기존설비를 이용한 전환이 곤란하여 장치의 합리화가 요구된다.
조작	작업시간을 단축할 수 있고, 전공정의 관리가 용이하다.	다른 공정과 연속시켜 일관성이 필요하다.
생산성	최종제품의 내용이 일정하고 인력 및 동력 에너지가 절약되어 생산비를 절감할 수 있다.	배양액 중의 생산물 농도와 수득률은 비연속식에 비하여 낮고, 생산물 분리 비용이 많이 든다.
생물	미생물의 생리, 생태 및 반응기구의 해석수단으로 우수하다.	비연속배양보다 밀폐성이 떨어지므로 잡균에 의해서 오염되기 쉽고 변이의 가능성이 있다.

8 표면배양(surface culture)

- 배양기 내의 배양액의 부피에 비하여 공기와 접촉하는 표면적을 크게 하고 깊이는 낮게 하여 기액계면(gas-liquid interface)에서 액체 쪽으로의 산소 이동을 증가시켜 산소를 미생물에 공급하는 방법이다.
- 액체의 표면에서 미생물을 번식시키는 방법으로서 미생물의 막이 항상 공기와 접촉되어 있어 액체 표면에서 용해된 용존산소를 잘 이용할 수 있다.
- 표면배양은 배지를 교반하거나 공기를 스파징(공기 주입)하지 않는다. 전형적인 예는 초산발효이다.

정답				
	1 ①	2 ②	3 ④	4 ②
	5 ④	6 ②	7 ④	8 ③

9 발효공정의 일반적인 순서는?

① 살균 → 배지의 조제 → 본배양 → 종균배양 → 배양물의 분리·정제 → 폐수·폐기물처리

② 배지의 조제 → 살균 → 종균배양 → 본배양 → 배양물의 분리·정제 → 폐수·폐기물처리

③ 살균 → 배지의 조제 → 종균배양 → 본배양 → 배양물의 분리·정제 → 폐수·폐기물처리

④ 배지의 조제 → 살균 → 본배양 → 종균배양 → 배양물의 분리·정제 → 폐수·폐기물처리

10 발효공정의 일반체계 중 기본단계에 해당되지 않는 것은?

① 배지의 조제 및 살균

② 종균배양

③ 배양물의 분해

④ 폐수 및 폐기물 처리

11 회분배양의 특징이 아닌 것은?

① 다품종 소량생산에 적합하다.

② 작업시간을 단축할 수 있다.

③ 잡균오염에 대처하기가 용이하다.

④ 운전조건의 변동 시에 쉽게 대처할 수 있다.

12 연속배양의 장점에 관한 설명 중 틀린 것은?

① 발효장치의 용량을 줄일 수 있다.

② 발효시간이 단축된다.

③ 생산비를 절약할 수 있다.

④ 잡균의 오염을 막을 수 있다.

13 호기성 미생물을 사용하여 균체를 다량생산하고자 할 때 많은 양의 배지를 사용한다. 가장 적당한 배양방법은?

① 정치배양법 ② 진탕배양법

③ 사면배양법 ④ 통기교반배양법

14 고체배양에 대한 설명으로 틀린 것은?

① 탁주, 청주 및 장류 등 전통 발효식품을 생산할 때 사용되는 코지(koji) 배양이 대표적이다.

② 배지조성이 간단하다.

③ 소규모 생산에 유리하다.

④ 제어배양이 용이하여 효율적이다.

15 심부배양과 비교하여 고체배양이 갖는 장점이 아닌 것은?

① 곰팡이에 의한 오염을 방지할 수 있다.

② 공정에서 나오는 폐수가 적다.

③ 시설비가 적게 들고 소규모 생산에 유리하다.

④ 배지조성이 단순하다.

16 배양 중 거품 처리의 가장 효율적인 방법은?

① 소포제 첨가 장치만으로 충분히 제어한다.

② foam breaker를 상부에 부착하여 발생 시 파쇄시킨다.

③ 다공성 물질인 활성탄소나 규조토를 즉시 살포한다.

④ 소포제 첨가 장치와 병행하여 foam breaker를 병행하여 사용한다.

9 미생물의 발효공정 6가지 기본적인 단계

- 배지의 조제 : 균의 증식이나 발효생산물을 만들기 위하여 필요한 각종 영양분을 용해시켜 배지를 만든다.
- 설비의 살균 : 발효장비 및 배지를 살균한다. 보통 15psi 수증기로 121℃에서 15~30분간 멸균한다.
- 종균의 준비 : 주발효에 사용할 종균을 플라스크 진탕배양이나 소규모 종배양 발효조에서 증식시킨다.
- 균의 증식 : 주발효조 내에서 배양조건을 최적화하여 박테리아를 증식시킨다.
- 생산물의 추출과 정제 : 배양액에서 균체를 분리 정제한다.
- 발효 폐기물의 처리

10 9번 해설 참조

11 회분배양(batch culture)

- 처음 공급한 원료기질이 모두 소비될 때까지 발효를 계속하는 방법이다.
- 기질의 농도, 대사생성물의 농도, 균체의 농도 등이 시간에 따라 계속 변화한다.
- 작업시간이 길지만 조작의 간편성 때문에 대부분의 발효공업이 회분식 배양 형식을 택하고 있다.

12 7번 해설 참조

13 미생물의 배양법

- 정치배양(stationary culture) : 호기성균은 액량을 넓고 얇게, 혐기성균은 액층을 깊게 배양한다.
- 진탕배양(shaking culture) : 호기성균을 보다 활발하게 증식시키기 위하여 액체배지에 통기하는 방법이다. 진탕배양법은 왕복진탕기(120~140rpm)나 회전진탕기(150~300rpm) 위에 배지가 든 면전플라스크를 고정시켜 놓고 항온에서 사카구치 플라스크를 쓴다.
- 사면배양(slant culture) : 호기성균의 배양에 이용되며 백금선으로 종균을 취해서 사면 밑에서 위로 가볍게 직선 또는 지그재그로 선을 긋는 방법이다.
- 통기교반배양(submerged culture) : 호기성 미생물 균체를 대량으로 얻고자 할 때 사용한다. 발효조 내의 배양액에 스파저를 통해서 무균공기를 주입하는 동시에 교반하여 충분히 호기적인 상태가 되도록하여 배양하는 방법이다. 주로 Jar fermentor를 이용하여 진탕배양한다.

14 고체배양의 장단점

장점	• 배지조성이 단순하다. • 곰팡이의 배양에 이용되는 경우가 많고 세균에 의한 오염방지가 가능하다. • 공정에서 나오는 폐수가 적다. • 산소를 직접 흡수하므로 동력이 따로 필요 없다. • 시설비가 비교적 적게 들고 소규모 생산에 유리하다. • 페기물을 사용하여 유용미생물을 배양하여 그대로 사료로 사용할 수 있다.
단점	• 대규모 생산의 경우 냉각방법이 문제가 된다. • 비교적 넓은 면적이 필요하다. • 심부배양에서는 가능한 제어배양이 어렵다.

15 14번 해설 참조

16 배양 중 거품 처리

- 발효가 왕성해지면 거품이 많이 일고, 방치해두면 배기구로부터 거품(액)이 유출된다. 이러한 손실을 방지하기 위해서 기계적인 각종 소포장치(foam breaker)가 이용되고 있으나 이것만으로 처리할 수 없을 때에는 소포제를 병용하게 된다.
- 소포제 : silicon(GE-66), polyglycol 2000, tween 80, 식물유(대두유, 면실유) 등이 주로 이용된다.

정답				
	9 ②	10 ③	11 ②	12 ④
	13 ④	14 ④	15 ①	16 ④

17 발효공정의 scale up에 대한 설명 중 틀린 것은?

① 새로운 공정이 발견되어 plant scale로 도입할 때 필요한 공정이다.
② 발효균주 교체에 따른 발효공정을 개량할 때 필요하다.
③ scale up의 비율은 일반적으로 10배 정도의 규모로 행한다.
④ scale up을 검토한 후 공업적 생산용으로 pilot plant가 효과적이다.

18 주정 제조 시 단식 증류기와 비교하여 연속식 증류기의 일반적인 특징이 아닌 것은?

① 연료비가 많이 든다.
② 일정한 농도의 주정을 얻을 수 있다.
③ 알데히드(aldehyde)의 분리가 가능하다.
④ fusel유의 분리가 가능하다.

19 다음은 어떤 것과 가장 관계가 깊은가?

Waldhof형, Cavitator, Air lift형

① 효소정제장치
② 증류장치
③ 발효탱크
④ 클로렐라 배양기

20 발효장치 중 기계적인 교반에 의해 산소가 공급되는 통기교반형 배양장치가 아닌 것은?

① Air-lift형 발효조
② 표준형 발효조
③ Waldhof형 발효조
④ Vogelbusch형 발효조

21 생산물의 생성 유형 중 생육과 더불어 생산물이 합성되는 증식 관련형(growth associated) 발효산물이 아닌 것은?

① SCP(single cell protein)
② 에탄올
③ 글루콘산
④ 항생물질

22 1차 대사와 생산물 생성이 별도의 시간에 일어나는 증식 비관련형 발효에 해당되지 않는 것은?

① 항생물질 ② 라이신
③ 비타민 ④ 글루코아밀라아제

23 산업적으로 미생물에 의해 생산되는 중요한 발효산물과 거리가 먼 것은?

① 미생물 균체(microbial cell)
② 합성항생제(synthetic antibiotic)
③ 변형 화합물(transformed compound)
④ 대사산물(metabolite)

17 pilot plant는 실험용으로 적당하다.

18 주정의 증류장치

단식 증류기	• 고형물(흙, 모래, 효모, 섬유, 균체)이나 불휘발성 성분(호박산, 염류, 단백질, 탄수화물)만이 제거된다. • 알데히드류나 에스테르류 또는 fusel oil, 휘발산(개미산, 초산) 등은 제거되지 않고 제품 중에 남게 되어 특이한 향미성분으로 기능을 한다. • 비연속적이며, 증류 시간이 경과함에 따라 농도가 낮아져서 균일한 농도의 주정을 얻을 수 없다. • 연료비가 많이 드는 등 비경제적이다. • 소주, 위스키, 브랜디, 고량주 등의 증류에 이용된다.
연속식 증류기	• 알코올을 연속적으로 추출할 수 있고 일정한 농도의 주정을 얻을 수 있다. • 고급 알코올(fusel oil), 알데히드류, 에스테르류 등의 분리가 가능하다. • 생산 원가가 적게 든다. • 방향성분을 상실할 수 있다.

19 배양(발효)장치

• Waldhof형, Vogelbusch, Cavitator, Air lift, 단탑형 등이 있다.

20 발효조

통기교반형 발효조	• 기계적으로 교반한다. • 교반과 아울러 폭기(aeration)를 하여 세포를 부유시키고 산소를 공급하며, 배지를 혼합시켜 배지 내의 열전달을 효과적으로 이루어지게 한다. • 미생물뿐만 아니라 동물세포 및 식물세포의 배양에 사용할 수 있다. • 표준형 발효조, Waldhof형 발효조, acetator와 cavitator, Vogelbusch형 발효조
기포탑형 발효조(air lift fermentor)	• 산소 공급이 필요한 호기적 배양에 사용되는 발효조이다. • 공기방울을 작게 부수는 기계적 교반을 하지 않고 발효조 내에 공기를 아래로부터 공급하여 자연대류를 발생시킨다.
유동층 발효조	• 응집성 효모의 덩어리가 배지의 상승운동에 의하여 현탁상태로 유지된다. • 탑의 정상에 있는 침강장치에 의하여 탑 본체로 다시 돌려보내게 되므로 맑은 맥주를 얻을 수 있다.

21 생산물의 생성 유형

• 증식 관련형 : 에너지대사 기질의 1차 대사경로(분해경로) – 균체생산(SCP 등), 에탄올 발효, 글루콘산 발효 등
• 중간형 : 에너지대사 기질로부터 1차 대사와는 다른 경로로 생성(합성경로) – 유기산, 아미노산, 핵산관련물질
• 증식 비관련형 : 균의 증식이 끝난 후 산물의 생성 – 항생물질, 비타민, glucoamylase 등

22 21번 해설 참조

23 항생제는 미생물이 만들어내는 천연발효산물이고, 합성항생제는 항생제 성분의 전부를 화학적으로 합성한 항생제이다.

정답				
	17 ④	18 ①	19 ③	20 ①
	21 ④	22 ②	23 ②	

생화학 및 발효공학

문제

{ 발효공학의 산업이용 }

1 발효주의 설명으로 틀린 것은?

① 단발효주와 복발효주로 나눈다.
② 단발효주는 과실주가 대부분이다.
③ 복발효주는 단행복발효주와 병행복발효주가 있다.
④ 단행복발효주는 청주, 병행복발효주는 맥주가 있다.

2 주정 발효에 대한 설명 중 틀린 것은?

① 단발효주의 원료는 꼭 당화해야 한다.
② 단행복발효주의 원료는 꼭 당화해야 한다.
③ 병행복발효주의 원료는 당화와 알코올 발효가 병행된다.
④ 복발효주는 단행복과 병행복발효주로 나눈다.

3 고구마전분을 이용한 주정 발효에 있어서 발효공정의 순서가 맞는 것은?

① 산당화 → 호정화 → 발효 → 증류
② 당밀희석 → 당화 → 발효 → 증류
③ 산당화 → 호정화 → 증류 → 발효
④ 증자 → 당화 → 발효 → 증류

4 양조주 중 알코올 발효과정만을 거친 것은?

① 단발효주 - 포도주
② 복발효주 - 탁주
③ 증류주 - 럼
④ 혼성주 - 인삼주

5 다음 주류 중 제조방법 및 형식상 다른 하나는?

청주, 막걸리, 맥주, 약주

① 청주 ② 막걸리
③ 맥주 ④ 약주

6 다음 중 제조방법에 따라 병행복발효주에 속하는 것은?

① 맥주 ② 약주
③ 사과주 ④ 위스키

7 청주와 탁주의 주된 차이점은?

① 알코올 농도의 차이
② 사용한 곡류 원료의 차이
③ 발효의 차이
④ 제조과정 중 여과의 차이

8 주류와 원료의 관계가 잘못된 것은?

① 청주 - 정백미
② 소주(희석식) - 고구마
③ 럼주 - 당밀
④ 브랜디 - 맥아

9 맥주 맥에 대한 설명이다. 틀린 것은?

① 맥주용 보리는 알이 굵고 균일한 것을 사용한다.
② 맥주용 보리는 1, 2번 맥을 사용한다.
③ trieur은 보리 중의 협잡물을 제거한다.
④ 3번 맥은 맥주용보다는 사료로 사용한다.

해설

{ 발효공학의 산업이용 }

1 발효주

- 단발효주 : 원료 속의 주성분이 당류로서 과실 중의 당류를 효모에 의하여 알코올 발효시켜 만든 술이다. 예 과실주
- 복발효주 : 전분질을 아밀라아제(amylase)로 당화시킨 뒤 알코올 발효를 거쳐 만든 술이다.
  - 단행복발효주 : 맥주와 같이 맥아의 아밀라아제(amylase)로 전분을 미리 당화시킨 당액을 알코올 발효시켜 만든 술이다. 예 맥주
  - 병행복발효주 : 청주와 탁주 같이 아밀라아제(amylase)로 전분질을 당화시키면서 동시에 발효를 진행시켜 만든 술이다. 예 청주, 탁주

2 1번 해설 참조

3 전분질로부터 알코올 제조공정

- 원료→분쇄→증자→당화→냉각→발효→증류

4 1번 해설 참조

5 1번 해설 참조

6 1번 해설 참조

7 청주와 탁주의 차이점

- 청주는 발효가 끝난 뒤 술 찌꺼기를 분리, 청징(앙금질)하여 제조한다.
- 막걸리는 발효 후 술덧을 막걸러 제조하기 때문에 많은 양의 당류 함유하고 높은 칼로리를 가진 술이다.

※청주와 탁주는 병행복발효주로 당화과정과 발효과정을 병행해서 양조하는 술이다.

8 브랜디(brandy)

- 포도, 사과, 체리 등 과일을 주원료로 해서 만들어진 와인을 증류시킨 술이 브랜디이다.

9 trieur은 보리 중의 금속물질을 제거한다.

정답	1 ④	2 ①	3 ④	4 ①
	5 ③	6 ②	7 ④	8 ④
	9 ③			

문제

10 맥주 발효에서 보리를 발아한 맥아를 사용하는 목적이 아닌 것은?

① 보리에 존재하는 여러 종류의 효소를 생성하고 활성화시키기 위하여
② 맥아의 탄수화물, 단백질, 지방 등의 분해를 쉽게 하기 위하여
③ 효모에 필요한 영양원을 제공해주기 위하여
④ 발효 중 효모 이외의 균의 성장을 저해하기 위하여

11 맥주 발효에 적합한 원료 보리의 품질로서 옳은 것은?

① 질소 성분 함량이 적고 탄수화물 함량이 많은 보리
② 질소, 지방, 탄수화물의 함량이 적은 보리
③ 질소와 지방 함량이 많고 탄수화물 함량이 적은 보리
④ 질소 성분과 탄수화물 함량이 모두 많은 보리

12 맥아의 좋은 품질을 나열한 것으로 틀린 것은?

① 맥아의 어린 뿌리가 잘 제거되어 있다.
② 수분 함량이 10% 정도이다.
③ 약한 감미는 있으나 산미가 없어야 한다.
④ 당화력이 강해야 한다.

13 맥아즙 제조의 목적은?

① 효모 증식 ② 효모 생산
③ 발효 ④ 당화

14 맥아즙 자비(wort boiling)의 목적이 아닌 것은?

① 맥아즙의 살균 ② 단백질의 침전
③ 효소작용의 정지 ④ pH의 상승

15 맥주 제조 시 호프(hop)를 첨가하는 시기는?

① 여과한 당화액(wort)을 끓일 때
② 효모의 첨가와 동시에
③ 주발효 시
④ 후발효 시

16 맥주의 쓴맛의 주성분으로 맥주 고미가(bitterness value) 측정의 기준물질은?

① isohumulone ② lupulone
③ pectin ④ tannin

17 맥주 제조 시 당화액을 자비할 때 hop의 쓴맛을 내는 성분은?

① isohumulone ② cohumulone
③ pectin ④ tannin

18 맥주 제조 시 맥아의 효소에 의해 전분과 단백질이 분해되는 공정은?

① 맥아즙 제조공정
② 주발효 공정
③ 녹맥아 제조공정
④ 후발효 공정

해설

10 맥주 발효에서 맥아를 사용하는 목적

- 당화효소, 단백질효소 등 맥아 제조에 필요한 효소들을 활성화 또는 생합성시킨다.
- 맥아의 배조에 의해서 특유의 향미와 색소를 생성시키며, 동시에 저장성을 부여한다.
- 맥아의 탄수화물, 단백질, 지방 등의 분해를 쉽게 한다.
- 효모에 필요한 영양원을 제공해준다.

11 맥주 원료용 보리의 품질

- 입자의 형태가 고른 것
- 전분질이 많으며 단백질이 적은 것
- 수분이 13% 이하인 것
- 곡피가 엷은 것
- 발아력이 균일하고 왕성한 것
- 색깔이 좋은 것
- 곰팡이가 피지 않고 협잡물이 적은 것

12 맥아의 좋은 품질

물리적 조건	• 맥아는 어린 뿌리가 잘 제거되어 있다. • 손상된 알갱이, 기타 불순물의 혼입, 곰팡이, 벌레 등이 없어야 한다. • 알갱이가 비대하고 균일해야 한다. • 맥아 특유의 향기가 있고 담색맥아는 담황색이며 광택이 있어야 한다. • 내부는 고른 흰가루 상태로 되어 깨물었을 때 쉽게 부서지며 단단한 부분이 없어야 한다. • 약한 감미가 있으며 산미나 기타의 변화가 없어야 한다.
화학적 조건	• 수분이 4% 정도이다. • 당화력이 강하다. • 단백질이 적고 엑기스분이 많아야 한다. • 액즙의 여과속도가 빠르고 투명해야 한다. • 색이나 용해의 정도가 적합한 것들이다.

13 맥아즙 제조공정

- 맥아 분쇄→담금→맥아즙 여과→맥아즙 자비와 hop 첨가→맥아즙 여과
- 맥아즙 제조의 주목적은 맥아를 당화시키는 데 있다.

14 맥아즙 자비(wort boiling)의 목적

- 맥아즙을 농축한다(보통 엑기스분 10~10.7%).
- 홉의 고미성분이나 향기를 침출시킨다.
- 가열에 의해 응고하는 단백질이나 탄닌 결합물을 석출시킨다.
- 효소의 파괴 및 맥아즙을 살균시킨다.

15 맥주 제조 시 hop 첨가시기

- 당화가 끝나면 곧 여과하여 여과 맥아즙에 0.3~0.5%의 hop을 첨가한 다음 1~2시간 끓여 유효성분을 추출한다.

16 맥주의 쓴맛

- 휴물론(humulone)은 고미의 주성분이지만, 맥아즙이나 맥주에서 거의 용해되지 않고, 맥아즙 중에서 자비될 때 iso화되어 가용성의 isohumulone으로 변화되어야 비로소 맥아즙과 맥주에 고미를 준다.
- isohumulone은 맥주의 고미가(bitterness value) 측정 기준물질로 이용된다.

17 16번 해설 참조

18 맥아즙 제조

- 맥아의 분쇄, 담금, 맥아즙 여과, 맥아즙 자비와 홉 첨가, 맥아즙 냉각 등의 공정으로 이루어진다.
- 맥아를 담금 전에 다시 정선하여 분쇄기에서 분쇄하고 물과 온도를 맞추어 담금을 한다.
- 이 담금에서 맥아의 amylase는 맥아 및 전분을 dextrin과 maltose로 분해하며 단백분해효소는 단백질을 가용성의 함질소물질로 분해한다.

정답				
	10 ④	11 ①	12 ②	13 ④
	14 ④	15 ①	16 ①	17 ①
	18 ①			

문제

19 맥주 제조 시 후발효의 목적과 관계없는 것은?

① 맥주의 고유색깔을 진하게 착색시킨다.
② 발효성 당분을 발효시켜 CO_2를 생성한다.
③ 저온에서 CO_2를 필요한 만큼 맥주에 녹인다.
④ 맥주의 혼탁물질을 침전시킨다.

20 맥주의 발효가 끝나면 후발효와 숙성을 시킨 다음 여과하여 일정기간 후숙을 시킨다. 이때 낮은 온도에 보관하여 후숙을 하면 현탁물이 생기는 경우가 있다. 다음 설명 중 옳은 것은?

① 효모의 invertase가 남아 있어서
② 주발효가 완전하지 못하여
③ 발효되지 못한 지방산(fatty acid)이 남아 있어서
④ 분해물 중 펩타이드와 호프의 수지 및 탄닌 성분들이 집합체(flocculation 또는 colloid)를 형성하기 때문에

21 맥주 혼탁 방지에 이용되고 있는 효소는?

① amylase의 일종이 이용되고 있다.
② protease의 일종이 이용되고 있다.
③ lipase의 일종이 이용되고 있다.
④ cellulase의 일종이 이용되고 있다.

22 맥주의 혼탁 방지를 위하여 사용되는 식물성 효소는?

① 파파인(papain)
② 펙티나아제(pectinase)
③ 레닌(rennin)
④ 나린진나아제(naringinase)

23 하면발효효모에 관한 내용 중 틀린 것은?

① 세포는 난형 또는 타원형
② raffinose와 melibiose의 발효
③ 발효최적온도는 5~10℃
④ 발효액의 혼탁

24 맥주의 종류 중 라거(lager)류에 대한 설명으로 틀린 것은?

① 독일, 미국, 일본, 우리나라 등에서 주로 생산되고 있다.
② 발효온도가 낮다.
③ 저온, 장기 저장 공정을 특징으로 한다.
④ *Saccharomyces cerevisiae*를 사용한다.

25 과일주 향미의 주성분이라고 할 수 있는 것은?

① 알코올(alcohol) 성분
② 에테르 유도체(ether derivatives)
③ 에스테르 및 유도체 (esters and derivatives)
④ 글루탐산(glutamate)

19 후발효의 목적

- 발효성의 엑기스분을 완전히 발효시킨다.
- 발생한 CO_2를 저온에서 적당한 압력으로 필요량만 맥주에 녹인다.
- 숙성되지 않는 맥주 특유의 미숙한 향기나 용존되어 있는 다른 gas를 CO_2와 함께 방출시킨다.
- 효모나 석출물을 침전 분리한다(맥주의 여과가 용이).
- 거친 고미가 있는 hop 수지의 일부를 석출·분리한다(세련, 조화된 향미).
- 맥주의 혼탁 원인물질을 석출·분리한다.

20 맥주 알코올 발효 후 숙성 시 혼탁의 주원인

- 주발효가 끝난 맥주는 맛과 향기가 거칠기 때문에 저온에서 서서히 나머지 엑기스분을 발효시켜 숙성을 하는 동안에 필요량의 탄산가스를 함유시킨다.
- 낮은 온도에서 후숙을 하면 맥주의 혼탁원인이 되는 호프의 수지, 탄닌물질과 단백질 결합물 등이 생기게 되는데 저온에서 석출시켜 분리해야 한다.

21 맥주의 혼탁

- 맥주는 냉장 상태에서 후발효와 숙성을 거치는데, 대부분의 맥주는 투명성을 기하기 위해 이때 여과를 거친다. 하지만 여과에도 불구하고 판매되는 과정 중에 다시 혼탁되는 경우가 있는데, 이는 혼탁입자의 생성 때문이다.
- 혼탁입자는 polyphenolic procyandian과 peptide 간의 상호작용으로 유발되며, 탄수화물이나 금속 이온도 영향을 미친다.
- 맥주의 혼탁입자의 방지를 위해 프로테아제(protease)가 사용되고 있다.

22 파파인(papain)

- 식물성 단백질 분해효소로 고기 연화제, 맥주의 혼탁방지에 사용된다.

23 상면발효효모와 하면발효효모의 비교

	상면효모	하면효모
형식	• 영국계	• 독일계
형태	• 대개는 원형이다. • 소량의 효모점질물 polysaccharide를 함유한다.	• 난형 내지 타원형이다. • 다량의 효모점질물 polysaccharide를 함유한다.
배양	• 세포는 액면으로 뜨므로, 발효액이 혼탁된다. • 균체가 균막을 형성한다.	• 세포는 저면으로 침강하므로, 발효액이 투명하다. • 균체가 균막을 형성하지 않는다.
생리	• 발효작용이 빠르다. • 다량의 글리코겐을 형성한다. • raffinose, melibiose를 발효하지 않는다. • 최적온도는 10~25℃이다.	• 발효작용이 늦다. • 소량의 글리코겐을 형성한다. • raffinose, melibiose를 발효한다. • 최적온도는 5~10℃이다.
대표효모	*Sacch. cerevisiae*	*Sacch. carlsbergensis*

24 맥주의 종류 중 라거(lager)류

- 하면발효효모(*Sacch. carlsbergensis*)를 사용한다.
- 독일계 맥주이며 미국, 일본, 우리나라 등에서도 많이 생산되고 있다.
- 발효온도가 낮다(최적온도 5~10℃).
- 저온에서 장기간 충분히 숙성시켜 독특한 향미 특성을 가지고 있다.

25 과일주 향미

- 과일주는 과즙을 천연 발효시켜 숙성 여과한 술로 과일 자체의 향미가 술의 품질에 많은 영향을 준다.
- 과일주 향미는 알코올과 산이 결합하여 여러 esters를 형성한다.
- ethyl alcohol, amyl alcohol, isobutyl alcohol, butyl alcohol 등과 malic acid, tataric acid, succinic acid, lactic acid, capric acid, caprylic acid, caproic acid, acetic acid 등의 ethylacetate, ethylisobutylate, ethylsuccinate가 주 ester류이다.

정답				
	19 ①	20 ④	21 ②	22 ①
	23 ④	24 ④	25 ③	

26 적, 백포도주의 제조과정으로 옳은 것은?

① 적포도주 : 원료-파쇄-과즙개량-발효-압착-후발효
백포도주 : 원료-파쇄-압착-발효
② 적포도주 : 원료-파쇄-압착-과즙-발효-후발효
백포도주 : 원료-파쇄-발효-압착
③ 적포도주 : 원료-발효-파쇄-과즙개량-후발효
백포도주 : 원료-후발효-발효-파쇄-압착-발효
④ 적포도주 : 원료-후발효-발효-파쇄-과즙개량-후발효
백포도주 : 원료-후발효-파쇄-발효-압착

27 포도주 발효에 있어서 가장 적합한 효모는?

① *Kluyveromyces cerevisiae*
② *Torulopsis cerevisiae*
③ *Saccharomyces cerevisiae*
④ *Saccharomyces diastaticus*

28 포도주 제조과정 중에서 아황산을 첨가하는 시기는?

① 발효 공정 중
② 담금 공정 중
③ 으깨기 공정 중
④ 발효가 끝난 다음

29 와인(과실주) 제조과정에 아황산을 첨가했을 때 과즙 중 존재하는 아황산 형태로 가장 많은 것은?

① H_2SO_3 ② HSO_3^-
③ SO_3^{2-} ④ SO_2

30 포도주 제조 중 아황산 첨가의 목적이 아닌 것은?

① 에탄올만 생성하는 과정으로 하기 위해서
② 포도주 발효 시에 유해균의 사멸 및 증식 억제를 위해서
③ 포도주의 산화 방지를 위해서
④ 적색 색소의 안정화를 위해서

31 Blended Scotch Whisky에 대한 설명으로 옳은 것은?

① whisky 증류분의 알코올 농도는 60~70%에 일정 농도가 되도록 물을 혼합한 것
② 숙성된 malt whisky를 grain whisky와 혼합한 것
③ 스코틀랜드에서 만들어진 Scotch whisky 원액을 수입하여 일정 농도가 되도록 물을 가한 것
④ 100% Scotch whisky가 아니라는 뜻

32 탁·약주 제조 시 당화과정을 담당하는 미생물은?

① *Aspergillus* ② *Saccharomyces*
③ *Lactobacillus* ④ *Leuconostoc*

26 적포도주는 발효 후 압착하고, 백포도주는 압착 후 발효한다.

27 포도주 효모

- *Saccharomyces cerevisiae*(*Sacch. ellipsoideus*)에 속하는 것
- 발효력이 왕성하고 아황산 내성이 강하며 고온에 견디는 것

28 포도주 제조 중 아황산 첨가

- 포도 과피에는 포도주 효모 이외에 야생효모, 곰팡이, 유해세균(초산균, 젖산균)이 부착되어 있으므로 과즙을 그대로 발효하면 주질이 나빠질 수 있다.
- 그러므로 으깨기 공정에서 아황산을 가하여 유해균을 살균시키거나 증식을 저지시킨다.
- 아황산에는 아황산나트륨, 아황산칼륨, 메타중아황산칼륨($K_2S_2O_5$) 등이 있다.
- 아황산을 첨가하는 목적
  - 유해균의 사멸 또는 증식 억제
  - 술덧의 pH를 내려 산소를 높임
  - 과피나 종자의 성분을 용출시킴
  - 안토시안(anthocyan)계 적색 색소의 안정화
  - 주석의 용해도를 높여 석출 촉진
  - 산화를 방지하여 적색 색소의 산화, 퇴색, 침전을 막고, 백포도주에서의 산화효소에 의한 갈변 방지
- 단점
  - 과잉 사용 시 향미 저하
  - 포도주의 후숙 방해
  - 기구에서 금속이온 용출이 많아져 포도주 변질, 혼탁의 원인

29 와인 제조 중 아황산 첨가

- 이산화유황(SO_2)은 고온에서 가스상태이지만 과즙이나 포도주 속에서는 중아황산이온(HSO_3^-), 아황산이온(SO_3^{2-}), 아황산(H_2SO_3)의 형태로 존재한다.

※주반응 : $SO_2 + H_2O \longleftrightarrow H_2SO_3 \longleftrightarrow H^+ + HSO_3^-$

- SO_2의 pKa는 1.76이기 때문에 과즙이나 포도주의 pH인 3~4에서는 대부분의 아황산은 해리하여 이온의 형태로 존재한다.

30 28번 해설 참조

31 Blended Scotch Whisky

- 숙성된 malt whisky와 grain whisky을 일정 비율 혼합한 위스키이다.
- whisky 증류분의 알코올 농도는 40~43%에 일정 농도가 되도록 희석한다.

32 탁·약주 제조용 입국

- 전부 백국을 사용하고 있다.
- 이는 황국보다 산생성이 강하므로 술덧에서 잡균의 오염을 방지할 수 있다.
- 현재 널리 사용되고 있는 백국균은 흑국균의 변이주로서 *Aspergillus kawachii*이다.
- 입국의 중요한 세 가지 역할은 녹말의 당화, 향미 부여, 술덧의 오염 방지 등이다.

정답				
	26 ①	27 ③	28 ③	29 ②
	30 ①	31 ②	32 ①	

33 탁·약주 제조 시 올바른 주모관리의 방법이 아닌 것은?

① 담금 품온은 22℃ 내외로 낮게 유지하여 오염균의 증식을 억제한다.
② 효모증식에 필요한 산소공급을 위해 교반한다.
③ 담금 배합은 술덧에 비해 발효제 사용 비율을 높게 한다.
④ 급수 비율을 높게 하여 조기발효를 유도한다.

34 약·탁주 제조용 누룩 제조에 사용되는 황국균은?

① *Aspergillus niger*
② *Aspergillus oryzae*
③ *Rhizopus delemar*
④ *Rhizopus oryzae*

35 전통주인 약주나 탁주를 제조하는 제국방법이 아닌 것은?

① 보쌈바닥 국제조법
② 상자 국제조법
③ 물리적 국제조법
④ 기계적 국제조법

36 탁주 제조용 원료로서 가장 적당한 소맥은?

① 강력분 1급품
② 중력분 1급품
③ 박력분 1급품
④ 초박력분 1급품

37 청주용 국균으로서 구비해야 할 조건이다. 틀린 것은?

① 번식이 빠르고 증미 내에 고루 번지며 균사가 너무 길지 않은 것
② amylase 생산력이 강할 것
③ protease 생산력이 강할 것
④ 좋은 향기, 풍미를 가질 것

38 청주 양조용 쌀로 부적합한 것은?

① 연질미로 흡수가 빠른 것
② 단백질 함량이 높은 것
③ 쌀알 중심의 희고 불투명한 부분이 많은 것
④ 수분이 14% 정도인 것

39 청주 양조용수에 대한 설명 중 틀린 것은?

① 인산은 많아도 좋다.
② 철분은 적을수록 좋다.
③ 염소는 많아도 지장이 없다.
④ 경도가 높은 물은 발효가 억제된다.

40 앙금질이 끝난 청주를 가열(火入)하는 목적과 관계가 없는 것은?

① 저장 중 변패를 일으키는 미생물의 살균
② 청주 고유의 색택 형성 촉진
③ 용출되어 잔존하는 효소의 파괴
④ 향미의 조화 및 숙성의 촉진

33 탁·약주 제조 시 담금 배합 요령

- 술덧에 비해 발효제 사용비율을 높여서 물료의 용해 당화를 촉진시킴과 동시에 급수 비율을 낮추어 물료의 농도를 높여 pH의 조절, 조기발효의 억제, 효모의 순양 등을 도모한다.

34 *Aspergillus oryzae*

- 황국균, 누룩곰팡이라고 한다.
- 전분 당화력과 단백질 분해력이 강해 간장, 된장, 청주, 탁주, 약주 제조에 이용된다.
- 식품의 변패에도 관여한다.

35 약주나 탁주 입국의 제조방법

- 원료를 취급하는 방법에 따라 보쌈바닥국법(상국법), 보쌈상자국법(국개법), 고층퇴적강제통풍법(기계국법) 등이 있다.
- 보쌈바닥국법 : 증자가 끝난 원료를 냉각한 다음 국실에 옮기고 여기에 *Aspergillus kawachii*의 종국을 0.1~0.3% 되게 균일하게 혼합하고 품온이 28~30℃가 되면 두둑하게 쌓고 살균된 보로 덮어서 보온한다(보쌈). 넓은 장소가 필요하고 온도관리에 어려움이 있다.
- 보쌈상자국법 : 보쌈 후 1차 손질할 때 상자(소형 30×45×5cm, 대형 60×90×10cm)에 일정량(1.5~2.3kg)씩 넣어 바닥 전체에 평면으로 담는다(입상). 보쌈바닥국법을 보완한 방법으로 상자의 준비가 필요하지만 좁은 장소에서도 가능하며 온도관리가 유리하다.
- 고층퇴적강제통풍법 : 10~15cm로 두껍게 쌓여진 원료 사이를 온도와 습도가 조절된 바람을 강제로 통풍시켜 자동으로 온도와 습도를 조정하므로 인력이 절감되고 장소가 적게 필요하고 역가가 높은 제품을 얻을 수 있는 가장 이상적인 제국방법이다.

36 탁주 제조용 소맥분

- 중력분에 속하는 1급품이 가장 적합하고 주질을 향상시킬 수 있다.

37 청주용 국균

- protease 생산력이 약할 것
- 짙은 색깔을 생성치 않을 것

38 청주 양조용 쌀

- 입자가 크고, 연한 것
- 수분이 14% 정도인 것
- 탄수화물 함량이 많고, 지방과 단백질의 함량이 적은 것
- 쌀알 중심의 희고 불투명한 부분이 많은 것
- 25% 이상 도정하여 찐 것으로서 외강내연인 것

39 청주 양조용수

- 청주의 성분이 될 뿐만 아니라 양조과정 중 모든 물료와 효소의 용제가 된다.
- 물중의 미량 무기성분은 발효 시 효모의 영양분과 자극제로서 중요한 역할을 한다.
- 무색 투명하고 이미와 이취가 없으며, 중성 내지 약알칼리성이어야 한다.
- 적량의 유효성분을 함유하고 유해미생물 및 유해성분이 없는 것이 좋다.
- 인을 비롯한 칼륨, 칼슘, 마그네슘 등의 무기성분이 많은 것이 좋다.
- 철분은 적을수록 좋으며, 청주의 색을 변하게 한다.
- 망간이나 중금속도 좋지 않다.

40 앙금질이 끝난 청주를 가열하는 목적

- 앙금질이 끝난 청주는 60~63℃에서 수 분간 가열한다.
- 가열하는 목적은 변패를 일으키는 미생물의 살균, 잔존하는 효소의 파괴, 향미의 조화 및 숙성의 촉진 등이다.

정답				
	33 ④	34 ②	35 ③	36 ②
	37 ③	38 ②	39 ④	40 ②

문제

41 **청주 양조 시 발효 후기에 향기성분을 생성하여 발효에 유익한 효모는?**

① *Saccharomyces*속
② *Pichia*속
③ *Hansenula*속
④ *Rhodotorula*속

42 **증류주에 대한 설명으로 틀린 것은?**

① 증류식 소주 : 서류(곡류)-코지, 효모-당화-발효-증류
② 위스키 : 보리(옥수수)-맥아, 효모-당화-발효-증류
③ 브랜디 : 포도(과실)-코지, 효모-당화-발효-증류
④ 희석식 소주 : 서류(곡류)-코지, 효모-당화-발효-연속증류주정-희석

43 **재래법에 의한 제국 조작순서로 적당한 것은?**

① 제1손질 → 섞기 → 재우기 → 뒤지기 → 담기 → 뒤바꾸기 → 제2손질 → 출국
② 담기 → 뒤지기 → 섞기 → 재우기 → 제1손질 → 뒤바꾸기 → 제2손질 → 출국
③ 재우기 → 섞기 → 뒤지기 → 담기 → 뒤바꾸기 → 제1손질 → 제2손질 → 출국
④ 섞기 → 뒤지기 → 제1손질 → 재우기 → 뒤바꾸기 → 제2손질 → 담기 → 출국

44 **미생물에 의해 생산되는 덱스트란에 대한 설명으로 틀린 것은?**

① 수혈 시의 혈장증량제이며 공업적으로 제조된다.
② *Leuconostoc mesenteroides*의 발효에 의해 생성된다.
③ 발효액의 균체는 발효 종료 후 여과나 원심분리에 의해 제거한다.
④ 기질로서 sucrose를 이용하고, 생육인자로서 yeast extract, 무기염류 등을 첨가한다.

45 **설탕용액에서 생장할 때 dextran을 생산하는 균주는?**

① *Leuconostoc mesenteroides*
② *Aspergillus oryzae*
③ *Lactobacillus delbrueckii*
④ *Rhizopus oryzae*

46 **미생물의 이용 분야와 거리가 먼 것은?**

① 균체의 이용
② 효소의 이용
③ 양조, 발효식품의 생산
④ 건조 가공

47 **해당계 및 TCA 회로와 관련된 유기산 발효에서 생산물과 원료의 연결이 틀린 것은?**

① lactic acid – glucose
② lactic acid – sucrose
③ citric acid – sucrose
④ citric acid – fumaric acid

41 *Hansenula*속

- 산막효모이고 알코올 발효력은 약하나 알코올로부터 에스테르를 생성하여 포도주에서 방향을 부여하는 유용균이다.
- *Hansenula anomala*는 대표적인 균으로서 자연에 널리 분포하며, 모자형의 포자가 형성되며, 양조공업에서 알코올을 분해하므로 유해균이나 청주의 방향 생성에 관여하는 청주 후숙효모이다.

42 브랜디

- 포도(과실)–효모–당화–발효–증류
- 단발효주는 효모만 필요하다.

43 국개법(재래법) 제국 조작순서

① 재우기 : 상위에서 퇴적하여 온도, 습도가 균등하게 될 때까지 2~3시간 방치시킨다.
② 섞기 : 종국을 증미의 0.1~0.3% 섞는다.
③ 뒤집기 : 쌀덩어리를 손으로 부수는 것이며 일정한 온도유지를 위함이다. 품온은 30~32℃로 된다.
④ 담기 : 쌀알 표면에 균사의 반점이 생기기 시작하고 국의 냄새가 나는 시기에 국개에 담는다. 품온은 31~32℃로 된다.
⑤ 뒤바꾸기 : 품온이 34℃가 되면 상하 세 개의 국개를 뒤바꾼다. 온도 상승을 막기 위함이다.
⑥ 제1손질 : 품온이 35~36℃로 되면 국에 손을 넣어 휘저어 섞고 상하로 뒤바꾸기를 한다. 손질은 온도를 내려서 일정하게 하고, 산소와 CO_2를 치환하여 국균의 대사를 돕기 위함이다.
⑦ 제2손질 : 품온이 36~38℃로 되면 손을 넣어 다시 휘저어 섞고 국을 국개에 편편하게 넓혀 골을 낸다.
⑧ 뒤바꾸기 : 품온은 40℃에 이르고 특유한 향기(구운 밤 냄새)가 나면 다시 한번 뒤바꾸기를 한다.
⑨ 출국 : 구운 밤 냄새가 충분히 나면 국개에서 면포 위에 덜어 한냉한 장소에서 급냉한다.

44 덱스트란(dextran)

- 냉온수에 잘 용해되며 점도가 높고 화학적으로 안정하므로 유화 및 안정제로서 아이스크림, 시럽, 젤리 등에 사용되고, 또 대용혈장으로도 사용된다.
- 공업적 제조에는 sucrose를 원료로 하여 젖산균인 *Leuconostoc mesenteroides*가 이용되고 *Acetobacter capsulatum*도 dextrin으로부터 dextran을 만드는 것이 알려지고 있다.
- 발효액은 미세한 균체 등이 함유되나 점도가 높기 때문에 여과나 원심분리에 의해서 제거할 수 없다.

45 *Leuconostoc mesenteroides*

- 그람양성, 쌍구균 또는 연쇄상구균이다.
- 생육최적온도는 21~25℃이다.
- 설탕(sucrose)액을 기질로 dextran 생산에 이용된다.
- 내염성을 갖고 있어서 김치의 발효 초기에 주로 발육하는 균이다.

46 미생물의 이용 분야

- 미생물은 양주 및 식초, 발효식품, 효소 생산, 미생물 대사생성물, 미생물 균체의 생산 등 식품의 여러 분야에 이용되고 있다.

47 유기산 생합성 경로

- 해당계(EMP)와 관련되는 유기산 발효 : lactic acid
- TCA 회로와 관련되는 유기산 발효 : citiric acid, succinic acid, fumaric acid, malic acid, itaconic acid
- 직접산화에 의한 유기산 발효 : acetic acid, gluconic acid, 2–ketogluconic acid, 5–ketoglucinic acid, kojic acid
- 탄화수소의 산화에 의한 유기산

정답				
	41 ③	42 ③	43 ③	44 ③
	45 ①	46 ④	47 ④	

문제

48 다음 중 TCA 회로(tricarboxylic acid cycle)상에서 생성되는 유기산이 아닌 것은?

① citric acid ② lactic acid
③ succinic acid ④ malic acid

49 유기산 발효 중 직접산화 발효가 아닌 것은?

① acetic acid 발효
② 5-ketogluconic acid 발효
③ gluconic acid 발효
④ fumaric acid 발효

50 구연산 발효의 설명으로 적합하지 않은 것은?

① 구연산 발효의 주생산균은 *Aspergillus niger*이다.
② 배지 중에 Fe^{2+}, Zn^{2+}, Mn^{2+} 등 금속이온 양이 많으면 산생성이 저하된다.
③ 발효액 중의 구연산 회수를 위해 탄산나트륨 등으로 중화한다.
④ 구연산 발효의 전구물질은 옥살산(oxaloacetic acid)이다.

51 구연산(citric acid)을 제조하는 방법 중 발효법에 이용되는 것은?

① ethyl isovalerate
② *Brevibacterium*속
③ phenylacetic acid
④ *Aspergillus niger*

52 설탕, 당밀, 전분, 찌꺼기 또는 포도당을 원료로 하여 구연산을 제조할 때 사용되는 미생물은?

① *Aspergillus niger*
② *Streptococcus lactis*
③ *Rhizopus delemar*
④ *Saccharomyces cerevisiae*

53 구연산 발효 시 철분의 저해를 방지하기 위해 첨가하는 금속 이온은?

① Ca ② Cu
③ Mg ④ Zn

54 구연산 발효 시 당질 원료 대신 이용할 수 있는 유용한 기질은?

① n-paraffin ② ethanol
③ acetic acid ④ acetaldehyde

55 O_2 분압이 높고, CO_2 분압이 낮은 조건하에서 광호흡이 일어날 때, 그 기질이 되는 화합물은?

① glycolic acid
② glyoxylic acid
③ 3-phosphoglyceric acid
④ acetyl-CoA

56 푸마르산(fumaric acid)의 생산균은?

① *Aspergillus niger*
② *Aspergillus oryzae*
③ *Rhizopus oryzae*
④ *Rhizopus nigricans*

48 47번 해설 참조

49 47번 해설 참조

50 구연산(citric acid) 발효

- 생산균 : *Aspergillus niger*, *Asp. saitoi* 그리고 *Asp. awamori* 등이 있으나 공업적으로 *Asp. niger*가 사용된다.
- 구연산 생성기작
  - 구연산은 당으로부터 해당작용에 의하여 피루브산(pyruvic acid)이 생성되고, 또 옥살초산(oxaloacetic acid)과 acetyl CoA가 생성된다.
  - 이 양자를 citrate sythetase의 촉매로 축합하여 citric acid를 생성하게 된다.
- 구연산 생산조건
  - 배양조건으로는 강한 호기적 조건과 강한 교반을 해야 한다.
  - 당농도는 10~20%이며, 무기영양원으로는 N, P, K, Mg, 황산염이 필요하다.
  - 최적온도는 26~35℃이고, pH는 염산으로 조절하며 pH 3.4~3.5이다.
  - 수율은 포도당 원료에서 106.7% 구연산을 얻는다.
  - *Asp. niger* 등에 의한 구연산 발효는 배지 중에 Fe^{++}, Zn^{++}, Mn^{++} 등의 금속이온 양이 많으면 산생성이 저하된다. 특히 Fe^{++}의 영향이 크다.
- 발효액 중의 균체를 분리 제거하고 구연산을 생석회, 소석회 또는 탄산칼슘으로 중화하여 가열 후 구연산칼슘으로써 회수한다.
- 발효 주원료로서 당질 또는 전분질 원료가 사용되고, 사용량이 가장 많은 것은 첨채당밀(beet molasses)이다.

51 50번 해설 참조

52 50번 해설 참조

53 *Asp. niger* 등에 의한 구연산 발효

- 배지 중에 Fe^{++}, Zn^{++}, Mn^{++} 등의 금속이온량이 많으면 산생성이 저하된다.
- Fe^{++} 등의 금속함량을 줄이기 위한 방법
  - 미리 원료를 이온교환수지로 처리한다.
  - 2~3%의 메탄올, 에탄올, 프로판올과 같은 알코올을 첨가한다.
  - Fe^{++}의 농도에 따라 Cu^{++}의 첨가량을 높여준다.

54 구연산 발효 시 발효 주원료

- 당질 또는 전분질 원료가 사용되고, 사용량이 가장 많은 것은 첨채당밀(beet molasses)이다.
- 당질 원료 대신 n-paraffin이 사용되기도 한다.

55 광호흡

- 광호흡의 맨 처음 기질은 글리콜산(glycolic acid)이다.
- O_2 분압이 높고, CO_2 분압이 낮은 조건에서는 광합성에 의하여 클로로플라스트에서 glycolic acid가 생긴다.
- glycolic acid는 클로로플라스트를 떠나 peroxisome, micro bodies, mitocondria 등에서 광호흡계의 효소작용을 받는다.
- 이 반응에서 glycolic acid 2분자가 3-phosphoglyceric acid와 CO_2로 변한다.

56 fumaric acid의 우수한 생산균

- *Rhizopus nigricans*이며 28~32℃에서 3일간 액내 배양하여 최대 수득량은 대당 약 60%에 달한다.

정답				
	48 ②	49 ④	50 ③	51 ④
	52 ①	53 ②	54 ①	55 ①
	56 ④			

문제

57 gluconic acid의 발효조건이 아닌 것은?

① 호기적 조건하에서 발효시킨다.
② *Aspergillus niger*가 사용된다.
③ 배양 중의 pH는 5.5~6.5로 유지한다.
④ biotin을 생육인자로 요구한다.

58 아래와 같은 반응으로 만들어지는 최종발효생성물은?

$$C_6H_{12}O_6 \rightarrow 2C_2H_5OH + 2CO_2$$
$$C_2H_5OH + O_2 \rightarrow CH_3COOH + H_2O$$

① 식초 ② 요구르트
③ 아미노산 ④ 핵산

59 포도당(glucose) 1kg을 사용하여 알코올 발효와 초산 발효를 동시에 진행시켰다. 알코올과 초산의 실제 생산수율은 각각의 이론적 수율의 90%와 95%라고 가정할 때 실제 생산될 수 있는 초산의 양은?

① 1.304kg ② 1.1084kg
③ 0.5097kg ④ 0.4821kg

60 정치배양과 속초법(quick vinegar process)에 의한 초산 발효에 가장 적합한 알코올 농도는?

① 정치배양법 5%, 속초법 10%
② 정치배양법 15%, 속초법 20%
③ 정치배양법 10%, 속초법 5%
④ 정치배양법 20%, 속초법 15%

61 초산(acetic acid) 발효에 적합한 생산균주는?

① *Lactobacillus* ② *Gluconobacter*
③ *Aspergillus* ④ *Candida*

62 초산 발효균으로서 *Gluconobacter* sp.의 장점은?

① 발효수율이 높다.
② 발효속도가 빠르다.
③ 고농도의 초산을 얻을 수 있다.
④ 과산화가 일어나지 않는다.

63 초산 발효균으로서 *Acetobacter*의 장점이 아닌 것은?

① 발효수율이 높다.
② 혐기상태에서 배양한다.
③ 고농도의 초산을 얻을 수 있다.
④ 과산화가 일어나지 않는다.

64 초산균의 성질을 설명한 것 중 틀린 것은?

① Gram 음성균이다.
② *Acetobacter*속과 *Gluconobacter*속이 있다.
③ 초산 생성능력은 *Acetobacter*속이 크다.
④ *Gluconobacter*속은 초산을 산화한다.

57 gluconic acid 발효

- 현재 공업적 생산에는 *Aspergillus niger*가 이용되고 있다.
- gluconic acid의 생성은 glucose oxidase의 작용으로 D-glucono-δ-lactone이 되고 다시 비효소적으로 gluconic acid가 생성된다.
- 통기교반장치가 있는 대형 발효조를 이용해 배양한다.
- glucose 농도를 15~20%로 하여 $MgSO_4$, KH_2PO_4 등의 무기염류를 첨가한 것을 배지로 사용한다.
- 배양 중의 pH는 5.5~6.5로 유지한다.
- 발아한 포자 현탁액을 종모로서 접종한다.
- 30℃에서 약 1일간 배양하면 대당 95% 이상의 수득률로 gluconic acid를 얻게 된다.

58 초산 발효

- 알코올(C_2H_5OH)을 직접산화에 의하여 초산(CH_3COOH)을 생성한다.
- 호기적 조건(O_2)에 의해서는 에탄올을 알코올 탈수소효소(alchol dehydrogenaase)에 의하여 산화반응을 일으켜 아세트알데히드가 생산되고, 다시 아세트알데히드는 탈수소효소에 의하여 초산이 생성된다.

59 포도당으로부터 초산의 실제 생산수율

① 포도당 1kg으로부터 실제 ethanol 생성량

- $C_6H_{12}O_6 \rightarrow 2C_6H_5OH+2CO_2$
  (180)　　(2×46)
  180 : 46×2 = 1000 : x
  x = 511.1g
- 수율 90%일 때 ethanol 생성량
  = 511.1×0.90 = 460g

② 포도당 1kg으로부터 초산 생성량

- $C_2H_5OH+O_2 \rightarrow CH_3COOH+H_2O$
  (46)　　(60)
  46 : 60 = 460 : x
  x = 600g
- 수율 90%일 때 초산 생성량
  = 600×0.85 = 510g(0.510kg)

60 초산 발효

- 정치법(orleans process)
  - 발효통을 사용한다.
  - 대패밥, 목편, 코르크 등을 채워서 산소(공기) 접촉 면적을 넓혀 준다.
  - 수율은 낮고 기간도 길다.
- 속양법(quick vinegar process)
  - 발효탑(generator)을 사용한다.
  - Frings의 속초법이라고도 하며, 대패밥은 탱크의 최상부까지(45cm) 채운다.
  - 알코올 10%, 산도 1% 정도의 원료액은 8~10일 발효에 의해서 알코올 0.3%, 산도 10% 정도의 식초가 된다.
- 심부배양법(submerged aeration process)
  - Frings의 acetator라 부른다.
  - 원료와 초산균의 혼합물에 공기를 송입하면서 교반하여 급속히 발효덧을 초산화시킨다.
  - 알코올 5%, 산도 7% 정도의 원료액으로 산도 11~12%의 알코올초를 회분발효한다.

61 *Gluconobacter*

- glucose를 산화하여 gluconic acid를 생성하는 능력이 강하다.
- ethanol을 산화하여 초산을 생성하는 능력이 강력하지 않지만 초산을 CO_2로 산화하지 않는다.

62 61번 해설 참조

63 초산균의 종류와 성질

- 그람음성, 강한 호기성의 간균으로 ethyl alcohol을 산화하여 초산을 생성하는 세균이다.
- *Acetobacter*속과 *Gluconobacter*속이 있다.
- *Acetobacter*속은 ethanol을 초산으로 산화하는 능력이 강하다.
- *Gluconobacter*속은 초산을 CO_2로 산화하지 않는다.

64 63번 해설 참조

정답	57 ④	58 ①	59 ③	60 ①
	61 ②	62 ④	63 ②	64 ④

문제

65 **식초 양조를 위한 초산균의 조건이 아닌 것은?**

① 산생성속도가 빠르고 생산량이 많을 것
② 생산된 초산을 다시 산화하지 않을 것
③ 초산 이외에 유기산류나 향기성분인 에스테르류를 생성할 것
④ 알코올에 대한 내성이 약할 것

66 **초산균의 화학식으로 옳은 것은?**

① $CH_3CH_2OH + O_2 \rightarrow CH_3COOH + H_2O$
② $CH_3CH_2OH \rightarrow CH_3COOH$
③ $C_2H_5OH \rightarrow CH_3COOH + H_2O$
④ $C_2H_5OH + O_2 \rightarrow CH_3COOH$

67 **젖산 발효에서 균과 원료가 잘못 짝지어진 것은?**

① *Lactobacillus delbrueckii* – glucose
② *Lactobacillus leichmannii* – glucose
③ *Lactobacillus bulgaricus* – whey
④ *Lactobacillus pentosus* – whey

68 **김치에서 주로 나타나는 젖산균은?**

① *Lactobacillus acidophilus*
② *Lactobacillus plantarum*
③ *Lactobacillus bulgaricus*
④ *Lactobacillus casei*

69 **포도당을 영양원으로 젖산(lactic acid)을 생산할 수 없는 균주는?**

① *Pediococcus lindneri*
② *Leuconostoc mesenteroides*
③ *Rhizopus oryzae*
④ *Aspergillus niger*

70 **젖산 생성으로 호기적인 L-젖산만 생산하는 곰팡이는?**

① *Rhizopus*속
② *Lactobacillus*속
③ *Streptococcus*속
④ *Pediococcus*속

71 **유기산(organic acid)과 공업적 생산균의 관계가 틀린 것은?**

① acetic acid – *Acetobacter aceti*
② citric acid – *Aspergillus niger*
③ lactic acid – *Lactobacillus delbrueckii*
④ fumaric acid – *Aspergillus itaconicus*

72 **다음 중 발효방법과 미생물의 연결이 틀린 것은?**

① lactate 발효 – *Streptococcus lactis*
② citrate 발효 – *Asperglillus niger*
③ α-ketoglutarate 발효 – *Pseudomonas fluorescence*
④ itaconate 발효 – *Bacillus subtilis*

해설

65 식초산균

- 에탄올을 산화 발효하여 acetic acid를 생성하는 세균을 말한다.
- 호기성, 그람음성, 무포자, 간균이고 alcohol 농도가 10% 정도일 때 가장 잘 자라며 5~8%의 초산을 생성한다.
- 18% 이상에서는 자랄 수 없고 산막(피막)을 형성한다.
- 초산균을 선택하는 일반적인 조건
  - 산생성속도가 빠르고, 산 생성량이 많은 것
  - 가능한 한 초산을 다시 산화하지 않고 또 초산 이외의 유기산류나 향기성분인 에스테류를 생성하는 것
  - 알코올에 대한 내성이 강하며, 잘 변성되지 않는 것

66 초산 발효

- $\underset{\text{에틸알코올}}{C_2H_5OH} + O_2 \rightarrow CH_3COOH + H_2O$
- 알코올(C_2H_5OH)을 직접산화에 의하여 초산(CH_3COOH)을 생성한다.
- 호기적 조건(O_2)에 의해서는 에탄올을 알코올 탈수소효소(alchol dehydrogenaase)에 의하여 산화반응을 일으켜 아세트알데히드가 생산되고, 다시 아세트알데히드는 탈수소효소에 의하여 초산이 생성된다.

67

- *Lactobacillus delbrueckii*는 유당을 발효하지 않고 glucose, maltose, sucrose 등으로부터 95% 젖산을 생산한다.
- *Lactobacillus leichmannii*는 유당을 발효하지 않으며 glucose를 발효한다.
- *Lactobacillus bulgaricus*는 glucose, lactose, galactose를 잘 발효한다.

68 침채류의 주젖산균

- *Lactobacillus plantarum*이다.

※ ***Lactobacillus casei, Lactobacillus bulgaricus, Lactobacillus acidophilus*** 등은 발효유 제조에 주로 이용한다.

69 젖산(lactic acid)을 생산할 수 있는 균주

- 많은 미생물이 포도당을 영양원으로 젖산을 생성하지만 공업적으로 이용할 수 있는 것은 젖산균과 *Rhizopus*속의 곰팡이 일부이다.
- 젖산균으로는 homo 발효형인 *Streptococcus*속, *Pediococcus*속, *Lactobacillus*속 등과 hetero 발효형인 *Leuconostoc*이 있다.
- *Rhizopus*속에 의한 발효는 호기적으로 젖산을 생성하는 것이 특징이고, *Rhizopus oryzae*가 대표 균주이다.

70 69번 해설 참조

71 fumaric acid의 우수한 생산균

- *Rhizopus nigricans*이며 *Aspergillus fumaricus*도 fumaric acid를 생산한다는 보고가 있다.

72 itaconate 발효

- 매실 식초로부터 분리한 *Asperglillus itaconicus*를 이용하여 sucrose 농도가 높은 배지에서 itaconic acid를 생산하는 발효법이다.

정답				
	65 ④	66 ①	67 ④	68 ②
	69 ④	70 ①	71 ④	72 ④

73 알코올 발효에 대한 설명 중 맞지 않는 것은?

① 미생물이 알코올을 발효하는 경로는 EMP 경로와 ED 경로가 알려져 있다.
② 알코올 발효가 진행되는 동안 미생물 세포는 포도당 1분자로부터 2분자의 ATP를 생산한다.
③ 효모가 알코올 발효하는 과정에서 아황산나트륨을 적당량 첨가하면 알코올 대신 글리세롤이 축적되는데, 그 이유는 아황산나트륨이 alcohol dehydrogenase 활성을 저해하기 때문이다.
④ EMP 경로에서 생산된 pyruvic acid는 decarboxylase에 의해 탈탄산되어 acetaldehyde로 되고 다시 NADH로부터 alcohol dehydrogenase에 의해 수소를 수용하여 ethanol로 환원된다.

74 알코올 발효에서 생성된 알코올 중 glycerol의 검출에 대한 설명으로 옳은 것은?

① 알코올 발효 초기에 소량의 glycerol이 생성된다.
② 발효기술의 부족으로 glycerol이 생성된다.
③ 맛에 절대적인 영향을 미치므로, 생성을 최대화해야 한다.
④ 알코올 발효의 반응식상 처음부터 생기지 않는다.

75 알코올 발효에 있어서 아세트알데히드(acetaldehyde)가 환원되어 에탄올(ethanol)이 생성된다. 이때 관여하는 효소는?

① 포스파타아제(phosphatase)
② 피루베이트 키나아제(pyruvate kinase)
③ 카르복실라아제(carboxylase)
④ 알코올 탈수소효소 (alcohol dehydrogenase)

76 에틸알코올 발효 시 에틸알코올과 함께 가장 많이 생성되는 것은?

① CO_2　② CH_3CHO
③ $C_3H_5(OH)_3$　④ CH_3OH

77 전분(starch) → (①) → 에탄올(ethyl alcohol) + CO_2 반응에서 ①에 해당하는 물질은?

① sucrose　② xylan
③ glucose　④ phenylalanine

78 전분 1000kg으로부터 얻을 수 있는 100% 주정의 이론적 수득량은?

① 586kg　② 568kg
③ 534kg　④ 511kg

73 효모 알코올 발효 과정에서 아황산나트륨 첨가

- 효모에 의해서 알코올 발효하는 과정에서 아황산나트륨을 가하여 pH 5~6에서 발효시키면 아황산나트륨은 포촉제(trapping agent)로 작용하여 acetaldehyde와 결합한다.
- 따라서 acetaldehyde의 환원이 일어나지 않으므로 glycerol-3-phosphate dehydrogenase에 의해서 dihydroxyacetone phosphate가 $NADH_2$의 수소수용체로 되어 glycerophosphate를 생성하고 다시 phosphatase에 의해서 인산이 이탈되어 glycerol로 된다.

74 알코올 발효 초기 glycerol 생성

- 알코올 발효의 경우에는 EMP 경로에서 생긴 pyruvic acid가 carboxylase의 작용으로 CO_2를 이탈하여 acetaldehyde가 되고, 이 acetaldehyde가 alcohol dehydrogenase에 의해 환원되어 ethanol로 된다.
- 발효의 초기에는 acetaldehyde가 충분히 생성되지 않아서 dehydroxyacetone phosphate가 환원되어 glycerophosphate로 되는 반응이 일어나고 인산이 이탈되어 glycerol이 생성된다.
- 보통 알코올 발효에서 생성되는 glycerol의 양은 소비당에 대하여 약 3% 정도이다.

75 알코올 발효에 있어서

- pyruvate decarboxylase는 pyruvic acid를 탈탄산, 즉 CO_2를 제거하여 acetaldehyde의 형성을 촉매한다.
- alcohol dehydrogenase는 acetaldehyde를 ethanol로 환원하는 반응을 촉매한다.

76 알코올 발효

- glucose로부터 EMP 경로를 거쳐 생성된 pyruvic acid가 CO_2 이탈로 acetaldehyde로 되고 다시 환원되어 알코올과 CO_2가 생성된다.
- 효모에 의한 알코올 발효의 이론식은 $C_6H_{12}O_6 \longrightarrow 2C_2H_5OH + CO_2$이다.

77 76번 해설 참조

78 주정의 이론적 수득량

$nC_6H_{10}O_5 \longrightarrow 2C_2H_5OH + 2CO_2$

전분(162)　　　　2×46

$162 : 92 = 1000 : x$

$x = 567.9$kg

정답				
	73 ③	74 ①	75 ④	76 ①
	77 ③	78 ②		

생화학 및 발효공학

79 효모에 의한 알코올 발효에 있어서 Neuberg 발효 제3형식은?

① $C_6H_{12}O_6 \rightarrow 2C_2H_5OH + 2CO_2$
② $C_6H_{12}O_6 \rightarrow C_3H_5(OH)_3 + CH_3CHO + CO_2$
③ $2C_6H_{12}O_6 + H_2O \rightarrow 2C_3H_5(OH)_3 + CH_3COOH + C_2H_5OH + 2CO_2$
④ $C_6H_{12}O_6 \rightarrow CH_3COCOOH + C_3H_5(OH)_3$

80 Neuberg의 제2발효형식은?

① $C_6H_{12}O_6$ → 2ethanol + $2CO_2$
② $C_6H_{12}O_6$ → glycerol + acetaldehyde + CO_2
③ $2C_6H_{12}O_6$ → 2glycerol + acetic acid + ethanol + $2CO_2$
④ $C_6H_{12}O_6$ → 2lactic acid

81 알코올 발효배지에 아황산나트륨을 첨가하여 발효하면 아세트알데히드(acetaldehyde)가 아황산과 결합하여 무엇이 축적되는가?

① 피루브산(pyruvic acid)
② 구연산(citric acid)
③ 글리세롤(glycerol)
④ 에탄올(ethanol)

82 비당화 발효법으로 알코올 제조가 가능한 원료는?

① 섬유소　② 곡류
③ 당밀　④ 고구마 · 감자 전분

83 주정 제조 원료 중 당화작용이 필요한 것은?

① 고구마　② 당밀
③ 사탕수수　④ 사탕무

84 산당화법의 장점이 아닌 것은?

① 당화시간이 짧다.
② 당화액이 투명하다.
③ 증류가 편리하다.
④ 발효율이 증가한다.

85 알코올 발효의 원료로 전분을 이용할 경우 곰팡이 효소를 이용하는 방법은?

① 맥아법　② 산당화법
③ 국법　④ 합성법

86 전분질 원료로부터 주정을 제조하는 방법이 아닌 것은?

① amylo법　② reuse법
③ 국법　④ 절충법

87 가장 진보된 발효법으로 규모가 큰 생산에 적합한 방법은?

① 피국법
② 액체국법
③ amylo법
④ amylo 술밑 · 국 절충법

88 알코올 발효 시 당화방법이 아닌 것은?

① 국법　② 맥아법
③ amylo법　④ yeast법

79 Neuberg 발효형식
- 제1발효형식
  $C_6H_{12}O_6 \rightarrow 2CH_5OH + 2CO_2$
- 제2발효형식 : Na_2SO_3를 첨가
  $C_6H_{12}O_6 \rightarrow C_3H_5(OH)_3 + CH_3CHO + CO_2$
- 제3발효형식 : $NaHCO_3$, Na_2HPO_4 등의 알칼리를 첨가
  $2C_6H_{12}O_6 + H_2O \rightarrow 2C_3H_5(OH)_3 + CH_3COOH + C_2H_5OH + 2CO_2$

80 79번 해설 참조

81 73번 해설 참조

82 주정 발효 시
- 당화작용이 필요한 원료 : 섬유소, 곡류, 고구마·감자 전분
- 당화작용이 필요 없는 원료 : 당밀, 사탕수수, 사탕무

83 82번 해설 참조

84 산당화법

장점	• 당화시간이 짧다. • 대규모 처리에 용이하다. • 당화액이 투명하다. • 증류가 편리하다.
단점	• 산에 의한 장치의 손상이 심하다. • 알코올 수득률은 효소당화법에 비해 현저히 낮다.

※주로 목재 등의 섬유질 원료의 당화에 이용된다.

85 알코올 발효법

① 고체국법(피국법, 밀기울 코지법)
- 고체상의 코지를 효소제로 사용
- 밀기울과 왕겨 6:4로 혼합한 것에 국균(*Asp. oryza*, *Asp. shirousami*) 번식시켜 국 제조
- 잡균 존재(국으로부터 유래) 때문 왕성하게 단시간에 발효

② 액체국법
- 액체상의 국을 효소제로 사용
- 액체배지에 국균(*A. awamori*, *A. niger*, *A. usami*)을 번식시켜 국 제조
- 밀폐된 배양조에서 배양하여 무균적 조작 가능, 피국법보다 능력 감소

③ amylo법
- koji를 따로 만들지 않고 발효조에서 전분 원료에 곰팡이를 접종하여 번식시킨 후 효모를 접종하여 당화와 발효가 병행해서 진행

④ amylo 술밑·koji 절충법
- 주모의 제조를 위해서는 amylo법, 발효를 위해서는 국법으로 전분질 원료를 당화
- 주모 배양 시 잡균오염 감소, 발효속도 양호, 알코올 농도 증가
- 현재 가장 진보된 알코올 발효법으로 규모가 큰 생산에 적합

86 85번 해설 참조

87 85번 해설 참조

88 85번 해설 참조

정답				
	79 ③	80 ②	81 ③	82 ③
	83 ①	84 ④	85 ③	86 ②
	87 ④	88 ④		

89 현재의 주정 제조방법을 이용 시 원료로서 적합하지 않은 것은?

① 당밀 ② 고구마 전분
③ 자일란(xylan) ④ 타피오카 전분

90 알코올 발효에 있어서 전분 증자액에 균을 배양하여 당화와 알코올 발효가 동시에 일어나게 하는 방법은?

① 액국코지법 ② amylo법
③ 밀기울 코지법 ④ 당밀의 발효

91 다음 주정공업에서 이용되는 아밀로법의 장점을 열거한 것 중 잘못된 것은?

① 코지(koji)를 만드는 설비와 노력이 필요 없다.
② 밀폐발효이므로 발효율이 높다.
③ 대량 사입이 편리하여 공업화에 용이하다.
④ 당화에 소요되는 시간이 짧다.

92 당밀 원료에서 주정을 제조하는 일반적인 과정으로 옳은 것은?

① 원료 → 희석 → 살균 → 당화 → 효모접종 → 발효 → 증류
② 원료 → 희석 → 살균 → 효모접종 → 발효 → 증류
③ 원료 → 증자 → 살균 → 효모접종 → 발효 → 증류
④ 원료 → 증자 → 살균 → 당화 → 효모접종 → 발효 → 증류

93 당밀의 알코올 발효 시 밀폐식 발효의 장점이 아닌 것은?

① 잡균오염이 적다.
② 소량의 효모로 발효가 가능하다.
③ 운전경비가 적게 든다.
④ 개방식 발효보다 수율이 높다.

94 당밀을 원료로 한 주정 제조 시 고농도의 알코올 발효에 가장 적합한 균은?

① *Saccharomyces robustus*
② *Saccharomyces formosensis*
③ *Saccharomyces ellipsoideus*
④ *Saccharomyces cerevisisae*

95 당밀을 원료로 알코올 발효를 하고자 할 때 당의 농도를 몇 Brix가 되도록 희석하는 것이 가장 적절한가?

① 14~16Brix ② 17~19Brix
③ 20~22Brix ④ 23~25Brix

96 입국의 역할이라고 볼 수 없는 것은?

① 주정 생성 ② 전분질의 당화
③ 향미 부여 ④ 술덧의 오염방지

97 주류 발효 시, 발효를 순조로이 진행시키기 위하여 건전한 효모 균체를 많이 번식시킨 것을 무엇이라고 하는가?

① 국(麴) ② 주모(酒母)
③ 덧 ④ 맥아(麥牙)

89 알코올 발효의 기질

- 3탄당, 6탄당, 9탄당이 직접 발효할 수 있으며 특히 6탄당인 D-glucose, D-fructose, D-mannose, D-galactose의 4종류는 자연계에 널리 분포하며 양호한 기질이므로 특히 발효성당이라 한다.
- maltose, sucrose도 잘 발효되지만 이들은 가수분해하여 단당으로 되어 이용된다.
- 전분, 섬유질은 직접 발효되지 않으므로 가수분해하여야 한다. 공업적으로 사용되는 원료는 쌀, 보리, 밀, 감자, 고구마, 타피오카 등의 전분질 및 폐당밀, 목재당화액 등이 이용된다.

※자일란(xylan)은 D-xylose가 주성분이며 D-xylose는 알코올 발효의 기질로 이용되지 않는다.

90 85번 해설 참조

91 amylo법의 장단점

장점	• 순수 밀폐 발효이므로 발효율이 높다. • 코지(koji)를 만드는 장소와 노력이 전혀 필요 없다. • 다량의 담금이라도 소량의 종균으로 가능하므로 담금을 대량으로 하여 대공업화 할 수 있다. • koji를 쓰지 않으므로 잡균의 침입이 없다.
단점	• 당화에 비교적 장시간 걸린다. • 곰팡이를 직접 술덧에 접종하므로 술덧의 점도가 관계된다. • 점도를 낮추면 결국 담금 농도는 묽어진다.

92 당밀 원료에서 주정 제조

- 단발효주를 만든 후 증류하는 것이다.
- 일반적인 제조과정은 원료(당밀) → 희석 →발효조성제 → 살균 → 효모접종 → 발효 → 증류 → 제품 순이다.
- 당화과정이 필요 없다.

93 당밀의 알코올 발효 시 밀폐식 발효

- 술밑과 술덧이 전부 밀폐조 안에서 행하므로 살균이 완전하게 된다.
- 잡균이 침입할 우려가 없다.
- 주정의 누출도 적기 때문에 수득량은 개방식보다 많다.
- 첨가하는 효모균의 양도 훨씬 적어도 된다.

94 주정 제조에 널리 이용되고 있는 효모

- 전분질 원료인 경우 glucose, maltose의 발효력이 강한 *S. cerevisiae*를 사용한다.
- 당밀 원료인 경우 *S. formosensis* 및 *S. robustus*를 사용한다.
- 고농도의 알코올 발효에는 *S. robustus*가 가장 적합하다.

95 당밀의 희석

- 당밀을 사용 전에 발효하기에 적당한 농도까지 희석하여야 한다.
- 75~80°Brix, 비중 1.4(Bé 36~42°)의 것을 먼저 60°Brix 내외로 희석하며 계속하여 냉수로 소정의 Brix로 한다.
- 대개 발효에 사용하는 농도는 20°Brix이며, 녹말로 10~12% 내외이다.

96 입국(koji)의 중요한 세 가지 역할

- 전분질의 당화, 향미 부여, 술덧의 오염방지 등이다.

97 주모(술밑)

- 주류 발효 시 효모 균체를 건전하게 대량 배양시켜 발효에 첨가하여 안전한 발효를 유도시키기 위한 물료이다.
- 주모에는 다량의 산이 존재하므로 유해균의 침입, 증식을 방지시킬 수 있는 특징이 있다.

정답				
	89 ③	90 ②	91 ④	92 ②
	93 ③	94 ①	95 ③	96 ①
	97 ②			

문제

98 주정 발효 시 술밑의 젖산균으로 사용하는 것은?

① *Lactobacillus casei*
② *Lactobacillus delbrueckii*
③ *Lactobacillus bulgaricus*
④ *Lactobacillus plantarum*

99 효모에 의한 알코올 발효의 반응식과 조건이 아래와 같을 때 포도당 1kg으로부터 생산되는 알코올의 양은?

- $C_6H_{12}O_6 \rightarrow 2C_2H_5OH + 2CO_2$
- 발효과정에서 효모의 생육 등으로 알코올이 소비되어 실제 수득률은 95%이다.

① 약 440g ② 약 460g
③ 약 486g ④ 약 511g

100 술덧의 전분 함량 16%에서 얻을 수 있는 탁주의 알코올 도수는?

① 약 8도 ② 약 20도
③ 약 30도 ④ 약 40도

101 절간(切干)고구마로 사입한 주정 숙성 술덧(amylo) 증류 중에서 분리된 퓨젤유(fusel oil)의 주성분이라고 할 만큼 가장 많이 함유된 성분은?

① 에틸알코올(ethyl alcohol)
② 프로필알코올(n-propyl alcohol)
③ 이소부틸알코올(isobutyl alcohol)
④ 이소아밀알코올(isoamyl alcohol)

102 fusel oil의 고급알코올은 무엇으로부터 생성되는가?

① 포도당 ② 에틸알코올
③ 아미노산 ④ 지방

103 퓨젤유(fusel oil)를 분리하기 위하여 사용하는 원리 또는 방법은?

① 증류와 비중 ② 증류와 염석
③ 비중과 염석 ④ 침전과 추출

104 주정 발효 시 술덧에 존재하는 성분으로 불순물인 fusel oil의 성분이 아닌 것은?

① methyl alcohol
② n-propyl alcohol
③ isobutyl alcohol
④ isoamyl alcohol

105 당밀 원료로 주정을 제조할 때의 발효법인 Hildebrandt-Erb법(two-stage method)의 특징이 아닌 것은?

① 효모 증식에 소모되는 당의 양을 줄인다.
② 폐액의 BOD를 저하시킨다.
③ 효모의 회수비용이 절약된다.
④ 주정 농도가 가장 높은 술덧을 얻을 수 있다.

98 주정 발효 시 술밑 제조

- 국법에서는 잡균오염을 억제하고 안전하게 효모를 배양하기 위해서 증자술덧은 먼저 젖산 술밑조로 옮겨서 55~60℃에서 밀기울 코지를 첨가한다.
- 48℃에서 젖산균(*Lactobacillus delbrueckii*)을 이식하여 45~48℃에서 16~20시간 당화와 동시에 젖산발효를 시킨다.
- pH 3.6~3.8이 되면 90~100℃에서 30~60분 가열살균한 다음 30~33℃까지 냉각하여 효모균을 첨가하여 술밑을 배양한다.

99 Gay Lusacc식에 의하면

- 이론적으로는 glucose로부터 51.1%의 알코올이 생성된다.
- $C_6H_{12}O_6 \longrightarrow 2C_2H_5OH + 2CO_2$의 식에서 이론적인 ethanol 수득률이 51.1%이므로, $1000 \times 51.1/100 = 511$g이다.
- 실제 수득률이 95%이므로 알코올 생산량은 $511 \times 0.95 = 486$g이다.

100 99번 해설 참조

- 전분 함량 16%에서 얻을 수 있는 탁주의 알코올 도수는 $16 \times 51.1/100 = 8.2\%$, 약 8%이다.

101 퓨젤유(fusel oil)

- 알코올 발효의 부산물인 고급알코올의 혼합물이다.
- 불순물인 fusel oil은 술덧 중에 0.5~1.0% 정도 함유되어 있다.
- 주된 성분은 n-propyl alcohol(1~2%), isobutyl alcohol(10%), isoamyl alcohol(45%), active amyl alcohol(5%)이며 미량 성분으로 고급지방산의 ester, furfural, pyridine 등의 amine, 지방산 등이 함유되어 있다.
- 이들 fusel oil의 고급알코올은 아미노산으로부터 알코올 발효 시의 효모에 의한 탈아미노기 반응과 동시에 탈카르복시 반응에 의해서 생성되는 aldehyde가 환원되어 생성된다.

102 101번 해설 참조

103 퓨젤유의 분리

- 연속식 증류 방법을 사용한다.
- 알코올, 고급알코올(fusel oil), 알데히드류, 에스테르류, 물 등을 각각 다른 비등점, 증기의 비중을 이용하여 분단적으로 증기를 모아 별도로 응축시켜 얻어낸다.

104 101번 해설 참조

105 당밀의 특수 발효법

① Urises de Melle법(Reuse법)
- 발효가 끝난 후 효모를 분리하여 다음 발효에 재사용하는 방법이다.
- 고농도 담금이 가능하다.
- 당 소비가 절감된다.
- 원심분리로 잡균 제거에 용이하다.
- 폐액의 60%를 재이용한다.

② Hildebrandt-Erb법(two stage법)
- 증류폐액에 효모를 배양하여 필요한 효모를 얻는 방법이다.
- 효모의 증식에 소비되는 발효성 당의 손실을 방지한다.
- 폐액의 BOD를 저하시킬 수 있다.

③ 고농도 술덧 발효법
- 원료의 담금 농도를 높인다.
- 주정 농도가 높은 숙성 술덧을 얻는다.
- 증류할 때 많은 열량이 절약된다.
- 동일 생산 비율에 대하여 장치가 적어도 된다.

④ 연속 발효법
- 술덧의 담금, 살균 등의 작업이 생략되므로 발효경과가 단축된다.
- 발효가 균일하게 진행된다.
- 장치의 기계적 제어가 용이하다.

정답				
	98 ②	99 ③	100 ①	101 ④
	102 ③	103 ①	104 ①	105 ④

문제

106 **two stage법의 설명으로 옳은 것은?**

① 고농도 담금이 가능하다.
② 체액의 60% 당밀희석에 이용된다.
③ 증류 시 가수분해된 당분으로 효모를 번식시킨다.
④ 폐액환원이 가능하다.

107 **당밀을 원료로 하여 주정 발효 시 이론 주정수율의 90%를 넘지 못한다. 이와 같은 원인은 효모균체 증식에 소비되는 발효성 당이 2~3% 소비되기 때문이다. 이와 같은 발효성 당의 소비를 절약하는 방법으로 고안된 것은?**

① Urises de Melle법
② Hildebrandt-Erb법
③ 고농도 술덧 발효법
④ 연속유동 발효법

108 **알코올 10% 수용액을 가열냉각하여 51%의 알코올이 생성되었다. 이때 증발계수는?**

① 5.1　② 6.1
③ 7.1　④ 8.1

109 **알코올 증류에 대한 설명으로 틀린 것은?**

① 공비(共沸) 혼합물의 알코올 농도는 97.2%(V/V) 또는 96%(W/W)이다.
② 공비점 78.15℃에서는 용액의 조성과 증기의 조성이 일치한다.
③ 99%의 알코올을 끓이면 이때 발생하는 증기의 농도는 낮아진다.
④ 공비 혼합물을 만드는 용액에서는 분류에 의해서 성분을 완전히 분리할 수 있다.

110 **주정 생산 시 주요 공정인 증류에 있어 공비점(K점)에 관한 설명으로 옳은 것은?**

① 공비점에서의 알코올 농도는 95.5%(v/v), 물의 농도는 4.5%이다.
② 공비점 이상의 알코올 농도는 어떤 방법으로도 만들 수 없다.
③ 99%의 알코올을 끓이면 발생하는 증기의 농도가 높아진다.
④ 공비점이란 술덧의 비등점과 응축점이 78.15℃로 일치하는 지점이다.

111 **알코올 증류에서 공비점(K점)에 대한 설명으로 틀린 것은?**

① 알코올 농도는 97.2%이다.
② 99% 알코올을 비등 냉각하면 알코올 농도는 더욱 높아진다.
③ 97.2%의 알코올 용액을 비등 냉각해도 알코올 농도는 불변이다.
④ 공비점의 혼합물을 공비혼합물이라 한다.

112 **주정 제조 시 정류계수가 1보다 작은 경우 증류액의 품질은?**

① 원액보다 불순물이 적다.
② 원액보다 불순물이 많다.
③ 원액과 불순물의 양이 같다.
④ 증류액에 불순물이 존재하지 않는다.

106 Hilderbrandt-Erb(two stage)법

- 원리 : 발효액을 증류 시 비발효성 물질의 가수분해로 생긴 당분에 효모를 증식시키면 효모배양에 필요한 당소비가 절감된다.
- 장점 : 효모 증식에 필요한 당 소비를 절약하고, 폐액의 BOD를 저하시킨다(공해방지).

107 105번 해설 참조

108 증발계수(ka)

- ka = a/A
  A: 원액 중의 알코올 %,
  a: 증기 중의 알코올 %
- ka = 51/10 = 5.1

109 공비점

- 알코올 농도는 97.2%, 물의 농도는 2.8%이다.
- 비등점과 응축점이 모두 78.15℃로 일치하는 지점이다.
- 이 이상 가열하여 끓이더라도 농도는 높아지지 않는다.
- 99%의 알코올을 끓이면 이때 발생하는 증기의 농도는 오히려 낮아진다.
- 97.2v/v% 이상의 것은 얻을 수 없으며 이 이상 농도를 높이려면 특별한 탈수법으로 한다.

110 109번 해설 참조

111 109번 해설 참조

112 주정 제조 시 정류계수

- 정류계수가 (Kn/Ka)=1이면 불순물을 어느 정도 함유한 주정액을 비등시켜도 증기 중의 불순물과 주정과의 비는 불변이다.
- (Kn/Ka) ＞ 1이면, 유액이 원액보다 불순물이 많다.
- (Kn/Ka) ＜ 1이면, 유액이 원액보다 불순물이 적다.

정답				
	106 ③	107 ①	108 ①	109 ④
	110 ④	111 ②	112 ①	

113 영양요구성 변이주를 이용하여 아미노산을 생성하는 이유는?

① 목적으로 하는 아미노산을 다량 축적하기 때문에
② 여러 아미노산을 동시에 생성하기 때문에
③ 어떤 원료에서든지 잘 생성하기 때문에
④ 요구하는 영양만 주면 발효가 잘되기 때문에

114 일반적으로 아미노산의 발효 생산과 관계가 가장 적은 것은?

① 야생주를 이용하는 방법
② 영양요구 변이주를 이용하는 방법
③ 전구물질 첨가법
④ 활성오니법

115 미생물의 1단계 효소 반응에 의해 아미노산을 만드는 방법은?

① 야생주에 의한 방법
② 영양요구주에 의한 방법
③ analog 내성 변이주에 의한 방법
④ 효소법에 의한 방법

116 다음 중 미생물 발효로 생산하는 아미노산이 아닌 것은?

① L-cystine ② L-arginine
③ L-valine ④ L-tryptophan

117 다음 중 미생물 직접발효법으로 생산하는 아미노산이 아닌 것은?

① L-cystine ② L-glutamic acid
③ L-valine ④ L-tryptophan

118 라이신(lysine) 발효 시 대량 생성, 축적을 위해 영양요구성 변이주에 첨가하는 물질은?

① arginine ② isoleucine
③ homoserine ④ phenylalanine

119 라이신(lysine) 직접 발효 시 변이주를 이용하는 경우 변이주가 아닌 것은?

① 영양요구성 변이주
② threonine, methionine 감수성 변이주
③ lysine analog 내성 변이주
④ biotin 요구주

120 *Corynebacterium glutamicum*의 homo serine 영양요구주에 의해 주로 공업적으로 생산되는 아미노산은?

① 라이신(lycine)
② 글리신(glycine)
③ 메티오닌(methionine)
④ 글루탐산(glutamic acid)

121 homoserine 영양요구 변이주를 사용하는 발효는?

① glutamic acid 발효
② valine 발효
③ lysine 발효
④ arginine 발효

113 **영양요구성 변이주에 의한 발효법으로 아미노산을 생성하는 경우**

- L-lysine, L-threonine, L-valine, L-tyrosine 등의 아미노산은 야생주에 단순히 적당한 영양요구성 만을 부여함으로써 아미노산을 대량 축적할 수 있다.

114 **미생물을 이용한 아미노산 제조법**

- 야생주에 의한 발효법 : glutamic acid, L-alanine, valine
- 영양요구성 변이주에 의한 발효법 : L-lysine, L-threonine, L-valine, L-ornithine, L-citrulline
- analog 내성 변이주에 의한 발효법 : L-arginine, L-histidine, L-tryptophan
- 전구체 첨가에 의한 발효법 : glycine → L-serine, D-threoine → isoleucine
- 효소법에 의한 아미노산의 생산 : L-alanine, L-aspartic acid

115 **114번 해설 참조**

116 **114번 해설 참조**

117 **114번 해설 참조**

118 **라이신(lycine) 발효**

- glutamic acid 생산균인 *Corynebacterium glutamicum*에 자외선과 Co^{60} 조사에 의하여 영양요구변이주를 만들어 생산한다.
- 이들 변이주는 biotin을 충분히 첨가하고 소량의 homoserine 또는 threonine+methionine을 첨가하여 대량의 lysine을 생성·축적하게 된다.

119 **lysine 직접 발효 시 변이주 이용**

- 탄소원과 질소원을 함유하는 배지에서 1가지 균주를 배양하여 lysine을 직접 생성하고, 축적하는 방법에 사용하는 변이주에는 3종류가 있다.
  - 영양요구성 변이주(homoserine 요구성 변이주, threonine+methionine 요구성 변이주)
  - threonine, methionine 감수성 변이주
  - lysine analog 내성 변이주

120 **118번 해설 참조**

121 **118번 해설 참조**

정답				
	113 ①	114 ④	115 ④	116 ①
	117 ①	118 ③	119 ④	120 ①
	121 ③			

문제

122 ***Brevibacterium flavum*의 homoserine 영양요구 변이주에 의한 lysine 발효에 해당되지 않는 것은?**

① 외부에서 첨가한 소량의 homoserine 양에 상당하는 threonine 밖에 생합성되지 않는다.
② lysine이 아무리 다량 축적되어도 저해작용이 성립되지 않는다.
③ biotin 첨가량이 충분하여야 한다.
④ lysine과 threonine의 공존에 의해서는 저해작용이 성립되지 않는다.

123 다음의 물질 중 mono sodium glutamate의 발효배지에 사용되는 것만 열거한 것은?

ⓐ glucose	ⓑ ammonia	ⓒ acetate
ⓓ nitrate	ⓔ $MgSO_4$	ⓕ biotin

① ⓐ, ⓑ, ⓓ, ⓕ　② ⓐ, ⓑ, ⓒ, ⓓ
③ ⓐ, ⓑ, ⓔ, ⓕ　④ ⓐ, ⓓ, ⓔ, ⓕ

124 glutamic acid 발효 생산균의 특징이 아닌 것은?

① 그람양성이다.
② 운동성이 있다.
③ biotin 요구성이다.
④ 포자를 형성하지 않는다.

125 glutamic acid를 발효하는 균의 공통된 특징으로 적절한 것은?

① 혐기성이다.
② 포자형성균이다.
③ 생육인자로 biotin을 요구한다.
④ 운동성이 있다.

126 글루탐산(glutamic acid) 발효생산을 위해 사용되는 균주는?

① *Saccharomyces cerevisiae*
② *Bacillus subtilis*
③ *Brevibacterium flavum*
④ *Escherichia coli*

127 일반적으로 글루탐산 발효에서 비오틴(biotin)과의 관계를 가장 바르게 설명한 것은?

① biotin이 없는 배지에서 글루탐산의 생성이 최고이다.
② biotin 과량의 배지에서 글루탐산의 생성이 최고이다.
③ biotin이 미생물이 생육할 수 있는 정도의 제한된 배지에서 글루탐산의 생성이 최고이다.
④ biotin의 농도는 글루탐산 생산과 관계가 없다.

128 비오틴(biotin) 과잉배지에서 glutamic acid 발효 시 첨가해주는 물질은 무엇인가?

① 비타민(vitamin) B_{12}
② 티아민(thiamin)
③ 페니실린(penicillin)
④ 비타민(vitamin) C

해설

122 119번 해설 참조

123 mono sodium glutamate의 발효

- 가장 대표적인 glutamic acid 생산균은 *Corynebacterium glutamicum*이다.
- 기초배지 조성은 glucose 10%, K_2HPO_4 0.05%, KH_2PO_4 0.05%, $MgSO_4$ 0.025%, $FeSO_4$ 0.001%, $MnSO_4$ 0.0001%, 요소 0.5% 등이고, 30℃에서 72시간 진탕배양한다.
- 배양균의 증식을 위한 외적 환경조건
  - 산소 농도가 적당한 양일 것
  - 암모니아 농도가 적당한 양일 것
  - pH가 중성으로부터 미알칼리성일 것
  - citiric acid의 농도가 적당량일 것
  - biotin의 농도가 생육 최저농도일 것

124 글루탐산을 생산하는 균주의 공통적 성질

- 호기성이다.
- 균의 형태는 구형, 타원형 단간균이다.
- 운동성이 없다.
- 포자를 형성하지 않는다.
- 그람양성균이고 catalase 양성이다.
- 생육인자로서 비오틴을 요구한다.

125 124번 해설 참조

126 글루탐산 발효에 사용되는 균주

- *Corynebacterium glutamicum*(*Micrococcus glutamicus*), *Brevibacterium flavum*, *Brev. divaricatum*, *Brev. lactofermentum*, *Microbacterium ammoniaphilum* 등이 있다.

127 글루탐산 발효에서 biotin과의 관계

- biotin의 최적량 조건 하에서 글루탐산의 정상 발효가 이루어진다.
- 배지 중의 biotin 농도는 0.5~2.0r/L가 적당하나, 이보다 많으면 균체만 왕성하게 증가되어 젖산만 축적하고 glutamic acid는 생성되지 않는다.

128 glutamic acid 발효 시 penicillin 첨가

- 비오틴 과잉 함유배지에서 배양 도중에 페니실린을 첨가하여 대량의 glutamic acid의 발효생산이 가능하다.
- penicillin의 첨가 효과를 충분히 발휘하기 위해서는 첨가시기(약 6시간 배양 후)와 적당량(배지 1ml당 1~5IU)을 첨가하는 것이 중요하다.

정답				
	122 ④	123 ③	124 ②	125 ③
	126 ③	127 ③	128 ③	

문제

129 비오틴(biotin) 함량이 과량인 배지를 사용하여 *Corynebacterium glutamicum*으로 글루탐산(glutamic acid)을 발효시키려 할 때 맞는 것은?

① 발효 도중에 페니실린(penicillin)을 배지에 첨가한다.
② 발효가 끝난 다음 페니실린(penicillin)을 배지에 가한다.
③ 비오틴 함량이 과량 포함된 배지를 그대로 사용할 수 있다.
④ 비오틴 함량은 글루탐산 발효에 아무런 영향을 미치지 않는다.

130 glutamic acid 발효 시 penicillin을 첨가하는 주된 이유는?

① 잡균의 오염 방지를 위하여
② 원료당의 흡수를 증가시키기 위하여
③ 당으로부터 glutamic acid 생합성 경로에 있는 효소반응을 촉진시키기 위하여
④ 균체 내에 생합성된 glutamic acid를 균체 외로 투과하는 막투과성을 높이기 위하여

131 glutamic acid 발효가 끝난 다음 발효액으로부터 glutamic acid를 회수하려고 한다. 이때 여러 가지 방법이 있으나 이온교환수지를 사용하여 glutamic acid를 흡착하려고 하면 다음의 어떠한 수지를 사용하겠는가?

① 약산성 cation 교환수지
② 강산성 cation 교환수지
③ 강염기성 anion 교환수지
④ 활성탄

132 *Corynebacterium glutamicum*을 사용하여 glutamic acid를 발효시킬 때 틀린 것은?

① NH_3가 배지 중에 있어야 하고 호기조건하에서 행한다.
② 비오틴(biotin)이 미량 배지 중에 있어야 한다.
③ 비오틴(biotin)이 과량 포함되어 있어야 한다.
④ 주로 EMP 경로를 거치나 일부는 HMP 경로를 거친다.

133 핵산 관련물질의 정미성(呈味性)에 관한 내용 중 틀린 것은?

① ribose의 5′ 위치에 인산기가 붙는다.
② mononucleotide에 정미성이 있다.
③ 정미성은 pyrimidine계의 것에는 있으나, purine계의 것에는 없다.
④ nucleotide의 당은 deoxyribose, ribose이다.

134 정미성 핵산의 제조방법이 아닌 것은?

① RNA분해법
② DNA분해법
③ 생화학적 변이주를 이용하는 방법
④ purine nucleotice 합성의 중간체를 축적시켜 화학적으로 합성하는 방법

135 미생물 균체를 이용한 정미성 핵산물질을 얻는 데 가장 유리한 미생물은?

① 효모　② 세균
③ 방선균　④ 곰팡이

129 128번 해설 참조

130 glutamic acid 발효 시 penicillin의 역할

- biotin 과잉의 배지에서는 glutamic acid를 균체 외에 분비, 축적하는 능력이 낮아 균체 내의 glutamic acid가 많아지게 된다. 이의 큰 원인은 세포막의 투과성이 나빠지므로 합성된 glutamic acid가 세포 내에 자연히 축적되는 것이다.
- penicillin을 첨가하면 세포벽의 투과성이 변화를 받아(투과성이 높아져) glutamic acid가 세포 외로 분비가 촉진되어 체외로 glutamic acid가 촉진된다.

131 glutamic acid의 회수 방법

- 농축된 발효액으로부터 glutamic acid를 등전점에서 석출시키는 방법
- glutamic acid를 염산염으로 분리하는 방법
- 이온교환수지에 흡착시켜 용출하는 방법(강염기성 음이온 교환수지)
- glutamic acid를 난용성의 금속염으로써 분리하는 방법
- 이외에 유기용매에 의한 추출법, 전해투석법 등이 있다.

132 glutamic acid 생산균주

- 생육인자로서 biotin을 요구한다.
- glutamic acid 축적의 최적 biotin량은 생육 최적요구량(약 10~25r/L)보다 1/10 정도인 0.5~2.0r/L가 적당하나 이보다 많으면 균체만 왕성하게 증가되어 젖산만 축적하고 glutamic acid는 생성되지 않는다.

133 핵산 관련물질이 정미성을 갖기 위한 화학구조

- 고분자 nucleotide, nucleoside 및 염기 중에서 mononucleotide만 정미성분을 가진다.
- purine계 염기만이 정미성이 있고, pyrimidine계는 정미성이 없다.
- 당은 ribose나 deoxyribose에 관계없이 정미성을 가진다.
- ribose의 5′의 위치에 인산기가 있어야 정미성이 있다.
- purine 염기의 6의 위치 탄소에 −OH가 있어야 정미성이 있다.

134 정미성 핵산의 제조방법

- RNA를 미생물 효소 또는 화학적으로 분해하는 방법(RNA 분해법)
- purine nucleotide 합성의 중간체를 배양액 중에 축적시킨 다음 화학적으로 nucleotide를 합성하는 방법(발효와 합성의 결합법)
- 생화학적 변이주를 이용하여 당으로부터 직접 정미성 nucleotide를 생산하는 방법(*de novo* 합성)

135 정미성 핵산물질을 획득하기 가장 적당한 미생물 균체

- RNA는 모든 생물에 널리 존재하지만 RNA의 공업적 원료로서는 미생물 중에서도 효모균체 RNA가 이용되고 있다.
- RNA 원료로서 효모가 가장 적당하다는 것은 RNA의 함량이 비교적 높고 DNA가 RNA에 비해서 적으며 균체의 분리, 회수가 용이할 뿐 아니라 아황산펄프폐액, 당밀, 석유계 물질 등 값싼 탄소원을 이용할 수 있다는 등의 이유 때문이다.

정답				
	129 ①	130 ④	131 ③	132 ③
	133 ③	134 ②	135 ①	

문제

136 nucleotide의 화학구조와 정미성을 나타낸 것 중 맞는 것은?

① ribose의 3′ 위치에 인산기를 가진다.
② ribose의 5′ 위치에 인산기를 가진다.
③ 염기가 pyrimidine계의 것이어야 한다.
④ trinucleotide에만 정미성이 있다.

137 정미성이 없는 nucleotide는?

① 5′－deoxyguanylic acid
② 5′－deoxyadenylic acid
③ 5′－deoxyinosinic acid
④ 5′－deoxyxanthylic acid

138 핵산 분해법에 의한 5′－nucleotides의 생산에 주원료로 쓰이지 않는 것은 무엇인가?

① ribonucleic acid
② deoxyribonucleic acid
③ 효모균제 중 핵산
④ guanylic acid

139 우리나라에서는 5′－nucleotide를 만들 때 효소 분해법과 직접 발효법을 사용하고 있다. IMP의 직접 발효법과 관련성이 없는 것은?

① *Brevibacterium ammoniagenes*의 adenine 등의 요구변이주를 사용한다.
② 균체가 생육하면서 hypoxanthine을 생합성하고 다시 5′－IMP로 생합성된다.
③ *Bacillus subtilis*의 adenine 등 요구변이주를 사용하여 inosine을 만들고 $POCl_3$로 반응시켜 만든다.
④ 호기조건과 adenine을 첨가한 배지에서 발효시켜야 한다.

140 RNA 분해법으로 핵산 조미료를 생산할 때 원료 RNA를 얻는 미생물은?

① *Aspergillus niger* 등의 곰팡이
② *Bacillus subtilis* 등의 세균
③ *Candida utilis* 등의 효모
④ *Streptomyces griceus* 등의 방선균

141 *Brevibacterium ammoniagenes*를 변이시켜 adenine 요구균주를 분리하였다. adenine 요구균주의 성질에 대한 설명으로 틀린 것은?

① 완전배지에 잘 자란다.
② 최소배지에 adenine을 첨가한 배지에서 자란다.
③ 최소배지에 adenine을 첨가하거나 하지 않았거나 관계없이 자란다.
④ 최소배지에 adenine과 guanine을 첨가한 배지에서 자란다.

142 *Brevibacterium ammoniagenes*의 adenine 요구주에 의한 Inosine 5′－phosphate(IMP)의 직접발효생산에 해당되지 않는 것은?

① 배지 중에 adenine을 충분량 증가시키면 균의 생육량이 증가하면서 IMP의 양도 증가한다.
② Mn^{2+}량이 충분량 있으면 생육량은 증가하지만 IMP의 축적량은 감소한다.
③ Mn^{2+} 제한조건 하에서는 균이 이상형태로 변화하여 세포막 투과성이 좋아진다.
④ IMP 발효생산은 adenine과 Mn^{2+}의 첨가량을 제한하는 조건하에서 가능하다.

136 133번 해설 참조

137 정미성을 가지고 있는 nucleotide

- 5′-guanylic acid(guanosine-5′-monophosphate, 5′-GMP), 5′-inosinic acid(inosine-5′-monophosphate, 5′-IMP), 5′-xanthylic acid(xanthosine-5′-phosphate, 5′-XMP)이다.
- XMP < IMP < GMP의 순서로 정미성이 증가한다.

※5′-adenylic acid(adenosine-5′-phosphate, 5′-AMP)는 정미성이 없다.

138 핵산 분해법에 의한 5′-nucleotides의 생산에 주원료로 쓰이는 것은 ribonucleic acid, deoxyribonucleic acid, 효모균제 중 핵산 등이 있다.

140 RNA 분해법으로 핵산 조미료 생산

- RNA는 모든 생물에 널리 존재하지만 RNA의 공업적 원료로서는 미생물 중에서도 효모균체 RNA가 이용되고 있다.
- RNA 원료로서 효모(*Candida utilis*, *Hansenula anomala* 등)가 가장 적당하다는 것은 RNA의 함량이 비교적 높고 DNA가 RNA에 비해서 적으며 균체의 분리, 회수가 용이할 뿐 아니라 아황산펄프폐액, 당밀, 석유계 물질 등 값싼 탄소원을 이용할 수 있다는 등의 이유 때문이다.

141 adenine 요구균주의 성질

- 배지 중에 adenine을 과잉량 첨가하면 균의 생육은 촉진되나 IMP의 축적량은 크게 감소된다.
- IMP 생산을 위한 adenine 최적농도는 생육을 위한 농도보다 낮다.

142 141번 해설 참조

정답				
	136 ②	137 ②	138 ④	139 ③
	140 ③	141 ③	142 ①	

143 ***Streptomyces aureus*** **효소를 이용하여 5′-nucleotides를 만들 때, RNA를 분해시 sodium arsenate(SA)를 넣어 반응시키는 이유는?**

① SA는 효소반응의 활성제로 작용된다.
② SA는 5′-phoshodiesterase에만 특이하게 반응되어 활성화 된다.
③ SA는 phosphomonoesterase의 inhibitor로 작용되어 유리 인산의 생성을 저해한다.
④ SA는 AMP deaminase의 inhibitor로 작용한다.

144 **리보핵산의 3′,5′-phosphodiester 결합을 가수분해하여 정미물질을 만드는 효소는?**

① 3′-phosphoesterase
② 5′-phosphoesterase
③ 3′-phosphodiesterase
④ 5′-phosphodiesterase

145 **정미성 nucleotide가 아닌 것은?**

① GMP ② XMP
③ IMP ④ AMP

146 **IMP는 어떤 물질의 전구체인가?**

① guanosine과 adenosine
② uracil과 thymine
③ uridylic acid와 cytidylic acid
④ adenylic acid와 guanylic acid

147 **guanosine 5′- phosphate(5′-GMP)의 직접발효에 해당되지 않는 사항은?**

① 5′-XMP 생산균주와 5′-XMP를 5′-GMP로 전환시키는 균주를 혼합 배양한다.
② 배양전기에 5′- XMP를 충분히 생산시키고 후기에 전환균을 생육시키는 것이 중요하다.
③ 5′-XMP로부터 5′-GMP를 효율적으로 생성시키기 위하여 계면활성제의 첨가가 유효하다.
④ guanosine을 발효법으로 생산하고 이어서 guanosine을 합성 화학적으로 인산화한다.

148 **cyclic AMP의 생리적 기능으로 옳은 것은?**

① 조효소
② 핵산의 구성성분
③ 고(高)에너지 화합물
④ 호르몬 작용의 전달물질

149 **다음 대사산물의 회수방법 중 특히 항생물질 생산에 중요한 방법은?**

① 염석법 ② 침전법
③ 흡착법 ④ 추출법

150 **항생물질을 추출하는 방법이 아닌 것은?**

① 향류분배법 ② 용매추출법
③ 흡착제법 ④ 직접농축법

143 sodium arsenate를 첨가하는 이유

- *Streptomyces aureus*가 생성하는 효소로 RNA를 분해시켜 5′-nucleotides를 제조할 때 비산소다(sodium arsenate)를 첨가하여 반응시킨다.
- 이것은 *Streptomyces aureus*의 최적 pH는 8.2, 42℃에서 분해가 일어나며 최적농도로서 10mμ의 비산소다(sodium arsenate)의 첨가로 5′-nucleotidase(5′-phosphomonoesterase)를 억제할 수 있기 때문이다.

144 정미물질

- RNA는 nucleotide가 C3′와 C5′간의 phosphodiester 결합에 의해서 중합된 polynucleotide이다. 따라서 RNA를 가수분해하면 nucleotide를 얻을 수 있다.
- 핵산분해효소인 5′-phosphodiesterase 혹은 nuclease의 효소로 RNA를 분해하면 AMP, GMP, UMP, CMP가 생성된다.
- GMP는 직접 조미료(정미물질)로 사용되고, AMP는 deamination시켜 IMP를 얻어 조미료(정미물질)로 사용된다. UMP, CMP는 정미물질이 되지 못한다.

145 137번 해설 참조

146 IMP(inosine monophosphate)

- adenylic acid(AMP)와 guanylic acid(GMP)의 전구체이다.
- IMP로부터 AMP의 합성
  - aspartate의 amino group이 IMP에 결합하여 GTP가 GDP + Pi로 가수분해되면서 에너지를 공급하면 adenylosuccinate가 형성한다.
  - adenylosuccinate lyase가 adenylosuccinate로부터 fumarate를 제거하여 AMP을 합성한다.
- IMP로부터 GMP의 합성
  - IMP가 NAD reduction을 경유하면서 dehydrogenation, xanthosine monophosphate(XMP)을 형성한다.
  - XMP가 ATP 가수분해에 의해 진행되는 반응에서 glutamine amide nitrogen의 transfer에 의하여 GMP로 전환된다.

147 XMP를 중간체로 하는 5′-GMP의 직접발효

- *Brevibacterium ammoniagenes*의 5′-XMP 생산균주에서 유도된 5′-XMP 생산균주와 5′-XMP를 5′-GMP로 전환시키는 균주를 혼합 배양함으로써 당질과 암모니아로부터 직접 GMP를 축적시키는 발효방식이다.
- 혼합배양에 의해서 guanosine nucleotide를 효율적으로 생산하기 위해서는 배양전기에 5′- XMP를 충분히 생산시키고 후기에 전환균을 생육시키는 것이 중요하다.
- 또 XMP로부터 5′-GMP를 효율적으로 생성시키기 위하여 계면활성제의 첨가가 효과적이며 계면활성제를 첨가하면 XMP는 급격히 감소되면서 GMP, GDP, GTP를 축적하게 된다.

148 cyclic AMP의 생리적 기능

- 2차 신호전달자로서 세포막을 통과할 수 없는 에피네프린이나 글루카곤 등의 신호를 세포 내로 전달하는 역할을 한다.

149 대사산물의 회수방법

- 침전법 : glutamic acid 등의 등전점 침전
- 염석법 : 효소 등의 고분자 단백질이나 peptide류에 거의 한정
- 용매추출법 : 항생물질의 정제에 있어서 극히 중요한 방법
- 흡착법 : streptomycin의 정제이며 항생물질 이외에도 아미노산, 핵산관련물질, 효소, 유기산 분리

150 항생물질을 추출하는 방법

- 용매추출법, 흡착제법, 침전법, 직접농축법 등이 있다.

정답				
정답	143 ③	144 ④	145 ④	146 ④
	147 ④	148 ④	149 ④	150 ①

151 **발효에 관여하는 미생물에 대한 설명 중 옳지 않은 것은?**

① 글루타민산 발효에 관여하는 미생물은 주로 세균이다.
② 당질을 원료로 한 구연산 발효에는 주로 곰팡이를 이용한다.
③ 항생물질(streptomycin)의 발효 생산은 주로 곰팡이를 이용한다.
④ 초산 발효에 관여하는 미생물은 주로 세균이다.

152 **다음 중 리보솜의 A부위를 차단시켜 aminoacyl-t-RNA와 결합을 방해하고 단백질 합성을 저해하는 항생물질은 무엇인가?**

① rifampicin ② tetracycline
③ puromycin ④ streptomycin

153 **세포벽 합성(cell wall synthesis)에 영향을 주는 항생물질은?**

① streptomycin ② oxytetracycline
③ mitomycin ④ penicillin G

154 **항생물질인 페니실린의 세포 내 작용기작으로 옳은 것은?**

① 영양물질 수송에 관여하는 세포막 합성 저해
② 세포벽, 세포질에 존재하는 지질(lipid) 생합성 저해
③ 세포벽 합성과정 중의 transpeptidation 저해
④ 리보솜에 작용하여 단백질 합성 저해

155 **다음 중 β-lactam 계열의 항생물질인 것은?**

① penicillin
② tetracycline
③ chloramphenicol
④ kanamycin

156 **세균의 단백질 합성에서 항생물질과 단백질 저해작용을 올바르게 연결한 것은?**

① chloramphenicol : 30S 리보솜 구성단위로 결합하여 aminoacyl-tRNA와의 결합을 저해
② sterptomycin : 단백질 합성 개시단계를 저해
③ tetracycline : 50S 리보솜 구성단위의 peptidyl transferase를 저해
④ erythromycin : 미완성 polypeptide chain을 종료하도록 유도

157 **다음 미생물 중 비타민 B_2의 생산균주는?**

① *Pseudomonas denitrificans*
② *Propionibacterium freudenreichii*
③ *Ashbya gossypii*
④ *Blakeslea trispora*

158 **리보플라빈(riboflavin)의 생산과 관계가 있는 주요 균은?**

① *Mucor mucedo*
② *Rhizopus tonkinensis*
③ *Ashbya gossypii*
④ *Lactobacillus delbrueckii*

151 스트렙토마이신(streptomycin)

- 당을 전구체로 하는 항생물질의 대표적인 것이다.
- 그 생합성은 방선균인 *Streptomyces griceus*에 의해 D-glucose로부터 중간체로서 myoinositol을 거쳐 생합성된다.

152 tetracycline 항생제

- ribosome의 A부위를 차단시켜 aminoacyl-t-RNA와 결합하지 못 하도록 하기 때문에 단백질의 합성을 저해시킨다.

153 벤질페니실린(페니실린G)

- 산에 불안정하여 위를 통과하면서 대부분 분해되므로 충분한 약효를 얻기 위해서는 근육 내 주사로 투여해야 한다.
- 일부 반합성 페니실린은 산에 안정하기 때문에 경구 투여할 수 있다.
- 모든 페니실린류는 세균의 세포벽 합성을 담당하고 있는 효소의 작용을 방해하고 또한 유기체의 방어벽을 부수는 다른 효소를 활성화시키는 방법으로 그 효과를 나타낸다. 그러므로 이들은 세포벽이 없는 미생물에 대해서는 효과가 없다.

154 penicillin, cephalosporin C의 주된 항균 작용기작

- peptidoglycan 생합성의 최종 과정인 transpeptiase를 저해하여 그 가교 형성(cross-link)을 비가역적으로 저해한다.
- 이 저해의 이유는 이들의 구조가 peptidoglycan의 D-Ala-D-Ala 말단과 유사하므로 기질 대신에 이들 항생물질이 효소의 활성 중심과 결합하기 때문이다.

155 페니실린(penicillins)

- 베타-락탐(β-lactame)계 항생제로서, 보통 그람 양성균에 의한 감염의 치료에 사용한다.
- lactam계 항생제는 세균의 세포벽 합성에 관련있는 세포질막 여러 효소(carboxypeptidases, transpeptidases, entipeptidases)와 결합하여 세포벽 합성을 억제한다.

156 항생물질과 단백질 저해작용

- chloramphenicol계 : 50S ribosome과 결합하여 단백질 합성을 저해한다.
- sterptomycin : 30S ribosome과 결합하여 단백질 합성의 개시반응을 저해하고, mRNA상의 코돈을 잘못 읽게 만든다.
- tetracycline계: 30S 리보솜의 A site에 aminoacyl tRNA의 결합을 방해하여 단백질의 합성을 저해한다.
- erythromycin : 50S ribosome과 결합하여 translocation을 방해한다.

157 riboflavin(vit. B_2)의 생산균주

- *Ashbya gossypii*, *Eremothecium ashbyii*, *Candida*속, *Pichia*속 효모, *Clostridium*속 세균 등이 알려져 있다.
- 특히 *Ashbya gossypii*와 *Eremothecium ashbyii*의 생산능이 우수하다.

158 157번 해설 참조

정답				
정답	151 ③	152 ②	153 ④	154 ③
	155 ①	156 ②	157 ③	158 ③

문제

159 비타민 B_{12}는 코발트를 함유하는 빨간색 비타민으로 미생물이 자연계의 유일한 공급원인데 그 미생물은 무엇인가?

① 곰팡이(fungi) ② 효모(yeast)
③ 세균(bacteria) ④ 바이러스(virus)

160 다음 중 vitamin B_{12}의 생산균주가 아닌 것은?

① *Ashbys gossypii*
② *Propionibacterium freudenrechii*
③ *Streptomyces olivaceus*
④ *Nocardia rugosa*

161 비타민 C 생산과 가장 관계가 있는 것은?

① glycine 발효
② propionic acid 발효
③ acetone-butanol 발효
④ sorbose 발효

162 비타민 C를 만들 때 발효미생물을 사용하여 발효시키는 공정은?

① D-glucose → D-sorbitol
② D-sorbitol → L-sorbose
③ L-sorbose → diacetone-L-sorbose
④ diacetone-L-gluconic acid → 비타민 C

163 다음 활성물질과 균주 간에 관련이 없는 것은?

① vitamin B_2 – *Eremothecium ashbyii*
② ascorbic acid – *Acetobacter suboxydans*
③ isovitamin C – *Pseudomonas fluorescens*
④ carotenoid – *Gluconobacter roseus*

164 발효법으로 생성되는 식물생장호르몬은?

① gibberellin ② aldosterone
③ stigmasterol ④ parathromone

165 고정화효소의 의미로 옳은 것은?

① 물리적 방법으로 고정한 효소
② 화학적 방법으로 고정한 효소
③ 촉매물질과 결합한 효소
④ 효소활성을 유지하면서 담체와 결합한 효소

166 효소를 고정화시켰을 때 나타나는 일반적인 현상이 아닌 것은?

① 반응생성물의 순도 및 수율이 증가한다.
② 안정성이 증가하는 경우도 있다.
③ 효소 재사용 및 연속적 효소반응이 가능하다.
④ 새로운 효소작용을 나타낸다.

159 비타민 B_{12}(cobalamine)

- 코발트를 함유하는 빨간색 비타민이다.
- 식물 및 동물은 이 비타민을 합성할 수 없고 미생물이 자연계에서 유일한 공급원이며 미생물 중에서도 세균이나 방선균이 주로 생성하며 효모나 곰팡이는 거의 생성하지 않는다.
- 비타민 B_{12} 생산균
  - *Propionibacterium freudenreichii*, *Propionibacterium shermanii*, *Streptomyces olivaceus*, *Micromonospora chalcea*, *Pseudomonas denitrificans*, *Bacillus megaterium* 등이 있다.
  - 이외에 *Nocardia*, *Corynebacterium*, *Butyribacterium*, *Flavobacterium*속 등이 있다.

160 159번 해설 참조

161 비타민 C의 발효

- Reichsten의 방법으로 합성되고 있다.
- 이 중에서 중간체인 D-sorbitol로부터 L-sorbose로의 산화는 화학적 방법에 의하면 라세미 형이 생성되어 수득량이 반감하기 때문에 산화세균인 *Acetobacter suboxydan*, *Gluconobacter roseus* 등을 이용하여 90% 이상의 수득률로 L-sorbose를 생성한다.

162 161번 해설 참조

163 활성물질과 생산균주

- vitamin B_2의 생산균주 : *Ashbya gossypii*, *Eremothecium ashbyii*, *Candida*속 및 *Pichia*속 효모 등
- ascorbic acid의 생산균주 : *Acetobacter suboxydans*, *Gluconobacter roseus* 등
- isovitamin C의 생산균주 : *Pseudomonas fluorescens*, *Serratia marcescens* 등
- carotenoid의 생산균주 : *Blakeslea trispora*(가장 생성능이 강함), *Neurospora sitophila*, *Choanephora*속 등

164 곰팡이 *Gibberella fujikuroi*는 식물 호르몬 일종인 gibberellin의 생성에 관여한다.

165 고정화효소

- 물에 용해되지 않으면서도 효소활성을 그대로 유지하는 불용성 효소, 즉 고체촉매화 작용을 하는 효소이다 .
- 담체와 결합한 효소이다.
- 고정화효소의 제법으로 담체 결합법, 가교법, 포괄법의 3가지 방법이 있다.
  - 담체결합법은 공유결합법, 이온결합법, 물리적 흡착법이 있다.
  - 포괄법은 격자형, microcapsule법이 있다.

166 고정화효소

장점	· 효소의 안정성이 증가한다. · 효소의 재이용이 가능하다. · 연속반응이 가능하다. · 반응목적에 적합한 성질과 형태의 효소 표준품을 얻을 수 있다. · 반응기가 차지하는 공간을 줄일 수 있다. · 반응조건의 제어가 용이하다. · 반응 생성물의 순도 및 수율이 향상된다. · 자원, 에너지, 환경문제의 관점에서도 유리하다.
단점	· 고정화 조작에 의해 활성효소의 총량이 감소하기도 한다. · 고정화 담체와 고정화 조작에 따른 비용이 가산된다. · 입자 내 확산저항 등에 의해 반응속도가 저하될 수 있다.

정답				
	159 ③	160 ①	161 ④	162 ②
	163 ④	164 ①	165 ④	166 ④

문제

167 **효소를 불용화(고정화)시키면 다음의 성질이 증대한다. 틀린 것은?**

① 효소 활성이 증가한다.
② 열에 안정해진다.
③ 단백질 분해효소에 대해 안정해진다.
④ 효소 저해제에 대하여 안정해진다.

168 **효소의 고정화 방법에 대한 설명으로 옳지 않는 것은?**

① 담체결합법은 공유결합법, 이온결합법, 물리적 흡착법이 있다.
② 가교법은 2개 이상의 관능기를 가진 시약을 사용하는 방법이다.
③ 포괄법에는 격자형과 클로스링킹형이 있다.
④ 효소와 담체 간의 결합이다.

169 **액체배양법에 의하여 효소를 생산하고자 한다. 다음 중 관계 없는 문항은?**

① 액체배양법은 세균, 효모 배양에 적합하다.
② 고체배양법보다 일반적으로 역가가 높다.
③ 관리하기 쉽고 기계화가 가능하다.
④ 좁은 면적을 활용할 수 있다.

170 **액체배양법에 의한 효소생산의 설명으로 옳은 것은?**

① 기계화가 불가능하다.
② 액체배양법은 버섯재배, 곰팡이 배양에 적합하다.
③ 곰팡이의 고체배양법보다 일반적으로 역가가 높다.
④ 액체배양에는 정치배양, 진탕배양, 통기배양 등이 있다.

171 **균체 내 효소를 추출하는 방법 중 가장 부적당한 것은?**

① 초음파 파쇄법 ② 기계적 마쇄법
③ 염석법 ④ 동결 융해법

172 **효소의 정제법에 해당되지 않는 것은?**

① 염석 및 투석
② 무기용매 침전
③ 흡착
④ 이온교환 크로마토그래피

173 **다음 중 효소 단백질의 이온적 특성에 의한 정제방법이 아닌 것은?**

① 등전점 침전
② 투석
③ 염석
④ 이온교환 크로마토그래피

167 고정화효소

- 최근 효소의 활성을 유지하면서 물에 녹지 않는 담체에 물리적 또는 화학적 방법으로 부착시켜 고체 촉매화한 고정화 효소가 실용화되고 있다.
- 고정화에 의해서 효소는 열, pH, 유기용매, 단백질변성제, protease, 효소저해제 등의 외부 인자에 안정성이 증가하는 장점도 있고, 연속 효소반응시 안정성 또는 보존성이 좋아지는 경우도 있다.
- 고정화효소나 균체는 고정화하기 전에 비해 조금씩 다른 성질을 나타낼 수 있고, 효소는 고정화에 의해서 일반적으로 활성이 저하되는 경우가 많고, 기질특이성이 변화하는 일이 있다.

168 165번 해설 참조

169 효소 생산에 있어서 고체배양법과 액체배양법(심부배양)의 비교

	고체배양	액체배양
균주	일반적으로 곰팡이에 적합하다.	일반적으로 세균, 효모, 방사선균에 적합하다.
효소 역가	고역가의 효소액이 얻어 진다.	고체배양의 추출액보다 약간 떨어진다.
설치 면적	넓은 면적이 필요하다.	좁은 면적이 좋다.
생산 관계	기계화가 어렵다.	관리가 쉽고 기계화가 가능하다.
	노력이 들고 배양관리가 어렵다.	대량생산에 알맞다.
기타	대량의 박(粕)이 부생된다.	박(粕)이 없다.

170 169번 해설 참조

171 효소의 추출 정제

- 균체 외 효소는 균체를 제거한 배양액을 그대로 정제하면 된다.
- 균체 내 효소는 세포의 마쇄, 세포벽 용해 효소처리, 자기소화, 건조, 용제처리, 동결융해, 초음파 파쇄, 삼투압 변화 등의 방법으로 효소를 유리시켜야 한다.

172 효소의 정제법

- 유기용매에 의한 침전, 염석에 의한 침전, 이온교환 chromatography, 특수 침전(등전점 침전, 특수시약에 의한 침전), gel 여과, 전기영동, 초원심분리 등이 있다.
- 이 중 acetone이나 ethanol에 의한 침전과 황산암모늄에 의한 염석 침전법이 공업적으로 널리 이용된다.

173 172번 해설 참조

정답				
	167 ①	168 ③	169 ②	170 ④
	171 ③	172 ②	173 ②	

174 내열성 α-amylase 생산에 이용되는 균은?

① *Aspergillus niger*
② *Bacillus licheniformis*
③ *Rhizopus oryzae*
④ *Trichoderma reesei*

175 내열성 alkaline protease 생산에 이용되는 미생물은?

① *Aspergillus*속 균주
② *Bacillus*속 균주
③ *Pseudomonas*속 균주
④ *Streptomyces*속 균주

176 곰팡이 protease의 성질에 관한 설명으로 틀린 것은?

① *Aspergillus oryzae*에서는 배지의 pH에 따라 산성 protease나 알칼리성 protease를 생성한다.
② *Aspergillus niger*에 주로 알칼리성 protease를 생성한다.
③ *Aspergillus oryzae*의 쌀 koji에서는 산성 protease를 생성한다.
④ *Aspergillus oryzae*의 밀기울 koji 또는 콩 koji에서는 중성 및 알칼리성 protease를 생성한다.

177 효소 생산에서 효소와 생산미생물이 잘못 짝지어진 것은?

① α-amylase : *Aspergillus oryzae*
② α-amylase : *Bacillus amyloliquefaciens*
③ alkaline protease : *Bacillus amyloliquefaciens*
④ alkaline protease : *Alcaligenes faecalis*

178 cellulase의 생산균은?

① *Rhizopus delema*
② *Trichoderma viride*
③ *Mucor pusillus*
④ *Candida cylindracea*

179 유지자원으로서의 미생물 균체에 대한 설명으로 틀린 것은?

① 탄소원 농도가 높고 질소원이 결핍되어야 유지가 축적된다.
② 유지의 축적에는 충분한 산소 공급이 필요하다.
③ 유지 함량은 대수 증식기에 가장 많이 축적된다.
④ 미생물 유지의 조성은 식물성 유지와 비슷하다.

180 증식수율의 주요 의미로 옳은 것은?

① 소비된 탄소원에 대한 증식된 균체량
② 소비된 질소원에 대한 증식된 균체량
③ 소비된 산소에 대한 증식된 균체량
④ 소비된 탄산가스에 대한 증식된 균체량

해설 

174 세균 amylase

- α-amylase가 주체인데 생산균으로는 *Bacillus subtilis*, *Bacillus licheniformis*, *Bacillus stearothermophillus*의 배양물에서 얻어진 효소제이다.
- 세균 amylase는 내열성이 강하다.

175 protease 생산에 이용되는 미생물

- *Bacillus subtilis*는 대량의 protease를 생산하며 적당한 조건하에서는 1g/L 이상 생성된다.
- 최적 pH 7.0의 중성 protease와 pH 10.5의 알칼리성 protease의 두 종류가 있고 고체배양과 액체배양에 의해서 생산된다.

176 곰팡이 protease

- *Aspergillus oryzae*는 배지의 pH에 따라 산성 protease나 알칼리성 protease를 생성한다.
- *Aspergillus niger*, *Asp. saitoi*, *Asp. awamori* 등의 흑국균이 생성하는 protease는 주로 산성 protease이다.

177 알칼리성 단백질 가수분해효소(alkaline protease)

- 알칼리성 범위에 최적 pH를 나타내는 단백질 가수분해효소의 총칭이다.
- 특히 미생물 유래의 세린 단백질 분해효소를 지칭하는 경우가 많다.
- 대표적인 것으로는 *Bacilius subtilis*가 생산하는 subtilisin이다.

178 cellulase의 생산균

- 현재 공업적으로 이용되고 있는 균주는 *Trichoderma viride*, *Asp. niger*, *Fusarium moniliforme* 등이 있다.

179 미생물 균체로부터 유지생산 조건 및 조성

- 탄소원 농도가 높고 질소원이 결핍되어야 유지가 축적된다.
- 유지의 축적에는 충분한 산소 공급이 필요하다.
- 유지 함량은 대수 증식기에 적고 감속기의 말기부터 정상기의 초기에 걸쳐서 최대로 축적된다.
- 미생물 유지의 조성은 식물성 유지와 비슷하고 중성유지, 유리지방산, 인지질 및 비비누화 물질로 되어 있다.
- 지방산 조성은 palmitic acid, stearic acid, oleic acid, linoleic acid 등이 많다.

180 증식수율

- 기질(대부분의 경우 탄소원) 소비량에 대한 증식된 생산물(균체)량

정답				
정답	174 ②	175 ②	176 ②	177 ④
	178 ②	179 ③	180 ①	

생화학 및 발효공학

181 발효과정 중에서의 수율(yield)에 대한 설명으로 옳은 것은?

① 단위 균체량에 의해 생산된 생산물량
② 단위 발효시간당 생산된 생산물량
③ 발효공정에 투입된 단위 원료량에 대한 생산물량
④ 단위 균체량과 원료량에 대한 생산물량

182 일반적으로 당의 발효성을 갖지 않는 효모는?

① *Schizosaccharomyces*속
② *Rhodotorula*속
③ *Saccharomyces*속
④ *Torulopsis*속

183 다음 중 식용의 단세포 단백질(SCP)로 이용할 수 없는 균주는?

① *Saccharomyces cerevisiae*
② *Chlorella vulgaris*
③ *Candida utilis*
④ *Asperglillus flavus*

184 다음 중 n-paraffin을 원료로 하여 유지를 생산하는 세균은?

① *Lipomyces*속 ② *Rhodotorula*속
③ *Nocardia*속 ④ *Candida*속

185 탄화수소에서의 균체 생산과 관련이 없는 균주는?

① *Candida*속 ② *Torulopsis*속
③ *Pseudomonas*속 ④ *Chlorella*속

186 탄화수소에서의 균체 생산의 특징이 아닌 것은?

① 높은 통기조건이 필요하다.
② 발효열을 냉각하기 위한 냉각장치가 필요하다.
③ 당질에 비해 균체 생산속도가 빠르다.
④ 높은 교반조건이 필요하다.

187 균체 단백질 생산 미생물의 구비조건이 아닌 것은?

① 미생물과 미생물 균체가 유해하지 않아야 한다.
② 회수가 쉬워야 한다.
③ 생육최적온도가 낮아야 한다.
④ 영양가가 높고 소화성이 좋아야 한다.

188 아황산펄프폐액을 이용한 효모 균체의 생산에 이용되는 균은?

① *Candida utilis*
② *Pichia pastoris*
③ *Sacharomyces cerevisiae*
④ *Torulopsis glabrata*

181 발효과정 중에서의 수율(yield)

- 세포가 소비한 단위 영양소당 생산된 균체 또는 대사산물의 양이다.
- 생물공정의 효율성을 평가하는 중요한 지표이다.

182 *Rhodotorula*속

- 적색효모로 당류의 발효성은 없으나 산화적으로 자화하고 보통 피막을 형성하지 않는다.
- carotenoid 색소를 생성한다.

183 단세포 단백질(SCP)로 이용할 수 있는 균주

- 석유계 탄화수소를 원료 : *Candida tropicalis*, *C. lipolytica*, *C. tintermedia* 등
- 아황산펄프폐액을 원료 : *C. utilis*, *C. tropicalis* 등
- 폐당밀을 원료 : *Saccharomyces cerevisiae*
- 녹조류 균체 : *Chlorella vulgaris*, *C. ellipsoidea* 등

184 유지를 생산하는 세균

- 미생물 균체의 유지 함량은 2~3% 정도이지만 효모, 곰팡이, 단세포 조류 중에는 배양조건에 따라서 건조 세포의 60%에 달하는 유지를 축적하는 것도 있다.
- 유지생산 미생물 중에 n-paraffin(C_{16}~C_{18})을 원료로 유지를 생산하는 세균은 *Nocardia*속(유지 생성률 57%)이 있고, 효모는 *Candida*속(유지 생성률 24.8%) 등이 있다.

185 석유계 탄화수소를 이용하는 균주

- 효모류(주로 많이 이용) : *Candida lypolytica*, *Candida tropicalis*, *Candida intermedia*, *Candida pertrophilum*, *Torulopsis*속 등
- 세균 : *Pseudomonas aeruginosa*, *Pseudomonas desmolytica*, *Corynebacterium petrophilum* 등

※ ***Chlorella*속** : CO_2를 탄소원으로 이용

186 탄화수소를 이용한 균체 생산

- 당질을 이용한 경우에 비해서 약 3배량의 산소를 필요로 하지만 일반적으로 탄화수소를 이용한 경우의 증식속도는 당질의 경우보다 대단히 늦어서 세대시간이 4~7시간이나 된다.

187 균체 단백질 생산 미생물의 구비조건

- 기질에 대한 균체의 수율이 좋고 각 균체의 증식속도가 높아야 한다.
- 균체는 분리 정제상 가급적 큰 것이 좋다. 이런 점에서 세균보다 효모가 알맞다.
- 균체에서의 목적하는 성분인 단백질이나 영양가가 높은 미량성분 등의 함유량이 높아야 한다.
- 배양에서의 최적온도는 고온일수록 좋고, 생육 최적 pH 범위는 낮은 측에서 넓을수록 좋다.
- 기질의 농도가 높아도 배양이 잘 되며, 간단한 배지에도 잘 생육할 수 있어야 한다.
- 배양기간 동안 균의 변이가 없고, 기질의 변질에 따른 안정성이 있어야 한다.
- 배양균체를 제품화한 것은 안전성이 있어야 한다.
- 기질의 탄화수소에 대한 유화력이 커야 하고 독성이 없어야 한다.
- 균체 단백질은 소화율이 좋아야 한다.

188 *Candida utilis*

- xylose를 자화하므로 아황산펄프폐액 등에 배양해서 균체는 사료 효모용 또는 inosinic acid 제조 원료로 사용된다.

정답				
	181 ③	182 ②	183 ④	184 ③
	185 ④	186 ③	187 ③	188 ①

189 효모 및 세균에 의한 단세포 단백질(SCP)의 공업생산과 관계없는 것은?

① 균체 단백질의 아미노산 조성이 동물 단백질에 떨어지지 않는다.
② 펄프폐액, 탄화수소 등의 원료에서 수율이 높게 생산하는 것이 가능하다.
③ 전천후, 4계절을 통해서 생산이 가능하다.
④ 특히 생산 시 넓은 공간이 필요하다.

190 단세포단백질 생산의 기질과 미생물이 잘못 연결된 것은?

① 에탄올 – 효모
② 메탄 – 곰팡이
③ 메탄올 – 세균
④ 이산화탄소 – 조류

191 효모 생산의 배양관리 중 가장 부적당한 것은?

① 배양 중 포말(formal) 도수, 온도, pH 등을 측정한다.
② pH는 3.5~4.5 범위에서 안정하다.
③ 배양온도는 일반적으로 50℃이다.
④ 매분 배양액의 약 1/10량의 공기를 통기한다.

192 빵효모의 균체 생산 배양관리인자가 아닌 것은?

① 온도　② pH
③ 당농도　④ 혐기조건

193 제빵효모 생산을 위해서 사용되는 균주로서 구비해야 할 특성이 아닌 것은?

① 물에 잘 분산될 것
② 단백질 함량이 높을 것
③ 발효력이 강력할 것
④ 증식속도가 빠를 것

194 세대시간이 15분인 세균 1개를 1시간 배양했을 때의 균수는?

① 4　② 8
③ 16　④ 40

195 제빵 발효 시 어떤 아밀라아제를 사용하는 것이 적합한가?

① 효모의 아밀라아제
② 곰팡이의 아밀라아제
③ 세균의 아밀라아제
④ 식물 아밀라아제

196 포도당(glucose) 100g/L를 사용하여 빵효모를 생산하려고 한다. 발효 후에 에탄올(ethanol)이 부산물로 10g/L 생산되었다면, 이때 생산된 균체의 양은 얼마인가? (단, 균체 생산수율은 0.5g cell/g glucose이다.)

① 약 35g/L　② 약 40g/L
③ 약 45g/L　④ 약 50g/L

189 **단세포 단백질(SCP)의 생산**

- 농업생산에 비하여 증식속도가 빠르므로 생산효율이 높다.
- 공업적 생산이 가능하므로 좁은 면적에서 큰 수확을 얻을 수 있을 뿐 아니라 기후조건 등의 영향도 받지 않는다.
- 관리가 용이한 장점이 있다.

190 **단세포 단백질(single cell protein)**

- 효모 또는 세균과 같은 단세포에 포함되어 있는 단백질을 가축의 먹이로 함으로써 간접적으로 단백질을 추출, 정제해 직접 인간의 식량으로 이용할 수 있는 단백자원, 단세포단백질, 탄화수소단백질, 석유단백질로도 불린다.
- 메탄을 이용하여 생육할 수 있는 미생물은 *Methylomonas methanica*, *Methylococcus capsulalus*, *Methylovibrio soengenii*, *Methanomonas margaritae* 등 비교적 특이한 세균에 한정되어 있다.

191 **효모의 균체 생산 배양관리**

- 좋은 품질의 효모를 높은 수득률로 배양하기 위해서는 배양관리가 적절해야 한다.
- 관리해야 할 인자 : 온도, pH, 당농도, 질소원농도, 인산농도, 통기교반 등
  - 온도 : 최적온도는 일반적으로 25~26℃이다.
  - pH : 일반적으로 pH 3.5~4.5의 범위에서 배양하는 것이 안전하다.
  - 당농도 : 당농도가 높으면 효모는 알코올 발효를 하게 되고 균체 수득량이 감소한다. 최적 당농도는 0.1% 전후이다.
  - 질소원 : 증식기에는 충분한 양이 공급되지 않으면 안 되나 배양 후기에는 질소농도가 높으면 제품효모의 보존성이나 내당성이 저하된다.
  - 인산농도 : 낮으면 효모의 수득량이 감소되고 너무 많으면 효모의 발효력이 저하되어 제품의 질이 떨어지게 된다.
  - 통기교반 : 알코올 발효를 억제하고 능률적으로 효모 균체를 생산하기 위해서는 배양 중 충분한 산소공급을 해야 한다.

192 **191번 해설 참조**

193 **제빵효모 *Saccharomyces cerevisiae*의 구비조건**

- 발효력이 강력하여 밀가루 반죽의 팽창력이 우수할 것
- 생화학적 성질이 일정할 것
- 물에 잘 분산될 것
- 자기소화에 대한 내성이 있어서 보존성이 좋을 것
- 장기간에 걸쳐 외관이 손상되지 않을 것
- 당밀배지에서 증식속도가 빠르고 수득률이 높을 것

194 **균수 계산**

- 균수 = 최초균수×$2^{세대수}$
- 세대수 : 60÷15 = 4

  ∴ $1 \times 2^4 = 16$

195 **제빵 발효 시 사용하는 아밀라아제**

- 제빵 발효 시에는 아밀라아제(amylase)가 전분을 분해하여 효모의 영양원으로 필요한 당을 만들며 단백질을 분해해서 반죽의 신전성을 좋게 해주기 때문에 효모의 아밀라아제를 사용하는 것이 바람직하다.
- 효모의 아밀라아제는 고온에서 열안정성이 낮아야 한다.

196 **생산된 균체의 양**

- 생성된 균체량

  = (포도당량×균체생산수율)−부산물량

  = (100×0.5)−10 = 40g/L

정답				
	189 ④	190 ②	191 ③	192 ④
	193 ②	194 ③	195 ①	196 ②

문제

197 효모 균체 성분 중 가장 많이 들어있는 비타민은?

① thiamine ② riboflavin
③ nicotinic acid ④ folic acid

198 *Saccharomyces cerevisiae*를 사용하여 glucose를 발효시킬 때의 설명으로 틀린 것은?

① 통기발효 시 반응산물은 $6CO_2$, $6H_2O$이다.
② 혐기적 발효 시 반응산물은 $2CH_3CH_2OH$, $2CO_2$이다.
③ 통기발효할 때는 혐기적 발효 때보다 효모의 균체가 많이 생긴다.
④ 빵효모를 생산할 때는 혐기조건 하에서 발효시킨다.

199 셀룰로스(cellulose)를 기질로 하였을 때 단세포 단백질을 직접발효 생산하기 위하여 쓸 수 있는 균은?

① *Candida utilis*
② *Cellulomonas flavigena*
③ *Pseudomonas ovalis*
④ *Aspergillus oryzae*

200 메탄올(methanol)을 자화하는 미생물로 균체를 생산할 때 주로 가장 많이 이용되는 균은?

① 조류 ② 세균
③ 효모 ④ 곰팡이

201 클로렐라에 대한 설명 중 틀린 것은?

① 햇빛을 에너지원으로 한다.
② 호기적으로 배양한다.
③ CO_2는 탄소원으로 사용치 않고 당을 탄소원으로 사용한다.
④ 균체는 식품으로서 영양가가 높다.

202 혐기적 분해의 2단계는?

① 소화발효 → 가스발효
② 가스발효 → 소화발효
③ 흡착 → 소화발효
④ 가스발효 → 활성오니법

203 활성오니법(activated sludge process)으로 폐수를 처리할 때, 활성오니를 구성하는 미생물이 아닌 것은?

① *Bacillus*속 ② *Clostridium*속
③ *Pseudomonas*속 ④ *nitrosomonas*속

204 활성오니법에 의한 폐수처리공정의 순서는?

① 스크린 – 침전지 – 폭기조 – 제1침전조 – 제2침전조
② 스크린 – 침전지 – 제1침전조 – 폭기조 – 제2침전조
③ 스크린 – 폭기조 – 침전지 – 제1침전조 – 제2침전조
④ 스크린 – 폭기조 – 제1침전조 – 제2침전조 – 침전지

197 효모 균체 성분(비타민)

	빵효모	맥주효모	펄프효모	석유효모
thiamine (B_1)	9~40	50~360	3~5	8
riboflavin (B_2)	44~85	25~80	20~90	80
pyridoxine (B_6)	16~65	23~100	15~60	23
nicotinic acid	200~700	300~1000	190~500	200
panto-thenic acid	180~330	72~100	100~190	180

198 빵효모를 생산할 때는 배양 중 충분한 산소를 공급해주어야 한다.

199 셀룰로스(cellulose) 자화력이 강한 균주

- *Cellulomonas fimi*, *Cellulomonas flavigena*, *Cellulomonas aureogea*, *Cellulomonas gelida* 등이 있다.
- 농산 폐자원을 기질로 하여 섬유소 단세포 단백질 생산에 이용된다.

200 메탄올을 자화하는 미생물

- 균체 생산을 위해서는 세균보다 효모가 많이 이용된다.
- *Kloeckera*, *Pichia*, *Hansenhula*, *Candida*, *Saccharomyces*, *Torulopsis*속 등이 이용된다.

201 클로렐라(*Chlorella*)의 특징

- 진핵세포생물이며 분열증식을 한다.
- 단세포 녹조류이다.
- 빛의 존재 하에서 무기염과 CO_2의 공급으로 증식하며 O_2를 방출한다.
- 분열에 의해 한 세포가 4~8개의 낭세포로 증식한다.
- 크기는 2~12μ 정도의 구형 또는 난형이다.
- 엽록체를 가지며 광합성을 하여 에너지를 얻어 증식한다.
- 건조물의 50%가 단백질이며 필수아미노산과 비타민이 풍부하다.
- 비타민 중 특히 비타민 A, C의 함량이 높다.
- 양질의 단백질을 대량 함유하므로 단세포 단백질(SCP)로 이용되고 있다.
- 소화율이 낮다.

202 혐기적 분해의 2단계

- 제1단계 : 소화발효(오니소화·액화발효) – 탄수화물, 지방, 단백질, 섬유질 등의 고분자 유기물이 통성혐기성균에 의해서 저분자화 되면서 저급지방산인 유기산, alcohol, 이산화탄소, 수소 등을 생성한다.
- 제2단계 : 메탄발효(가스발효) – 제1단계에서 생성한 유기물질이 편성혐기성세균의 작용으로 더욱 분해되어, methane, 이산화탄소, ammonia, 황화수소, 물 등의 최종생성물까지 분해된다.

203 활성슬러지법(activated-sludge method)

- 활성오니법이라고도 하며 미생물을 이용하여 하수 중에 존재하는 분해가능한 유기물과 부유물질을 제거시키는 방법이다.
- 활성오니 중의 호기성균으로는 *Zooglea*, *Aerobacter*, *Pseudomonas*, *Alcaligenes*, *nitrosomonas*, *Bacillus* 등이 사용되고, 원생동물로는 protozooa가 사용된다.
- 이들 미생물에 의해 폐수 중의 유기물은 산화분해되어 H_2O나 CO_2 등의 무기물로 정화된다.

204 활성오니법에 의한 폐수처리

- flock 상태의 호기적 미생물군을 이용하여 유기물을 분해하고 처리한 다음 오니를 침전시키고 상징액을 방류하는 방법이다.
- 도시하수 및 산업폐수 처리에 가장 널리 응용되고 있다.
- 폐수 처리과정 : 스크린 → 침전지 → 제1침전조 → 폭기조 → 제2침전조 → 농축조 → 혐기성 소화조 → 탈수기

정답				
	197 ③	198 ④	199 ②	200 ③
	201 ③	202 ①	203 ②	204 ②

문제

205 **산업폐수의 처리방법 중 호기적 처리법인 것은?**

① 가스발효법 ② 산발효법
③ 소화발효법 ④ 활성오니법

206 **발효공업에서 폐수의 특성이 아닌 것은?**

① BOD가 높다.
② pH가 산성이다.
③ 생물학적 처리가 불가능하다.
④ 회수 처리 시 농도가 감소된다.

207 **미생물에 의한 원유의 탈황법이 아닌 것은?**

① 산화법 ② 산화환원법
③ 환원법 ④ 휘발법

208 **최근 환경을 오염시키는 농약 및 유해성 페놀(phenol)화합물의 분해에 이용성이 큰 것으로 제시되고 있는 미생물균 속은?**

① *Mucor*속 ② *Candida*속
③ *Bacillus*속 ④ *Pseudomonas*속

209 **식품의 점착성 및 점도를 증가시키는 풀루란(pullulan) 생산에 사용되는 곰팡이는?**

① *Aureobasidium pullulans*
② *Saccharomyces cerevisiae*
③ *Bacillus subtilis*
④ *Aspergillus niger*

210 **폐수 처리 시에 메탄 발효에 의하여 유기물을 처리하는 방법은?**

① 활성오니법 ② 살수여상법
③ 혐기적 처리법 ④ 호기성 처리법

211 **유기질의 혐기적 분해 시 발생하는 최종산물은?**

① NH_3 ② CH_4
③ H_2S ④ SO_2

212 **식품 중의 병원성 인자 및 병원 미생물을 검출할 때 RNA를 이용해서 검출하는 방법은?**

① ELISA method
② RT-PCR method
③ Southern hybridization
④ Western hybridization

213 **미생물에 의해서 분해되기 어려운 가소제는?**

① dibutyl sebacate
② diisooctyl phthalate
③ polypropylene adipate
④ polypropylene sebacate

해설

205 미생물에 의한 유기질 산업폐수 분해

- 호기적 처리법 : 호기성균에 의한 유기물의 산화분해능을 이용한 것으로 최근에 광범위하게 응용되고 있다. 여기에는 활성오니법, 살포여상법이 있다.
- 혐기적 처리법 : 혐기상태에서 미생물에 의해 유기물을 분해하는 방법이다. 여기에는 소화발효(액화발효)법, 메탄발효(가스발효)법이 있다.

206 발효공업에서 폐수의 특성

- 유기물 함량이 높아 부패하기 쉽다.
- BOD, COD, 전질소가 높다.
- pH가 산성이다.
- 미생물에 의해서 유기물을 분해 자화시키는 생물학적 처리법으로 처리한다.
- 회수 처리 시 농도가 감소된다.

※발효공업 : 주정, 맥주, 포도주, 효모, 항생무질, 효소 등

207 미생물에 의한 원유의 탈황법

- 환원법, 산화법, 산화환원법, 데바다법

208 페놀(phenol)화합물의 분해

- 특수 산업폐기물로서 phenol화합물을 함유한 농약, 석탄가스, 세척폐수 등은 *Pseudomonas* 속과 *Nocardia*속으로 처리하여 phenol을 분해하여 정화시킨다.

209 풀루란(pullulan)

- 점착성 및 점도를 증가시키고 유화안정성을 증진하며 식품의 물성 및 촉감을 향상시키기 위한 식품첨가물이다.
- 흑효모 *Aureobasidium pullulans*로부터 생산한 다당류를 분리 정제하여 얻어지는 물질로서 주성분은 중성 다당류이다.

210 생물학적 폐수처리법

① 호기적 처리법

- 활성오니법 : 활성오니라 불려지는 flock 상태의 호기적 미생물군을 이용하여 유기물을 분해하고 처리한 다음 오니를 침전시키고 상징액을 방류하는 방법이다.
- 살수여상법 : 직경 5~10cm의 쇄석, 벽돌, 코크스 또는 도기제 원통을 2~3cm의 두께로 깔고 그 표면에 호기성 세균이나 원생동물의 피막을 형성케 한 여상에 회전살수기로써 폐수를 살포하면 폐수 중의 유기물이 흡착되어 정화하게 되는 방법이다.

② 혐기적 처리법

- 메탄 발효에 의해서 유기물을 처리하는 방법이다.
- 미생물은 늪이나 하수의 밑바닥에 고여 있는 오니를 폐수에 가하여 집식배양한다.
- 유기물은 먼저 산생성균에 의해서 유기산, 알코올, 알데히드 등으로 분해되고 다시 메탄 생성균에 의해서 메탄이나 탄산가스로 분해된다.

211 메탄(CH_4)

- 무색, 무취인 가연성 기체
- 유기질의 혐기적 분해 시 발생하는 최종산물
- 가장 간단한 유기화합물
- 천연가스의 주성분

212 RT(reverse transcript)-PCR법

- RNA를 찾고 분석하는 데 도입된 방법이다.

※PCR(polymerase chain reaction)법은 DNA를 증폭시키는 방법이다.

213 가소제 종류에 따른 내균성

가소제	감수성
DBS, DOS	영향을 받음
DBP, DOP, DIDP, DIOP	저항성이 있음
polyester	영향을 받음
epoxy	영향을 받음
chlorinated paraffin	저항성이 있음

정답				
	205 ④	206 ③	207 ④	208 ④
	209 ①	210 ③	211 ②	212 ②
	213 ②			

생화학 및 발효공학